北大社普通高等教育"十三五"数字化建设规划教材
国家级精品课程配套教材

# 高等数学

## （第二版）（上）

本书资源使用说明

黄立宏　主编

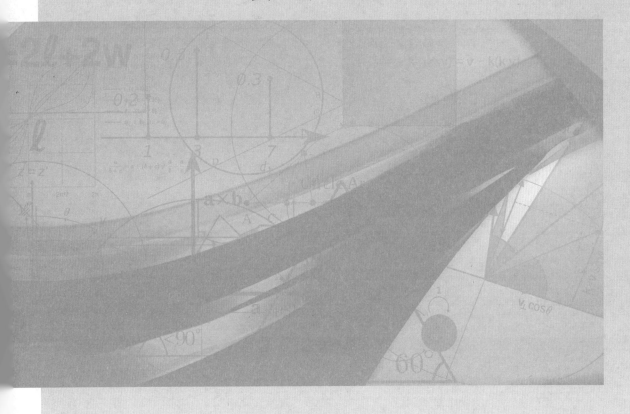

## 内 容 简 介

本书分为上、下两册.上册包含函数、极限与连续,一元函数微分学,一元函数微分学的应用,一元函数积分学,一元函数积分学的应用,常微分方程,以及几种常用的曲线、积分表等内容.下册包含向量与空间解析几何,多元函数微分学,多元函数微分学的应用,多元函数积分学(Ⅰ),多元函数积分学(Ⅱ),无穷级数等内容.除每节配有与该节内容对应的习题外,每章后还配有综合性习题、自测题,书末附有习题参考答案与提示,便于教与学.

本书结构严谨,条理清晰,叙述准确、精练,符号使用标准、规范,例题与习题等均经过精选,难度适中且题型丰富.本书纸质内容与数字教学内容一体化设计,紧密配合,便于学生自主学习.

本书可供综合性大学、高等理工科学校、高等师范学校(非数学专业)的学生使用.

# 总　序

　　数学是人一生中学得最多的一门功课. 中小学里就已开设了很多数学课程, 涉及算术、平面几何、三角、代数、立体几何、解析几何等众多科目, 看起来洋洋大观、琳琅满目, 但均属于初等数学的范畴, 实际上只能用来解决一些相对简单的问题, 面对现实世界中一些复杂的情况则往往无能为力. 正因为如此, 在大学学习阶段, 专攻数学专业的学生不必说了, 就是对于广大非数学专业的学生, 也都必须选学一些数学基础课程, 花相当多的时间和精力学习高等数学, 这就对非数学专业的大学数学基础课程教材提出了高质量的要求.

　　这些年来, 各种大学数学基础课程教材已经林林总总地出版了许多, 但平心而论, 除少数精品以外, 大多均偏于雷同, 难以使人满意. 而学习数学这门学科, 关键又在理解与熟练, 同一类型的教材只须精读一本好的就足够了. 因此, 精选并推出一些优秀的大学数学基础课程教材, 就理所当然地成为编写出版"大学数学系列教材"这一套丛书的宗旨.

　　大学数学基础课程的名目并不多, 所涵盖的内容又大体上相似, 但教材的编写不仅仅是材料的堆积和梳理, 更体现编写者的教学思想和理念. 对于同一门课程, 应该鼓励有不同风格的教材来诠释和体现; 针对不同程度的教学对象, 也应该采用不同层次的教材来教学. 特别是, 大学非数学专业是一个相当广泛的概念, 对分属工程类、经管类、医药类、农林类、社科类甚至文史类的众多大学生, 不分青红皂白、一刀切地采用统一的数学教材进行教学, 很难密切联系有关专业的实际, 很难充分针对有关专业的迫切需要和特殊要求, 是不值得提倡的. 相反, 通过教材编写者和相应专业工作者的密切结合和协作, 针对专业特点编写出来的教材, 才能特色鲜明、有血有肉, 才能深受欢迎, 并产生重要而深远的影响. 这是各专业的大学数学基础课程教材应有的定位和标准, 也是大家的迫切期望, 但却是当前明显的短板, 因而使我们对这一套丛书可以大有作为有了足够的信心和依据.

　　说得更远一些, 我们一些教师往往把数学看成定义、公式、定理及证明的堆积, 千方百计地要把这些知识灌输到学生大脑中去, 但却忘记了有关数学最根本的三点. 一是数学知识的来龙去脉——从哪里来, 又可以到哪里去. 割断数学与生动活泼的现实世界的血肉联系, 学生就不会有学习数学的持续的积极性. 二是数学的精神实质和思想方法. 只讲知识, 不讲精神, 只讲技巧, 不讲思想, 学生就不可能学到数学的精髓, 不可能对数学有真正的领悟. 三是数学的人文内涵. 数学在人类认识世界和改造世界的过程中起着关键的、不可代替的作用, 是人类文明的坚实基础和重要支柱. 不自觉地接受数学文化的熏陶, 是不可能真正走近数学、了解数学、领悟数学并热爱数学的. 在数学教学中抓住了上面这三点,就抓住了数学的灵魂,学生对数学的学习就一定会更有成效. 但客观地说,现有的大学数学基础课程教材,能够真正体现这三点要求的,恐怕为数不多. 这一现实为大学数学基础课程教材的编写提供了广阔的发展空间,很多探索有待进行,很多经验有待总结,可以说任重而道远. 从这个意义上说,由北京大学出版社推出的这一套丛书实际上已经为一批有特色、高品质的大学数学基础课程教材的面世搭建了一个很好的平台,特别值得称道,相信也一定会得到各方面广泛而有力的支持.

特为之序.

李大潜

李大潜简介

# 第二版前言

数学是一门重要而应用广泛的学科,被誉为锻炼思维的体操和人类智慧之冠上最明亮的宝石.不仅如此,数学还是各类科学和技术的基础,它的应用几乎涉及所有的学科领域,对世界文化的发展有着深远的影响.高等学校作为培育人才的摇篮,其数学课程的开设也就具有特别重要的意义.

近年来,随着我国经济建设与科学技术的迅速发展,高等教育进入了一个飞速发展时期,已经突破了以前的精英式教育模式,发展为一种在终身学习的大背景下极具创造和再创性的基础学科教育.高等学校教育教学理念不断更新,教学改革不断深入,办学规模不断扩大,数学课程开设的专业覆盖面也不断增大.党的二十大报告首次将教育、科技、人才工作专门作为一个独立章节进行系统阐述和部署,明确指出:"教育、科技、人才是全面建设社会主义现代化国家的基础性、战略性支撑."这让广大教师深受鼓舞,更要勇担"为党育人,为国育才"的重任,迎来一个大有可为的新时代.为了适应这一发展需要,经众多高校的数学教师多次研究讨论,我们联合编写了一套高质量的高等学校非数学类专业的大学数学系列教材.

本教材自第一版出版至今,历经多年教学实践的检验,得到了国内广大院校教师及学生的认可,广大同行也提出了很多宝贵意见.编者在第一版的基础上,反复整合各院校老师、学生的不同需求,对书中部分内容进行了修订.

本教材是为普通高等学校非数学专业学生编写的,也可供各类需要提高数学素质和能力的人员使用.为了适应分层次教学的需要,选修内容用 * 号标出.教材中,概念、定理及理论叙述准确、精练,符号使用标准、规范,知识点突出,难点分散,证明和计算过程严谨,例题、习题等均经过精选,具有代表性和启发性.

本书分为上、下两册.上册含函数、极限与连续,一元函数微分学,一元函数微分学的应用,一元函数积分学,一元函数积分学的应用,常微分方程,以及几种常用的曲线、积分表等内容.下册含向量与空间解析几何,多元函数微分学,多元函数微分学的应用,多元函数积分学(Ⅰ),多元函数积分学(Ⅱ),无穷级数等内容.本书纸质内容与数字教学内容一体化设计,紧密配合,便于学生自主学习.

《高等数学(第二版)(上)》由黄立宏任主编,本次修订参考了广大教师和兄弟院校提出的宝贵建议,并得到了北京大学出版社的大力支持,本书的编写还得到了著名数学家侯振挺教授的悉心指导,苏文华、朱顺春、龚维安、周承芳、戴陈成、吴奇、易克、廖静霓、谷任盟构思并设计了全书的数字资源.在此一并表示衷心的感谢.

书中难免有不妥之处,希望使用本书的教师和学生提出宝贵意见或建议.

编 者

作者简介

# 目 录

## 第一章 函数、极限与连续 ........ 1

### 第一节 变量与函数 ........ 2
一、变量及其取值范围的常用表示法(2)  二、函数的概念(3)
三、函数的几种特性(7)  四、函数应用举例(9)
五、基本初等函数(10)  六、初等函数(15)
*七、双曲函数与反双曲函数(15)  习题 1-1(17)

### 第二节 数列的极限 ........ 18
一、数列极限的定义(18)  二、收敛数列的性质(21)
三、收敛准则(23)  习题 1-2(25)

### 第三节 函数的极限 ........ 26
一、$x \to \infty$ 时函数的极限(26)  二、$x \to x_0$ 时函数的极限(28)
三、函数极限的性质(32)  四、函数极限与数列极限的关系(33)
习题 1-3(33)

### 第四节 无穷大量与无穷小量 ........ 34
一、无穷大量(34)  二、无穷小量(35)  三、无穷小的性质(36)
习题 1-4(38)

### 第五节 极限的运算法则 ........ 39
一、极限的四则运算法则(39)  二、复合函数的极限(42)
习题 1-5(43)

### 第六节 极限存在准则与两个重要极限 ........ 43
一、夹逼定理(44)  *二、柯西收敛准则(46)  三、两个重要极限(46)
习题 1-6(49)

### 第七节 无穷小的比较 ........ 50
习题 1-7(52)

### 第八节 函数的连续性 ........ 52
一、函数的连续与间断(52)  二、连续函数的基本性质(57)
三、闭区间上连续函数的性质(61)  习题 1-8(63)

### 习题一 ........ 64

## 第二章 一元函数微分学 ... 67

### 第一节 导数的概念 ... 68
一、导数的定义(68)　二、导数的几何意义(72)
三、函数的四则运算的求导法(74)　习题 2-1(75)

### 第二节 求导法则 ... 76
一、复合函数的求导法(76)　二、反函数的求导法(78)
三、由参数方程所确定的函数的求导法(79)　四、隐函数的求导法(81)
习题 2-2(83)

### 第三节 高阶导数 ... 84
习题 2-3(87)

### 第四节 函数的微分 ... 88
一、微分的概念(88)　二、微分的运算公式(91)
*三、高阶微分(93)　习题 2-4(94)

### 习题二 ... 95

## 第三章 一元函数微分学的应用 ... 99

### 第一节 微分中值定理 ... 100
习题 3-1(107)

### 第二节 洛必达法则 ... 108
一、$\dfrac{0}{0}$ 型不定式(109)　二、$\dfrac{\infty}{\infty}$ 型不定式(110)
三、其他不定式(112)　习题 3-2(113)

### 第三节 函数的单调性与极值 ... 115
一、函数单调性的判定(115)　二、函数的极值(116)
习题 3-3(119)

### 第四节 函数的最值及其应用 ... 120
习题 3-4(123)

### 第五节 曲线的凹凸性、拐点 ... 124
习题 3-5(128)

### 第六节 曲线的渐近线、函数图形的描绘 ... 128
一、渐近线(128)　二、函数图形的描绘(130)　习题 3-6(133)

### 第七节 其他方面的应用举例 ... 133
一、相关变化率(133)　二、曲率、曲率半径(135)
*三、在经济学中的应用举例(141)　习题 3-7(144)

### 习题三 ... 144

## 第四章 一元函数积分学 ..... 148

### 第一节 定积分的概念 ..... 149
一、曲边梯形的面积(149) 二、定积分的概念(150)
三、定积分的性质(152) 习题 4-1(157)

### 第二节 原函数与微积分学基本定理 ..... 157
一、原函数与变限积分(157) 二、微积分学基本定理(161)
习题 4-2(163)

### 第三节 不定积分与原函数的求法 ..... 164
一、不定积分的概念和性质(164) 二、求不定积分的方法(166)
习题 4-3(180)

### 第四节 积分表的使用 ..... 182
习题 4-4(184)

### 第五节 定积分的计算 ..... 184
一、换元法(184) 二、分部积分法(188)
三、有理函数定积分的计算(190) 习题 4-5(192)

### 第六节 反常积分 ..... 193
一、无穷积分(193) 二、瑕积分(196)
习题 4-6(200)

习题四 ..... 200

## 第五章 一元函数积分学的应用 ..... 203

### 第一节 微分元素法 ..... 204

### 第二节 平面图形的面积 ..... 205
一、直角坐标情形(205) 二、极坐标情形(208)
习题 5-2(210)

### 第三节 几何体的体积 ..... 211
一、平行截面面积为已知的立体体积(211) 二、旋转体的体积(212)
习题 5-3(214)

### 第四节 曲线的弧长和旋转体的侧面积 ..... 215
一、平面曲线的弧长(215) *二、旋转体的侧面积(217)
习题 5-4(218)

### 第五节 定积分在物理学中的应用 ..... 219
一、变力沿直线做功(219) 二、液体静压力(221)
三、引力(222) 四、平均值(223) 习题 5-5(225)

### *第六节 定积分在经济学中的应用 ..... 226

一、最大利润问题(226)　二、资金流的现值与终值(226)
习题 5-6(228)

习题五 ......228

## 第六章 常微分方程 ......231

### 第一节 常微分方程的基本概念 ......232
习题 6-1(233)

### 第二节 一阶微分方程及其解法 ......234
一、可分离变量的微分方程(234)　二、齐次微分方程(237)

三、可化为齐次微分方程的微分方程(239)

四、一阶线性微分方程(240)　*五、伯努利方程(243)

习题 6-2(244)

### 第三节 微分方程的降阶法 ......245
一、$y^{(n)}=f(x)$ 型微分方程(246)　二、$y''=f(x,y')$ 型微分方程(247)

三、$y''=f(y,y')$ 型微分方程(248)　习题 6-3(250)

### 第四节 线性微分方程解的结构 ......250
一、函数组的线性相关与线性无关(251)

二、线性微分方程解的结构(251)　习题 6-4(257)

### 第五节 二阶常系数线性微分方程 ......257
一、二阶常系数齐线性微分方程(257)

二、二阶常系数非齐线性微分方程(259)　习题 6-5(264)

### *第六节 n 阶常系数线性微分方程 ......265
一、$n$ 阶常系数齐线性微分方程的解法(265)

二、$n$ 阶常系数非齐线性微分方程的解法(266)　习题 6-6(267)

### *第七节 欧拉方程 ......268
习题 6-7(270)

习题六 ......270

## 附录 ......273
附录Ⅰ　几种常用的曲线 ......273

附录Ⅱ　积分表 ......273

附录Ⅲ　二阶和三阶行列式简介 ......273

附录Ⅳ　常用数学公式 ......273

## 习题参考答案与提示 ......274

# 第一章
## 函数、极限与连续

  由于社会和科学发展的需要,到了 17 世纪,对物体运动的研究成为自然科学的中心问题.与之相适应,数学在经历了两千多年的发展之后,进入了一个被称为"高等数学时期"的新时期.这一时期集中的特点是超越了希腊数学传统的观点,认识到"数"的研究比"形"更重要,以积极的态度开展对"无限"的研究,由常量数学发展为变量数学,微积分的创立更是这一时期最突出的成就之一.微积分研究的基本对象是定义在实数集上的函数.

  本章将简要地介绍高等数学的一些基本概念,其中重点介绍极限的概念、性质和运算法则,以及与极限概念密切相关的,并且在微积分运算中起重要作用的无穷小量的概念和性质.此外,本章还给出了两个极其重要的极限.随后,本章将运用极限的概念引入函数的连续性概念,它是客观世界中广泛存在的连续变化这一现象的数学描述.极限是研究函数的一种基本工具,极限的思想方法贯穿于高等数学的始终,而连续性则是函数的一种重要属性.因此,本章内容是整个微积分学的基础.

课程思政案例  知识框图

## 第一节 变量与函数

### 一、变量及其取值范围的常用表示法

在自然现象或工程技术中,常常会遇到各种各样的量. 有一类量在考察过程中是不断变化的,可以取不同的数值,我们把这一类量叫作**变量**;另一类量在考察过程中保持不变,取同样的数值,我们把这一类量叫作**常量**. 变量的变化可能有跳跃性,如自然数由小到大变化、数列的变化等,而更多的则是在某个范围内变化,即该变量的取值可以是某个范围内的任何一个数. 变量取值范围常用区间来表示. 满足不等式 $a \leqslant x \leqslant b$ 的实数的全体组成的集合叫作**闭区间**,记作 $[a,b]$,即

$$[a,b] = \{x \mid a \leqslant x \leqslant b\};$$

满足不等式 $a < x < b$ 的实数的全体组成的集合叫作**开区间**,记作 $(a,b)$,即

$$(a,b) = \{x \mid a < x < b\};$$

满足不等式 $a < x \leqslant b$(或 $a \leqslant x < b$)的实数的全体组成的集合叫作**左开右闭**(或**右开左闭**)**区间**,记作 $(a,b]$(或 $[a,b)$),即

$$(a,b] = \{x \mid a < x \leqslant b\} \quad (\text{或} [a,b) = \{x \mid a \leqslant x < b\}).$$

左开右闭区间与右开左闭区间统称为**半开半闭区间**. 实数 $a,b$ 称为区间的**端点**.

以上这些区间都称为**有限区间**. 数 $b-a$ 称为**区间的长度**. 此外,还有**无限区间**:

$$(-\infty, +\infty) = \{x \mid -\infty < x < +\infty\} = \mathbf{R},$$
$$(-\infty, b] = \{x \mid -\infty < x \leqslant b\},$$
$$(-\infty, b) = \{x \mid -\infty < x < b\},$$
$$[a, +\infty) = \{x \mid a \leqslant x < +\infty\},$$
$$(a, +\infty) = \{x \mid a < x < +\infty\},$$

等等. 这里记号 "$-\infty$" 与 "$+\infty$" 分别表示"负无穷大"与"正无穷大".

邻域也是常用的一类区间.

设 $x_0$ 是一个给定的实数,$\delta$ 是某个正数,称数集

$$\{x \mid x_0 - \delta < x < x_0 + \delta\}$$

为点 $x_0$ 的 $\delta$ **邻域**,记作 $U(x_0, \delta)$,即

$$U(x_0, \delta) = \{x \mid x_0 - \delta < x < x_0 + \delta\}.$$

称点 $x_0$ 为该**邻域的中心**,$\delta$ 为该**邻域的半径**(见图1-1). 称 $U(x_0, \delta) - \{x_0\}$ 为点

$x_0$ 的去心 $\delta$ 邻域,记作 $\mathring{U}(x_0,\delta)$,即
$$\mathring{U}(x_0,\delta)=\{x\mid 0<|x-x_0|<\delta\}.$$

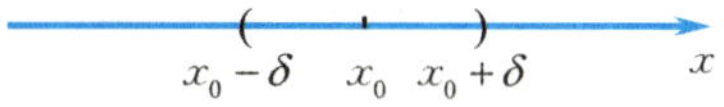

图 1-1

下面两个数集
$$\mathring{U}(x_0^-,\delta)=\{x\mid x_0-\delta<x<x_0\},$$
$$\mathring{U}(x_0^+,\delta)=\{x\mid x_0<x<x_0+\delta\}$$
分别称为点 $x_0$ 的左 $\delta$ 邻域和右 $\delta$ 邻域. 当不需要指出邻域的半径时,我们用 $U(x_0)$ 和 $\mathring{U}(x_0)$ 分别表示点 $x_0$ 的某邻域和点 $x_0$ 的某去心邻域;$\mathring{U}(x_0^-)$ 和 $\mathring{U}(x_0^+)$ 分别表示点 $x_0$ 的某左邻域和点 $x_0$ 的某右邻域.

## 二、函数的概念

在高等数学中除了考察变量的取值范围之外,我们还要研究在同一个过程中出现的各种彼此相互依赖的变量,如质点的移动距离与移动时间、曲线上点的纵坐标与横坐标、弹簧的回复力与形变等等. 我们关心的是变量与变量之间的相互依赖关系. 最常见的一类依赖关系,称为函数关系.

**定义 1** 设 $A,B$ 是两个数集. 如果有某个法则 $f$,使得对于每个数 $x\in A$,均有一个确定的数 $y\in B$ 与之对应,则称 $f$ 是从 $A$ 到 $B$ 的函数. 习惯上,就说 $y$ 是 $x$ 的函数,记作
$$y=f(x) \quad (x\in A),$$
其中 $x$ 称为自变量,$y$ 称为因变量,$f(x)$ 表示函数 $f$ 在点 $x$ 处的函数值. 数集 $A$ 称为函数 $f$ 的定义域,记作 $D(f)$;数集
$$f(A)=\{y\mid y=f(x),x\in A\}\subseteq B$$
称为函数 $f$ 的值域,记作 $R(f)$.

如无特别声明,本书中的数集均指实数集.

从上述概念可知,函数通常是指对应法则 $f$,但习惯上用"$y=f(x)$,$x\in A$"表示函数,此时应理解为"由对应关系 $y=f(x)$ 所确定的函数 $f$".

确定一个函数有两个基本要素,即定义域和对应法则. 如果没有特别规定,我们约定:定义域表示使函数有意义的范围,即自变量的取值范围. 在实际问题中,定义域可根据函数的实际意义来确定. 例如,在时间 $t$ 的函数 $f(t)$ 中,$t$ 通常取非负实数. 在理论研究中,若函数关系由数学表达式给出,函数的定义域就是使数学表达式有意义的自变量 $x$ 的所有可以取得的值构成的数集. 对应法则是函数的具体表现,它表示两个变量之间的一种对应关系. 例如,气温曲线给出了气温与时间的对应关系,三角函数表列出了角度与三角函数值的对应关系. 因此,气温曲线和三角函数表表示的都是函数关系. 这种用曲线和列表给出函数的方法,分别称为图示法和列表法. 但在理论研究中,所遇到的函数多由数学表达式给出,称为公式法. 例如,初等数学中所学过的幂函数、指数

函数、对数函数、三角函数与反三角函数都是用公式法表示的函数.

从几何上看,在平面直角坐标系中,点集
$$\{(x,y) \mid y=f(x), x \in D(f)\}$$
称为函数 $y=f(x)$ 的图形(见图 1-2). 函数 $y=f(x)$ 的图形通常是一条曲线,$y=f(x)$ 也称为这条曲线的方程. 这样,函数的一些特性常常可借助几何直观来发现. 反过来,一些几何问题,有时也可借助函数来进行理论探讨.

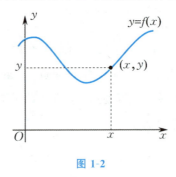

图 1-2

现在我们举一个具体函数的例子.

**例 1** 求函数 $y = \sqrt{4-x^2} + \dfrac{1}{\sqrt{x-1}}$ 的定义域.

**解** 要使数学表达式有意义,$x$ 必须满足
$$\begin{cases} 4-x^2 \geqslant 0, \\ x-1 > 0, \end{cases} \text{即} \begin{cases} |x| \leqslant 2, \\ x > 1, \end{cases}$$
从而有 $1 < x \leqslant 2$. 因此,函数的定义域为 $(1,2]$.

有时,一个函数在其定义域的不同子集上要用不同的表达式来表示其对应法则,这种函数称为分段函数. 下面给出一些今后常用的分段函数.

**例 2** 绝对值函数
$$y = |x| = \begin{cases} x, & x \geqslant 0, \\ -x, & x < 0 \end{cases}$$
的定义域 $D(f)=(-\infty,+\infty)$,值域 $R(f)=[0,+\infty)$,其函数图形如图 1-3 所示.

**例 3** 符号函数
$$y = \operatorname{sgn} x = \begin{cases} -1, & x < 0, \\ 0, & x = 0, \\ 1, & x > 0 \end{cases}$$
的定义域 $D(f)=(-\infty,+\infty)$,值域 $R(f)=\{-1,0,1\}$,其函数图形如图 1-4 所示.

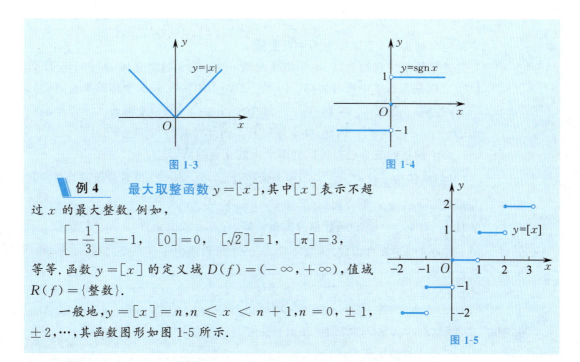

图 1-3

图 1-4

图 1-5

**例 4** 最大取整函数 $y=[x]$,其中 $[x]$ 表示不超过 $x$ 的最大整数.例如,

$$\left[-\frac{1}{3}\right]=-1,\quad [0]=0,\quad [\sqrt{2}]=1,\quad [\pi]=3,$$

等等.函数 $y=[x]$ 的定义域 $D(f)=(-\infty,+\infty)$,值域 $R(f)=\{整数\}$.

一般地,$y=[x]=n,n \leqslant x < n+1,n=0,\pm 1,\pm 2,\cdots$,其函数图形如图 1-5 所示.

在函数的定义中,对于每个 $x \in D(f)$,如果对应的函数值 $y$ 总是唯一的,这样定义的函数称为<u>单值函数</u>.若给定一个对应法则 $g$,对于每个 $x \in D(g)$,总有确定的 $y$ 值与之对应,但这个 $y$ 不总是唯一的,我们称对应法则 $g$ 确定了一个<u>多值函数</u>.例如,设变量 $x$ 和 $y$ 之间的对应法则由方程 $x^2+y^2=25$ 给出,显然,对于每个 $x \in [-5,5]$,由方程 $x^2+y^2=25$ 可确定出对应的 $y$ 值,当 $x=5$ 或 $-5$ 时,对应 $y=0$ 一个值;当 $x \in (-5,5)$ 时,对应的 $y$ 有两个值,因此这个方程确定了一个多值函数.对于多值函数,往往只要附加一些条件,就可以由它确定单值函数,这样得到的单值函数称为多值函数的<u>单值分支</u>.例如,由方程 $x^2+y^2=25$ 给出的对应法则中,附加"$y \geqslant 0$"的条件,即以"$x^2+y^2=25$ 且 $y \geqslant 0$"作为对应法则,就可以得到一个单值分支 $y=g_1(x)=\sqrt{25-x^2}$;附加"$y \leqslant 0$"的条件,即以"$x^2+y^2=25$ 且 $y \leqslant 0$"作为对应法则,就可以得到另一个单值分支 $y=g_2(x)=-\sqrt{25-x^2}$.本书后面若无特别强调,所指函数都是单值函数.

在有些实际问题中,函数的自变量与因变量是通过另外一些变量才建立起它们之间的对应关系的,如高度为一定值的圆柱体的体积 $V$ 与其底面圆半径 $r$ 就可通过另外一个变量"其底面圆面积 $S$"建立起对应关系.这就得到复合函数的概念.

**定义 2** 设函数 $y=f(u)$ 的定义域为 $D(f)$,函数 $u=g(x)$ 在 $D$ 上有定义,且 $g(D) \subseteq D(f)$,则由

$$y=f[g(x)],\quad x \in D$$

确定的函数称为由函数 $y=f(u)$ 与函数 $u=g(x)$ 构成的<u>复合函数</u>,记作

$$y=(f\circ g)(x)=f[g(x)], \quad x\in D,$$

它的定义域为 $D$，变量 $u$ 称为**中间变量**.

这里值得注意的是，$D$ 不一定是函数 $u=g(x)$ 的定义域 $D(g)$，但 $D\subseteq D(g)$. $D$ 是 $D(g)$ 中所有使得 $g(x)\in D(f)$ 的实数 $x$ 的全体的集合. 例如，$y=f(u)=\sqrt{u}, u=g(x)=1-x^2$，显然，$u=g(x)$ 的定义域为 $(-\infty,+\infty)$，而 $D(f)=[0,+\infty)$. 因此，$D=[-1,1]$，而此时 $R(f\circ g)=[0,1]$.

两个函数的复合也可推广到多个函数复合的情形.

例如，函数 $y=x^\mu=a^{\mu\log_a x}$ ($a$ 为常数且 $a>0, a\neq 1$) 可看成由函数 $y=a^u$ 与函数 $u=\mu\log_a x$ 复合而成. 形如 $y=u(x)^{v(x)}=a^{v(x)\log_a u(x)}$ [$u(x)>0, a$ 为常数且 $a>0, a\neq 1$] 的函数称为**幂指函数**，它可看成由函数 $y=a^w$ 与函数 $w=v(x)\log_a u(x)$ 复合而成. 函数 $y=\sqrt{\sin x^2}$ 可看成由 $y=\sqrt{u}, u=\sin v, v=x^2$ 复合而成.

**例 5** 设函数 $f(x)=\dfrac{x}{x+1}(x\neq -1)$，求 $f\{f[f(x)]\}$.

**解** 令 $y=f(w), w=f(u), u=f(x)$，则 $y=f\{f[f(x)]\}$ 是通过两个中间变量 $w$ 和 $u$ 复合而成的复合函数. 因为

$$w=f(u)=\frac{u}{u+1}=\frac{\dfrac{x}{x+1}}{\dfrac{x}{x+1}+1}=\frac{x}{2x+1}, \quad x\neq -\frac{1}{2},$$

$$y=f(w)=\frac{w}{w+1}=\frac{\dfrac{x}{2x+1}}{\dfrac{x}{2x+1}+1}=\frac{x}{3x+1}, \quad x\neq -\frac{1}{3},$$

所以

$$f\{f[f(x)]\}=\frac{x}{3x+1}, \quad x\neq -1, -\frac{1}{2}, -\frac{1}{3}.$$

**定义 3** 设给定函数 $y=f(x)$，其值域为 $R(f)$. 如果对于 $R(f)$ 中的每一个 $y$ 值，都有从关系式 $y=f(x)$ 中唯一确定的 $x$ 值与之对应，则得到一个定义在 $R(f)$ 上的以 $y$ 为自变量、$x$ 为因变量的函数，称为函数 $y=f(x)$ 的**反函数**，记作 $x=f^{-1}(y)$.

从几何上看，函数 $y=f(x)$ 与其反函数 $x=f^{-1}(y)$ 有同一图形. 但人们习惯上用 $x$ 表示自变量，$y$ 表示因变量，因此反函数 $x=f^{-1}(y)$ 常改写成 $y=f^{-1}(x)$. 今后，我们称 $y=f^{-1}(x)$ 为 $y=f(x)$ 的反函数. 此时，由于对应法则 $f^{-1}$ 未变，只是自变量与因变量交换了记号，因此反函数 $y=f^{-1}(x)$ 与**直接函数** $y=f(x)$ 的图形关于直线 $y=x$ 对称，如图 1-6 所示.

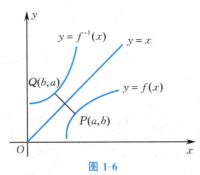

图 1-6

值得注意的是,并不是所有函数都存在反函数.例如,函数 $y=x^2$ 的定义域为 $(-\infty,+\infty)$,值域为 $[0,+\infty)$,但对于每一个 $y\in(0,+\infty)$,有两个 $x$ 值,即 $x_1=\sqrt{y}$ 和 $x_2=-\sqrt{y}$ 与之对应,因此 $x$ 不是 $y$ 的单值函数,从而 $y=x^2$ 不存在反函数.事实上,由初等数学中逆映射存在定理知,只有 $f$ 是从 $D(f)$ 到 $R(f)$ 的一一映射时,$f$ 才存在反函数 $f^{-1}$.

**例 6** 设函数 $f(x+1)=\dfrac{x}{x+1}(x\neq -1)$,求 $f^{-1}(x)$.

**解** 函数 $y=f(x+1)$ 可看成由 $y=f(u)$ 与 $u=x+1$ 复合而成,所求的反函数为 $y=f^{-1}(x)$.因为

$$f(u)=\frac{x}{x+1}=\frac{u-1}{u},\quad u\neq 0,$$

即 $y=\dfrac{u-1}{u}$,从而 $u=\dfrac{1}{1-y}$,所以

$$y=f^{-1}(u)=\frac{1}{1-u}.$$

因此

$$f^{-1}(x)=\frac{1}{1-x},\quad x\neq 1.$$

### 三、函数的几种特性

#### 1. 函数的有界性

设函数 $f(x)$ 在数集 $D$ 上有定义.若存在某个常数 $L$,使得对于任一 $x\in D$,有

$$f(x)\leqslant L \quad [\text{或 } f(x)\geqslant L],$$

则称函数 $f(x)$ 在 $D$ 上有上界(或有下界),常数 $L$ 称为 $f(x)$ 在 $D$ 上的一个上界(或下界);否则,称 $f(x)$ 在 $D$ 上无上界(或无下界).

若函数 $f(x)$ 在 $D$ 上既有上界又有下界,则称 $f(x)$ 在 $D$ 上有界;否则,称

$f(x)$ 在 $D$ 上**无界**. 若函数 $f(x)$ 在其定义域 $D(f)$ 上有界,则称 $f(x)$ 为**有界函数**.

容易看出,函数 $f(x)$ 在 $D$ 上有界的充要条件是:存在常数 $M > 0$,使得对于任一 $x \in D$,都有
$$|f(x)| \leqslant M.$$

例如,函数 $y = \sin x$ 在其定义域 $(-\infty, +\infty)$ 内是有界的,因为对于任一 $x \in (-\infty, +\infty)$,都有 $|\sin x| \leqslant 1$;函数 $y = \dfrac{1}{x}$ 在 $(0,1)$ 内无上界,但有下界.

从几何上看,有界函数的图形介于直线 $y = \pm M$ 之间.

**2. 函数的单调性**

设函数 $y = f(x)$ 在数集 $D$ 上有定义. 若对于 $D$ 中任意的两个数 $x_1, x_2 (x_1 < x_2)$,恒有
$$f(x_1) \leqslant f(x_2) \quad [\text{或 } f(x_1) \geqslant f(x_2)],$$
则称函数 $y = f(x)$ 在 $D$ 上是**单调增加**(或**单调减少**)的. 若上述不等式中的不等号为严格不等号,则称为**严格单调增加**(或**严格单调减少**)的. 在定义域上单调增加或单调减少的函数统称为**单调函数**;严格单调增加或严格单调减少的函数统称为**严格单调函数**,其图形如图 1-7 所示.

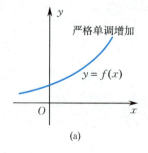

图 1-7

例如,函数 $f(x) = x^3$ 在其定义域 $(-\infty, +\infty)$ 内是严格单调增加的,函数 $f(x) = \cos x$ 在 $(0, \pi)$ 内是严格单调减少的.

从几何上看,若 $y = f(x)$ 是严格单调函数,则任意一条平行于 $x$ 轴的直线与它的图形最多交于一点,因此 $y = f(x)$ 有反函数.

**3. 函数的奇偶性**

设函数 $f(x)$ 的定义域 $D(f)$ 关于原点对称,即若 $x \in D(f)$,则必有 $-x \in D(f)$. 若对于任意的 $x \in D(f)$,都有
$$f(-x) = -f(x) \quad [\text{或 } f(-x) = f(x)],$$
则称 $f(x)$ 是 $D(f)$ 上的**奇函数**(或**偶函数**).

在直角坐标系中,奇函数的图形关于原点对称,偶函数的图形关于 $y$ 轴对称(见图 1-8).

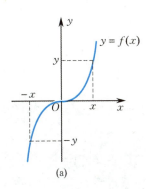
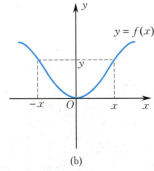

图 1-8

**例 7** 讨论函数 $f(x)=\ln(x+\sqrt{1+x^2})$ 的奇偶性.

**解** 函数 $f(x)$ 的定义域 $(-\infty,+\infty)$ 是关于原点对称的区间. 因为

$$f(-x)=\ln(-x+\sqrt{1+x^2})=\ln\left(\frac{1}{x+\sqrt{1+x^2}}\right)$$

$$=-\ln(x+\sqrt{1+x^2})=-f(x),$$

所以 $f(x)$ 是 $(-\infty,+\infty)$ 内的奇函数.

**4. 函数的周期性**

设函数 $f(x)$ 的定义域为 $D(f)$. 若存在一个不为 0 的常数 $T$,使得对于任意的 $x\in D(f)$,有 $x\pm T\in D(f)$,且 $f(x+T)=f(x)$,则称 $f(x)$ 为**周期函数**,其中使得上式成立的常数 $T$ 称为 $f(x)$ 的**周期**.

通常,函数的周期是指它的**最小正周期**,即是使得上式成立的最小正数 $T$(如果存在的话). 例如,函数 $f(x)=\sin x$ 的周期为 $2\pi$,函数 $f(x)=\tan x$ 的周期为 $\pi$.

并不是所有周期函数都有最小正周期. 例如,对于**狄利克雷(Dirichlet)函数**

$$D(x)=\begin{cases}1, & x \text{ 为有理数},\\ 0, & x \text{ 为无理数},\end{cases}$$

任意正有理数都是它的周期,但此函数没有最小正周期.

名人简介

## 四、函数应用举例

下面通过几个具体的问题,说明如何建立函数关系式.

**例 8** 火车站收取行李费的规定如下:当行李不超过 50 kg 时,按基本运费计算,如从上海到某地以每千克 0.15 元计算基本运费;当超过 50 kg 时,超重部分以每千克 0.25 元计算运费. 试求上海到该地的行李费 $y$(单位:元)与质量 $x$(单位:kg)之间的函数关系式,并画出函数的图形.

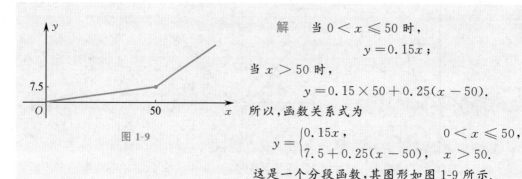

解 当 $0 < x \leqslant 50$ 时,
$$y = 0.15x;$$
当 $x > 50$ 时,
$$y = 0.15 \times 50 + 0.25(x-50).$$
所以,函数关系式为
$$y = \begin{cases} 0.15x, & 0 < x \leqslant 50, \\ 7.5 + 0.25(x-50), & x > 50. \end{cases}$$
这是一个分段函数,其图形如图 1-9 所示.

图 1-9

**例 9** 某人每天上午到培训基地 A 学习,下午到超市 B 工作,晚饭后再到酒店 C 做服务生,早饭、晚饭在宿舍吃,中午带饭在学习或工作的地方吃. A,B,C 位于一条平直的马路一侧,且酒店在培训基地与超市之间,培训基地与酒店相距 3 km,酒店与超市相距 5 km. 问该人在这条马路的 A 与 B 之间何处找一宿舍(设随处可找到),才能使每天往返的路程最短?

解 如图 1-10 所示,设所找宿舍 D 距培训基地 A 为 $x$(单位:km),用 $f(x)$(单位: km) 表示每天往返的路程函数.

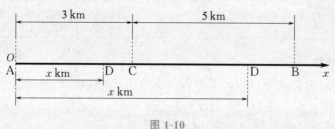

图 1-10

当 D 位于 A 与 C 之间,即 $0 \leqslant x \leqslant 3$ 时,易知
$$f(x) = x + 8 + (8-x) + 2(3-x) = 22 - 2x;$$
当 D 位于 C 与 B 之间,即 $3 < x \leqslant 8$ 时,易知
$$f(x) = x + 8 + (8-x) + 2(x-3) = 10 + 2x.$$
所以,函数关系式为
$$f(x) = \begin{cases} 22 - 2x, & 0 \leqslant x \leqslant 3, \\ 10 + 2x, & 3 < x \leqslant 8. \end{cases}$$

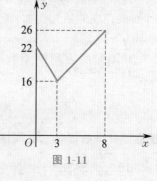

图 1-11

这是一个分段函数,其图形如图 1-11 所示,在 $[0,3]$ 上,$f(x)$ 单调减少;在 $[3,8]$ 上,$f(x)$ 单调增加. 从图形可知,在点 $x = 3$ 处,函数值最小. 这说明,在酒店 C 处找宿舍,每天往返的路程最短.

### 五、基本初等函数

中学数学里已详细介绍了幂函数、指数函数、对数函数、三角函数、反三角函数,以上函数我们统称为**基本初等函数**,它们是研究各种函数的基础. 为了读者学习的方便,下面我们再对这几类函数做一些简单介绍.

**1. 幂函数**

函数
$$y = x^\mu \quad (\mu \text{ 为常数})$$
称为**幂函数**,其中 $x$ 称为**底数**,$\mu$ 称为**指数**.

幂函数 $y = x^\mu$ 的定义域随 $\mu$ 的不同而异,但无论 $\mu$ 为何值,函数在 $(0,+\infty)$ 内总是有定义的.

当 $\mu > 0$ 时,$y = x^\mu$ 在 $[0,+\infty)$ 内是单调增加的,其图形过点 $(0,0)$ 及点 $(1,1)$,图 1-12 列出了 $\mu = \dfrac{1}{2}$,$\mu = 1$,$\mu = 2$ 时幂函数在第一象限的图形.

当 $\mu < 0$ 时,$y = x^\mu$ 在 $(0,+\infty)$ 内是单调减少的,其图形过点 $(1,1)$,图 1-13 列出了 $\mu = -\dfrac{1}{2}$,$\mu = -1$,$\mu = -2$ 时幂函数在第一象限的图形.

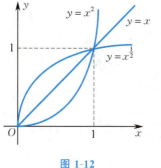

图 1-12

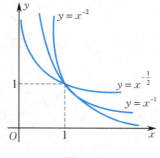

图 1-13

**2. 指数函数**

函数
$$y = a^x \quad (a \text{ 为常数且 } a > 0, a \neq 1)$$
称为**指数函数**.

指数函数 $y = a^x$ 的定义域为 $(-\infty,+\infty)$,其图形过点 $(0,1)$,且总在 $x$ 轴上方.

当 $a > 1$ 时,$y = a^x$ 是单调增加的;当 $0 < a < 1$ 时,$y = a^x$ 是单调减少的,如图 1-14 所示.

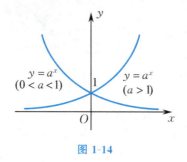

图 1-14

以常数 e = 2.718 281 82… 为底的指数函数
$$y = e^x$$
称为**自然指数函数**，是科学技术中常用的指数函数．

### 3．对数函数

指数函数 $y = a^x$ 的反函数记作
$$y = \log_a x \quad (a \text{ 为常数且 } a > 0, a \neq 1),$$
称为**对数函数**，其中 $a$ 称为**底数**，$x$ 称为**真数**．

对数函数 $y = \log_a x$ 的定义域为 $(0, +\infty)$，其图形过点 $(1, 0)$．当 $a > 1$ 时，$y = \log_a x$ 是单调增加的；当 $0 < a < 1$ 时，$y = \log_a x$ 是单调减少的，如图 1-15 所示．

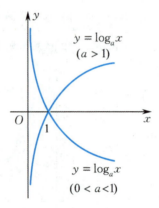

图 1-15

科学技术中常用以 e 为底的对数函数
$$y = \log_e x,$$
称为**自然对数函数**，简记作
$$y = \ln x.$$

另外，以 10 为底的对数函数
$$y = \log_{10} x$$
也是常用的对数函数，简记作 $y = \lg x$，称为**常用对数函数**．

### 4．三角函数

常用的三角函数有：

**正弦函数**　　$y = \sin x$，

**余弦函数**　　$y = \cos x$，

**正切函数**　　$y = \tan x$，

**余切函数**　　$y = \cot x$，

其中自变量 $x$ 以弧度作单位来表示．

它们的图形分别如图 1-16、图 1-17、图 1-18 和图 1-19 所示，依次称为**正弦曲线**、**余弦曲线**、**正切曲线**和**余切曲线**．

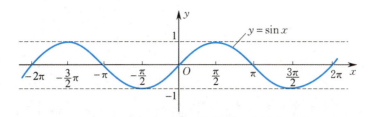

图 1-16

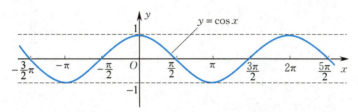

图 1-17

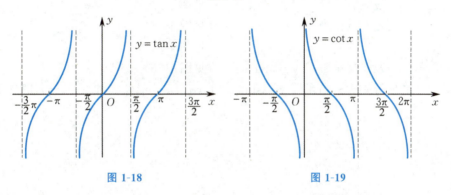

图 1-18　　　　　　　　　图 1-19

正弦函数和余弦函数都是以 $2\pi$ 为周期的周期函数,它们的定义域都为 $(-\infty,+\infty)$,值域都为 $[-1,1]$.正弦函数是奇函数,余弦函数是偶函数.

由于 $\cos x = \sin\left(x+\dfrac{\pi}{2}\right)$,因此把正弦曲线 $y=\sin x$ 沿 $x$ 轴向左平移 $\dfrac{\pi}{2}$ 个单位,就得到余弦曲线 $y=\cos x$.

正切函数 $y=\tan x = \dfrac{\sin x}{\cos x}$ 的定义域为

$$D(f)=\left\{x\,\Big|\,x\in \mathbf{R}, x\neq (2n+1)\dfrac{\pi}{2}, n\text{ 为整数}\right\}.$$

余切函数 $y=\cot x = \dfrac{\cos x}{\sin x}$ 的定义域为

$$D(f)=\{x\mid x\in \mathbf{R}, x\neq n\pi, n\text{ 为整数}\}.$$

正切函数和余切函数的值域都是 $(-\infty,+\infty)$,它们都是以 $\pi$ 为周期的周期函数,且都是奇函数.

另外,常用的三角函数还有:

**正割函数**　　$y=\sec x$,　　　**余割函数**　　$y=\csc x$.

它们都是以 $2\pi$ 为周期的周期函数(见图 1-20 和图 1-21),且

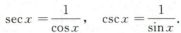

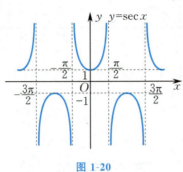

图 1-20

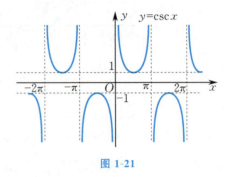

图 1-21

### 5. 反三角函数

常用的反三角函数有：

反正弦函数　　$y = \arcsin x$　　（见图 1-22），

反余弦函数　　$y = \arccos x$　　（见图 1-23），

反正切函数　　$y = \arctan x$　　（见图 1-24），

反余切函数　　$y = \text{arccot} x$　　（见图 1-25）.

它们分别为三角函数 $y = \sin x$，$y = \cos x$，$y = \tan x$ 和 $y = \cot x$ 的反函数.

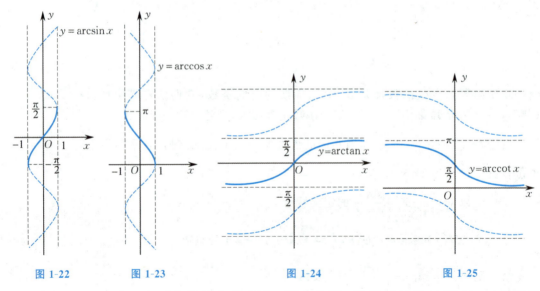

图 1-22　　　图 1-23　　　图 1-24　　　图 1-25

这 4 个函数都是多值函数. 严格地说，根据反函数的概念，三角函数 $y = \sin x$，$y = \cos x$，$y = \tan x$，$y = \cot x$ 在其定义域内不存在反函数，因为对于每一个值域中的数 $y$，有多个 $x$ 与之对应. 但这些函数在其定义域内的每一个单调增加（或单调减少）的子区间上存在反函数. 例如，函数 $y = \sin x$ 在闭区间 $\left[-\dfrac{\pi}{2}, \dfrac{\pi}{2}\right]$ 上单调增加，从而存在反函数，称此反函数为反正弦函数 $\arcsin x$

的主值,记作 $y=\arcsin x$. 通常,我们称 $y=\arcsin x$ 为反正弦函数,其定义域为 $[-1,1]$,值域为 $\left[-\dfrac{\pi}{2},\dfrac{\pi}{2}\right]$. 反正弦函数 $y=\arcsin x$ 在 $[-1,1]$ 上是单调增加的,它的图形如图 1-22 中实线部分所示.

类似地,可以定义其他 3 个反三角函数的主值 $y=\arccos x$,$y=\arctan x$ 和 $y=\operatorname{arccot} x$,它们分别简称为反余弦函数、反正切函数和反余切函数.

反余弦函数 $y=\arccos x$ 的定义域为 $[-1,1]$,值域为 $[0,\pi]$,在 $[-1,1]$ 上是单调减少的,其图形如图 1-23 中实线部分所示.

反正切函数 $y=\arctan x$ 的定义域为 $(-\infty,+\infty)$,值域为 $\left(-\dfrac{\pi}{2},\dfrac{\pi}{2}\right)$,在 $(-\infty,+\infty)$ 内是单调增加的,其图形如图 1-24 中实线部分所示.

反余切函数 $y=\operatorname{arccot} x$ 的定义域为 $(-\infty,+\infty)$,值域为 $(0,\pi)$,在 $(-\infty,+\infty)$ 内是单调减少的,其图形如图 1-25 中实线部分所示.

### 六、初等函数

由常数和基本初等函数经有限次四则运算及有限次复合运算得到,并且能用一个式子表示的函数,称为初等函数. 例如,

$$y=3x^2+\sin 4x, \quad y=\ln(x+\sqrt{1+x^2}),$$

$$y=\arctan 2x^3+\sqrt{\lg(x+1)}+\dfrac{\sin x}{x^2+1}$$

等都是初等函数. 分段函数是按照定义域的不同子集用不同表达式来表示对应关系的,有些分段函数也可以不分段而表示出来,分段只是为了更加明确函数关系而已. 例如,绝对值函数 $y=|x|$ 也可以表示成 $y=\sqrt{x^2}$,函数 $f(x)=\begin{cases} 1, & x<a \\ 0, & x>a \end{cases}$ 也可以表示成 $f(x)=\dfrac{1}{2}\left[1-\dfrac{\sqrt{(x-a)^2}}{x-a}\right]$. 这两个函数也是初等函数.

### *七、双曲函数与反双曲函数

**1. 双曲函数**

双曲函数是工程和物理学中常用的一类初等函数. 定义如下:

双曲正弦函数 $\quad \operatorname{sh} x=\dfrac{e^x-e^{-x}}{2} \quad (-\infty<x<+\infty)$,

双曲余弦函数 $\quad \operatorname{ch} x=\dfrac{e^x+e^{-x}}{2} \quad (-\infty<x<+\infty)$,

双曲正切函数 $\quad \operatorname{th} x=\dfrac{\operatorname{sh} x}{\operatorname{ch} x}=\dfrac{e^x-e^{-x}}{e^x+e^{-x}} \quad (-\infty<x<+\infty)$.

其图形如图 1-26 和图 1-27 所示.

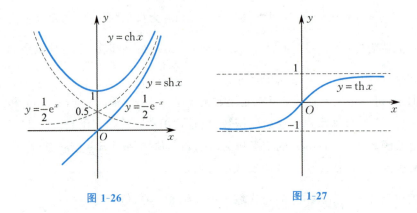

图 1-26　　　　　　　图 1-27

双曲正弦函数的定义域为$(-\infty,+\infty)$,它是奇函数,在$(-\infty,+\infty)$内单调增加,其图形通过原点$(0,0)$且关于原点对称.

双曲余弦函数的定义域为$(-\infty,+\infty)$,它是偶函数,在$(-\infty,0)$内单调减少,在$(0,+\infty)$内单调增加,其图形通过点$(0,1)$且关于$y$轴对称.

双曲正切函数的定义域为$(-\infty,+\infty)$,它是奇函数,在$(-\infty,+\infty)$内单调增加,其图形通过原点$(0,0)$且关于原点对称.

由双曲函数的定义,容易验证下列基本公式成立:
$$\operatorname{sh}(x\pm y)=\operatorname{sh}x\operatorname{ch}y\pm\operatorname{ch}x\operatorname{sh}y,$$
$$\operatorname{ch}(x\pm y)=\operatorname{ch}x\operatorname{ch}y\pm\operatorname{sh}x\operatorname{sh}y,$$
$$\operatorname{sh}2x=2\operatorname{sh}x\operatorname{ch}x,$$
$$\operatorname{ch}2x=\operatorname{ch}^2x+\operatorname{sh}^2x=1+2\operatorname{sh}^2x=2\operatorname{ch}^2x-1,$$
$$\operatorname{ch}^2x-\operatorname{sh}^2x=1.$$

**2. 反双曲函数**

双曲函数的反函数称为**反双曲函数**,$y=\operatorname{sh}x$,$y=\operatorname{ch}x$和$y=\operatorname{th}x$的反函数依次记为

反双曲正弦函数　　$y=\operatorname{arsh}x$,

反双曲余弦函数　　$y=\operatorname{arch}x$,

反双曲正切函数　　$y=\operatorname{arth}x$.

反双曲正弦函数$y=\operatorname{arsh}x$的定义域为$(-\infty,+\infty)$,它是奇函数,在$(-\infty,+\infty)$内单调增加.由$y=\operatorname{sh}x$的图形,根据反函数的图形与其所对应的直接函数的图形的关系,可得$y=\operatorname{arsh}x$的图形,如图 1-28 所示.利用求反函数的方法,不难得到
$$y=\operatorname{arsh}x=\ln(x+\sqrt{x^2+1}).$$

反双曲余弦函数$y=\operatorname{arch}x$的定义域为$[1,+\infty)$,在$[1,+\infty)$内单调增加,其图形如图 1-29 所示.利用求反函数的方法,不难得到
$$y=\operatorname{arch}x=\ln(x+\sqrt{x^2-1}).$$

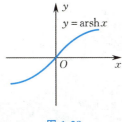

图 1-28

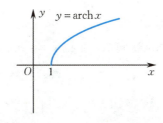

图 1-29

反双曲正切函数 $y=\text{arth}\,x$ 的定义域为 $(-1,1)$,它是奇函数,在 $(-1,1)$ 内单调增加,其图形关于原点对称,如图 1-30 所示. 容易求得

$$y=\text{arth}\,x=\frac{1}{2}\ln\frac{1+x}{1-x}.$$

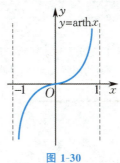

图 1-30

## 习题 1-1

1. 下列函数是否相等?为什么?

   (1) $f(x)=\sqrt{x^2}$, $g(x)=|x|$;   (2) $y=\sin^2(3x+1)$, $u=\sin^2(3t+1)$;

   (3) $f(x)=\dfrac{x^2-1}{x-1}$, $g(x)=x+1$.

2. 求下列函数的定义域:

   (1) $y=\sqrt{4-x}+\arctan\dfrac{1}{x}$;   (2) $y=\sqrt{x+3}+\dfrac{1}{\lg(1-x)}$;

   (3) $y=\dfrac{x}{x^2-1}$;   (4) $y=\arccos(2\sin x)$.

3. 设函数 $f(x)=\dfrac{1-x}{1+x}$,求 $f(0)$,$f(-x)$,$f\left(\dfrac{1}{x}\right)$.

4. 设函数 $f(x)=\begin{cases}1, & -1\leqslant x<0,\\ x+1, & 0\leqslant x\leqslant 2,\end{cases}$ 求 $f(x-1)$.

5. 设函数 $f(x)=2^x$,$g(x)=x\ln x$,求 $f[g(x)]$,$g[f(x)]$,$f[f(x)]$ 和 $g[g(x)]$.

6. 求下列函数的反函数及其定义域:

   (1) $y=\dfrac{1-x}{1+x}$;   (2) $y=\ln(x+2)+1$;

(3) $y = 3^{2x+5}$;

(4) $y = 1 + \cos^3 x, x \in [0, \pi]$.

7. 下列函数中哪些是偶函数，哪些是奇函数，哪些既不是奇函数又不是偶函数？

(1) $y = x^2(1 - x^4)$;

(2) $y = x\cos x$;

(3) $y = x + \ln(\sqrt{x^2+1} + x)$;

(4) $g(x) = \begin{cases} x\sqrt{1+x^2}, & x > 0, \\ -x\sqrt{1+x^2}, & x \leqslant 0; \end{cases}$

(5) $y = \cos x - \sin x + 1$.

8. 下列函数中哪些是周期函数？对于周期函数，指出其周期.

(1) $y = \cos(x + 2)$;

(2) $y = \sin 3x$;

(3) $y = 2 + \cos \pi x$;

(4) $y = x \sin x$;

(5) $y = \cos^2 x$;

(6) $y = \arctan x$.

9. 判断下列函数在其定义域内的有界性及单调性：

(1) $y = \dfrac{x}{1+x^2}$;

(2) $y = x + \ln x$.

10. 已知水渠的横断面为等腰梯形，斜角 $\varphi = 40°$，如图 1-31 所示. 当过水断面 $ABCD$ 的面积为定值 $S_0$ 时，求湿周 $L(L = AB + BC + CD)$ 与水深 $h$ 之间的函数关系式，并指明其定义域.

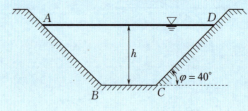

图 1-31

11. 下列函数是由哪些简单函数(由常数和基本初等函数经过四则运算后得到的函数)复合而成的？

习题答案

(1) $y = (1+x^2)^{\frac{1}{4}}$;

(2) $y = \sin^2(1+2x)$;

(3) $y = (1+10^{-x^5})^{\frac{1}{2}}$;

(4) $y = \dfrac{1}{1+\arcsin 2x}$.

## 第二节　数列的极限

### 一、数列极限的定义

**定义 1**　如果函数 $f$ 的定义域 $D(f)$ 为正整数集 $\mathbf{N}^* = \{1, 2, \cdots\}$，则将函

数 $f$ 的值域 $f(\mathbf{N}^*)=\{f(n)\mid n\in\mathbf{N}^*\}$ 中的元素按自变量增大的次序依次排列出来, 就称为一个无穷数列, 简称数列, 即 $f(1),f(2),\cdots,f(n),\cdots$. 通常, 数列也写成 $x_1,x_2,\cdots,x_n,\cdots$, 并简记为 $\{x_n\}$, 其中数列中的每个数称为一项, 而 $x_n=f(n)$ 称为一般项.

对于一个数列, 我们感兴趣的是当 $n$ 无限增大(记作 $n\to\infty$)时, $x_n$ 的变化趋势.

我们看下列例子.

数列
$$0,\frac{1}{2},\frac{2}{3},\cdots,\frac{n-1}{n},\cdots \tag{1-2-1}$$
的项随 $n$ 增大时, 其值越来越接近于 1;

数列
$$2,4,6,\cdots,2n,\cdots \tag{1-2-2}$$
的项随 $n$ 增大时, 其值越来越大, 且无限增大;

数列
$$1,0,1,\cdots,\frac{1+(-1)^{n-1}}{2},\cdots \tag{1-2-3}$$
的各项值交替地取 1 与 0;

数列
$$1,-\frac{1}{2},\frac{1}{3},\cdots,\frac{(-1)^{n-1}}{n},\cdots \tag{1-2-4}$$
的各项值在数 0 的两边跳动, 且越来越接近于 0;

数列
$$2,2,2,\cdots,2,\cdots \tag{1-2-5}$$
的各项值均相同.

在中学教材中, 我们已经知道极限的描述性定义, 即"如果当项数 $n$ 无限增大时, 无穷数列 $\{x_n\}$ 的一般项 $x_n$ 无限接近于某个常数 $a$($|x_n-a|$ 无限接近于 0), 那么就说 $a$ 是数列 $\{x_n\}$ 的极限". 于是, 我们用观察法可以判断数列 (1-2-1),(1-2-4),(1-2-5) 都有极限, 其极限分别为 1,0,2. 但什么叫作"$x_n$ 无限接近于 $a$"呢? 在中学教材中没有进行理论上的说明.

我们知道, 两个数 $a$ 与 $b$ 之间的接近程度可以用这两个数之差的绝对值 $|b-a|$ 来度量. 在数轴上, $|b-a|$ 表示点 $a$ 与点 $b$ 之间的距离, $|b-a|$ 越小, 则 $a$ 与 $b$ 就越接近. 就数列 (1-2-1) 来说, 因为
$$|x_n-1|=\left|-\frac{1}{n}\right|=\frac{1}{n},$$
当 $n$ 越来越大时, $\frac{1}{n}$ 越来越小, 所以 $x_n$ 越来越接近于 1. 只要 $n$ 足够大, $|x_n-1|=\frac{1}{n}$ 就可以小于任意给定的正数, 如给定一个很小的正数 $\frac{1}{100}$, 只要

$n > 100$ 即可得

$$|x_n - 1| < \frac{1}{100};$$

如果给定 $\frac{1}{10\ 000}$，则从第 10 001 项起，都有不等式

$$|x_n - 1| < \frac{1}{10\ 000}$$

成立. 这就是数列 $\left\{x_n = \frac{n-1}{n}\right\}$ 当 $n \to \infty$ 时无限接近于 1 的实质.

一般地，对数列 $\{x_n\}$ 的极限有以下定义.

**定义 2** 设 $\{x_n\}$ 为一个数列. 若存在常数 $a$，对于任意给定的正数 $\varepsilon$（无论多么小），总存在正整数 $N$，当 $n > N$ 时，有不等式

$$|x_n - a| < \varepsilon,$$

即 $x_n \in U(a, \varepsilon)$，则称数列 $\{x_n\}$ **收敛**，$a$ 称为数列 $\{x_n\}$ 当 $n \to \infty$ 时的**极限**，记作

$$\lim_{n \to \infty} x_n = a \quad \text{或} \quad x_n \to a \quad (n \to \infty).$$

若数列 $\{x_n\}$ 不收敛，则称该数列**发散**.

定义中的正整数 $N$ 与 $\varepsilon$ 有关，一般来说，$N$ 将随 $\varepsilon$ 减小而增大，这样的 $N$ 也不是唯一的. 显然，如果已经证明了符合要求的 $N$ 存在，则比这个 $N$ 大的任何正整数均符合要求. 在以后有关数列极限的叙述中，如无特殊声明，$N$ 均表示正整数. 此外，由邻域的定义可知，$x_n \in U(a, \varepsilon)$ 等价于 $|x_n - a| < \varepsilon$.

下面给"数列 $\{x_n\}$ 的极限为 $a$" 一个**几何解释**.

将常数 $a$ 及数列 $\{x_n\}$ 的项 $x_1, x_2, \cdots, x_n, \cdots$ 在数轴上用它们的对应点表示出来，再在数轴上作点 $a$ 的 $\varepsilon$ 邻域，即开区间 $(a-\varepsilon, a+\varepsilon)$，如图 1-32 所示. 因为两个不等式 $|x_n - a| < \varepsilon$ 与 $a - \varepsilon < x_n < a + \varepsilon$ 等价，所以当 $n > N$ 时，所有的点 $x_n$ 都落在开区间 $(a-\varepsilon, a+\varepsilon)$ 内，而只有有限个点（至多只有 $N$ 个点）在该区间外.

图 1-32

为了以后叙述的方便，我们这里介绍几个符号：符号"$\forall$"表示"对于任意给定的"或"对于每一个"，符号"$\exists$"表示"存在"，符号"$\Leftrightarrow$"表示"当且仅当"或"等价于"，符号"$\max X$"表示数集 $X$ 中的最大数，符号"$\min X$"表示数集 $X$ 中的最小数，符号"[ ]"的意义同第一节例 4. 例如，数列极限 $\lim_{n \to \infty} x_n = a$ 的定义可表述如下：

$$\lim_{n \to \infty} x_n = a \Leftrightarrow \forall \varepsilon > 0, \exists \text{正整数 } N, \text{当 } n > N \text{ 时，有 } |x_n - a| < \varepsilon.$$

**例1** 证明：$\lim\limits_{n\to\infty}\dfrac{1}{2^n}=0$.

**证** $\forall \varepsilon>0$（不妨设 $\varepsilon<1$），要使得 $\left|\dfrac{1}{2^n}-0\right|=\dfrac{1}{2^n}<\varepsilon$，只要

$$2^n>\dfrac{1}{\varepsilon}, \quad 即\quad n>\left(\ln\dfrac{1}{\varepsilon}\right)\Big/\ln 2.$$

因此，$\forall \varepsilon>0$，取 $N=\left[\left(\ln\dfrac{1}{\varepsilon}\right)\Big/\ln 2\right]$，则当 $n>N$ 时，有 $\left|\dfrac{1}{2^n}-0\right|<\varepsilon$. 由极限的定义，可知

$$\lim_{n\to\infty}\dfrac{1}{2^n}=0.$$

**例2** 证明：$\lim\limits_{n\to\infty}\dfrac{1}{n}\cos\dfrac{n\pi}{4}=0$.

**证** 因 $\left|\dfrac{1}{n}\cos\dfrac{n\pi}{4}-0\right|=\dfrac{1}{n}\left|\cos\dfrac{n\pi}{4}\right|\leqslant\dfrac{1}{n}$，故 $\forall \varepsilon>0$，要使得 $\left|\dfrac{1}{n}\cos\dfrac{n\pi}{4}-0\right|<\varepsilon$，只要

$$\dfrac{1}{n}<\varepsilon, \quad 即\quad n>\dfrac{1}{\varepsilon}.$$

因此，$\forall \varepsilon>0$，取 $N=\left[\dfrac{1}{\varepsilon}\right]$，则当 $n>N$ 时，有 $\left|\dfrac{1}{n}\cos\dfrac{n\pi}{4}-0\right|<\varepsilon$. 由极限的定义，可知

$$\lim_{n\to\infty}\dfrac{1}{n}\cos\dfrac{n\pi}{4}=0.$$

用极限的定义来求极限是不太方便的，在本章以后的篇幅中，将逐步介绍其他求极限的方法.

## 二、收敛数列的性质

**定理 1（唯一性）** 若数列收敛，则其极限唯一.

**证** 设数列 $\{x_n\}$ 收敛. 假设极限不唯一，则存在 $a$ 和 $b(a\neq b)$，有 $\lim\limits_{n\to\infty}x_n=a$，$\lim\limits_{n\to\infty}x_n=b$. 不妨设 $a<b$，由极限的定义，取 $\varepsilon=\dfrac{b-a}{2}$，则 $\exists N_1>0$，当 $n>N_1$ 时，$|x_n-a|<\dfrac{b-a}{2}$，即

$$\dfrac{3a-b}{2}<x_n<\dfrac{a+b}{2}; \tag{1-2-6}$$

$\exists N_2>0$，当 $n>N_2$ 时，$|x_n-b|<\dfrac{b-a}{2}$，即

$$\dfrac{a+b}{2}<x_n<\dfrac{3b-a}{2}. \tag{1-2-7}$$

取 $N = \max\{N_1, N_2\}$，则当 $n > N$ 时，式(1-2-6)和式(1-2-7)应同时成立，显然矛盾. 该矛盾证明了收敛数列 $\{x_n\}$ 的极限必唯一.

**定义 3**  设有数列 $\{x_n\}$. 若存在正数 $M$，使得对于一切的 $n = 1, 2, \cdots$，有
$$|x_n| \leqslant M,$$
则称数列 $\{x_n\}$ 是**有界**的；否则，称它是**无界**的.

对于数列 $\{x_n\}$，若存在常数 $M_1$，使得对于一切的 $n = 1, 2, \cdots$，有 $x_n \leqslant M_1$，则称数列 $\{x_n\}$ 有**上界**；若存在常数 $M_2$，使得对于一切的 $n = 1, 2, \cdots$，有 $x_n \geqslant M_2$，则称数列 $\{x_n\}$ 有**下界**.

显然，数列 $\{x_n\}$ 有界的充要条件是：$\{x_n\}$ 既有上界，又有下界.

**例 3**  数列 $\left\{\dfrac{1}{n^2+1}\right\}$ 有界；数列 $\{n^2\}$ 有下界，而无上界；数列 $\{-n^2\}$ 有上界，而无下界；数列 $\{(-1)^n n\}$ 既无上界，又无下界.

**定理 2（有界性）**  若数列 $\{x_n\}$ 收敛，则 $\{x_n\}$ 有界.

**证**  设 $\lim\limits_{n \to \infty} x_n = a$. 由极限的定义，取 $\varepsilon_0 = 1$，则 $\exists N > 0$，当 $n > N$ 时，$|x_n - a| < \varepsilon_0 = 1$，从而 $|x_n| < 1 + |a|$.

取 $M = \max\{1 + |a|, |x_1|, |x_2|, \cdots, |x_N|\}$，则有
$$|x_n| \leqslant M$$
对于一切的 $n = 1, 2, \cdots$ 成立，即数列 $\{x_n\}$ 有界.

定理 2 的逆命题不成立. 例如，数列 $\{(-1)^n\}$ 有界，但它不收敛.

**定理 3（保号性）**  设 $\lim\limits_{n \to \infty} x_n = a$. 若 $a > 0$（或 $a < 0$），则存在正整数 $N > 0$，当 $n > N$ 时，$x_n > 0$（或 $x_n < 0$）.

**证**  由极限的定义，对于 $\varepsilon = \dfrac{a}{2} > 0$，存在正整数 $N > 0$，当 $n > N$ 时，$|x_n - a| < \dfrac{a}{2}$，即 $\dfrac{a}{2} < x_n < \dfrac{3}{2}a$. 故当 $n > N$ 时，$x_n > \dfrac{a}{2} > 0$.

类似可证 $a < 0$ 的情形.

**推论 1**  设有数列 $\{x_n\}$. 若存在正整数 $N > 0$，当 $n > N$ 时，$x_n > 0$（或 $x_n < 0$），且 $\lim\limits_{n \to \infty} x_n = a$，则必有 $a \geqslant 0$（或 $a \leqslant 0$）.

在定理 3 的推论 1 中，我们只能推出 $a \geqslant 0$（或 $a \leqslant 0$），而不能由 $x_n > 0$（或 $x_n < 0$）推出其极限（若存在）也大于 0（或小于 0）. 例如，$x_n = \dfrac{1}{n} > 0$，但 $\lim\limits_{n \to \infty} x_n = \lim\limits_{n \to \infty} \dfrac{1}{n} = 0$.

下面给出数列的子列的概念.

**定义 4**  在数列 $\{x_n\}$ 中，保持原有的次序自左向右任意选取无穷多项构

成一个新的数列,称为 $\{x_n\}$ 的一个**子列**.

在选出的子列中,记第 1 项为 $x_{n_1}$,第 2 项为 $x_{n_2}$……第 $k$ 项为 $x_{n_k}$……则数列 $\{x_n\}$ 的子列可记作 $\{x_{n_k}\}$. $k$ 表示 $x_{n_k}$ 在子列 $\{x_{n_k}\}$ 中的项数,$n_k$ 表示 $x_{n_k}$ 在原数列 $\{x_n\}$ 中是第 $n_k$ 项.显然,对于每一个 $k$,有 $n_k \geqslant k$.对于任意正整数 $h,k$,若 $h \geqslant k$,则 $n_h \geqslant n_k$;若 $n_h \geqslant n_k$,则 $h \geqslant k$.

由于在子列 $\{x_{n_k}\}$ 中的下标是 $k$ 而不是 $n_k$,因此数列 $\{x_{n_k}\}$ 收敛于 $a$ 的定义可表述如下:$\forall \varepsilon > 0$,$\exists K > 0$,当 $k > K$ 时,有 $|x_{n_k} - a| < \varepsilon$.这时,记作 $\lim\limits_{k \to \infty} x_{n_k} = a$.

**定理 4** $\lim\limits_{n \to \infty} x_n = a$ 的充要条件是:数列 $\{x_n\}$ 的任何子列 $\{x_{n_k}\}$ 都收敛,且都以 $a$ 为极限.

**证** 先证充分性.由于数列 $\{x_n\}$ 本身也可看成它的一个子列,因此由条件得证.

下面证明必要性.由 $\lim\limits_{n \to \infty} x_n = a$,$\forall \varepsilon > 0$,$\exists N > 0$,当 $n > N$ 时,有
$$|x_n - a| < \varepsilon.$$
取 $K = N$,则当 $k > K$ 时,有 $n_k > n_K = n_N \geqslant N$,从而
$$|x_{n_k} - a| < \varepsilon.$$
故有
$$\lim\limits_{k \to \infty} x_{n_k} = a.$$

定理 4 用来判别数列 $\{x_n\}$ 发散,有时是很方便的.如果在数列 $\{x_n\}$ 中有一个子列发散,或者有两个子列不收敛于同一极限值,则可断言 $\{x_n\}$ 是发散的.

**例 4** 判别数列 $\left\{x_n = \sin\dfrac{n\pi}{8}\right\}$ $(n \in \mathbf{N}^*)$ 的敛散性.

**解** 在数列 $\{x_n\}$ 中选取两个子列:
$$\left\{\sin\dfrac{8k\pi}{8}\right\}(k \in \mathbf{N}^*), \quad 即 \quad \left\{\sin\dfrac{8\pi}{8}, \sin\dfrac{16\pi}{8}, \cdots, \sin\dfrac{8k\pi}{8}, \cdots\right\};$$
$$\left\{\sin\dfrac{(16k+4)\pi}{8}\right\}(k \in \mathbf{N}^*), \quad 即 \quad \left\{\sin\dfrac{20\pi}{8}, \sin\dfrac{36\pi}{8}, \cdots, \sin\dfrac{(16k+4)\pi}{8}, \cdots\right\}.$$

显然,第一个子列收敛于 0,而第二个子列收敛于 1,因此原数列 $\left\{\sin\dfrac{n\pi}{8}\right\}$ 发散.

### 三、收敛准则

**定义 5** 数列 $\{x_n\}$ 的项若满足 $x_1 \leqslant x_2 \leqslant \cdots \leqslant x_n \leqslant x_{n+1} \leqslant \cdots$,则称 $\{x_n\}$ 为**单调增加数列**;若满足 $x_1 \geqslant x_2 \geqslant \cdots \geqslant x_n \geqslant x_{n+1} \geqslant \cdots$,则称 $\{x_n\}$ 为**单调减少数列**.当上述不等式中的等号都不成立时,则分别称 $\{x_n\}$ 是**严格单调增加数列**和**严格单调减少数列**.

**定理 5（单调有界数列收敛准则）** 单调增加有上界的数列必有极限,单调减少有下界的数列必有极限.

该准则的证明涉及较多的基础理论,在此略去.

**例 5** 证明：数列 $\left\{\left(1+\dfrac{1}{n}\right)^n\right\}$ 收敛.

**证** 根据单调有界数列收敛准则,只须证明数列 $\left\{\left(1+\dfrac{1}{n}\right)^n\right\}$ 单调增加且有上界（或单调减少且有下界）.

由二项式定理,我们知道

$$x_n = \left(1+\dfrac{1}{n}\right)^n = 1 + C_n^1 \dfrac{1}{n} + C_n^2 \dfrac{1}{n^2} + \cdots + C_n^n \dfrac{1}{n^n}$$

$$= 1 + 1 + \dfrac{1}{2!}\left(1-\dfrac{1}{n}\right) + \dfrac{1}{3!}\left(1-\dfrac{1}{n}\right)\left(1-\dfrac{2}{n}\right) + \cdots$$

$$+ \dfrac{1}{n!}\left(1-\dfrac{1}{n}\right)\left(1-\dfrac{2}{n}\right)\cdots\left(1-\dfrac{n-1}{n}\right),$$

$$x_{n+1} = \left(1+\dfrac{1}{n+1}\right)^{n+1} = 1 + C_{n+1}^1 \dfrac{1}{n+1} + C_{n+1}^2 \dfrac{1}{(n+1)^2} + \cdots + C_{n+1}^{n+1} \dfrac{1}{(n+1)^{n+1}}$$

$$= 1 + 1 + \dfrac{1}{2!}\left(1-\dfrac{1}{n+1}\right) + \dfrac{1}{3!}\left(1-\dfrac{1}{n+1}\right)\left(1-\dfrac{2}{n+1}\right) + \cdots$$

$$+ \dfrac{1}{n!}\left(1-\dfrac{1}{n+1}\right)\left(1-\dfrac{2}{n+1}\right)\cdots\left(1-\dfrac{n-1}{n+1}\right)$$

$$+ \dfrac{1}{(n+1)!}\left(1-\dfrac{1}{n+1}\right)\left(1-\dfrac{2}{n+1}\right)\cdots\left(1-\dfrac{n}{n+1}\right),$$

逐项比较 $x_n$ 与 $x_{n+1}$ 的每一项,有

$$x_n < x_{n+1}, \quad n = 1, 2, \cdots.$$

这说明数列 $\{x_n\}$ 单调增加.又

$$x_n < 1 + 1 + \dfrac{1}{2!} + \dfrac{1}{3!} + \cdots + \dfrac{1}{n!}$$

$$< 1 + 1 + \dfrac{1}{2} + \dfrac{1}{2^2} + \cdots + \dfrac{1}{2^{n-1}}$$

$$= 1 + \dfrac{1-\dfrac{1}{2^n}}{1-\dfrac{1}{2}} = 3 - \dfrac{1}{2^{n-1}} < 3,$$

即数列 $\left\{\left(1+\dfrac{1}{n}\right)^n\right\}$ 有上界.由单调有界数列收敛准则可知,数列 $\left\{\left(1+\dfrac{1}{n}\right)^n\right\}$ 收敛.

我们将数列 $\left\{\left(1+\dfrac{1}{n}\right)^n\right\}$ 的极限记为 e,即

$$\lim_{n\to\infty}\left(1+\frac{1}{n}\right)^n = e.$$

事实上,这里的极限 e 就是自然对数函数的底.

下面给出数列收敛的一个充要条件.

**\*定理 6[柯西(Cauchy)收敛准则]** 数列 $\{x_n\}$ 收敛 $\Leftrightarrow \forall \varepsilon > 0, \exists N > 0$,使得当 $m, n > N$ 时,有

$$|x_n - x_m| < \varepsilon.$$

这个收敛准则所反映的事实是"收敛数列各项的值越到后面,彼此越是接近,以致它们之间差的绝对值可小于任意给定的正数". 或者形象地说,这些数列的项越到后面越是"挤"在一起. 把定理的结果与数列极限的定义相比较便会发现,柯西收敛准则把原来的 $x_n$ 与极限值 $a$ 的关系换成了 $x_n$ 与 $x_m$ 的关系,其好处是无须借助数列以外的数 $a$,只要根据数列本身的特征就可讨论它的敛散性.

关于该定理的证明我们略去.

**例 6** 证明:数列 $\{x_n\} = \left\{1 + \frac{1}{2} + \frac{1}{3} + \cdots + \frac{1}{n}\right\}$ 发散.

**证** $\forall n \in \mathbf{N}^*$,取 $m = 2n$,有

$$|x_m - x_n| = \frac{1}{n+1} + \frac{1}{n+2} + \cdots + \frac{1}{n+n}$$

$$\geqslant \frac{1}{n+n} + \frac{1}{n+n} + \cdots + \frac{1}{n+n} = \frac{1}{2}.$$

于是,若取 $\varepsilon = \frac{1}{2}$,则 $\forall N > 0$,当 $n > N$ 时,都有

$$|x_{2n} - x_n| > \frac{1}{2} = \varepsilon.$$

由柯西收敛准则可知,数列 $\{x_n\} = \left\{1 + \frac{1}{2} + \cdots + \frac{1}{n}\right\}$ 发散.

• **习题 1-2**

1. 写出下列数列的通项公式,并观察其变化趋势:

(1) $0, \frac{1}{3}, \frac{2}{4}, \frac{3}{5}, \frac{4}{6}, \cdots$;

(2) $1, 0, -3, 0, 5, 0, -7, 0, \cdots$;

(3) $-3, \frac{5}{3}, -\frac{7}{5}, \frac{9}{7}, \cdots$.

2. 对下列数列求 $a = \lim\limits_{n \to \infty} x_n$：

(1) $\left\{x_n = \dfrac{1}{n} \sin \dfrac{n\pi}{2}\right\}$；

(2) $\{x_n = \sqrt{n+2} - \sqrt{n}\}$.

3. 根据数列极限的定义，证明：

(1) $\lim\limits_{n \to \infty} \dfrac{1}{n^2} = 0$；

(2) $\lim\limits_{n \to \infty} \dfrac{3n-1}{2n+1} = \dfrac{3}{2}$；

(3) $\lim\limits_{n \to \infty} \dfrac{\sqrt{n^2 + a^2}}{n} = 1$ （$a$ 为常数）；

(4) $\lim\limits_{n \to \infty} 0.\overset{n\uparrow}{\overbrace{99\cdots 9}} = 1$.

4. (1) 若 $\lim\limits_{n \to \infty} x_n = a$，证明：$\lim\limits_{n \to \infty} |x_n| = |a|$，并举例说明反之不一定成立.

(2) 若 $\lim\limits_{n \to \infty} |x_n| = 0$，证明：$\lim\limits_{n \to \infty} x_n = 0$.

5. 利用收敛准则证明下列数列有极限：

(1) $x_1 = \sqrt{2}, x_{n+1} = \sqrt{2 x_n}, n = 1, 2, \cdots$；

(2) $x_1 = 1, x_{n+1} = 1 + \dfrac{x_n}{1 + x_n}, n = 1, 2, \cdots$.

6. 设 $k$ 为正整数，证明：若 $\lim\limits_{n \to \infty} x_n = A$，则 $\lim\limits_{n \to \infty} x_{n+k} = A$.

7. 证明：若 $\lim\limits_{n \to \infty} x_{2n} = \lim\limits_{n \to \infty} x_{2n+1} = A$，则 $\lim\limits_{n \to \infty} x_n = A$.

## 第三节 函数的极限

函数的概念反映了客观事物相互依赖的关系．它是从数量方面来描述这种关系的，但在某些实际问题中，仅仅知道函数关系是不够的，还必须考虑在自变量按照某种方式变化时，相应的函数值的变化趋势，即所谓的函数极限，才能使问题得到解决.

正如我们对数列极限的定义，数列 $\{x_n\}$ 可看作自变量为正整数 $n$ 的函数：

$$x_n = f(n), \quad n \in \mathbf{N}^*,$$

所以数列极限可视为函数极限的特殊类型．下面介绍函数极限的一般类型．

### 一、$x \to \infty$ 时函数的极限

当自变量 $x$ 的绝对值无限增大时，函数值无限接近于一个常数的情形与数列的极限类似，所不同的只是自变量的变化可以是连续的.

**定义 1** 设存在常数 $a$，使得函数 $f(x)$ 在区间 $[a, +\infty)$ 上有定义．如果存在常数 $A$，对于任意给定的正数 $\varepsilon$（无论它多么小），总存在正数 $X$，使得当 $x$ 满足不等式 $x > X$ 时，对应的函数值 $f(x)$ 都满足不等式

$$|f(x)-A|<\varepsilon,$$

则称**函数 $f(x)$ 当 $x\to+\infty$ 时的极限存在并以 $A$ 为极限**,记作

$$\lim_{x\to+\infty}f(x)=A \quad \text{或} \quad f(x)\to A \quad (x\to+\infty).$$

在定义1中正数 $X$ 的作用与数列极限定义中的正整数 $N$ 类似,用来说明 $x$ 足够大的程度,所不同的是,这里考虑的是比 $X$ 大的所有实数 $x$,而不仅仅是自然数 $n$. 因此,当 $x\to+\infty$ 时,函数 $f(x)$ 以 $A$ 为极限意味着:$A$ 的任何邻域必含有 $f(x)$ 在某个区间 $[X,+\infty)$ 上的所有函数值.

定义1的**几何意义**如图1-33所示,在平面直角坐标系中作直线 $y=A-\varepsilon$ 和 $y=A+\varepsilon$,则总有一个正数 $X$ 存在,使得当 $x>X$ 时,函数 $y=f(x)$ 的图形位于这两条直线之间.

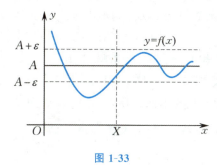

动画视频

图 1-33

类似于定义1,我们可以定义 $x\to-\infty$ 时函数极限的概念,简述如下:

设存在常数 $a$,使得函数 $f(x)$ 在区间 $(-\infty,a]$ 上有定义. 如果存在常数 $A$,$\forall\varepsilon>0$,$\exists X>0$,使得当 $x<-X$ 时,总有

$$|f(x)-A|<\varepsilon,$$

则称**函数 $f(x)$ 当 $x\to-\infty$ 时的极限存在并以 $A$ 为极限**,记作

$$\lim_{x\to-\infty}f(x)=A \quad \text{或} \quad f(x)\to A \quad (x\to-\infty).$$

**例1** 证明:$\lim\limits_{x\to+\infty}\dfrac{\cos x}{\sqrt{x}}=0$.

**证** 因 $\left|\dfrac{\cos x}{\sqrt{x}}-0\right|=\left|\dfrac{\cos x}{\sqrt{x}}\right|\leqslant\dfrac{1}{\sqrt{x}}$,故 $\forall\varepsilon>0$,要使得 $\left|\dfrac{\cos x}{\sqrt{x}}-0\right|<\varepsilon$,只要

$$\dfrac{1}{\sqrt{x}}<\varepsilon,\quad\text{即}\quad x>\dfrac{1}{\varepsilon^2}.$$

因此,$\forall\varepsilon>0$,可取 $X=\dfrac{1}{\varepsilon^2}$,则当 $x>X$ 时,有 $\left|\dfrac{\cos x}{\sqrt{x}}-0\right|<\varepsilon$. 故

$$\lim_{x\to+\infty}\dfrac{\cos x}{\sqrt{x}}=0.$$

**例 2** 证明：$\lim\limits_{x\to-\infty}10^x=0$.

**证** $\forall \varepsilon>0$，要使得 $|10^x-0|=10^x<\varepsilon$，只要
$$x<\lg\varepsilon.$$
因此，$\forall \varepsilon>0$，可取 $X=|\lg\varepsilon|+1$，则当 $x<-X$ 时，即有 $|10^x-0|<\varepsilon$. 故
$$\lim_{x\to-\infty}10^x=0.$$

难点讲解

**定义 2** 设函数 $f(x)$ 当 $|x|$ 充分大时有定义. 如果存在常数 $A$，对于任意给定的正数 $\varepsilon$（无论它多么小），总存在正数 $X$，使得当 $x$ 满足不等式 $|x|>X$ 时，对应的函数值 $f(x)$ 都满足不等式
$$|f(x)-A|<\varepsilon,$$
则称 $A$ 为函数 $f(x)$ 当 $x\to\infty$ 时的极限，记作
$$\lim_{x\to\infty}f(x)=A \quad \text{或} \quad f(x)\to A \quad (x\to\infty).$$

由定义 1、定义 2 及绝对值的性质可得下面的定理.

**定理 1** $\lim\limits_{x\to\infty}f(x)=A$ 的充要条件是：
$$\lim_{x\to+\infty}f(x)=\lim_{x\to-\infty}f(x)=A.$$

**例 3** 证明：$\lim\limits_{x\to\infty}\dfrac{x-2}{x+1}=1$.

**证** $\forall \varepsilon>0$，要使得 $\left|\dfrac{x-2}{x+1}-1\right|=\dfrac{3}{|x+1|}<\varepsilon$，只要 $|x+1|>\dfrac{3}{\varepsilon}$，而 $|x+1|\geqslant|x|-1$，故只须
$$|x|-1>\dfrac{3}{\varepsilon}, \quad \text{即} \quad |x|>1+\dfrac{3}{\varepsilon}.$$
因此，$\forall \varepsilon>0$，可取 $X=1+\dfrac{3}{\varepsilon}$，则当 $|x|>X$ 时，有 $\left|\dfrac{x-2}{x+1}-1\right|<\varepsilon$. 故
$$\lim_{x\to\infty}\dfrac{x-2}{x+1}=1.$$

## 二、$x\to x_0$ 时函数的极限

对一般函数而言，除了考察自变量 $x$ 的绝对值无限增大时，函数值 $f(x)$ 的变化趋势问题外，还可研究 $x$ 无限接近有限值 $x_0$ 时，函数值 $f(x)$ 的变化趋势问题. 它与 $x\to\infty$ 时函数的极限类似，只是 $x$ 的趋向不同，因此只须对 $x$ 无限接近 $x_0$ 时 $f(x)$ 的变化趋势做出确切的描述即可.

**定义 3**　设函数 $f(x)$ 在点 $x_0$ 的某个去心邻域内有定义,$A$ 为常数.若对于任意给定的正数 $\varepsilon$(无论它多么小),总存在正数 $\delta$,使得当 $x$ 满足不等式 $0<|x-x_0|<\delta$ 时,对应的函数值 $f(x)$ 都满足不等式
$$|f(x)-A|<\varepsilon,$$
则称**函数 $f(x)$ 当 $x\to x_0$ 时的极限存在并以 $A$ 为极限**,记作
$$\lim_{x\to x_0}f(x)=A \quad 或 \quad f(x)\to A \quad (x\to x_0).$$

上述定义称为 $x\to x_0$ 时函数极限的分析定义或 $x\to x_0$ 时函数极限的 "$\varepsilon$-$\delta$" 定义.研究函数 $f(x)$ 当 $x\to x_0$ 的极限时,我们关心的是 $x$ 无限接近 $x_0$ 时 $f(x)$ 的变化趋势,而不关心 $f(x)$ 在点 $x_0$ 处有无定义、其值的大小如何,因此定义中使用了去心邻域.这就是说,函数 $f(x)$ 在点 $x_0$ 处有无极限与 $f(x)$ 在该点处有没有定义无关.

函数 $f(x)$ 当 $x\to x_0$ 时的极限为 $A$ 的**几何解释**如下:任意给定一正数 $\varepsilon$,在平面直角坐标系中作平行于 $x$ 轴的两条直线 $y=A+\varepsilon$ 和 $y=A-\varepsilon$,介于这两条直线之间是一横条区域.根据定义,对于给定的 $\varepsilon$,存在点 $x_0$ 的一个 $\delta$ 邻域 $(x_0-\delta,x_0+\delta)$,当 $y=f(x)$ 的图形上的点的横坐标 $x$ 在 $(x_0-\delta,x_0+\delta)$ 内,但 $x\neq x_0$ 时,这些点的纵坐标 $f(x)$ 满足不等式
$$|f(x)-A|<\varepsilon \quad 或 \quad A-\varepsilon<f(x)<A+\varepsilon.$$
换言之,这些点落在上面所作的横条区域内,如图 1-34 所示.

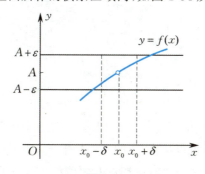

图 1-34

**例 4**　证明:$\displaystyle\lim_{x\to 1}\frac{x^2-1}{x-1}=2$.

**证**　函数 $f(x)=\dfrac{x^2-1}{x-1}$ 在点 $x=1$ 处无定义.$\forall \varepsilon>0$,要找 $\delta>0$,使得 $0<|x-1|<\delta$ 时,
$$\left|\frac{x^2-1}{x-1}-2\right|=|x-1|<\varepsilon$$
成立.因此,$\forall \varepsilon>0$,可取 $\delta=\varepsilon$,则当 $0<|x-1|<\delta$ 时,$\left|\dfrac{x^2-1}{x-1}-2\right|<\varepsilon$ 成立.故

$$\lim_{x \to 1} \frac{x^2-1}{x-1} = 2.$$

**例 5** 证明:$\lim\limits_{x \to x_0} \sin x = \sin x_0$.

**证** 因为 $|\sin x| \leqslant |x|$,$|\cos x| \leqslant 1$,所以

$$|\sin x - \sin x_0| = 2\left|\cos\frac{x+x_0}{2}\sin\frac{x-x_0}{2}\right| \leqslant |x-x_0|.$$

因此,$\forall \varepsilon > 0$,可取 $\delta = \varepsilon$,则当 $0 < |x-x_0| < \delta$ 时,$|\sin x - \sin x_0| < \varepsilon$ 成立. 故

$$\lim_{x \to x_0} \sin x = \sin x_0.$$

类似地,可以证明:$\lim\limits_{x \to x_0} \cos x = \cos x_0$.

**例 6** 证明:$\lim\limits_{x \to 2} \sqrt{x+7} = 3$.

**证** 函数 $f(x) = \sqrt{x+7}$ 的定义域为 $x \geqslant -7$. $\forall \varepsilon > 0$,要找 $\delta > 0$,使得 $0 < |x-2| < \delta$ 时,$x \geqslant -7$ 且

$$\left|\sqrt{x+7} - 3\right| = \frac{\left|(\sqrt{x+7}-3)(\sqrt{x+7}+3)\right|}{\left|\sqrt{x+7}+3\right|}$$

$$= \frac{|x-2|}{|\sqrt{x+7}+3|} \leqslant |x-2| < \varepsilon$$

成立. 因此,$\forall \varepsilon > 0$,可取 $\delta = \min\{9, \varepsilon\}$,则当 $0 < |x-2| < \delta$ 时,$x \geqslant -7$ 且 $\left|\sqrt{x+7}-3\right| < \varepsilon$ 成立. 故

$$\lim_{x \to 2} \sqrt{x+7} = 3.$$

在考察函数 $f(x)$ 当 $x \to x_0$ 的极限时,应注意 $x$ 趋于点 $x_0$ 的方式是任意的,动点 $x$ 在 $x$ 轴上既可以从点 $x_0$ 的左侧趋于 $x_0$,也可以从点 $x_0$ 的右侧趋于 $x_0$,甚至可以跳跃式地时左时右地从左右两侧趋于 $x_0$. 但在有些实际问题中,有时只能或只须考虑 $x$ 从点 $x_0$ 的一侧($x > x_0$ 或 $x < x_0$)趋于 $x_0$ 时函数的极限,即所谓的单侧极限.

**定义 4** 设函数 $f(x)$ 在点 $x_0$ 的某个右(或左)邻域内有定义. 如果存在常数 $A$,对于任意给定的正数 $\varepsilon$(无论它多么小),总存在正数 $\delta$,使得当 $x$ 满足不等式 $0 < x - x_0 < \delta$(或 $0 < x_0 - x < \delta$)时,对应的函数值 $f(x)$ 都满足不等式

$$|f(x) - A| < \varepsilon,$$

则称 $A$ 为函数 $f(x)$ 当 $x \to x_0$ 时的右(或左)极限,记作

$$\lim_{x \to x_0^+} f(x) = A \quad \left[\text{或} \lim_{x \to x_0^-} f(x) = A\right]$$

或

$$f(x_0^+) = A \quad [\text{或} \ f(x_0^-) = A].$$

左极限与右极限统称为**单侧极限**.

由定义 3 和定义 4 可得下面的结论.

**定理 2** $\lim\limits_{x \to x_0} f(x) = A$ 的充要条件是：

$$\lim_{x \to x_0^-} f(x) = \lim_{x \to x_0^+} f(x) = A.$$

由此可以看出，如果 $f(x_0^+), f(x_0^-)$ 中至少有一个不存在，或者它们虽然都存在，但不相等，就可以断言函数 $f(x)$ 在点 $x_0$ 处的极限不存在. 这一方法常常用来讨论分段函数在分界点处的极限存在问题.

**例 7** 设函数

$$f(x) = \begin{cases} \cos x, & x < 0, \\ 1 - x, & x \geqslant 0, \end{cases}$$

讨论 $\lim\limits_{x \to 0} f(x)$ 是否存在.

**解** $x = 0$ 是此分段函数的分界点，而由左极限和右极限的定义，有

$$\lim_{x \to 0^-} f(x) = \lim_{x \to 0^-} \cos x = \cos 0 = 1,$$

$$\lim_{x \to 0^+} f(x) = \lim_{x \to 0^+} (1 - x) = 1,$$

故 $\lim\limits_{x \to 0} f(x) = 1$.

**例 8** 设函数

$$f(x) = \begin{cases} x, & x \leqslant 0, \\ 1, & x > 0, \end{cases}$$

讨论 $\lim\limits_{x \to 0} f(x)$ 是否存在.

**解** 因为

$$\lim_{x \to 0^-} f(x) = \lim_{x \to 0^-} x = 0,$$

$$\lim_{x \to 0^+} f(x) = \lim_{x \to 0^+} 1 = 1,$$

即 $\lim\limits_{x \to 0^-} f(x) \neq \lim\limits_{x \to 0^+} f(x)$，所以 $\lim\limits_{x \to 0} f(x)$ 不存在.

**例 9** 设函数

$$f(x) = \begin{cases} \mathrm{e}^x, & x > 0, \\ x + b, & x \leqslant 0, \end{cases}$$

问 $b$ 取何值时，可使得极限 $\lim\limits_{x \to 0} f(x)$ 存在？

**解** 利用右极限和左极限的定义，有

$$\lim_{x \to 0^+} f(x) = \lim_{x \to 0^+} e^x = 1,$$
$$\lim_{x \to 0^-} f(x) = \lim_{x \to 0^-} (x+b) = b.$$

要使得 $\lim\limits_{x \to 0} f(x)$ 存在,必须 $\lim\limits_{x \to 0^+} f(x) = \lim\limits_{x \to 0^-} f(x)$,因此 $b = 1$.

### 三、函数极限的性质

与数列极限的性质类似,函数极限也具有下述性质,且其证明过程与数列极限相应定理的证明过程相似,有兴趣的读者可自行完成各定理的证明.

**定理 3** 若 $\lim\limits_{x \to *} f(x)$ 存在,则此极限必唯一.

该极限中的 $*$ 可取 $x_0, x_0^-, x_0^+, \infty, -\infty, +\infty$,后面如无特别说明,都同样表示.

**定理 4(函数的局部有界性)** 如果 $\lim\limits_{x \to x_0} f(x) = A$,那么存在常数 $M > 0$ 和 $\delta > 0$,使得当 $0 < |x - x_0| < \delta$ 时,有
$$|f(x)| \leqslant M.$$

证 因为 $\lim\limits_{x \to x_0} f(x) = A$,根据函数极限的"$\varepsilon$-$\delta$"定义,取 $\varepsilon = 1$,则 $\exists \delta > 0$,当 $0 < |x - x_0| < \delta$ 时,有
$$|f(x) - A| < 1.$$
而
$$|f(x)| = |f(x) - A + A| \leqslant |f(x) - A| + |A| < |A| + 1.$$
记 $M = |A| + 1$,故
$$|f(x)| \leqslant M.$$

类似可证:如果 $\lim\limits_{x \to \infty} f(x) = A$,那么存在正常数 $M$ 和 $X$,使得当 $|x| > X$ 时,有
$$|f(x)| \leqslant M.$$

对单侧极限也有类似的结论. 另外,我们必须注意,该定理的逆命题是不成立的. 例如,$y = \sin x$ 为有界函数,但从函数 $y = \sin x$ 的图形容易看出 $\lim\limits_{x \to \infty} \sin x$ 不存在.

**定理 5** 若 $\lim\limits_{x \to x_0} f(x) = A$ 且 $A > 0$(或 $A < 0$),则存在 $\delta > 0$,使得对于一切满足不等式 $0 < |x - x_0| < \delta$ 的 $x$,有
$$f(x) > 0 \quad [\text{或 } f(x) < 0].$$

若 $\lim\limits_{x \to \infty} f(x) = A$ 且 $A > 0$(或 $A < 0$),则存在 $X > 0$,使得对于一切满足不等式 $|x| > X$ 的 $x$,有

$f(x) > 0$ [或 $f(x) < 0$].

**推论 1** 若在某极限过程中有 $f(x) \geqslant 0$(或 $f(x) \leqslant 0$),且 $\lim_{x \to *} f(x) = A$,则 $A \geqslant 0$(或 $A \leqslant 0$).

### 四、函数极限与数列极限的关系

**定理 6** $\lim_{x \to x_0} f(x) = A$ 的充要条件是:对于任意的数列 $\{x_n\}$,$x_n \in D(f)(x_n \neq x_0)$,当 $x_n \to x_0 (n \to \infty)$ 时,都有 $\lim_{n \to \infty} f(x_n) = A$,这里 $A$ 可为有限数或为 $\infty$.

此定理的证明较繁,此处从略.

定理 6 常被用于证明某些极限不存在.

**例 10** 证明:极限 $\lim_{x \to 0} \cos \dfrac{1}{x}$ 不存在.

**证** 取 $\{x_n\} = \left\{\dfrac{1}{2n\pi}\right\}$,则 $\lim_{n \to \infty} x_n = \lim_{n \to \infty} \dfrac{1}{2n\pi} = 0$,而

$$\lim_{n \to \infty} \cos \dfrac{1}{x_n} = \lim_{n \to \infty} \cos 2n\pi = 1.$$

又取 $\{x_n'\} = \left\{\dfrac{1}{(2n+1)\pi}\right\}$,则 $\lim_{n \to \infty} x_n' = \lim_{n \to \infty} \dfrac{1}{(2n+1)\pi} = 0$,而

$$\lim_{n \to \infty} \cos \dfrac{1}{x_n'} = \lim_{n \to \infty} \cos(2n+1)\pi = -1.$$

由于

$$\lim_{n \to \infty} \cos \dfrac{1}{x_n} \neq \lim_{n \to \infty} \cos \dfrac{1}{x_n'},$$

因此 $\lim_{x \to 0} \cos \dfrac{1}{x}$ 不存在.

类似地,可以证明极限 $\lim_{x \to 0} \sin \dfrac{1}{x}$ 不存在.

---

• 习题 1-3

1. 选择题:

(1) 设函数 $f(x) = \begin{cases} 1, & x \neq 1, \\ 0, & x = 1, \end{cases}$ 则 $\lim_{x \to 1} f(x) = (\quad)$.

A. 不存在　　　　B. $\infty$　　　　C. 0　　　　D. 1

(2) 设函数 $f(x)=|x|$,则 $\lim\limits_{x\to 1}f(x)=(\quad)$.

A. $-1$      B. 1      C. 0      D. 不存在

(3) $f(x_0^+)$ 与 $f(x_0^-)$ 都存在是函数 $f(x)$ 在点 $x=x_0$ 处有极限的( ).

A. 必要条件      B. 充分条件      C. 充要条件      D. 无关条件

(4) 函数 $f(x)$ 在点 $x_0$ 处有定义是当 $x\to x_0$ 时 $f(x)$ 有极限的( ).

A. 必要条件      B. 充分条件      C. 充要条件      D. 无关条件

(5) 设函数 $f(x)=\dfrac{|x-1|}{x-1}$,则 $\lim\limits_{x\to 1}f(x)=(\quad)$.

A. 0      B. $-1$      C. 1      D. 不存在

2. 证明: $\lim\limits_{x\to 0}\arctan\dfrac{1}{x}$ 不存在.

*3. 根据函数极限的定义,证明:

(1) $\lim\limits_{x\to +\infty}\dfrac{\sin x}{x}=0$;

(2) $\lim\limits_{x\to \infty}\dfrac{3x^2-1}{x^2+4}=3$;

(3) $\lim\limits_{x\to -2}\dfrac{x^2-4}{x+2}=-4$;

(4) $\lim\limits_{x\to -\frac{1}{2}}\dfrac{1-4x^2}{2x+1}=2$;

(5) $\lim\limits_{x\to 0}x\sin\dfrac{1}{x}=0$.

4. 证明: $\lim\limits_{x\to 0}\sin\dfrac{1}{x}$ 不存在.

习题答案

## 第四节 无穷大量与无穷小量

在讨论函数的变化趋势时,有两种变化趋势是数学理论研究和处理实际问题时经常遇到的,这就是本节要介绍的无穷大量与无穷小量的概念,尤其是无穷小量的概念非常有用.

### 一、无穷大量

在函数极限不存在的各种情形下,有一种较为特别的情形,即当 $x\to x_0$ 或 $x\to \infty$ 时,$|f(x)|$ 无限增大的情形. 例如,函数 $f(x)=\dfrac{1}{1-x}$,当 $x\to 1$ 时,$|f(x)|=\left|\dfrac{1}{1-x}\right|$ 无限增大. 这就是下面要介绍的无穷大量.

定义 1    设函数 $f(x)$ 在点 $x_0$ 的某个去心邻域内(或 $|x|$ 大于某个正数

时)有定义. 如果对于任意给定的正数 $M$(无论它多么大),总存在正数 $\delta$(或正数 $X$),只要 $x$ 满足不等式 $0<|x-x_0|<\delta$(或 $|x|>X$),对应的函数值 $f(x)$ 总满足不等式
$$|f(x)|>M,$$
则称函数 $f(x)$ 为当 $x \to x_0$(或 $x \to \infty$)时的**无穷大量**,简称**无穷大**.

若用 $f(x)>M$ 代替上述定义中的 $|f(x)|>M$,则得到**正无穷大**的定义;若用 $f(x)<-M$ 代替 $|f(x)|>M$,则得到**负无穷大**的定义.

分别将某极限过程中的无穷大、正无穷大、负无穷大记作
$$\lim_{x \to *} f(x) = \infty, \quad \lim_{x \to *} f(x) = +\infty, \quad \lim_{x \to *} f(x) = -\infty.$$

**例 1**  $\lim\limits_{x \to 1} \dfrac{1}{(x-1)^2} = +\infty$,即当 $x \to 1$ 时,$\dfrac{1}{(x-1)^2}$ 是正无穷大;

$\lim\limits_{x \to -1} \dfrac{-1}{(x+1)^2} = -\infty$,即当 $x \to -1$ 时,$\dfrac{-1}{(x+1)^2}$ 是负无穷大;

$\lim\limits_{x \to 0^+} \ln x = -\infty, \quad \lim\limits_{x \to \frac{\pi}{2}^-} \tan x = +\infty, \quad \lim\limits_{x \to \frac{\pi}{2}^+} \tan x = -\infty.$

应该注意,称一个函数为无穷大时,必须明确地指出自变量的变化趋势. 对于一个函数,一般来说,自变量的趋向不同会导致函数值的趋向不同. 例如,函数 $y = \tan x$,当 $x \to \dfrac{\pi}{2}$ 时,它是一个无穷大,而当 $x \to 0$ 时,它趋于 $0$.

由无穷大的定义可知,在某个极限过程中的无穷大必是无界的,但其逆命题不成立. 例如,从函数 $y = x \sin x$ 的图形可以看出 $x \sin x$ 在区间 $[0, +\infty)$ 内无界,但此函数当 $x \to +\infty$ 时不是无穷大.

## 二、无穷小量

**定义 2**  设函数 $\alpha(x)$ 在点 $x_0$ 的某个去心邻域内(或 $|x|$ 大于某个正数时)有定义. 如果对于任意给定的 $\varepsilon > 0$(无论它多么小),总存在 $\delta > 0$(或 $X > 0$),使得当 $0 < |x - x_0| < \delta$(或 $|x| > X$)时,有
$$|\alpha(x)| < \varepsilon$$
成立,则称函数 $\alpha(x)$ 为当 $x \to x_0$(或 $x \to \infty$)时的**无穷小量**,简称**无穷小**.

习惯上,我们往往把无穷小说成"极限为 $0$ 的变量",这使得它的判别与应用更加简单.

**例 2**  当 $x \to 2$ 时,$y = 2x - 4$ 是无穷小,这是因为 $\lim\limits_{x \to 2}(2x-4) = 0$.

当 $x \to \infty$ 时,$y = \dfrac{1}{x}$ 也是无穷小,这是因为 $\lim\limits_{x \to \infty} \dfrac{1}{x} = 0$.

下面的定理说明了无穷小与函数极限的关系.

**定理 1**　对于某个极限过程 $x \to *$，$\lim\limits_{x \to *} f(x) = A$ 的充要条件是：$f(x) = A + \alpha(x)$，其中 $\alpha(x)$ 为该极限过程中的无穷小.

**证**　为方便起见，仅对 $x \to x_0$ 的情形证明，其他极限过程可类似证明.

必要性. 设 $\lim\limits_{x \to x_0} f(x) = A$. 记 $\alpha(x) = f(x) - A$，则 $\forall \varepsilon > 0, \exists \delta > 0$，当 $x \in \mathring{U}(x_0, \delta)$ 时，$|f(x) - A| < \varepsilon$，即
$$|\alpha(x) - 0| < \varepsilon.$$
由极限的定义可知，$\lim\limits_{x \to x_0} \alpha(x) = 0$，即 $\alpha(x)$ 是当 $x \to x_0$ 时的无穷小，且
$$f(x) = A + \alpha(x).$$

充分性. 若当 $x \to x_0$ 时，$\alpha(x)$ 是无穷小，则 $\forall \varepsilon > 0, \exists \delta > 0$，当 $x \in \mathring{U}(x_0, \delta)$ 时，
$$|\alpha(x) - 0| < \varepsilon, \quad 即 \quad |f(x) - A| < \varepsilon.$$
由极限的定义可知，$\lim\limits_{x \to x_0} f(x) = A$.

下面推导无穷大与无穷小之间的关系.

**定理 2**　在同一极限过程中，若 $f(x)$ 为无穷大，则 $\dfrac{1}{f(x)}$ 为无穷小；反之，若 $f(x)$ 为无穷小，且 $f(x) \neq 0$，则 $\dfrac{1}{f(x)}$ 为无穷大.

**证**　仅对 $x \to x_0$ 的情形证明，其他情形仿此可证.

设 $\lim\limits_{x \to x_0} f(x) = \infty$，则 $\forall \varepsilon > 0$，令 $M = \dfrac{1}{\varepsilon}$，$\exists \delta > 0$，当 $x \in \mathring{U}(x_0, \delta)$ 时，
$$|f(x)| > M = \dfrac{1}{\varepsilon}, \quad 即 \quad \left|\dfrac{1}{f(x)}\right| < \varepsilon.$$
故 $\dfrac{1}{f(x)}$ 为当 $x \to x_0$ 时的无穷小.

反之，若 $\lim\limits_{x \to x_0} f(x) = 0$ 且 $f(x) \neq 0$，则 $\forall M > 0$，令 $\varepsilon = \dfrac{1}{M}$，$\exists \delta > 0$，当 $x \in \mathring{U}(x_0, \delta)$ 时，
$$|f(x)| < \varepsilon = \dfrac{1}{M}, \quad 即 \quad \left|\dfrac{1}{f(x)}\right| > M.$$
故 $\dfrac{1}{f(x)}$ 为当 $x \to x_0$ 时的无穷大.

### 三、无穷小的性质

**定理 3**　在某个极限过程中，如果 $\alpha(x), \beta(x)$ 为无穷小，则 $\alpha(x) \pm \beta(x)$ 也为无穷小.

**证** 只证 $x \to x_0$ 的情形,其他情形的证明类似.

因 $x \to x_0$ 时,$\alpha(x),\beta(x)$ 均为无穷小,故 $\forall \varepsilon > 0, \exists \delta_1 > 0$,当 $0 < |x - x_0| < \delta_1$ 时,
$$|\alpha(x)| < \frac{\varepsilon}{2}; \tag{1-4-1}$$
$\exists \delta_2 > 0$,当 $0 < |x - x_0| < \delta_2$ 时,
$$|\beta(x)| < \frac{\varepsilon}{2}. \tag{1-4-2}$$
取 $\delta = \min\{\delta_1, \delta_2\}$,则当 $0 < |x - x_0| < \delta$ 时,式(1-4-1)和式(1-4-2)同时成立,因此
$$|\alpha(x) \pm \beta(x)| \leqslant |\alpha(x)| + |\beta(x)| < \frac{\varepsilon}{2} + \frac{\varepsilon}{2} = \varepsilon.$$
由无穷小的定义可知,当 $x \to x_0$ 时,$\alpha(x) \pm \beta(x)$ 为无穷小.

**推论 1** 在同一极限过程中的有限个无穷小的代数和仍为无穷小.

**定理 4** 在某个极限过程中,若 $\alpha(x)$ 为无穷小,$f(x)$ 为有界函数,则 $\alpha(x)f(x)$ 仍为无穷小.

**证** 只证 $x \to \infty$ 时的情形,其他情形的证明类似.

设 $f(x)$ 为有界函数,则 $\exists M, X_1 > 0$,使得当 $|x| > X_1$ 时,有
$$|f(x)| < M.$$
又因为 $\alpha(x)$ 为当 $x \to \infty$ 时的无穷小,即 $\lim\limits_{x \to \infty} \alpha(x) = 0$,则 $\forall \varepsilon > 0, \exists X_2 > 0$,使得当 $|x| > X_2$ 时,有
$$|\alpha(x)| < \frac{\varepsilon}{M}.$$
取 $X = \max\{X_1, X_2\}$,则对于上述任给的正数 $\varepsilon$,当 $|x| > X$ 时,有
$$|\alpha(x)f(x)| = |\alpha(x)| \cdot |f(x)| < \frac{\varepsilon}{M} \cdot M = \varepsilon.$$
这就证明了当 $x \to \infty$ 时,$\alpha(x)f(x)$ 是无穷小.

**例 3** 求极限 $\lim\limits_{x \to \infty} \dfrac{\sin x}{x}$.

**解** 因为 $|\sin x| \leqslant 1$ 对于任意的 $x \in (-\infty, +\infty)$ 成立,且 $\lim\limits_{x \to \infty} \dfrac{1}{x} = 0$,所以
$$\lim\limits_{x \to \infty} \frac{1}{x} \sin x = 0.$$

**推论 2** 在某个极限过程中,若 $C$ 为常数,$\alpha(x)$ 和 $\beta(x)$ 为无穷小,则

$C\alpha(x), \alpha(x)\beta(x)$ 均为无穷小.

这是因为常数 $C$ 和无穷小均为有界函数. 定理 4 的推论可推广到有限个无穷小乘积的情形.

**定理 5** 在某个极限过程中, 如果 $\alpha(x)$ 为无穷小, $f(x)$ 以 $A$ 为极限且 $A \neq 0$, 则 $\dfrac{\alpha(x)}{f(x)}$ 仍为无穷小.

**证** 由定理 4 可知, 只须证明 $\dfrac{1}{f(x)}$ 有界即可. 我们仅对 $x \to x_0$ 时进行证明, 其他情形类似可证.

因为 $\lim\limits_{x \to x_0} f(x) = A (A \neq 0)$, 则对于 $\varepsilon = \dfrac{|A|}{2}, \exists \delta > 0$, 当 $x \in \mathring{U}(x_0, \delta)$ 时, 有

$$||f(x)| - |A|| \leqslant |f(x) - A| < \dfrac{|A|}{2},$$

从而

$$\dfrac{|A|}{2} < |f(x)| < \dfrac{3|A|}{2},$$

所以

$$\left|\dfrac{1}{f(x)}\right| < \dfrac{2}{|A|} = M,$$

即 $\dfrac{1}{f(x)}$ 在点 $x_0$ 的去心 $\delta$ 邻域内有界.

### 习题 1-4

1. 选择题:

(1) 设 $\alpha$ 和 $\beta$ 分别是同一极限过程中的无穷小与无穷大, 则 $\alpha + \beta$ 是该极限过程中的( ).

A. 无穷小　　　B. 有界变量　　　C. 常量　　　D. 无穷大

(2) "当 $x \to x_0$ 时, $f(x) - A$ 是一个无穷小" 是 "函数 $f(x)$ 在点 $x_0$ 处以 $A$ 为极限" 的( ).

A. 必要条件　　　B. 充分条件　　　C. 充要条件　　　D. 无关条件

*(3) 当 $x \to 0$ 时, $\dfrac{1}{x}\cos\dfrac{1}{x}$ 为( ).

A. 无穷小　　　B. 无穷大　　　C. 无界变量　　　D. 有界变量

2. 求下列极限:

(1) $\lim\limits_{x \to 0} x^2 \cos\dfrac{1}{x}$;

(2) $\lim\limits_{x \to \infty} \dfrac{\arctan x}{x}$.

习题答案

## 第五节 极限的运算法则

前面已经说过,用极限的定义来求极限是很不方便的.因此,需要寻求其他求极限的方法.本节将讨论有关极限的运算法则.

### 一、极限的四则运算法则

**定理 1**  若对于某个极限过程 $x \to *$,$\lim\limits_{x\to *}f(x)=A$,$\lim\limits_{x\to *}g(x)=B$,则

(1) $\lim\limits_{x\to *}[f(x)\pm g(x)]=A\pm B=\lim\limits_{x\to *}f(x)\pm\lim\limits_{x\to *}g(x)$;

(2) $\lim\limits_{x\to *}[f(x)g(x)]=AB=\lim\limits_{x\to *}f(x)\cdot\lim\limits_{x\to *}g(x)$;

(3) $\lim\limits_{x\to *}\dfrac{f(x)}{g(x)}=\dfrac{A}{B}=\dfrac{\lim\limits_{x\to *}f(x)}{\lim\limits_{x\to *}g(x)}\quad (B\neq 0)$.

**证**  仅证(2)和(3),将(1)留给读者证明.

因为 $\lim\limits_{x\to *}f(x)=A$,$\lim\limits_{x\to *}g(x)=B$,所以
$$f(x)=A+\alpha(x),\quad g(x)=B+\beta(x),$$
其中 $\lim\limits_{x\to *}\alpha(x)=0$,$\lim\limits_{x\to *}\beta(x)=0$.于是,
$$\begin{aligned}f(x)g(x)&=[A+\alpha(x)][B+\beta(x)]\\&=AB+A\beta(x)+B\alpha(x)+\alpha(x)\beta(x).\end{aligned}$$
由第四节定理 4 的推论,可得
$$\lim\limits_{x\to *}A\beta(x)=0,\quad \lim\limits_{x\to *}B\alpha(x)=0,\quad \lim\limits_{x\to *}\alpha(x)\beta(x)=0.$$
因此,由(1)可知
$$\lim\limits_{x\to *}[f(x)g(x)]=AB=\lim\limits_{x\to *}f(x)\cdot\lim\limits_{x\to *}g(x).$$

同理,对于(3),只须证明 $\dfrac{f(x)}{g(x)}-\dfrac{A}{B}$ 是无穷小即可.因为
$$\dfrac{f(x)}{g(x)}-\dfrac{A}{B}=\dfrac{A+\alpha(x)}{B+\beta(x)}-\dfrac{A}{B}=\dfrac{B\alpha(x)-A\beta(x)}{B[B+\beta(x)]},$$
由第四节定理 3、定理 4 的推论,可知
$$\lim\limits_{x\to *}[B\alpha(x)-A\beta(x)]=0,$$
由(2)可知
$$\lim\limits_{x\to *}\{B[B+\beta(x)]\}=\lim\limits_{x\to *}B\cdot\lim\limits_{x\to *}[B+\beta(x)]=B^2,$$
最后由第四节定理 5,便得
$$\lim\limits_{x\to *}\dfrac{f(x)}{g(x)}=\dfrac{A}{B}=\dfrac{\lim\limits_{x\to *}f(x)}{\lim\limits_{x\to *}g(x)}\quad (B\neq 0).$$

极限的代数和与积的运算可以推广到有限多项的情形.

**推论1** 对于某个极限过程 $x \to *$,若 $\lim\limits_{x \to *} f(x)$ 存在,$C$ 为常数,则
$$\lim\limits_{x \to *} Cf(x) = C\lim\limits_{x \to *} f(x).$$

这就是说,求极限时,常数因子可提到极限符号外面,因为 $\lim C = C$.

数列极限作为函数极限的特殊类型,上述函数极限的四则运算法则对数列极限也成立.

**推论2** 对于某个极限过程 $x \to *$,若 $\lim\limits_{x \to *} f(x)$ 存在,$n \in \mathbf{N}^*$,则
$$\lim\limits_{x \to *} [f(x)]^n = [\lim\limits_{x \to *} f(x)]^n.$$

**例1** 求极限 $\lim\limits_{x \to 1} \dfrac{3x+1}{x-3}$.

**解** $\lim\limits_{x \to 1} \dfrac{3x+1}{x-3} = \dfrac{\lim\limits_{x \to 1}(3x+1)}{\lim\limits_{x \to 1}(x-3)} = \dfrac{4}{-2} = -2.$

**例2** 求极限 $\lim\limits_{x \to 1} \dfrac{x^n - 1}{x^m - 1}$,其中 $m, n \in \mathbf{N}^*$.

**解** 分子、分母的极限均为 0,这种情形称为"$\dfrac{0}{0}$"型.对此情形不能直接运用极限的四则运算法则,通常应设法去掉分母中的"零因子",那么
$$\lim_{x \to 1} \frac{x^n - 1}{x^m - 1} = \lim_{x \to 1} \frac{(x-1)(x^{n-1} + x^{n-2} + \cdots + x + 1)}{(x-1)(x^{m-1} + x^{m-2} + \cdots + x + 1)}$$
$$= \lim_{x \to 1} \frac{x^{n-1} + x^{n-2} + \cdots + x + 1}{x^{m-1} + x^{m-2} + \cdots + x + 1} = \frac{n}{m}.$$

**例3** 求极限 $\lim\limits_{x \to 2} \dfrac{\sqrt{x+7} - 3}{x - 2}$.

**解** 此极限仍属于"$\dfrac{0}{0}$"型,可采用二次根式有理化的方法去掉分母中的"零因子",那么
$$\lim_{x \to 2} \frac{\sqrt{x+7} - 3}{x - 2} = \lim_{x \to 2} \frac{(\sqrt{x+7} - 3)(\sqrt{x+7} + 3)}{(x-2)(\sqrt{x+7} + 3)}$$
$$= \lim_{x \to 2} \frac{x - 2}{(x-2)(\sqrt{x+7} + 3)}$$
$$= \lim_{x \to 2} \frac{1}{\sqrt{x+7} + 3} = \frac{1}{6}.$$

**例 4** 求极限 $\lim\limits_{x\to\infty}\dfrac{x^2+4}{2x^2-3}$.

**解** 分子、分母均为无穷大，这种情形称为"$\dfrac{\infty}{\infty}$"型. 对此情形不能直接运用极限的四则运算法则，通常应设法将其变形，那么

$$\lim_{x\to\infty}\frac{x^2+4}{2x^2-3}=\lim_{x\to\infty}\frac{1+\dfrac{4}{x^2}}{2-\dfrac{3}{x^2}}=\frac{1}{2}.$$

事实上，当 $a_0\neq 0, b_0\neq 0, m, n$ 为非负整数时，有

$$\lim_{x\to\infty}\frac{a_0 x^n+a_1 x^{n-1}+\cdots+a_{n-1}x+a_n}{b_0 x^m+b_1 x^{m-1}+\cdots+b_{m-1}x+b_m}=\begin{cases}0, & n<m, \\ \dfrac{a_0}{b_0}, & n=m, \\ \infty, & n>m.\end{cases}$$

**例 5** 求极限 $\lim\limits_{x\to -1}\left(\dfrac{1}{x+1}-\dfrac{3}{x^3+1}\right)$.

**解**
$$\lim_{x\to -1}\left(\frac{1}{x+1}-\frac{3}{x^3+1}\right)=\lim_{x\to -1}\frac{x^2-x+1-3}{(x+1)(x^2-x+1)}$$
$$=\lim_{x\to -1}\frac{(x+1)(x-2)}{(x+1)(x^2-x+1)}$$
$$=\lim_{x\to -1}\frac{x-2}{x^2-x+1}=-1.$$

**例 6** 求极限 $\lim\limits_{x\to +\infty}(\sqrt{x^2+x}-\sqrt{x^2+1})$.

**解** 容易证明 $\lim\limits_{x\to +\infty}\sqrt{1+\dfrac{1}{x}}=1$ 和 $\lim\limits_{x\to +\infty}\sqrt{1+\dfrac{1}{x^2}}=1$，从而

$$\lim_{x\to +\infty}(\sqrt{x^2+x}-\sqrt{x^2+1})=\lim_{x\to +\infty}\frac{x-1}{\sqrt{x^2+x}+\sqrt{x^2+1}}$$
$$=\lim_{x\to +\infty}\frac{(x-1)\cdot\dfrac{1}{x}}{(\sqrt{x^2+x}+\sqrt{x^2+1})\cdot\dfrac{1}{x}}$$
$$=\lim_{x\to +\infty}\frac{1-\dfrac{1}{x}}{\sqrt{1+\dfrac{1}{x}}+\sqrt{1+\dfrac{1}{x^2}}}=\frac{1}{2}.$$

## 二、复合函数的极限

**定理 2**  设函数 $y = f[\varphi(x)]$ 由函数 $y = f(u), u = \varphi(x)$ 复合而成. 如果 $\lim\limits_{x \to x_0} \varphi(x) = u_0$,且在点 $x_0$ 的某个去心邻域内,$\varphi(x) \neq u_0$,又 $\lim\limits_{u \to u_0} f(u) = A$,则

$$\lim_{x \to x_0} f[\varphi(x)] = A = \lim_{u \to u_0} f(u).$$

**证**  按函数极限的定义,只须证明 $\forall \varepsilon > 0, \exists \delta > 0$,使得当 $0 < |x - x_0| < \delta$ 时,

$$|f[\varphi(x)] - A| < \varepsilon$$

成立.

因 $\lim\limits_{u \to u_0} f(u) = A$,故 $\forall \varepsilon > 0, \exists \eta > 0$,当 $0 < |u - u_0| < \eta$ 时,

$$|f(u) - A| < \varepsilon$$

成立.

又 $\lim\limits_{x \to x_0} \varphi(x) = u_0$,故对于上面得到的 $\eta > 0, \exists \delta_1 > 0$,当 $0 < |x - x_0| < \delta_1$ 时,

$$|\varphi(x) - u_0| < \eta$$

成立.

由假设,当 $x \in \mathring{U}(x_0, \delta_0)$ 时,$\varphi(x) \neq u_0$,取 $\delta = \min\{\delta_0, \delta_1\}$,则当 $0 < |x - x_0| < \delta$ 时,$|\varphi(x) - u_0| < \eta$ 及 $|\varphi(x) - u_0| \neq 0$ 同时成立,即 $0 < |\varphi(x) - u_0| < \eta$ 成立,从而

$$|f[\varphi(x)] - A| = |f(u) - A| < \varepsilon$$

成立.

由极限的定义知

$$\lim_{x \to x_0} f[\varphi(x)] = A = \lim_{u \to u_0} f(u).$$

在定理 2 中,把 $\lim\limits_{x \to x_0} \varphi(x) = u_0$ 换成 $\lim\limits_{x \to x_0} \varphi(x) = \infty$ 或 $\lim\limits_{x \to \infty} \varphi(x) = \infty$,而把 $\lim\limits_{u \to u_0} f(u) = A$ 换成 $\lim\limits_{u \to \infty} f(u) = A$,可得类似的定理.

定理 2 表示,如果函数 $f(u)$ 和 $\varphi(x)$ 满足该定理的条件,那么做代换 $u = \varphi(x)$ 可把求 $\lim\limits_{x \to x_0} f[\varphi(x)]$ 化为求 $\lim\limits_{u \to u_0} f(u)$,这里 $u_0 = \lim\limits_{x \to x_0} \varphi(x)$.

**例 7**  求极限 $\lim\limits_{x \to 0} e^{\sin x}$.

**解**  令 $y = e^u, u = \sin x$,有

$$\lim_{x \to 0} u = \lim_{x \to 0} \sin x = 0.$$

又由极限的定义容易证明 $\lim\limits_{u \to 0} e^u = 1$,故

$$\lim_{x \to 0} e^{\sin x} = \lim_{u \to 0} e^u = 1.$$

### 习题 1-5

1. 若对于某个极限过程 $x \to *$,$\lim\limits_{x \to *} f(x)$ 与 $\lim\limits_{x \to *} g(x)$ 均不存在,问 $\lim\limits_{x \to *}[f(x) \pm g(x)]$ 是否一定不存在? 试举例说明.

2. 若对于某个极限过程 $x \to *$,$\lim\limits_{x \to *} f(x)$ 存在,$\lim\limits_{x \to *} g(x)$ 不存在,问 $\lim\limits_{x \to *}[f(x) \pm g(x)]$,$\lim\limits_{x \to *}[f(x) g(x)]$ 是否存在? 为什么?

3. 求下列极限:

(1) $\lim\limits_{x \to 3} \dfrac{x^2 - 3}{x^2 + 1}$;

(2) $\lim\limits_{x \to \infty} \dfrac{x^2 - 1}{2x^2 - x - 1}$;

(3) $\lim\limits_{x \to \infty} \dfrac{x^3 - x}{x^4 - 3x^2 + 1}$;

(4) $\lim\limits_{x \to \infty} \dfrac{x^2 + 1}{2x + 1}$;

(5) $\lim\limits_{x \to 1} \left( \dfrac{1}{1-x} - \dfrac{3}{1-x^3} \right)$;

(6) $\lim\limits_{x \to 1} \dfrac{x^2 - 1}{x^3 - 1}$;

(7) $\lim\limits_{x \to 1} \dfrac{\sqrt{3-x} - \sqrt{1+x}}{x^2 - 1}$;

(8) $\lim\limits_{x \to \infty} \dfrac{(x+1)^3 - (x-2)^3}{x^2 + 2x - 3}$.

4. 求下列数列的极限:

(1) $x_1 = \sqrt{2}, x_{n+1} = \sqrt{2 x_n}, n = 1, 2, \cdots$;

(2) $x_1 = 1, x_{n+1} = 1 + \dfrac{x_n}{1 + x_n}, n = 1, 2, \cdots$.

习题答案

## 第六节 极限存在准则与两个重要极限

有些函数的极限不能(或者难以)直接应用极限的运算法则求得,往往需要先判定极限存在,然后用其他方法求得. 这种判定极限存在的法则通常称为**极限存在准则**. 第二节介绍了数列极限的收敛准则,本节介绍几个常用的判定函数极限存在的定理.

## 一、夹逼定理

**定理 1（夹逼定理）** 设函数 $f(x), F_1(x)$ 和 $F_2(x)$ 在点 $x_0$ 的某个去心邻域内有定义,且满足:

(1) $F_1(x) \leqslant f(x) \leqslant F_2(x)$,

(2) $\lim\limits_{x \to x_0} F_1(x) = \lim\limits_{x \to x_0} F_2(x) = a$,

则有 $\lim\limits_{x \to x_0} f(x) = a$.

**证** 由已知条件, $\exists \delta_1 > 0$, 当 $x \in \mathring{U}(x_0, \delta_1)$ 时,
$$F_1(x) \leqslant f(x) \leqslant F_2(x).$$

又由 $\lim\limits_{x \to x_0} F_1(x) = \lim\limits_{x \to x_0} F_2(x) = a$, 知 $\forall \varepsilon > 0, \exists \delta_2 > 0$, 当 $x \in \mathring{U}(x_0, \delta_2)$ 时,
$$|F_1(x) - a| < \varepsilon;$$

$\exists \delta_3 > 0$, 当 $x \in \mathring{U}(x_0, \delta_3)$ 时,
$$|F_2(x) - a| < \varepsilon.$$

取 $\delta = \min\{\delta_1, \delta_2, \delta_3\}$, 则当 $x \in \mathring{U}(x_0, \delta)$ 时,有
$$a - \varepsilon < F_1(x) \leqslant f(x) \leqslant F_2(x) < a + \varepsilon.$$

由函数极限的定义,可知 $\lim\limits_{x \to x_0} f(x) = a$.

夹逼定理虽然只对 $x \to x_0$ 的情形做了叙述和证明,但是将 $x \to x_0$ 换成其他的极限过程,定理仍成立,证明亦类似. 例如,若 $\exists X > 0$, 使得当 $x > X$ 时, 有 $F_1(x) \leqslant f(x) \leqslant F_2(x)$, 且 $\lim\limits_{x \to +\infty} F_1(x) = \lim\limits_{x \to +\infty} F_2(x) = a$, 则
$$\lim\limits_{x \to +\infty} f(x) = a.$$

夹逼定理对数列的极限也成立. 如果数列 $\{x_n\}, \{y_n\}$ 及 $\{z_n\}$ 满足 $y_n \leqslant x_n \leqslant z_n (n = 1, 2, \cdots)$, 且 $\lim\limits_{n \to \infty} y_n = \lim\limits_{n \to \infty} z_n = a$, 那么 $\{x_n\}$ 的极限存在,且 $\lim\limits_{n \to \infty} x_n = a$.

**例 1** 求极限 $\lim\limits_{n \to \infty} \left( \dfrac{1}{\sqrt{n^2+1}} + \dfrac{1}{\sqrt{n^2+2}} + \cdots + \dfrac{1}{\sqrt{n^2+n}} \right)$.

**解** 令 $x_n = \sum\limits_{k=1}^{n} \dfrac{1}{\sqrt{n^2+k}}$, 则 $\dfrac{n}{\sqrt{n^2+n}} < x_n < \dfrac{n}{\sqrt{n^2+1}}$. 又

$$\lim\limits_{n \to \infty} \dfrac{n}{\sqrt{n^2+n}} = \lim\limits_{n \to \infty} \dfrac{1}{\sqrt{1+\dfrac{1}{n}}} = 1, \quad \lim\limits_{n \to \infty} \dfrac{n}{\sqrt{n^2+1}} = \lim\limits_{n \to \infty} \dfrac{1}{\sqrt{1+\dfrac{1}{n^2}}} = 1,$$

由夹逼定理可得 $\lim\limits_{n \to \infty} x_n = 1$, 即原式 $= 1$.

**例 2** 证明: (1) $\lim\limits_{n \to \infty} \sqrt[n]{n} = 1$; (2) $\lim\limits_{n \to \infty} \sqrt[n]{a} = 1 (a > 0)$.

**证** (1) 令 $a_n = \sqrt[n]{n} - 1$, 则 $a_n \geqslant 0$. 又

$$n=(1+a_n)^n=1+na_n+\frac{n(n-1)}{2}a_n^2+\cdots+a_n^n\geqslant\frac{n(n-1)}{2}a_n^2,$$

从而

$$0\leqslant a_n\leqslant\sqrt{\frac{2}{n-1}}.$$

显然,

$$\lim_{n\to\infty}0=0,\quad \lim_{n\to\infty}\sqrt{\frac{2}{n-1}}=0,$$

由夹逼定理可得 $\lim\limits_{n\to\infty}a_n=0$,故 $\lim\limits_{n\to\infty}\sqrt[n]{n}=\lim(1+a_n)=1$.

(2) 当 $a\geqslant 1$ 时,令 $b_n=\sqrt[n]{a}-1$,则 $b_n\geqslant 0$. 又

$$a=(1+b_n)^n=1+nb_n+\frac{n(n-1)}{2}b_n^2+\cdots+b_n^n\geqslant 1+nb_n,$$

从而

$$0\leqslant b_n\leqslant\frac{a-1}{n}.$$

显然, $\lim\limits_{n\to\infty}0=0, \lim\limits_{n\to\infty}\frac{a-1}{n}=0$,由夹逼定理可得 $\lim\limits_{n\to\infty}b_n=0$,故

$$\lim_{n\to\infty}\sqrt[n]{a}=\lim_{n\to\infty}(1+b_n)=1.$$

当 $0<a<1$ 时, $\frac{1}{a}>1$,则 $\lim\limits_{n\to\infty}\sqrt[n]{\frac{1}{a}}=1$,而

$$\lim_{n\to\infty}\sqrt[n]{a}=\lim_{n\to\infty}\sqrt[n]{\frac{1}{\frac{1}{a}}}=\frac{1}{\lim\limits_{n\to\infty}\sqrt[n]{\frac{1}{a}}}=1.$$

综上所述, $\lim\limits_{n\to\infty}\sqrt[n]{a}=1(a>0)$.

**\*例3** 设 $x_1=\frac{1}{2}, 2x_{n+1}=1-x_n^2(n\geqslant 1)$,求极限 $\lim\limits_{n\to\infty}x_n$.

**解** 由数学归纳法可得 $0<x_n\leqslant\frac{1}{2}(n\geqslant 1)$. 又

$$0\leqslant|x_n-(\sqrt{2}-1)|=\frac{1}{2}|3-2\sqrt{2}-x_{n-1}^2|=\frac{1}{2}|(\sqrt{2}-1)^2-x_{n-1}^2|$$

$$=\frac{1}{2}|\sqrt{2}-1-x_{n-1}|\cdot|\sqrt{2}-1+x_{n-1}|\leqslant\frac{1}{2}\left(\sqrt{2}-\frac{1}{2}\right)|x_{n-1}-(\sqrt{2}-1)|$$

$$<\frac{\sqrt{2}}{2}|x_{n-1}-(\sqrt{2}-1)|<\left(\frac{\sqrt{2}}{2}\right)^2|x_{n-2}-(\sqrt{2}-1)|<\cdots$$

$$<\left(\frac{\sqrt{2}}{2}\right)^{n-1}|x_1-(\sqrt{2}-1)|=\left(\frac{\sqrt{2}}{2}\right)^{n-1}\left(\frac{3}{2}-\sqrt{2}\right),$$

显然,$\lim\limits_{n\to\infty}0=0$,$\lim\limits_{n\to\infty}\left(\frac{\sqrt{2}}{2}\right)^{n-1}\left(\frac{3}{2}-\sqrt{2}\right)=0$,由夹逼定理可得 $\lim\limits_{n\to\infty}|x_n-(\sqrt{2}-1)|=0$,从而 $\lim\limits_{n\to\infty}[x_n-(\sqrt{2}-1)]=0$. 故

$$\lim_{n\to\infty}x_n=\sqrt{2}-1.$$

值得注意的是,这里数列 $\{x_n\}$ 不具有单调性,因此不能由单调有界数列收敛准则判断其极限存在,再求极限.

## *二、柯西收敛准则

**定理 2** $\lim\limits_{x\to x_0}f(x)$ 存在的充要条件是:$\forall\varepsilon>0$,$\exists\delta>0$,当 $x_1,x_2\in D(f)$ 且 $0<|x_1-x_0|<\delta$,$0<|x_2-x_0|<\delta$ 时,有
$$|f(x_1)-f(x_2)|<\varepsilon.$$

证明从略.

定理 2 中的极限过程改为 $x\to+\infty$,$x\to-\infty$ 或 $x\to\infty$ 时,可建立相应的收敛准则.例如,对 $x\to\infty$,我们有如下结论.

**定理 3** $\lim\limits_{x\to\infty}f(x)$ 存在的充要条件是:$\forall\varepsilon>0$,$\exists X>0$,当 $x_1,x_2\in D(f)$ 且 $|x_1|>X$,$|x_2|>X$ 时,有 $|f(x_1)-f(x_2)|<\varepsilon$.

## 三、两个重要极限

利用本节的夹逼定理,可得两个非常重要的极限.

**1. 第一个重要极限**:$\lim\limits_{x\to 0}\frac{\sin x}{x}=1$

首先证明 $\lim\limits_{x\to 0^+}\frac{\sin x}{x}=1$. 由 $x\to 0^+$,可设 $x\in\left(0,\frac{\pi}{2}\right)$. 如图 1-35 所示,$\overset{\frown}{EAB}$ 为单位圆弧,且
$$|OA|=|OB|=1,\quad \angle AOB=x,$$
点 $B$ 处的切线与 $OA$ 的延长线交于点 $D$,$AC\perp OB$,则 $|OC|=\cos x$,$|AC|=\sin x$,$|DB|=\tan x$. 而 $\triangle AOC$ 的面积 $<$ 扇形 $AOB$ 的面积 $<$ $\triangle DOB$ 的面积,即

$$\cos x\sin x<x<\tan x.$$

因为 $x\in\left(0,\frac{\pi}{2}\right)$,所以 $\cos x>0$,$\sin x>0$,从而上式可写为

$$\cos x<\frac{x}{\sin x}<\frac{1}{\cos x},$$

即 $\cos x<\frac{\sin x}{x}<\frac{1}{\cos x}$. 由 $\lim\limits_{x\to 0}\cos x=\lim\limits_{x\to 0}\frac{1}{\cos x}=1$,运用夹逼定理得

$$\lim_{x\to 0^+}\frac{\sin x}{x}=1.$$

注意到 $\frac{\sin x}{x}$ 是偶函数,从而有

$$\lim_{x\to 0^-}\frac{\sin x}{x}=\lim_{x\to 0^-}\frac{\sin(-x)}{-x}=\lim_{z\to 0^+}\frac{\sin z}{z}=1.$$

综上所述,得

$$\lim_{x\to 0}\frac{\sin x}{x}=1. \tag{1-6-1}$$

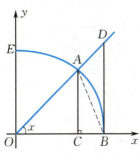

图 1-35

**例 4** 证明:$\lim\limits_{x\to 0}\frac{\tan x}{x}=1.$

**证** $\lim\limits_{x\to 0}\frac{\tan x}{x}=\lim\limits_{x\to 0}\left(\frac{\sin x}{x}\cdot\frac{1}{\cos x}\right)=\lim\limits_{x\to 0}\frac{\sin x}{x}\cdot\lim\limits_{x\to 0}\frac{1}{\cos x}=1.$

**例 5** 求极限 $\lim\limits_{x\to 0}\frac{1-\cos x}{x^2}.$

**解** $\lim\limits_{x\to 0}\frac{1-\cos x}{x^2}=\lim\limits_{x\to 0}\frac{2\left(\sin\frac{x}{2}\right)^2}{x^2}=\frac{1}{2}\lim\limits_{x\to 0}\left(\frac{\sin\frac{x}{2}}{\frac{x}{2}}\right)^2=\frac{1}{2}.$

**例 6** 求极限 $\lim\limits_{x\to 0}\frac{\tan x-\sin x}{x^3}.$

**解** $\lim\limits_{x\to 0}\frac{\tan x-\sin x}{x^3}=\lim\limits_{x\to 0}\frac{\sin x(1-\cos x)}{x^3\cos x}$

$$=\lim\limits_{x\to 0}\left(\frac{\sin x}{x}\cdot\frac{1-\cos x}{x^2}\cdot\frac{1}{\cos x}\right)=\frac{1}{2}.$$

**例 7** 求极限 $\lim\limits_{x\to\infty}x\sin\frac{1}{x}.$

**解** 令 $u=\frac{1}{x}$,则当 $x\to\infty$ 时,$u\to 0$,故

$$\lim\limits_{x\to\infty}x\sin\frac{1}{x}=\lim\limits_{u\to 0}\frac{\sin u}{u}=1.$$

从以上几例中可以看出,在实际应用时,式(1-6-1)中的变量可换为其他形式的变量,只要在极限过程中,该变量趋于0.换言之,如果 $\lim\limits_{x\to *} u(x) = 0 [u(x) \neq 0]$,则 $\lim\limits_{x\to *} \dfrac{\sin u(x)}{u(x)} = 1$ 仍然是成立的.

**2. 第二个重要极限**:$\lim\limits_{x\to\infty}\left(1+\dfrac{1}{x}\right)^x = \mathrm{e}$

在本章第二节例 5 中,我们已证明数列极限 $\lim\limits_{n\to\infty}\left(1+\dfrac{1}{n}\right)^n = \mathrm{e}$.

对于任意正实数 $x$,取 $n=[x]$,则有 $n \leqslant x < n+1$,且 $x\to +\infty$ 与 $n\to\infty$ 两个极限过程是等同的.故有 $1+\dfrac{1}{n+1} < 1+\dfrac{1}{x} \leqslant 1+\dfrac{1}{n}$,及

$$\left(1+\dfrac{1}{n+1}\right)^n < \left(1+\dfrac{1}{x}\right)^x < \left(1+\dfrac{1}{n}\right)^{n+1}.$$

由于 $x\to +\infty$ 时,有 $n\to\infty$,而

$$\lim_{n\to\infty}\left(1+\dfrac{1}{n+1}\right)^n = \lim_{n\to\infty}\dfrac{\left(1+\dfrac{1}{n+1}\right)^{n+1}}{1+\dfrac{1}{n+1}} = \mathrm{e},$$

$$\lim_{n\to\infty}\left(1+\dfrac{1}{n}\right)^{n+1} = \lim_{n\to\infty}\left[\left(1+\dfrac{1}{n}\right)^n \cdot \left(1+\dfrac{1}{n}\right)\right] = \mathrm{e},$$

由夹逼定理,得 $\lim\limits_{x\to +\infty}\left(1+\dfrac{1}{x}\right)^x = \mathrm{e}$.

下面证 $\lim\limits_{x\to -\infty}\left(1+\dfrac{1}{x}\right)^x = \mathrm{e}$.

令 $x=-(t+1)$,则 $x\to -\infty$ 时,$t\to +\infty$.故

$$\lim_{x\to -\infty}\left(1+\dfrac{1}{x}\right)^x = \lim_{t\to +\infty}\left(1-\dfrac{1}{t+1}\right)^{-(t+1)} = \lim_{t\to +\infty}\left(\dfrac{t}{t+1}\right)^{-(t+1)}$$

$$= \lim_{t\to +\infty}\left[\left(1+\dfrac{1}{t}\right)^t \cdot \left(1+\dfrac{1}{t}\right)\right] = \mathrm{e}.$$

综上所述,即有

$$\lim_{x\to\infty}\left(1+\dfrac{1}{x}\right)^x = \mathrm{e}. \tag{1-6-2}$$

在式(1-6-2)中,令 $z=\dfrac{1}{x}$,则当 $x\to\infty$ 时,$z\to 0$,这时式(1-6-2)变为

$$\lim_{z\to 0}(1+z)^{\frac{1}{z}} = \mathrm{e}. \tag{1-6-3}$$

为了方便地使用式(1-6-2)和式(1-6-3),将它们记为下列形式:

(1) 若 $\lim\limits_{x\to *} u(x) = \infty$,则

$$\lim_{x\to *}\left[1+\dfrac{1}{u(x)}\right]^{u(x)} = \mathrm{e};$$

(2) 若 $\lim\limits_{x\to *} u(x) = 0$ 且 $u(x) \neq 0$,则

$$\lim_{x \to *}[1+u(x)]^{\frac{1}{u(x)}} = e.$$

**例 8** 求极限 $\lim\limits_{x \to \infty}\left(1+\dfrac{5}{x}\right)^x$.

**解** $\lim\limits_{x \to \infty}\left(1+\dfrac{5}{x}\right)^x = \lim\limits_{x \to \infty}\left(1+\dfrac{5}{x}\right)^{\frac{x}{5}\cdot 5} = \lim\limits_{x \to \infty}\left[\left(1+\dfrac{5}{x}\right)^{\frac{x}{5}}\right]^5 = e^5.$

**例 9** 求极限 $\lim\limits_{x \to \infty}\left(\dfrac{x+1}{x+2}\right)^x$.

**解** $\lim\limits_{x \to \infty}\left(\dfrac{x+1}{x+2}\right)^x = \lim\limits_{x \to \infty}\dfrac{\left(1+\dfrac{1}{x}\right)^x}{\left[\left(1+\dfrac{2}{x}\right)^{\frac{x}{2}}\right]^2} = \dfrac{\lim\limits_{x \to \infty}\left(1+\dfrac{1}{x}\right)^x}{\lim\limits_{x \to \infty}\left[\left(1+\dfrac{2}{x}\right)^{\frac{x}{2}}\right]^2} = \dfrac{e}{e^2} = e^{-1}.$

• 习题 1-6

1. 选择题：

(1) 当 $n \to \infty$ 时，$n\sin\dfrac{1}{n}$ 是一个（　　）.

A. 无穷小　　　　　B. 无穷大　　　　　C. 无界变量　　　　　D. 有界变量

(2) 当 $x \to a$ 时，有 $0 \leqslant f(x) \leqslant g(x)$，则 $\lim\limits_{x \to a}g(x) = 0$ 是 $f(x)$ 在 $x \to a$ 过程中为无穷小的（　　）.

A. 必要条件　　　　B. 充分条件　　　　C. 充要条件　　　　D. 无关条件

2. 利用夹逼定理求下列极限：

(1) $\lim\limits_{n \to \infty}\sqrt{1+\dfrac{1}{n}}$；

(2) $\lim\limits_{n \to \infty}[(n+1)^k - n^k], 0 < k < 1$；

(3) $\lim\limits_{n \to \infty}\sqrt[n]{a_1^n + a_2^n + \cdots + a_m^n}$，$a_1, a_2, \cdots, a_m$ 为给定的正常数；

(4) $\lim\limits_{n \to \infty}(1+2^n+3^n)^{\frac{1}{n}}$；

(5) $\lim\limits_{n \to \infty} n\left(\dfrac{1}{n^2+\pi} + \dfrac{1}{n^2+2\pi} + \cdots + \dfrac{1}{n^2+n\pi}\right)$.

3. 求下列极限：

(1) $\lim\limits_{x \to 0}\dfrac{\sin 2x}{\sin 5x}$；

(2) $\lim\limits_{x \to 0}x\cot x$；

(3) $\lim\limits_{x \to 0}\dfrac{\arctan x}{x}$；

(4) $\lim\limits_{x \to \infty}\left(1+\dfrac{1}{x}\right)^{\frac{x}{2}}$；

(5) $\lim\limits_{x \to \infty}\left(\dfrac{x+3}{x-2}\right)^{2x+1}$；

(6) $\lim\limits_{x \to 0}(1+3\tan^2 x)^{\cot^2 x}$.

4. 设 $x_1 = 10, x_{n+1} = \sqrt{6+x_n}(n \geqslant 1)$，求极限 $\lim\limits_{n \to \infty}x_n$.

5. 设 $x_1 = 2, x_{n+1} = 2 + \dfrac{1}{x_n}(n \geqslant 1)$，求极限 $\lim\limits_{n \to \infty}x_n$.

习题答案

## 第七节 无穷小的比较

同一极限过程中的无穷小趋于 0 的速度并不一定相同,研究这个问题能得到一种求极限的方法,也有助于以后内容的学习. 我们用两个无穷小比值的极限来衡量这两个无穷小趋于 0 的快慢速度.

**定义 1** 设 $\alpha(x), \beta(x)$ 为同一极限过程 $x \to *$ 中的两个无穷小,即
$$\lim_{x \to *} \alpha(x) = 0, \quad \lim_{x \to *} \beta(x) = 0.$$

(1) 若 $\lim\limits_{x \to *} \dfrac{\alpha(x)}{\beta(x)} = 0$,则称 $\alpha(x)$ 为 $\beta(x)$ 的**高阶无穷小**,记作 $\alpha(x) = o[\beta(x)]$,也称 $\beta(x)$ 为 $\alpha(x)$ 的**低阶无穷小**;

(2) 若 $\lim\limits_{x \to *} \dfrac{\alpha(x)}{\beta(x)} = A (A \neq 0)$,则称 $\alpha(x)$ 为 $\beta(x)$ 的**同阶无穷小**.

特别地,当 $A = 1$ 时,则称 $\alpha(x)$ 与 $\beta(x)$ 为**等价无穷小**,记作
$$\alpha(x) \sim \beta(x).$$

例如,因为 $\lim\limits_{x \to 0} \dfrac{1 - \cos x}{x} = 0$,所以当 $x \to 0$ 时,$1 - \cos x$ 为 $x$ 的高阶无穷小,即
$$1 - \cos x = o(x) \quad (x \to 0);$$

因为 $\lim\limits_{x \to 0} \dfrac{1 - \cos x}{x^2} = \dfrac{1}{2}$,所以当 $x \to 0$ 时,$1 - \cos x$ 为 $x^2$ 的同阶无穷小;

因为 $\lim\limits_{x \to 0} \dfrac{\sin x}{x} = 1$,所以当 $x \to 0$ 时,$\sin x$ 与 $x$ 是等价无穷小,即
$$\sin x \sim x \quad (x \to 0).$$

等价无穷小在极限计算中有重要作用.

设 $\alpha, \alpha', \beta, \beta'$ 为同一极限过程中的无穷小,有如下定理.

**定理 1** 对于某个极限过程 $x \to *$,设 $\alpha \sim \alpha', \beta \sim \beta'$. 若 $\lim\limits_{x \to *} \dfrac{\alpha}{\beta}$ 存在,则
$$\lim_{x \to *} \dfrac{\alpha'}{\beta'} = \lim_{x \to *} \dfrac{\alpha}{\beta}.$$

**证** 因为 $\alpha \sim \alpha', \beta \sim \beta'$,所以 $\lim\limits_{x \to *} \dfrac{\alpha'}{\alpha} = 1, \lim\limits_{x \to *} \dfrac{\beta}{\beta'} = 1$. 又 $\dfrac{\alpha'}{\beta'} = \dfrac{\alpha'}{\alpha} \cdot \dfrac{\alpha}{\beta} \cdot \dfrac{\beta}{\beta'}$,且 $\lim\limits_{x \to *} \dfrac{\alpha}{\beta}$ 存在,所以

$$\lim_{x\to *}\frac{\alpha'}{\beta'}=\lim_{x\to *}\frac{\alpha'}{\alpha}\cdot\lim_{x\to *}\frac{\alpha}{\beta}\cdot\lim_{x\to *}\frac{\beta}{\beta'}=\lim_{x\to *}\frac{\alpha}{\beta}.$$

该定理表明,在求极限的乘除运算中,无穷小因子可用其等价无穷小替代.

在极限的运算中,常用的等价无穷小有下列几种(其中有几个的证明利用后面介绍的有关求极限的方法容易给出):

当 $x \to 0$ 时,

$$\sin x \sim x, \quad \tan x \sim x, \quad \arcsin x \sim x, \quad \arctan x \sim x,$$

$$1-\cos x \sim \frac{1}{2}x^2, \quad e^x - 1 \sim x, \quad \ln(1+x) \sim x,$$

$$\sqrt{1+x}-1 \sim \frac{x}{2}, \quad (1+x)^\alpha - 1 \sim \alpha x \ (\alpha \in \mathbf{R}).$$

**例1** 求极限 $\lim\limits_{x\to 0}\dfrac{\tan 7x}{\sin 5x}$.

**解** 因为当 $x\to 0$ 时,$\tan 7x \sim 7x$,$\sin 5x \sim 5x$,所以

$$\lim_{x\to 0}\frac{\tan 7x}{\sin 5x}=\lim_{x\to 0}\frac{7x}{5x}=\frac{7}{5}.$$

**例2** 求极限 $\lim\limits_{x\to 0}\dfrac{e^{(a-b)x}-1}{\sin ax - \sin bx}\ (a\neq b)$.

**解**
$$\lim_{x\to 0}\frac{e^{(a-b)x}-1}{\sin ax - \sin bx}=\lim_{x\to 0}\frac{e^{(a-b)x}-1}{2\cos\dfrac{a+b}{2}x\sin\dfrac{a-b}{2}x}$$

$$=\lim_{x\to 0}\frac{1}{\cos\dfrac{a+b}{2}x}\cdot\lim_{x\to 0}\frac{e^{(a-b)x}-1}{2\sin\dfrac{a-b}{2}x}$$

$$=\lim_{x\to 0}\frac{(a-b)x}{2\cdot\dfrac{a-b}{2}x}=1.$$

**例3** 求极限 $\lim\limits_{x\to\infty}x^2\ln\left(1+\dfrac{3}{x^2}\right)$.

**解** 当 $x\to\infty$ 时,$\ln\left(1+\dfrac{3}{x^2}\right)\sim\dfrac{3}{x^2}$,故

$$\lim_{x\to\infty}x^2\ln\left(1+\frac{3}{x^2}\right)=\lim_{x\to\infty}\left(x^2\cdot\frac{3}{x^2}\right)=3.$$

**定义2** 若在某个极限过程中,$\alpha$ 为 $\beta^k$ 的同阶无穷小($k>0$),则称 $\alpha$ 为 $\beta$ 的 $k$ **阶无穷小**.

**例 4** 当 $x \to 0$ 时,$\tan x - \sin x$ 是 $x$ 的几阶无穷小?

**解** 由本章第六节例 6 知,$\lim\limits_{x \to 0} \dfrac{\tan x - \sin x}{x^3} = \dfrac{1}{2}$,所以当 $x \to 0$ 时,$\tan x - \sin x$ 是 $x$ 的三阶无穷小.

### 习题 1-7

1. 当 $x \to 1$ 时,无穷小 $1-x$ 与 (1) $1-x^3$,(2) $\dfrac{1}{2}(1-x^2)$ 是否同阶?是否等价?

2. 当 $x \to 0$ 时,$2x-x^2$ 与 $x^2-x^3$ 相比,哪个是高阶无穷小?

3. 利用等价无穷小求下列极限:

(1) $\lim\limits_{x \to 0} \dfrac{\sin mx}{\sin nx}$;

(2) $\lim\limits_{x \to 0} x \cot x$;

(3) $\lim\limits_{x \to 0} \dfrac{1-\cos 2x}{x \sin x}$;

(4) $\lim\limits_{x \to 0} \dfrac{e^{\tan x} - 1}{1 - e^{\sin 6x}}$.

4. 证明无穷小的等价关系具有下列性质:

(1) $\alpha \sim \alpha$(自反性);

(2) 若 $\alpha \sim \beta$,则 $\beta \sim \alpha$(对称性);

(3) 若 $\alpha \sim \beta$,$\beta \sim \gamma$,则 $\alpha \sim \gamma$(传递性).

习题答案

## 第八节 函数的连续性

前面已经讨论了函数的有界性、单调性、奇偶性和周期性等,在实际问题中,我们遇到的函数常常具有另一类重要特征.例如运动着的质点,其位移 $s$ 是时间 $t$ 的函数,时间产生一微小的改变时,质点也将移动微小的距离(从其运动轨迹来看是一段连续不断的曲线),函数的这种特征称为**函数的连续性**.与连续相对立的一个概念称为**间断**.下面将利用极限来严格表述连续性这个概念.

### 一、函数的连续与间断

**定义 1** 设函数 $f(x)$ 在点 $x_0$ 的某个邻域 $U(x_0)$ 内有定义,且有
$$\lim_{x \to x_0} f(x) = f(x_0),$$

则称 $f(x)$ 在点 $x_0$ 处连续,$x_0$ 称为 $f(x)$ 的连续点.

**例1** 证明:函数 $f(x)=3x^2-1$ 在点 $x=1$ 处连续.

**证** 因为 $f(1)=3\times 1^2-1=2$,且
$$\lim_{x\to 1}f(x)=\lim_{x\to 1}(3x^2-1)=2,$$
所以函数 $f(x)=3x^2-1$ 在点 $x=1$ 处连续.

**例2** 证明:函数 $f(x)=|x|$ 在点 $x=0$ 处连续.

**证** 函数 $f(x)=|x|$ 在点 $x=0$ 的某个邻域内有定义,且 $f(0)=0$,
$$\lim_{x\to 0^+}f(x)=\lim_{x\to 0^+}x=0,$$
$$\lim_{x\to 0^-}f(x)=\lim_{x\to 0^-}(-x)=0,$$
从而 $\lim_{x\to 0}f(x)=0=f(0)$. 因此,函数 $f(x)=|x|$ 在点 $x=0$ 处连续.

前面曾讨论过 $x\to x_0$ 时函数的左、右极限,对函数的连续性可做类似的讨论.

**定义2** 设函数 $f(x)$ 在点 $x_0$ 及其某个左(或右)邻域内有定义,且有
$$\lim_{x\to x_0^-}f(x)=f(x_0) \quad [\text{或} \lim_{x\to x_0^+}f(x)=f(x_0)],$$
则称 $f(x)$ 在点 $x_0$ 处是左(或右)连续的.

函数 $f(x)$ 在点 $x_0$ 处的左、右连续性统称为函数的单侧连续性.

由函数的极限与其左、右极限的关系,容易得到函数的连续性与其左、右连续性的关系.

**定理1** 函数 $f(x)$ 在点 $x_0$ 处连续的充要条件是:$f(x)$ 在点 $x_0$ 处左连续且右连续.

**例3** 设函数
$$f(x)=\begin{cases} x^2+3, & x\geqslant 0,\\ a-x, & x<0, \end{cases}$$
问 $a$ 为何值时,$f(x)$ 在点 $x=0$ 处连续?

**解** 因为 $f(0)=3$ 且
$$\lim_{x\to 0^-}f(x)=\lim_{x\to 0^-}(a-x)=a,$$
$$\lim_{x\to 0^+}f(x)=\lim_{x\to 0^+}(x^2+3)=3,$$
所以当 $a=3$ 时,函数 $f(x)$ 在点 $x=0$ 处连续.

**例 4** 设函数
$$f(x) = \begin{cases} -1, & x < 0, \\ 1, & x \geq 0, \end{cases}$$
问在点 $x = 0$ 处 $f(x)$ 是否连续?

**解** 由于 $f(0) = 1$,而 $\lim\limits_{x \to 0^-} f(x) = -1$,因此函数 $f(x)$ 在点 $x = 0$ 处不是左连续的,从而 $f(x)$ 在点 $x = 0$ 处不连续.

若函数 $y = f(x)$ 在区间 $(a, b)$ 内任一点处均连续,则称 $y = f(x)$ 在**区间 $(a, b)$ 内连续**,并称 $y = f(x)$ 为**区间 $(a, b)$ 内的连续函数**. 若函数 $y = f(x)$ 不仅在 $(a, b)$ 内连续,且在点 $a$ 处右连续,在点 $b$ 处左连续,则称 $y = f(x)$ 在**闭区间 $[a, b]$ 上连续**,并称 $y = f(x)$ 为**闭区间 $[a, b]$ 上的连续函数**. 半开半闭区间上的连续性可类似定义. 函数 $y = f(x)$ 在其连续区间上的图形是一条连续不断的曲线.

函数 $f(x)$ 在区间 $I$ 上连续,记作 $f(x) \in C(I)$,这里 $C(I)$ 表示区间 $I$ 上所有连续函数组成的集合.

在工程技术中,常用增量来描述变量的改变量.

设变量 $u$ 从它的一个初值 $u_1$ 变到终值 $u_2$,终值 $u_2$ 与初值 $u_1$ 的差 $u_2 - u_1$ 称为 $u$ 的**增量**,记作 $\Delta u$,即
$$\Delta u = u_2 - u_1.$$
增量 $\Delta u$ 可能为正,可能为负,还可能为 0.

设函数 $y = f(x)$ 在点 $x_0$ 的某个邻域 $U(x_0)$ 内有定义. 若 $x \in U(x_0)$,记
$$\Delta x = x - x_0,$$
称 $\Delta x$ 为自变量 $x$ 在**点 $x_0$ 处的增量**. 显然,$x = x_0 + \Delta x$,此时函数值相应地由 $f(x_0)$ 变到 $f(x)$,于是
$$\Delta y = f(x) - f(x_0) = f(x_0 + \Delta x) - f(x_0)$$
称为函数 $y = f(x)$ 在**点 $x_0$ 处相应于自变量增量 $\Delta x$ 的增量**.

函数 $y = f(x)$ 在点 $x_0$ 处的连续性,可等价地通过函数的增量与自变量的增量的关系来描述.

**定义 3** 设函数 $y = f(x)$ 在点 $x_0$ 的某个邻域内有定义. 如果
$$\lim_{\Delta x \to 0} \Delta y = \lim_{\Delta x \to 0} [f(x_0 + \Delta x) - f(x_0)] = 0,$$
则称 $y = f(x)$ 在点 $x_0$ 处连续.

函数 $f(x)$ 在点 $x_0$ 处的单侧连续性,可类似地用增量形式来描述.

**定义 4** 设函数 $f(x)$ 在点 $x_0$ 的任意去心邻域内存在有定义的点,而 $f(x)$ 在点 $x_0$ 处不连续,则称 $x_0$ 为 $f(x)$ 的一个**间断点**.

函数 $f(x)$ 在点 $x_0$ 处连续的定义可简述为:函数 $f(x)$ 在点 $x_0$ 处的极限存在且等于点 $x_0$ 处的函数值. 由此可知,函数 $f(x)$ 在点 $x_0$ 处间断有下列三种

情形：

(1) 函数 $f(x)$ 在点 $x_0$ 处无定义，但在点 $x_0$ 的任意去心邻域内存在有定义的点；

(2) 函数 $f(x)$ 在点 $x_0$ 处有定义，但 $\lim\limits_{x \to x_0} f(x)$ 不存在；

(3) 函数 $f(x)$ 在点 $x_0$ 处有定义，且 $\lim\limits_{x \to x_0} f(x)$ 存在，但

$$\lim\limits_{x \to x_0} f(x) \neq f(x_0).$$

下面举例说明函数间断点的几种常用类型．

**例 5** 讨论函数 $f(x) = \dfrac{\sin x}{x}$ 在点 $x = 0$ 处的连续性．

**解** 由于 $\lim\limits_{x \to 0} \dfrac{\sin x}{x} = 1$，但在点 $x = 0$ 处，函数 $f(x) = \dfrac{\sin x}{x}$ 无定义，因此 $f(x) = \dfrac{\sin x}{x}$ 在点 $x = 0$ 处不连续．若补充定义函数值 $f(0) = 1$，则函数

$$f(x) = \begin{cases} \dfrac{\sin x}{x}, & x \neq 0, \\ 1, & x = 0 \end{cases}$$

在点 $x = 0$ 处连续．

**例 6** 讨论函数

$$f(x) = \begin{cases} 2x, & x \neq 0, \\ 1, & x = 0 \end{cases}$$

在点 $x = 0$ 处的连续性．

**解** 由于 $\lim\limits_{x \to 0} f(x) = \lim\limits_{x \to 0} 2x = 0$，而 $f(0) = 1$，因此函数 $f(x)$ 在点 $x = 0$ 处不连续．若修改函数 $f(x)$ 在点 $x = 0$ 处的定义，令 $f(0) = 0$，则

$$f(x) = \begin{cases} 2x, & x \neq 0, \\ 0, & x = 0 \end{cases}$$

在点 $x = 0$ 处连续（见图 1-36）．

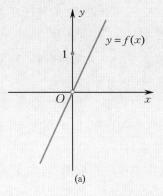

图 1-36

从上述分析和例子中我们知道,有各种情形的间断点,为了方便,通常把间断点分成两大类:

(1) 若 $x_0$ 是函数 $f(x)$ 的间断点,但左极限 $f(x_0^-)$ 及右极限 $f(x_0^+)$ 都存在,则称 $x_0$ 为 $f(x)$ 的 **第一类间断点**;

(2) 若 $x_0$ 是函数 $f(x)$ 的间断点,但它不是 $f(x)$ 的第一类间断点,则称 $x_0$ 为 $f(x)$ 的 **第二类间断点**.

根据实际应用的需要,间断点的分类还可以进一步细化.例如,对于例 5、例 6 中间断点 $x=0$ 的情形,它们显然是相应函数的第一类间断点,而且只要补充或改变点 $x=0$ 处的函数值,则函数在该点处就连续了.对于第一类间断点中的这一类间断点,我们定义如下:

若 $\lim\limits_{x \to x_0} f(x)$ 存在且 $\lim\limits_{x \to x_0} f(x) = a$,而函数 $f(x)$ 在点 $x_0$ 处无定义,或者虽然有定义,但 $f(x_0) \neq a$,则 $x_0$ 为 $f(x)$ 的一个间断点,称此类间断点为 $f(x)$ 的 **可去间断点**. 此时,若补充或改变函数 $f(x)$ 在点 $x_0$ 处的函数值为 $f(x_0) = a$,则可得到一个在点 $x_0$ 处连续的函数,这也是为什么把这类间断点称为可去间断点的原因.

**例 7** 讨论函数
$$y = f(x) = \begin{cases} \arctan \dfrac{1}{x}, & x \neq 0, \\ 0, & x = 0 \end{cases}$$
在点 $x=0$ 处的连续性.

**解** 由于
$$\lim_{x \to 0^+} \arctan \frac{1}{x} = \frac{\pi}{2}, \quad \lim_{x \to 0^-} \arctan \frac{1}{x} = -\frac{\pi}{2},$$
函数 $y=f(x)$ 在点 $x=0$ 处的左、右极限存在,但不相等,因此 $y=f(x)$ 在点 $x=0$ 处不连续.此时,无论如何改变函数 $y=f(x)$ 在点 $x=0$ 处的函数值,均不能使得 $y=f(x)$ 在这点处连续(见图 1-37).

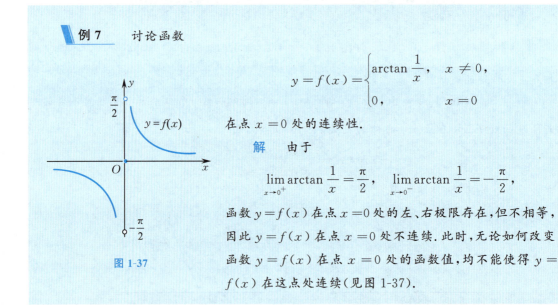

图 1-37

若函数 $f(x)$ 在点 $x_0$ 处的左、右极限均存在,但不相等,则 $x_0$ 为 $f(x)$ 的间断点,且称这样的间断点为 **跳跃间断点**.

函数的可去间断点与跳跃间断点均为第一类间断点.由定义可知,第一类间断点也是由可去间断点和跳跃间断点组成的,在第二类间断点处,函数的左、右极限中至少有一个不存在.

**例 8** 讨论函数

$$y = f(x) = \begin{cases} \dfrac{1}{x}, & x \neq 0, \\ 0, & x = 0 \end{cases}$$

在点 $x = 0$ 处的连续性.

**解** 由于 $\lim\limits_{x \to 0} \dfrac{1}{x} = \infty$,因此函数 $y = f(x)$ 在点 $x = 0$ 处间断(见图 1-38).

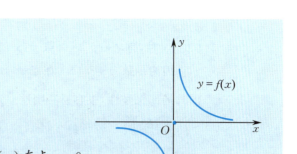

图 1-38

若函数 $f(x)$ 在点 $x_0$ 处的左、右极限中至少有一个为无穷大,则称 $x_0$ 为 $f(x)$ 的**无穷间断点**.

**例 9** 讨论函数

$$y = \begin{cases} \sin \dfrac{1}{x}, & x \neq 0, \\ 0, & x = 0 \end{cases}$$

在点 $x = 0$ 处的连续性.

**解** 由于 $\lim\limits_{x \to 0} \sin \dfrac{1}{x}$ 不存在,随着 $x$ 趋于 0,函数值在 $-1$ 与 1 之间来回振荡,因此函数在点 $x = 0$ 处间断(见图 1-39).

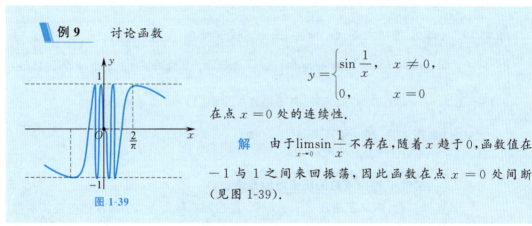

图 1-39

若函数 $f(x)$ 在 $x \to x_0$ 时呈振荡无极限状态,则称 $x_0$ 为 $f(x)$ 的**振荡间断点**.

无穷间断点与振荡间断点都是第二类间断点.

由上述讨论及间断点的例子可知,若函数 $f(x)$ 在区间 $I$ 上有定义,$x_0 \in I$,则 $f(x)$ 在点 $x_0$ 处连续必满足:

(1) 极限 $\lim\limits_{x \to x_0} f(x)$ 存在,即

$$\lim_{x \to x_0^-} f(x) = \lim_{x \to x_0^+} f(x) = A;$$

(2) $f(x_0)$ 存在,且 $f(x_0) = A$.

## 二、连续函数的基本性质

由连续函数的定义及极限的运算法则和性质,可得到连续函数的下列性质和运算法则.

**定理 2(连续函数的局部保号性)** 若函数 $y = f(x)$ 在点 $x_0$ 处连续,且

$f(x_0) > 0$[或 $f(x_0) < 0$],则存在点 $x_0$ 的某个邻域 $U(x_0)$,使得当 $x \in U(x_0)$ 时,有 $f(x) > 0$[或 $f(x) < 0$].

因为函数 $y = f(x)$ 在点 $x_0$ 处连续,所以 $\lim\limits_{x \to x_0} f(x) = f(x_0)$. 再由函数极限的局部保号性,很容易证明这一定理.

**定理 3** 若函数 $f(x), g(x)$ 均在点 $x_0$ 处连续,则

(1) $af(x) + bg(x)$ ($a, b$ 为常数),

(2) $f(x)g(x)$,

(3) $\dfrac{f(x)}{g(x)}$ $[g(x_0) \neq 0]$,

均在点 $x_0$ 处连续.

证明从略.

**例 10** 证明:多项式 $P_n(x) = \sum\limits_{k=0}^{n} a_k x^k$ 在 $(-\infty, +\infty)$ 内连续.

**证** $\forall x_0 \in (-\infty, +\infty)$,显然函数 $y = x$ 在点 $x_0$ 处连续. 由定理 3 中的(2)知,$y = x^k (k = 1, 2, \cdots, n)$ 在点 $x_0$ 处连续. 再由定理 3 中的(1)知,多项式 $P_n(x) = \sum\limits_{k=0}^{n} a_k x^k$ 在点 $x_0$ 处连续. 故由点 $x_0$ 的任意性知,$P_n(x)$ 在 $(-\infty, +\infty)$ 内连续.

**定理 4(连续函数的反函数的连续性)** 若 $f(x)$ 是在区间 $(a, b)$ 内单调的连续函数,则其反函数 $x = f^{-1}(y)$ 是在相应区间 $(\alpha, \beta)$ 内单调的连续函数,其中 $\alpha = \min\{f(a^+), f(b^-)\}, \beta = \max\{f(a^+), f(b^-)\}$.

从几何上看,该定理是显然的,因为函数 $y = f(x)$ 与其反函数 $x = f^{-1}(y)$ 在 $xOy$ 坐标面上为同一条曲线.

由连续函数的定义及复合函数的极限定理可以得到下面有关复合函数的连续性定理.

**定理 5(复合函数的连续性)** 设 $y = f[\varphi(x)] (x \in I)$ 是由函数 $y = f(u), u = \varphi(x)$ 复合而成的复合函数. 如果 $u = \varphi(x)$ 在点 $x_0 \in I$ 处连续,且 $y = f(u)$ 在相应点 $u_0 = \varphi(x_0)$ 处连续,则 $y = f[\varphi(x)]$ 在点 $x_0$ 处连续.

由复合函数求极限的法则(见本章第五节定理2)可知,若对某个极限过程 $x \to *$ 有 $\lim\limits_{x \to *} \varphi(x) = A$,且 $y = f(u)$ 在点 $u = A$ 处连续,则 $\lim\limits_{x \to *} f[\varphi(x)] = f(A)$,即

$$\lim_{x \to *} f[\varphi(x)] = f[\lim_{x \to *} \varphi(x)].$$

**例 11** 求极限 $\lim\limits_{x\to\infty}\sin\left(1+\dfrac{1}{x}\right)^x$.

**解** $\lim\limits_{x\to\infty}\sin\left(1+\dfrac{1}{x}\right)^x=\sin\left[\lim\limits_{x\to\infty}\left(1+\dfrac{1}{x}\right)^x\right]=\sin \mathrm{e}.$

**例 12** 求极限 $\lim\limits_{x\to 0}\dfrac{\ln(1+x)}{x}$.

**解** $\lim\limits_{x\to 0}\dfrac{\ln(1+x)}{x}=\lim\limits_{x\to 0}\ln(1+x)^{\frac{1}{x}}=\ln \mathrm{e}=1.$

**例 13** 求极限 $\lim\limits_{x\to 0}\dfrac{\mathrm{e}^x-1}{x}$.

**解** 令 $u=\mathrm{e}^x-1$，则 $x=\ln(1+u)$，且当 $x\to 0$ 时，$u\to 0$. 故

$$\lim_{x\to 0}\frac{\mathrm{e}^x-1}{x}=\lim_{u\to 0}\frac{u}{\ln(1+u)}=\lim_{u\to 0}\frac{1}{\dfrac{\ln(1+u)}{u}}=1.$$

**例 14** 求极限 $\lim\limits_{x\to a}\dfrac{\ln x-\ln a}{x-a}\ (a>0)$.

**解** 令 $u=x-a$，则 $x=u+a$，且当 $x\to a$ 时，$u\to 0$. 故

$$\lim_{x\to a}\frac{\ln x-\ln a}{x-a}=\lim_{u\to 0}\frac{\ln(u+a)-\ln a}{u}$$

$$=\lim_{u\to 0}\frac{1}{a}\ln\left(1+\frac{u}{a}\right)^{\frac{a}{u}}=\frac{1}{a}.$$

由例 13、例 14 的结论，我们很容易得到下面两式：

$$\lim_{x\to 0}\frac{a^x-1}{x\ln a}=1, \tag{1-8-1}$$

$$\lim_{x\to a}\frac{\ln x-\ln a}{x-a}=\frac{1}{a}, \tag{1-8-2}$$

其中 $a>0$ 为常数.

式(1-8-1) 和式(1-8-2) 可以看作式(1-6-2) 的变形公式. 第二个重要极限(1-6-2) 及其变形公式是计算幂指函数极限的有效工具. 上述公式在实际应用时，我们经常结合复合函数的连续性定理，使得计算更加简单. 下面以 $x\to x_0$ 为例说明这一方法. 其他极限过程也一样适用.

首先将幂指函数凑为 $f(x)^{g(x)}$，其中 $f(x),g(x)$ 分别满足：

$\lim\limits_{x\to x_0}f(x)=\mathrm{e}$[由式(1-6-2)、式(1-8-1) 或式(1-8-2) 求得]，

$\lim\limits_{x\to x_0}g(x)=a$，

则有

$$\lim_{x\to x_0}f(x)^{g(x)}=\lim_{x\to x_0}\mathrm{e}^{g(x)\ln f(x)}=\mathrm{e}^{\lim\limits_{x\to x_0}g(x)\cdot\lim\limits_{x\to x_0}\ln f(x)}$$

$$= e^{a \cdot \ln e} = e^a.$$

这里我们用到了本节的定理 5 及极限的运算法则.

进一步,我们可以讨论一般幂指函数 $f(x)^{g(x)} [f(x) > 0]$ 的极限问题. 当 $f(x), g(x)$ 均为连续函数且 $f(x) > 0$ 时, $f(x)^{g(x)}$ 也为连续函数. 在求 $\lim_{x \to x_0} f(x)^{g(x)}$ 时,有以下几种结果.

(1) 如果 $\lim_{x \to x_0} f(x) = A > 0, \lim_{x \to x_0} g(x) = B$,则
$$\lim_{x \to x_0} f(x)^{g(x)} = A^B;$$

(2) 如果 $\lim_{x \to x_0} f(x) = 1, \lim_{x \to x_0} g(x) = \infty$,则当 $x \to x_0$ 时, $\ln f(x) \sim f(x) - 1$,从而
$$\lim_{x \to x_0} f(x)^{g(x)} = e^{\lim_{x \to x_0} [\ln f(x)] g(x)} = e^{\lim_{x \to x_0} [f(x) - 1] g(x)};$$

(3) 如果 $\lim_{x \to x_0} f(x) = A \neq 1 (A > 0), \lim_{x \to x_0} g(x) = \pm \infty$,则 $\lim_{x \to x_0} f(x)^{g(x)}$ 可根据具体情况直接求得.

例如, $\lim_{x \to x_0} f(x) = A (A > 1), \lim_{x \to x_0} g(x) = +\infty$,则
$$\lim_{x \to x_0} f(x)^{g(x)} = +\infty.$$

又如, $\lim_{x \to x_0} f(x) = A (0 < A < 1), \lim_{x \to x_0} g(x) = +\infty$,则
$$\lim_{x \to x_0} f(x)^{g(x)} = 0.$$

由上述方法,本章第六节例 9 的计算可简化为
$$\lim_{x \to \infty} \left( \frac{x+1}{x+2} \right)^x = \lim_{x \to \infty} \left( 1 + \frac{-1}{x+2} \right)^x = e^{\lim_{x \to \infty} \frac{-x}{x+2}} = e^{-1}.$$

**例 15** 求极限 $\lim_{x \to 0} (x + 2^x)^{\frac{1}{x}}$.

**解** 因为 $\lim_{x \to 0} (x + 2^x) = 1$,所以
$$\lim_{x \to 0} (x + 2^x)^{\frac{1}{x}} = e^{\lim_{x \to 0} \frac{x + 2^x - 1}{x}} = e^{1 + \lim_{x \to 0} \frac{2^x - 1}{x}} = e^{1 + \ln 2} = 2e.$$

**例 16** 求极限 $\lim_{x \to 0} \left( \frac{\sin 2x}{x} \right)^{1+x}$.

**解** 因为 $\lim_{x \to 0} \frac{\sin 2x}{x} = 2, \lim_{x \to 0} (1 + x) = 1$,所以
$$\lim_{x \to 0} \left( \frac{\sin 2x}{x} \right)^{1+x} = 2^1 = 2.$$

**例 17** 求极限 $\lim_{x \to \infty} \left( \frac{x+1}{2x+1} \right)^{x^2}$.

**解** 由于 $\lim\limits_{x\to\infty}\dfrac{x+1}{2x+1}=\dfrac{1}{2}$,$\lim\limits_{x\to\infty}x^2=+\infty$,因此

$$\lim_{x\to\infty}\left(\dfrac{x+1}{2x+1}\right)^{x^2}=0.$$

**例 18** 求极限 $\lim\limits_{x\to 0}(\cos x)^{\frac{1}{\ln(1+x^2)}}$.

**解** $\lim\limits_{x\to 0}(\cos x)^{\frac{1}{\ln(1+x^2)}}=\mathrm{e}^{\lim\limits_{x\to 0}\frac{\cos x-1}{\ln(1+x^2)}}=\mathrm{e}^{\lim\limits_{x\to 0}\frac{-\frac{1}{2}x^2}{x^2}}=\mathrm{e}^{-\frac{1}{2}}.$

我们遇到的函数大部分为初等函数,它们是由常数和基本初等函数经过有限次四则运算及有限次复合运算而成的. 由函数极限的讨论及函数连续性的定义可知:基本初等函数在其定义域内是连续的. 由连续函数的定义及运算法则,我们可得出:初等函数在其有定义的区间内是连续的.

因此,对初等函数在其有定义的区间内的点求极限,求其相应函数值即可.

**例 19** 求极限 $\lim\limits_{x\to 1}\dfrac{x^2+\ln(4-3x)}{\arctan x}$.

**解** 初等函数 $f(x)=\dfrac{x^2+\ln(4-3x)}{\arctan x}$ 在点 $x=1$ 的某个邻域内有定义,所以

$$\lim_{x\to 1}\dfrac{x^2+\ln(4-3x)}{\arctan x}=\dfrac{1+\ln(4-3)}{\arctan 1}=\dfrac{4}{\pi}.$$

**例 20** 求极限 $\lim\limits_{x\to 0}\dfrac{4x^2-1}{2x^2-3x+5}$.

**解** $\lim\limits_{x\to 0}\dfrac{4x^2-1}{2x^2-3x+5}=\dfrac{4\times 0-1}{2\times 0-3\times 0+5}=-\dfrac{1}{5}.$

### 三、闭区间上连续函数的性质

在闭区间上连续的函数有一些重要的性质,它们可作为分析和论证某些问题时的理论依据,这些性质的几何意义十分明显,我们不做证明.

**1. 根的存在定理(零点存在定理)**

**定理 6(零点存在定理)** 若函数 $y=f(x)$ 在闭区间 $[a,b]$ 上连续,且 $f(a)f(b)<0$,则至少存在一点 $x_0\in(a,b)$,使得 $f(x_0)=0$.

定理 6 的**几何意义**:若函数 $y=f(x)$ 在闭区间 $[a,b]$ 上连续,且 $f(a)$ 与 $f(b)$ 不同号,则 $y=f(x)$ 对应的曲线至少穿过 $x$ 轴一次(见图 1-40).

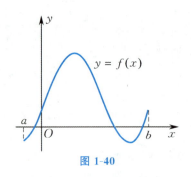

图 1-40

### 2. 介值定理

**定理 7（介值定理）**　设 $y=f(x)$ 为闭区间 $[a,b]$ 上的连续函数，$f(a)\neq f(b)$，则对介于 $f(a)$ 与 $f(b)$ 之间的任一值 $c$，至少存在一点 $x_0\in(a,b)$，使得 $f(x_0)=c$.

**证**　令函数 $\varphi(x)=f(x)-c$，则 $\varphi(x)$ 也是 $[a,b]$ 上的连续函数，且
$$\varphi(a)\varphi(b)=[f(a)-c][f(b)-c]<0.$$
故由定理 6 知，在 $(a,b)$ 内至少存在一点 $x_0$，使得 $\varphi(x_0)=0$，即 $f(x_0)=c$.

定理 7 的**几何意义**：若 $y=f(x)$ 为闭区间 $[a,b]$ 上的连续函数，$c$ 为介于 $f(a)$ 与 $f(b)$ 之间的数，则直线 $y=c$ 与曲线 $y=f(x)$ 至少有一个交点（见图 1-41）.

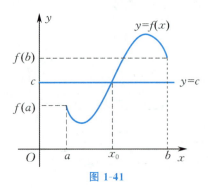

图 1-41

### 3. 最大最小值定理

首先引入最大值和最小值的概念.

**定义 5**　设函数 $y=f(x)$ 在区间 $I$ 上有定义. 如果存在点 $x_0\in I$，使得对于任意的 $x\in I$，有
$$f(x_0)\geqslant f(x)\quad [\text{或 } f(x_0)\leqslant f(x)],$$
则称 $f(x_0)$ 为函数 $y=f(x)$ 在区间 $I$ 上的**最大**（或**最小**）**值**，记作
$$f(x_0)=\max_{x\in I}f(x)\quad [\text{或 } f(x_0)=\min_{x\in I}f(x)].$$

最大值和最小值统称为**最值**.

一般来说，在一个区间上连续的函数，在该区间上不一定存在最大值或最小值. 但是，如果函数在一个闭区间上连续，那么它必定在该闭区间上取得最

大值和最小值.

**定理 8（闭区间上连续函数的最值定理）** 若 $y=f(x)$ 为闭区间 $[a,b]$ 上的连续函数，则它一定在 $[a,b]$ 上取得最大值和最小值.

定理 8 表明，若函数 $y=f(x)$ 在闭区间 $[a,b]$ 上连续，则存在 $x_1,x_2\in[a,b]$，使得

$$f(x_1)=\max_{x\in[a,b]}f(x),\quad f(x_2)=\min_{x\in[a,b]}f(x).$$

于是，对于任意的 $x\in[a,b]$，有 $f(x_2)\leqslant f(x)\leqslant f(x_1)$. 若取 $M=\max\{|f(x_1)|,|f(x_2)|\}$，则有 $|f(x)|\leqslant M$，从而有下述结论.

**推论 1** 若 $y=f(x)$ 为闭区间 $[a,b]$ 上的连续函数，则 $f(x)$ 在 $[a,b]$ 上有界.

由介值定理还可得出下面的推论.

**推论 2** 若 $y=f(x)$ 为闭区间 $[a,b]$ 上的连续函数，$M=\max_{x\in[a,b]}f(x)$，$m=\min_{x\in[a,b]}f(x)$，则 $f(x)$ 必取得介于 $M$ 与 $m$ 之间的任何值.

**例 21** 函数 $y=\tan x$ 在区间 $\left(-\dfrac{\pi}{2},\dfrac{\pi}{2}\right)$ 内连续，但 $y=\tan x$ 在 $\left(-\dfrac{\pi}{2},\dfrac{\pi}{2}\right)$ 内取不到最大值与最小值.

由例 21 可知，定理 8 中闭区间的要求不能少.

**例 22** 证明：方程 $\ln(1+e^x)=2x$ 至少有一个小于 1 的正根.

**证** 设函数 $f(x)=\ln(1+e^x)-2x$，则显然 $f(x)\in C([0,1])$. 又

$$f(0)=\ln 2>0,$$
$$f(1)=\ln(1+e)-2=\ln(1+e)-\ln e^2<0,$$

由此可知，至少存在一点 $x_0\in(0,1)$，使得 $f(x_0)=0$，即方程 $\ln(1+e^x)=2x$ 至少有一个小于 1 的正根.

例 22 表明，我们可利用零点存在定理来证明某些方程的解的存在性.

• **习题 1-8**

1. 研究下列函数的连续性，并画出图形：

   (1) $f(x)=\begin{cases}x^2, & 0\leqslant x\leqslant 1,\\ 2-x, & 1<x<2;\end{cases}$　　(2) $f(x)=\begin{cases}x, & |x|\leqslant 1,\\ 1, & |x|>1.\end{cases}$

2. 下列函数在指定点处间断，说明它们属于哪一类间断点，如果是可去间断点，则补充或改变函数的定义使它连续：

   (1) $y=\dfrac{x^2-1}{x^2-3x+2}, x=1, x=2$；

(2) $y = \dfrac{x}{\tan x}, x = k\pi, x = k\pi + \dfrac{\pi}{2}, k = 0, \pm 1, \pm 2, \cdots$.

3. 当 $x = 0$ 时,下列函数无定义,试定义 $f(0)$ 的值,使得函数在点 $x = 0$ 处连续:

(1) $f(x) = \dfrac{\sqrt{1+x}-1}{\sqrt[3]{1+x}-1}$;

(2) $f(x) = \dfrac{\tan 2x}{x}$.

4. 选取 $a, b$ 的值,使得下列函数在 $(-\infty, +\infty)$ 内连续:

(1) $f(x) = \begin{cases} e^x, & x < 0, \\ a+x, & x \geqslant 0; \end{cases}$

(2) $f(x) = \begin{cases} ax+1, & x < \dfrac{\pi}{2}, \\ \sin x + b, & x \geqslant \dfrac{\pi}{2}. \end{cases}$

5. 证明:方程 $x \cdot 2^x = 1$ 至少有一个小于 1 的正根.

6. 求下列幂指函数的极限:

(1) $\lim\limits_{x \to 0}(e^x + x)^{\frac{1}{x}}$;

(2) $\lim\limits_{x \to 0}\left(\dfrac{a^x + b^x + c^x}{3}\right)^{\frac{1}{x}}$;

(3) $\lim\limits_{x \to \infty}\left(\sin \dfrac{1}{x} + \cos \dfrac{1}{x}\right)^x$;

(4) $\lim\limits_{x \to \infty}\left(1 + \dfrac{1}{x^2}\right)^x$;

(5) $\lim\limits_{x \to 0}(\cos 2x)^{\frac{3}{x^2}}$.

# 习　题　一

1. 填空题:

(1) 已知当 $x \to 0$ 时,$1 - \sqrt{1+ax^2}$ 与 $x^2$ 为等价无穷小,则常数 $a = $ _____.

(2) $\lim\limits_{x \to 0} \dfrac{x\ln(1+x)}{1-\cos x} = $ _____.

(3) $\lim\limits_{x \to \infty}\left(\dfrac{x^3+2}{x^3-3}\right)^{x^3} = $ _____.

(4) 若函数 $f(x) = \begin{cases} x^2 - c^2, & x < 4, \\ cx + 20, & x \geqslant 4 \end{cases}$ 在 $(-\infty, +\infty)$ 内连续,则常数 $c = $ _____.

(5) 已知 $x = 0$ 是函数 $y = \dfrac{e^{2x}+a}{x}$ 的第一类间断点,则常数 $a = $ _____.

2. 选择题:

(1) 设函数 $f(x)$ 在 $(-\infty, +\infty)$ 内单调有界,$\{x_n\}$ 为数列,则下列命题中正确的是( 　 ).

A. 若 $\{x_n\}$ 收敛,则 $\{f(x_n)\}$ 收敛　　　　B. 若 $\{x_n\}$ 单调,则 $\{f(x_n)\}$ 收敛

C. 若 $\{f(x_n)\}$ 收敛,则 $\{x_n\}$ 收敛　　　　D. 若 $\{f(x_n)\}$ 单调,则 $\{x_n\}$ 收敛

(2) 当 $x \to 0^+$ 时,( 　 ) 与 $\sqrt{x}$ 为等价无穷小.

A. $1-e^{\sqrt{x}}$ B. $\ln\dfrac{1-x}{1-\sqrt{x}}$ C. $\sqrt{1+\sqrt{x}}-1$ D. $1-\cos\sqrt{x}$

(3) $\lim\limits_{x\to\infty}\left[\dfrac{x^2}{(x-a)(x+b)}\right]^x = ($  $)$,这里 $a,b$ 为常数.

A. $1$ B. $e$ C. $e^{a-b}$ D. $e^{b-a}$

(4) 设函数 $f(x)=\begin{cases}\dfrac{1+2e^{\frac{1}{x}}}{2+e^{\frac{1}{x}}}, & x\neq 0,\\ 2, & x=0,\end{cases}$ 则 $x=0$ 是 $f(x)$ 的( ).

A. 可去间断点 B. 跳跃间断点 C. 无穷间断点 D. 连续点

(5) 设 $n\in\mathbf{N}^*$,则函数 $f(x)=\lim\limits_{n\to\infty}\dfrac{1+x}{1+x^{2n}}($  $)$.

A. 存在间断点 $x=1$ B. 存在间断点 $x=-1$
C. 存在间断点 $x=0$ D. 不存在间断点

3. 求函数 $y=\begin{cases}\sin\dfrac{1}{x}, & x\neq 0,\\ 0, & x=0\end{cases}$ 的定义域与值域.

4. 判断下列函数的奇偶性:

(1) $y=\sqrt{1-x}+\sqrt{1+x}$; (2) $y=e^{2x}-e^{-2x}+\sin x$.

5. 设函数 $f(x)$ 定义在 $(-\infty,+\infty)$ 内,证明:

(1) $f(x)+f(-x)$ 为偶函数; (2) $f(x)-f(-x)$ 为奇函数.

6. 某厂生产某种产品,年销售量为 $10^6$ 件,每批生产需要准备费 $10^3$ 元,而每件的年库存费为 $0.05$ 元.如果销售是均匀的,求准备费与库存费之和的总费用和年销售批数之间的函数(销售均匀是指商品库存数为批量的一半).

7. 邮局规定国内的平信每 $20\,\mathrm{g}$ 付邮资 $0.80$ 元,不足 $20\,\mathrm{g}$ 按 $20\,\mathrm{g}$ 计算,信件质量不得超过 $2\,\mathrm{kg}$,试确定邮资 $y$(单位:元)与质量 $x$(单位:g)之间的关系.

*8. 证明:

(1) $\operatorname{arsh}x=\ln(x+\sqrt{1+x^2})$; (2) $\operatorname{arth}x=\dfrac{1}{2}\ln\dfrac{1+x}{1-x}, -1<x<1$.

9. 设数列 $\{x_n\}$ 满足 $0<x_1<\pi, x_{n+1}=\sin x_n (n=1,2,\cdots)$. 证明: $\lim\limits_{n\to\infty}x_n$ 存在,并求该极限.

10. 设函数 $f(x)=\dfrac{x}{\sqrt{1+x^2}}$,令 $\varphi_1(x)=f(x), \varphi_n(x)=f[\varphi_{n-1}(x)], n=2,3,\cdots$,试求极限 $\lim\limits_{n\to\infty}\sqrt{n}\varphi_n(x)$.

11. 求下列极限:

(1) $\lim\limits_{n\to\infty}(1+x)(1+x^2)(1+x^4)\cdots(1+x^{2^n})$ ($|x|<1$);

(2) $\lim\limits_{x\to 1}\dfrac{(1-\sqrt{x})(1-\sqrt[3]{x})\cdots(1-\sqrt[n]{x})}{(1-x)^{n-1}}$.

12. 利用等价无穷小计算下列极限:

(1) $\lim\limits_{x\to 0}\dfrac{\arctan 3x}{x}$; (2) $\lim\limits_{n\to\infty}2^n\sin\dfrac{x}{2^n}$;

(3) $\lim\limits_{x\to\frac{1}{2}}\dfrac{4x^2-1}{\arcsin(1-2x)}$; (4) $\lim\limits_{x\to 0}\dfrac{\arctan x^2}{\sin\dfrac{x}{2}\arcsin x}$;

(5) $\lim\limits_{x\to 0}\dfrac{\tan x-\sin x}{\sin x^3}$;

(6) $\lim\limits_{x\to 0}\dfrac{\cos\alpha x-\cos\beta x}{x^2}$ ($\alpha,\beta$ 为常数);

(7) $\lim\limits_{x\to 0}\dfrac{\arcsin\dfrac{x}{\sqrt{1-x^2}}}{\ln(1-x)}$;

(8) $\lim\limits_{x\to 0}\dfrac{1-\cos 4x}{2\sin^2 x+x\tan^2 x}$;

(9) $\lim\limits_{x\to 0}\dfrac{\ln\cos ax}{\ln\cos bx}$ ($a,b$ 为常数,$b\ne 0$);

(10) $\lim\limits_{x\to 0}\dfrac{\ln(\sin^2 x+\mathrm{e}^x)-x}{\ln(x^2+\mathrm{e}^{2x})-2x}$.

13. 设 $n\in\mathbf{N}^*$,研究下列函数的连续性,并画出图形:

(1) $f(x)=\lim\limits_{n\to\infty}\dfrac{n^x-n^{-x}}{n^x+n^{-x}}$;

(2) $f(x)=\lim\limits_{n\to\infty}\dfrac{1-x^{2n}}{1+x^{2n}}x$.

14. 下列函数在指定点处间断,说明它们属于哪一类间断点:

(1) $y=\cos\dfrac{1}{x^2}$,在点 $x=0$ 处;

(2) $y=\begin{cases}x-1,&x\leqslant 1,\\3-x,&x>1,\end{cases}$ 在点 $x=1$ 处.

15. 当 $x=0$ 时,下列函数无定义,试定义 $f(0)$ 的值,使得函数在点 $x=0$ 处连续:

(1) $f(x)=\sin x\sin\dfrac{1}{x}$;

(2) $f(x)=(1+x)^{\frac{1}{x}}$.

16. 证明:方程 $x=a\sin x+b$ 至少有一个不超过 $a+b$ 的正根,其中 $a>0,b>0$.

17. 设 $a$ 为正常数,函数 $f(x)$ 在 $[0,2a]$ 上连续,且 $f(0)=f(2a)$,证明:方程 $f(x)=f(x+a)$ 在 $[0,a]$ 上至少有一个根.

18. 设函数 $f(x)$ 在 $[0,1]$ 上连续,且 $0\leqslant f(x)\leqslant 1$,证明:至少存在一点 $\xi\in[0,1]$,使得 $f(\xi)=\xi$.

19. 若函数 $f(x)$ 在 $[a,b]$ 上连续,$a<x_1<x_2<\cdots<x_n<b$,证明:在 $[x_1,x_n]$ 中必存在 $\xi$,使得

$$f(\xi)=\dfrac{f(x_1)+f(x_2)+\cdots+f(x_n)}{n}.$$

# 第二章
## 一元函数微分学

　　微分学是微积分的重要组成部分,它的基本概念是导数与微分,其中导数反映出函数相对于自变量的变化而变化的快慢程度,而微分则指明当自变量有微小变化时,函数值变化的近似值.

　　　　课程思政案例　　　知识框图

# 导数的概念

在科学研究和工程技术中,常常遇到求变量的变化率的问题.例如,物体做匀速直线运动时,其速度 $v$ 为物体在时刻 $t_0$ 到 $t$ 的位移差 $s(t)-s(t_0)$ 与相应的时间差 $t-t_0$ 的商,即

$$v=\frac{s(t)-s(t_0)}{t-t_0}.$$

如果物体做变速直线运动,则上面的公式就不能用来求物体在某一时刻的瞬时速度了.不过,我们可先求出物体从时刻 $t_0$ 到 $t$ 的平均速度,然后假定 $t\to t_0$,求平均速度的极限

$$\lim_{t\to t_0}\frac{s(t)-s(t_0)}{t-t_0},$$

并以此极限作为物体在时刻 $t_0$ 的瞬时速度.

这样,我们就在极限的基础上建立了瞬时速度的概念.在自然科学和工程技术等领域,还有许多其他的量也可以归结为这种类型的极限,因此有必要对其加以抽象.

从数学角度来看,$\dfrac{f(x)-f(x_0)}{x-x_0}$ 叫作函数 $y=f(x)$ 在 $x_0$ 与 $x$ 处的**差商**,而把 $x\to x_0$ 时,该差商的极限值(如果存在的话)叫作 $y=f(x)$ 在点 $x_0$ 处的**导数**.一般说来,工程技术中一个变量相对于另一个变量的变化率问题,可以化成求导数的问题进行处理.

## 一、导数的定义

**定义 1** 设函数 $y=f(x)$ 在点 $x_0$ 的某个邻域内有定义.如果极限

$$\lim_{x\to x_0}\frac{f(x)-f(x_0)}{x-x_0}$$

存在,则称该极限值为 $y=f(x)$ 在点 $x_0$ 处的**导数**,记作 $f'(x_0)$,即

$$f'(x_0)=\lim_{x\to x_0}\frac{f(x)-f(x_0)}{x-x_0}. \tag{2-1-1}$$

此时,也称函数 $y=f(x)$ 在**点 $x_0$ 处可导**.

函数 $y=f(x)$ 在点 $x_0$ 处的导数还可记作

$$\left.\frac{\mathrm{d}y}{\mathrm{d}x}\right|_{x=x_0},\quad \left.\frac{\mathrm{d}f(x)}{\mathrm{d}x}\right|_{x=x_0},\quad \left.y'\right|_{x=x_0}.$$

导数 $f'(x_0)$ 可以表示为下面的增量形式:

$$f'(x_0) = \lim_{\Delta x \to 0} \frac{\Delta y}{\Delta x} = \lim_{\Delta x \to 0} \frac{f(x_0 + \Delta x) - f(x_0)}{\Delta x}. \qquad (2\text{-}1\text{-}2)$$

如果式(2-1-1)和式(2-1-2)中右边的极限不存在,则称函数 $y = f(x)$ 在点 $x_0$ 处**不可导**. 当 $\lim\limits_{x \to x_0} \dfrac{f(x) - f(x_0)}{x - x_0} = \infty$ 时,我们通常说函数 $y = f(x)$ 在点 $x_0$ 处的**导数为无穷大**.

如果函数 $y = f(x)$ 在开区间 $(a, b)$ 内的每一点处都可导,则称 $y = f(x)$ 在**开区间 $(a, b)$ 内可导**. 这时,对于任一 $x \in (a, b)$,对应着 $y = f(x)$ 的一个确定的导数值,这是一个新的函数关系,称该函数为原来函数 $y = f(x)$ 的**导函数**,记作 $f'(x), y', \dfrac{\mathrm{d}f(x)}{\mathrm{d}x}$ 或 $\dfrac{\mathrm{d}y}{\mathrm{d}x}$,有

$$f'(x) = \lim_{\Delta x \to 0} \frac{f(x + \Delta x) - f(x)}{\Delta x}, \quad x \in (a, b).$$

显然,函数 $y = f(x)$ 在点 $x_0 \in (a, b)$ 处的导数 $f'(x_0)$ 就是导函数 $f'(x)$ 在点 $x = x_0$ 处的函数值,即 $f'(x_0) = f'(x)\big|_{x = x_0}$.

为方便起见,我们简称函数的导函数为导数.

由函数 $y = f(x)$ 在点 $x_0$ 处的导数 $f'(x_0)$ 的定义可知,它是一种极限,即

$$f'(x_0) = \lim_{x \to x_0} \frac{f(x) - f(x_0)}{x - x_0},$$

而极限存在的充要条件是:左、右极限都存在且相等. 因此, $f'(x_0)$ 存在[函数 $f(x)$ 在点 $x_0$ 处可导]的充要条件应是:左、右极限

$$\lim_{x \to x_0^-} \frac{f(x) - f(x_0)}{x - x_0}, \quad \lim_{x \to x_0^+} \frac{f(x) - f(x_0)}{x - x_0}$$

都存在且相等. 将这两个极限分别称为函数 $y = f(x)$ 在点 $x_0$ 处的**左导数**和**右导数**,记作 $f'_-(x_0)$ 和 $f'_+(x_0)$,即

$$f'_-(x_0) = \lim_{x \to x_0^-} \frac{f(x) - f(x_0)}{x - x_0},$$

$$f'_+(x_0) = \lim_{x \to x_0^+} \frac{f(x) - f(x_0)}{x - x_0},$$

或者写成增量形式

$$f'_-(x_0) = \lim_{\Delta x \to 0^-} \frac{f(x_0 + \Delta x) - f(x_0)}{\Delta x},$$

$$f'_+(x_0) = \lim_{\Delta x \to 0^+} \frac{f(x_0 + \Delta x) - f(x_0)}{\Delta x}.$$

左导数和右导数统称为**单侧导数**.

**定理 1** 函数 $y = f(x)$ 在点 $x_0$ 处可导的充要条件是: $f'_-(x_0)$ 及 $f'_+(x_0)$ 都存在且相等.

**例1** 讨论函数 $f(x)=|x|$ 在点 $x=0$ 处的可导性.

**解** 因为 $\dfrac{f(0+\Delta x)-f(0)}{\Delta x}=\dfrac{|\Delta x|-0}{\Delta x}=\operatorname{sgn}(\Delta x)$,所以

$$f'_-(0)=\lim_{\Delta x\to 0^-}\operatorname{sgn}(\Delta x)=-1,$$
$$f'_+(0)=\lim_{\Delta x\to 0^+}\operatorname{sgn}(\Delta x)=1.$$

由于 $f'_-(0)\neq f'_+(0)$,因此函数 $f(x)=|x|$ 在点 $x=0$ 处不可导.

**例2** 讨论函数
$$f(x)=\begin{cases} x, & x<0, \\ \ln(1+x), & x\geqslant 0 \end{cases}$$
在点 $x=0$ 处的可导性.

**解** 显然,函数 $f(x)$ 在点 $x=0$ 处连续,而

$$f'_-(0)=\lim_{x\to 0^-}\dfrac{f(x)-f(0)}{x-0}=\lim_{x\to 0^-}\dfrac{x-0}{x}=1,$$
$$f'_+(0)=\lim_{x\to 0^+}\dfrac{f(x)-f(0)}{x-0}=\lim_{x\to 0^+}\dfrac{\ln(1+x)-0}{x}$$
$$=\lim_{x\to 0^+}\ln(1+x)^{\frac{1}{x}}=1.$$

由于 $f'_-(0)=f'_+(0)=1$,因此函数 $f(x)$ 在点 $x=0$ 处可导,且 $f'(0)=1$.

**例3** 设函数 $f(x)=C, x\in(-\infty,+\infty), C$ 为常数,求 $f'(x)$.

**解** $f'(x)=\lim\limits_{\Delta x\to 0}\dfrac{f(x+\Delta x)-f(x)}{\Delta x}=\lim\limits_{\Delta x\to 0}\dfrac{C-C}{\Delta x}=0,$

即
$$(C)'=0.$$

该结果通常说成:常数的导数等于 0.

**例4** 设函数 $y=x^n, n$ 为正整数,求 $y'$.

**解** $y'=\lim\limits_{\Delta x\to 0}\dfrac{(x+\Delta x)^n-x^n}{\Delta x}$
$$=\lim_{\Delta x\to 0}[nx^{n-1}+C_n^2 x^{n-2}(\Delta x)+\cdots+(\Delta x)^{n-1}]$$
$$=nx^{n-1},$$

即
$$(x^n)'=nx^{n-1}.$$

特别地,当 $n=1$ 时,有 $(x)'=1$.

**例5** 设函数 $y=\sin x$,求 $y'$.

**解** $y'=\lim\limits_{\Delta x\to 0}\dfrac{\sin(x+\Delta x)-\sin x}{\Delta x}=\lim\limits_{\Delta x\to 0}\dfrac{2\cos\dfrac{2x+\Delta x}{2}\sin\dfrac{\Delta x}{2}}{\Delta x}$

$$= \lim_{\Delta x \to 0} \frac{2 \cdot \dfrac{\Delta x}{2} \cos \dfrac{2x + \Delta x}{2}}{\Delta x} = \cos x,$$

即 $$(\sin x)' = \cos x.$$

**例 6** 设函数 $y = \cos x, x \in (-\infty, +\infty)$,求 $y'$.

解 $$y' = \lim_{\Delta x \to 0} \frac{\cos(x + \Delta x) - \cos x}{\Delta x} = \lim_{\Delta x \to 0} \frac{-2 \sin \dfrac{2x + \Delta x}{2} \sin \dfrac{\Delta x}{2}}{\Delta x}$$

$$= \lim_{\Delta x \to 0} \frac{-2 \cdot \dfrac{\Delta x}{2} \sin \dfrac{2x + \Delta x}{2}}{\Delta x} = -\sin x,$$

即 $$(\cos x)' = -\sin x.$$

**例 7** 设函数 $y = a^x, x \in (-\infty, +\infty)$,$a$ 为常数且 $a > 0, a \neq 1$,求 $y'$.

解 注意到 $u \to 0$ 时,有 $a^u - 1 \sim u \ln a$,从而

$$y' = \lim_{\Delta x \to 0} \frac{a^{x + \Delta x} - a^x}{\Delta x} = \lim_{\Delta x \to 0} \frac{a^x(a^{\Delta x} - 1)}{\Delta x}$$

$$= a^x \lim_{\Delta x \to 0} \frac{a^{\Delta x} - 1}{\Delta x} = a^x \lim_{\Delta x \to 0} \frac{\Delta x \ln a}{\Delta x} = a^x \ln a,$$

即 $$(a^x)' = a^x \ln a.$$

特别地, $$(e^x)' = e^x.$$

**例 8** 设函数 $y = \log_a x, x \in (0, +\infty)$,$a$ 为常数且 $a > 0, a \neq 1$,求 $y'$.

解 $$y' = \lim_{\Delta x \to 0} \frac{\log_a(x + \Delta x) - \log_a x}{\Delta x} = \lim_{\Delta x \to 0} \frac{\log_a\left(1 + \dfrac{\Delta x}{x}\right)}{\Delta x}$$

$$= \lim_{\Delta x \to 0} \frac{1}{x} \log_a \left(1 + \frac{\Delta x}{x}\right)^{\frac{x}{\Delta x}} = \frac{1}{x} \log_a e = \frac{1}{x \ln a},$$

即 $$(\log_a x)' = \frac{1}{x \ln a}.$$

特别地, $$(\ln x)' = \frac{1}{x}.$$

**例 9** 设函数 $y = x^3$,求 $y'\big|_{x=2}$.

解 $y' = (x^3)' = 3x^{3-1} = 3x^2$,故

$$y'\big|_{x=2} = 3x^2 \big|_{x=2} = 3 \times 2^2 = 12.$$

下面我们讨论可导与连续的关系.

**定理 2** 若函数 $y = f(x)$ 在点 $x_0$ 处可导,则 $y = f(x)$ 在点 $x_0$ 处

必连续.

**证** 由于函数 $y=f(x)$ 在点 $x_0$ 处可导,即

$$\lim_{x \to x_0} \frac{f(x)-f(x_0)}{x-x_0} = f'(x_0)$$

存在,因此由无穷小与函数极限的关系得

$$\frac{f(x)-f(x_0)}{x-x_0} = f'(x_0) + \alpha,$$

其中 $\alpha \to 0 (x \to x_0)$. 于是

$$f(x) - f(x_0) = f'(x_0)(x-x_0) + \alpha(x-x_0),$$

从而

$$\lim_{x \to x_0} [f(x) - f(x_0)] = \lim_{x \to x_0} [f'(x_0)(x-x_0) + \alpha(x-x_0)] = 0,$$

即

$$\lim_{x \to x_0} f(x) = \lim_{x \to x_0} [f(x) - f(x_0) + f(x_0)] = f(x_0).$$

故函数 $y=f(x)$ 在点 $x_0$ 处连续.

**例 10** 讨论函数

$$f(x) = \begin{cases} x \sin \dfrac{1}{x}, & x \neq 0, \\ 0, & x = 0 \end{cases}$$

在点 $x=0$ 处的连续性和可导性.

**解** 因为

$$\lim_{x \to 0} f(x) = \lim_{x \to 0} x \sin \frac{1}{x} = 0 = f(0),$$

所以函数 $f(x)$ 在点 $x=0$ 处连续. 但是

$$\lim_{x \to 0} \frac{f(x)-f(0)}{x-0} = \lim_{x \to 0} \frac{x \sin \dfrac{1}{x} - 0}{x} = \lim_{x \to 0} \sin \frac{1}{x}$$

不存在,故函数 $f(x)$ 在点 $x=0$ 处不可导.

本例说明,连续不一定可导,连续只是可导的必要条件.

## 二、导数的几何意义

连续函数 $y=f(x)$ 的图形在直角坐标系中表示一条曲线,如图 2-1 所示. 设曲线 $y=f(x)$ 上某一点 $A$ 的坐标是 $(x_0, y_0)$,当自变量由 $x_0$ 变到 $x_0+\Delta x$ 时,点 $A$ 沿曲线移动到点 $B(x_0+\Delta x, y_0+\Delta y)$,直线 $AB$ 是 $y=f(x)$ 的割线,它的倾角记作 $\beta$. 从图中可知,在直角三角形 $ABC$ 中,$\dfrac{|CB|}{|AC|} = \dfrac{\Delta y}{\Delta x} = \tan \beta$,所以

$\dfrac{\Delta y}{\Delta x}$ 的几何意义是割线 $AB$ 的斜率.

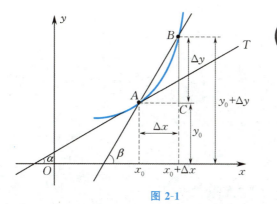

图 2-1

当 $\Delta x \to 0$ 时,点 $B$ 沿着曲线 $y=f(x)$ 趋于点 $A$,这时割线 $AB$ 将绕着点 $A$ 转动,它的极限位置为直线 $AT$,这条直线就是曲线在点 $A$ 处的切线,它的倾角记作 $\alpha$. 当 $\Delta x \to 0$ 时,割线趋于切线,则割线的斜率 $\dfrac{\Delta y}{\Delta x}=\tan\beta$ 必然趋于切线的斜率 $\tan\alpha$,即

$$f'(x_0)=\lim_{\Delta x \to 0}\dfrac{\Delta y}{\Delta x}=\tan\alpha.$$

由此可知,函数 $y=f(x)$ 在点 $x_0$ 处的导数 $f'(x_0)$ 的**几何意义**就是,曲线 $y=f(x)$ 在对应点 $A(x_0,y_0)[y_0=f(x_0)]$ 处的切线的斜率. 曲线 $y=f(x)$ 在点 $A(x_0,y_0)$ 处的**切线方程**可写成:

(1) $f'(x_0)$ 存在,则切线方程为
$$y-f(x_0)=f'(x_0)(x-x_0);$$
(2) $f(x)$ 在点 $x_0$ 处连续, $f'(x_0)=\infty$,则切线方程为 $x=x_0$.

**例 11**　求过点 $(2,0)$ 且与曲线 $y=\dfrac{1}{x}$ 相切的直线方程.

**解**　显然,点 $(2,0)$ 不在曲线 $y=\dfrac{1}{x}$ 上. 由导数的几何意义可知,设切点为 $(x_0,y_0)$,则 $y_0=\dfrac{1}{x_0}$,且所求切线的斜率为

$$k=\left(\dfrac{1}{x}\right)'\bigg|_{x=x_0}=-\dfrac{1}{x_0^2}.$$

故所求的切线方程为

$$y-\dfrac{1}{x_0}=-\dfrac{1}{x_0^2}(x-x_0).$$

又切线过点 $(2,0)$,所以有

$$-\frac{1}{x_0} = -\frac{1}{x_0^2}(2-x_0),$$

于是得 $x_0 = 1, y_0 = 1$. 因此,所求的切线方程为

$$y - 1 = -(x-1), \quad 即 \quad y = 2-x.$$

**例 12** 在曲线 $y = x^4$ 上求一点,使该点处曲线的切线与直线 $y = -32x + 5$ 平行.

**解** 在曲线 $y = x^4$ 上任一点 $(x, y)$ 处切线的斜率为

$$k = y' = (x^4)' = 4x^3,$$

而已知直线 $y = -32x + 5$ 的斜率为 $k_1 = -32$.

令 $k = k_1$,即 $4x^3 = -32$,解得 $x = -2$,代入曲线方程得

$$y = (-2)^4 = 16.$$

故所求点的坐标为 $(-2, 16)$.

### 三、函数的四则运算的求导法

**定理 3** 设函数 $u = u(x), v = v(x)$ 在点 $x$ 处均可导, $k_1, k_2$ 均为常数, 则下列等式成立:

(1) $[k_1 u(x) + k_2 v(x)]' = k_1 u'(x) + k_2 v'(x)$;

(2) $[u(x) v(x)]' = u'(x) v(x) + u(x) v'(x)$;

(3) $\left[\dfrac{u(x)}{v(x)}\right]' = \dfrac{u'(x) v(x) - u(x) v'(x)}{v^2(x)} \quad [v(x) \neq 0]$.

**证** 仅以(3)为例进行证明.记 $g(x) = \dfrac{u(x)}{v(x)}$,且 $v(x) \neq 0$,则

$$g'(x) = \lim_{\Delta x \to 0} \frac{1}{\Delta x} \left[\frac{u(x+\Delta x)}{v(x+\Delta x)} - \frac{u(x)}{v(x)}\right]$$

$$= \lim_{\Delta x \to 0} \frac{1}{v(x) v(x+\Delta x)} \left[\frac{u(x+\Delta x) - u(x)}{\Delta x} v(x) - u(x) \frac{v(x+\Delta x) - v(x)}{\Delta x}\right]$$

$$= \lim_{\Delta x \to 0} \frac{1}{v(x) v(x+\Delta x)} \cdot \left[v(x) \lim_{\Delta x \to 0} \frac{u(x+\Delta x) - u(x)}{\Delta x} - u(x) \lim_{\Delta x \to 0} \frac{v(x+\Delta x) - v(x)}{\Delta x}\right]$$

$$= \frac{u'(x) v(x) - u(x) v'(x)}{v^2(x)}.$$

特别地,当 $u(x) = 1$ 时,有 $\left[\dfrac{1}{v(x)}\right]' = -\dfrac{v'(x)}{v^2(x)}$.

定理中的(1) 和(2) 均可推广至有限多个函数的情形,例如,设函数 $u = u(x), v = v(x), w = w(x)$ 在点 $x$ 处均可导, $k_1, k_2, k_3$ 均为常数,则

$$(k_1 u + k_2 v + k_3 w)' = k_1 u' + k_2 v' + k_3 w', \quad (uvw)' = u'vw + uv'w + uvw'.$$

**例 13** 设函数 $y = 4x^5 - 3x^2 + 4$，求 $y'$.

**解** $y' = (4x^5 - 3x^2 + 4)' = (4x^5)' - (3x^2)' + (4)'$
$= 20x^4 - 6x.$

**例 14** 设函数 $y = x^3 \cos x \sin x$，求 $y'$.

**解** $y' = (x^3 \cos x \sin x)'$
$= (x^3)' \cos x \sin x + x^3 (\cos x)' \sin x + x^3 \cos x (\sin x)'$
$= 3x^2 \cos x \sin x - x^3 \sin^2 x + x^3 \cos^2 x.$

**例 15** 设函数 $y = \tan x$，求 $y'$.

**解** $y' = (\tan x)' = \left(\dfrac{\sin x}{\cos x}\right)' = \dfrac{(\sin x)' \cos x - \sin x (\cos x)'}{\cos^2 x}$
$= \dfrac{\cos^2 x + \sin^2 x}{\cos^2 x} = \dfrac{1}{\cos^2 x},$

即 $(\tan x)' = \dfrac{1}{\cos^2 x} = \sec^2 x = 1 + \tan^2 x.$

类似地，可得
$$(\cot x)' = -\dfrac{1}{\sin^2 x} = -\csc^2 x = -(1 + \cot^2 x).$$

**例 16** 设函数 $y = \sec x$，求 $y'$.

**解** $y' = (\sec x)' = \left(\dfrac{1}{\cos x}\right)' = -\dfrac{(\cos x)'}{\cos^2 x}$
$= \dfrac{\sin x}{\cos^2 x} = \sec x \tan x,$

即 $(\sec x)' = \sec x \tan x.$

类似地，可得
$$(\csc x)' = -\csc x \cot x.$$

### 习题 2-1

1. 设函数 $s = \dfrac{1}{2}gt^2$，求 $\left.\dfrac{\mathrm{d}s}{\mathrm{d}t}\right|_{t=2}$.

2. 假定 $f'(x_0)$ 存在，按照导数的定义观察下列极限，指出其中 $A$ 表示什么：

(1) $\lim\limits_{\Delta x \to 0} \dfrac{f(x_0 - \Delta x) - f(x_0)}{\Delta x} = A$；　　(2) $f(x_0) = 0, \lim\limits_{x \to x_0} \dfrac{f(x)}{x_0 - x} = A$；

(3) $\lim\limits_{h \to 0} \dfrac{f(x_0 + h) - f(x_0 - h)}{h} = A.$

3. (1) 设函数 $f(x) = \dfrac{1}{x}$，求 $f'(x_0)(x_0 \neq 0)$.

(2) 设函数 $f(x) = x(x-1)(x-2)\cdots(x-n)$，求 $f'(0)$.

4. 讨论函数 $y = \sqrt[3]{x}$ 在点 $x = 0$ 处的连续性和可导性.

5. 设函数
$$f(x) = \begin{cases} x^2, & x \leqslant 1, \\ ax + b, & x > 1. \end{cases}$$
为了使函数 $f(x)$ 在点 $x = 1$ 处可导，$a, b$ 应取什么值？

6. 求过点 $(3, 8)$ 且与曲线 $y = x^2$ 相切的直线方程.

7. 求下列函数的导数：

(1) $y = \sqrt{x}$；

(2) $y = \dfrac{1}{\sqrt[3]{x^2}}$；

(3) $y = \dfrac{x^2 \sqrt[3]{x^2}}{\sqrt{x^5}}$；

(4) $y = 3\ln x + \sin \dfrac{\pi}{7}$；

(5) $y = \sqrt{x} \ln x$；

(6) $y = (1 - x^2)\sin x \cdot (1 - \sin x)$；

(7) $y = \dfrac{1 - \sin x}{1 - \cos x}$；

(8) $y = \tan x + e^{\pi}$；

(9) $y = \dfrac{\sec x}{x} - 3\sec x$；

(10) $y = \ln x - 2\lg x + 3\log_2 x$；

(11) $y = \dfrac{1}{1 + x + x^2}$.

8. 设函数 $P(x) = f_1(x) f_2(x) \cdots f_n(x) \neq 0$，且所有的函数都可导，证明：
$$\dfrac{P'(x)}{P(x)} = \dfrac{f_1'(x)}{f_1(x)} + \dfrac{f_2'(x)}{f_2(x)} + \cdots + \dfrac{f_n'(x)}{f_n(x)}.$$

习题答案

# 第二节　求导法则

## 一、复合函数的求导法

**定理 1（链导法）**　若函数 $u = \varphi(x)$ 在点 $x$ 处可导，而函数 $y = f(u)$ 在相应点 $u = \varphi(x)$ 处可导，则复合函数 $y = f[\varphi(x)]$ 在点 $x$ 处可导，且 $\dfrac{dy}{dx} = \dfrac{dy}{du} \cdot \dfrac{du}{dx}$，或记作

$$\{f[\varphi(x)]\}' = f'[\varphi(x)] \varphi'(x). \tag{2-2-1}$$

**证**　因为函数 $y = f(u)$ 在点 $u$ 处的导数 $f'(u) = \lim\limits_{\Delta u \to 0} \dfrac{\Delta y}{\Delta u}$ 存在，所以

$$\frac{\Delta y}{\Delta u} = f'(u) + \alpha,$$

其中 $\alpha \to 0 (\Delta u \to 0)$. 故

$$\Delta y = f'(u) \Delta u + \alpha \Delta u,$$

从而

$$\lim_{\Delta x \to 0} \frac{\Delta y}{\Delta x} = \lim_{\Delta x \to 0} \left[ f'(u) \frac{\Delta u}{\Delta x} + \alpha \frac{\Delta u}{\Delta x} \right]$$

$$= f'(u) \lim_{\Delta x \to 0} \frac{\Delta u}{\Delta x} + \lim_{\Delta x \to 0} \alpha \cdot \lim_{\Delta x \to 0} \frac{\Delta u}{\Delta x}.$$

又函数 $u = \varphi(x)$ 在点 $x$ 处可导,故 $\varphi(x)$ 必在点 $x$ 处连续. 因此,当 $\Delta x \to 0$ 时,必有 $\Delta u \to 0$. 又 $\lim\limits_{\Delta u \to 0} \alpha = 0$, 则 $\lim\limits_{\Delta x \to 0} \alpha = 0$, 且

$$\lim_{\Delta x \to 0} \frac{\Delta y}{\Delta x} = f'(u) \varphi'(x) + \lim_{\Delta x \to 0} \alpha \cdot \lim_{\Delta x \to 0} \frac{\Delta u}{\Delta x}$$

$$= f'(u) \varphi'(x) = f'[\varphi(x)] \varphi'(x),$$

而 $\lim\limits_{\Delta x \to 0} \frac{\Delta y}{\Delta x} = \{f[\varphi(x)]\}'.$

**例 1** 设函数 $f(x) = x^\mu, \mu \in \mathbf{R}, x > 0$, 求 $f'(x)$.

**解** 由于 $x^\mu = e^{\mu \ln x}, x > 0$, 令 $u = \mu \ln x$, 则 $x^\mu$ 由 $y = e^u$ 及 $u = \mu \ln x$ 复合而成, 因此

$$f'(x) = \frac{d(e^u)}{du} \cdot \frac{d(\mu \ln x)}{dx} = e^u \cdot \mu \frac{1}{x}$$

$$= \frac{\mu}{x} e^{\mu \ln x} = \mu x^{\mu-1},$$

即

$$(x^\mu)' = \mu x^{\mu-1}, \quad \mu \in \mathbf{R}, x > 0.$$

**例 2** 设函数 $y = e^{-x}$, 求 $y'$.

**解** 令 $u = -x$, 则 $y = e^u$, 从而

$$\frac{dy}{dx} = \frac{dy}{du} \cdot \frac{du}{dx} = \frac{d(e^u)}{du} \cdot \frac{d(-x)}{dx}$$

$$= e^u \cdot (-1) = -e^{-x},$$

即

$$(e^{-x})' = -e^{-x}.$$

对复合函数的分解熟练后,就不必再写出中间变量,而可按下面例子中的方式进行计算.

**例 3** 设函数 $y = \sin \frac{1}{1+x}$, 求 $y'$.

**解** $y' = \cos \frac{1}{1+x} \cdot \left( \frac{1}{1+x} \right)' = -\frac{1}{(1+x)^2} \cos \frac{1}{1+x}.$

**例 4** 设函数 $y = \sqrt{\sin e^{x^2}}$，求 $y'$.

**解** $y' = (\sqrt{\sin e^{x^2}})' = \dfrac{1}{2\sqrt{\sin e^{x^2}}} \cdot (\sin e^{x^2})' = \dfrac{1}{2\sqrt{\sin e^{x^2}}} \cdot \cos e^{x^2} \cdot (e^{x^2})'$

$= \dfrac{\cos e^{x^2}}{2\sqrt{\sin e^{x^2}}} \cdot e^{x^2} \cdot (x^2)' = \dfrac{\cos e^{x^2}}{2\sqrt{\sin e^{x^2}}} \cdot e^{x^2} \cdot 2x$

$= \dfrac{x e^{x^2} \cos e^{x^2}}{\sqrt{\sin e^{x^2}}}$.

**例 5** 设函数 $y = \ln(x + \sqrt{1+x^2})$，求 $y'$.

**解** $y' = [\ln(x + \sqrt{1+x^2})]' = \dfrac{1}{x + \sqrt{1+x^2}} \cdot (x + \sqrt{1+x^2})'$

$= \dfrac{1}{x + \sqrt{1+x^2}} \left[1 + \dfrac{(1+x^2)'}{2\sqrt{1+x^2}}\right] = \dfrac{1}{x + \sqrt{1+x^2}} \left(1 + \dfrac{x}{\sqrt{1+x^2}}\right)$

$= \dfrac{1}{\sqrt{1+x^2}}$.

## 二、反函数的求导法

**定理 2** 设函数 $y = f(x)$ 与 $x = \varphi(y)$ 互为反函数，$y = f(x)$ 在点 $x$ 处可导，$x = \varphi(y)$ 在相应点 $y$ 处可导，且 $\dfrac{dx}{dy} = \varphi'(y) \neq 0$，则

$$\dfrac{dy}{dx} = \dfrac{1}{\dfrac{dx}{dy}} \quad \text{或} \quad f'(x) = \dfrac{1}{\varphi'(y)}.$$

简单地说成：**反函数的导数是其直接函数导数的倒数**.

**证** 由函数 $x = \varphi(y) = \varphi[f(x)]$ 及 $y = f(x)$，$x = \varphi(y)$ 的可导性，利用复合函数的求导法，得

$$1 = \varphi'[f(x)]f'(x) = \varphi'(y)f'(x),$$

故

$$f'(x) = \dfrac{1}{\varphi'(y)}, \quad \varphi'(y) \neq 0.$$

**例 6** 设函数 $y = \arcsin x$，求 $y'$.

**解** 由 $x = \sin y$ 可知

$$y' = \dfrac{1}{(\sin y)'_y} = \dfrac{1}{\cos y} = \dfrac{1}{\sqrt{1-\sin^2 y}} = \dfrac{1}{\sqrt{1-x^2}}.$$

这里记号 $(\sin y)'_y$ 表示求导是对变量 $y$ 进行的.

由上式,得

$$(\arcsin x)' = \frac{1}{\sqrt{1-x^2}}.$$

同理,可得

$$(\arccos x)' = -\frac{1}{\sqrt{1-x^2}}, \quad (\arctan x)' = \frac{1}{1+x^2}, \quad (\operatorname{arccot} x)' = -\frac{1}{1+x^2}.$$

### 三、由参数方程所确定的函数的求导法

若方程 $x = \varphi(t)$ 和 $y = \psi(t)$ 确定 $y$ 与 $x$ 之间的函数关系,则称此函数关系所表达的函数为由**参数方程**

$$\begin{cases} x = \varphi(t), \\ y = \psi(t), \end{cases} t \in (\alpha, \beta) \tag{2-2-2}$$

所确定的函数. 下面来讨论由参数方程所确定的函数的导数.

设 $t = \varphi^{-1}(x)$ 为 $x = \varphi(t)$ 的反函数(假设存在),在 $t \in (\alpha, \beta)$ 时,函数 $x = \varphi(t), y = \psi(t)$ 均可导,这时由复合函数的导数和反函数的导数公式,有

$$\frac{dy}{dx} = \{\psi[\varphi^{-1}(x)]\}' = \psi'[\varphi^{-1}(x)][\varphi^{-1}(x)]'$$

$$= \psi'[\varphi^{-1}(x)] \frac{1}{\varphi'(t)} = \frac{\psi'(t)}{\varphi'(t)} \quad [\varphi'(t) \neq 0].$$

于是,由参数方程(2-2-2)所确定的函数 $y = y(x)$ 的导数为

$$\frac{dy}{dx} = \frac{\dfrac{dy}{dt}}{\dfrac{dx}{dt}} = \frac{\psi'(t)}{\varphi'(t)} \quad [\varphi'(t) \neq 0]. \tag{2-2-3}$$

**注意** 作为 $x$ 的函数,$\dfrac{dy}{dx}$ 应表示为 $\begin{cases} x = \varphi(t), \\ \dfrac{dy}{dx} = \dfrac{\psi'(t)}{\varphi'(t)}, \end{cases}$ 但为了方便起见,通常把 $x = \varphi(t)$ 省去,后面讲到的高阶导数也做类似处理.

**例7** 设参数方程 $\begin{cases} x = a\cos^3 t, \\ y = a\sin^3 t, \end{cases}$ 求 $\dfrac{dy}{dx}$.

**解** $\dfrac{dy}{dx} = \dfrac{(a\sin^3 t)'_t}{(a\cos^3 t)'_t} = \dfrac{3a\sin^2 t \cos t}{3a\cos^2 t(-\sin t)} = -\tan t \quad \left(t \neq \dfrac{n\pi}{2}, n \text{ 为整数}\right).$

**例 8** 设参数方程 $\begin{cases} x = \dfrac{3at}{1+t^2}, \\ y = \dfrac{3at^2}{1+t^2}, \end{cases} -\infty < t < +\infty$,求 $\dfrac{dy}{dx}$.

**解** $\dfrac{dy}{dx} = \dfrac{\left(\dfrac{3at^2}{1+t^2}\right)'_t}{\left(\dfrac{3at}{1+t^2}\right)'_t} = \dfrac{6at(1+t^2) - 6at^3}{3a(1+t^2) - 6at^2} = \dfrac{2t}{1-t^2}$  $(t \neq \pm 1)$.

**例 9** 求由方程 $r = e^{a\theta}\left(0 < \theta < \dfrac{\pi}{4}, a > 1\right)$,$\begin{cases} x = r\cos\theta, \\ y = r\sin\theta \end{cases}$ 所确定的函数 $y = y(x)$ 的导数.

**解** 由已知条件得

$$\begin{cases} x = r\cos\theta = e^{a\theta}\cos\theta, \\ y = r\sin\theta = e^{a\theta}\sin\theta, \end{cases}$$

故 $\dfrac{dy}{dx} = \dfrac{(e^{a\theta}\sin\theta)'_\theta}{(e^{a\theta}\cos\theta)'_\theta} = \dfrac{a e^{a\theta}\sin\theta + e^{a\theta}\cos\theta}{a e^{a\theta}\cos\theta - e^{a\theta}\sin\theta} = \dfrac{a\sin\theta + \cos\theta}{a\cos\theta - \sin\theta}$.

过曲线 $y = f(x)$ 上切点 $A(x_0, y_0)$ $[y_0 = f(x_0)]$ 且与切线垂直的直线叫作该曲线在点 $A$ 处的**法线**. 如果 $f'(x_0) \neq 0$,则法线的斜率为 $-\dfrac{1}{f'(x_0)}$,从而点 $A$ 处的法线方程为

$$y - f(x_0) = -\dfrac{1}{f'(x_0)}(x - x_0).$$

**例 10** 求椭圆 $\begin{cases} x = a\cos t, \\ y = b\sin t \end{cases}$ 在 $t = \dfrac{\pi}{4}$ 对应点处的切线方程和法线方程.

**解** $\dfrac{dy}{dx} = \dfrac{(b\sin t)'}{(a\cos t)'} = -\dfrac{b}{a}\cot t$,

所以在椭圆上 $t = \dfrac{\pi}{4}$ 对应点 $\left(\dfrac{\sqrt{2}}{2}a, \dfrac{\sqrt{2}}{2}b\right)$ 处的切线和法线的斜率分别为

$$k_{切} = \left.\dfrac{dy}{dx}\right|_{t=\frac{\pi}{4}} = -\dfrac{b}{a}\cot\dfrac{\pi}{4} = -\dfrac{b}{a},$$

$$k_{法} = \dfrac{a}{b},$$

切线方程和法线方程分别为

$$bx + ay = \sqrt{2}ab \quad \text{和} \quad ax - by = \dfrac{\sqrt{2}}{2}(a^2 - b^2).$$

## 四、隐函数的求导法

如果在含变量 $x$ 和 $y$ 的关系式 $F(x,y)=0$ 中,当 $x$ 取区间 $I$ 内的任一值时,相应地总有满足该方程的唯一的 $y$ 值与之对应,那么就说方程 $F(x,y)=0$ 在该区间内确定了一个**隐函数** $y=y(x)$. 这时, $y(x)$ 不一定都能用关于 $x$ 的表达式表示出来. 例如,方程 $e^y + xy - e^{-x} = 0$ 和 $y=\cos(x+y)$ 都能确定隐函数 $y=y(x)$. 如果 $F(x,y)=0$ 确定的隐函数 $y=y(x)$ 能用关于 $x$ 的表达式表示出来,则称该隐函数**可显化**. 例如 $x^3 + y^5 - 1 = 0$,解出 $y = \sqrt[5]{1-x^3}$,就把隐函数化成了显函数.

若方程 $F(x,y)=0$ 确定了隐函数 $y=y(x)$,则将它代入方程中,得
$$F[x,y(x)] \equiv 0.$$
基于两个函数相等,它们的导数必定相等的观点,对上式两边关于 $x$ 求导(若可导),并注意运用复合函数的求导法,就可以解出 $y'(x)$ 来.

**例 11** 求由方程 $y=\cos(x+y)$ 所确定的隐函数 $y=y(x)$ 的导数.

**解** 对方程两边关于 $x$ 求导,注意到 $y$ 是 $x$ 的函数,得
$$y' = -\sin(x+y)(1+y'),$$
即
$$y' = \frac{-\sin(x+y)}{1+\sin(x+y)}, \quad 1+\sin(x+y) \neq 0.$$

**例 12** 求由方程 $e^y + xy - e^{-x} = 0$ 所确定的隐函数 $y=y(x)$ 的导数.

**解** 对方程两边关于 $x$ 求导,得
$$e^y y' + y + xy' + e^{-x} = 0,$$
故
$$y' = -\frac{y+e^{-x}}{x+e^y}, \quad x+e^y \neq 0.$$

隐函数的求导法也常用来求一些较为复杂的显函数的导数. 例如,在计算幂指函数的导数及某些乘幂、连乘积、带根号函数的导数时,可以采用先取对数化显函数为隐函数形式再求导数的方法,简称**对数求导法**. 它的运算过程如下:

在函数 $y=f(x) [f(x)>0]$ 的两边取对数,得
$$\ln y = \ln f(x).$$
上式两边对 $x$ 求导,注意到 $y$ 是 $x$ 的函数,得
$$y' = y[\ln f(x)]'.$$

**例 13** 求函数 $y = \dfrac{(x^2+2)^2}{(x^4+1)(x^2+1)}$ 的导数.

**解** 在函数两边取对数,得

$$\ln y = 2\ln(x^2+2) - \ln(x^4+1) - \ln(x^2+1).$$

上式两边对 $x$ 求导,注意到 $y$ 是 $x$ 的函数,得

$$\frac{y'}{y} = \frac{4x}{x^2+2} - \frac{4x^3}{x^4+1} - \frac{2x}{x^2+1}.$$

于是

$$y' = y\left(\frac{4x}{x^2+2} - \frac{4x^3}{x^4+1} - \frac{2x}{x^2+1}\right),$$

即

$$y' = \frac{(x^2+2)^2}{(x^4+1)(x^2+1)}\left(\frac{4x}{x^2+2} - \frac{4x^3}{x^4+1} - \frac{2x}{x^2+1}\right).$$

**例 14** 设函数 $y = u(x)^{v(x)}$,$u(x) > 0$,其中 $u(x)$,$v(x)$ 均可导,求 $y'$.

**解** 在函数两边取对数,得

$$\ln y = v(x)\ln u(x).$$

上式两边对 $x$ 求导,得

$$\frac{y'}{y} = v'(x)\ln u(x) + v(x)\frac{u'(x)}{u(x)}.$$

于是

$$y' = u(x)^{v(x)}\left[v'(x)\ln u(x) + \frac{v(x)u'(x)}{u(x)}\right].$$

特别地,当 $u(x) = v(x) = x$ 时,$(x^x)' = x^x(\ln x + 1)$.

**例 15** 求函数 $y = x^{\sin x}$ $(x > 0)$ 的导数.

**解** 在函数两边取对数,得

$$\ln y = \sin x \ln x.$$

上式两边对 $x$ 求导,得

$$\frac{y'}{y} = \cos x \ln x + \frac{\sin x}{x}.$$

于是

$$y' = x^{\sin x}\left(\cos x \ln x + \frac{\sin x}{x}\right).$$

• 习题 2-2

1. 求下列函数的导数：

(1) $y = e^{3x}$；

(2) $y = \arctan x^2$；

(3) $y = e^{\sqrt{2x+1}}$；

(4) $y = (1+x^2)\ln(x+\sqrt{1+x^2})$；

(5) $y = x^2 \sin \dfrac{1}{x^2}$；

(6) $y = \cos^2 ax^3$（$a$ 为常数）；

(7) $y = \arccos \dfrac{1}{x}$；

(8) $y = \left(\arcsin \dfrac{x}{2}\right)^2$.

2. 已知函数 $y = \arccos \dfrac{x-3}{3} - 2\sqrt{\dfrac{6-x}{x}}$，求 $y'\big|_{x=3}$.

3. 试求曲线 $y = e^{-x} \sqrt[3]{x+1}$ 在点 $(0,1)$ 及点 $(-1,0)$ 处的切线方程和法线方程.

4. 求函数 $y = \dfrac{1}{2}\ln \dfrac{1+x}{1-x}$ 的反函数 $x = \varphi(y)$ 的导数.

5. 求由下列参数方程所确定的函数的导数 $\dfrac{dy}{dx}$：

(1) $\begin{cases} x = a\cos bt + b\sin at, \\ y = a\sin bt - b\cos at \end{cases}$ （$a,b$ 为常数）；

(2) $\begin{cases} x = \theta(1-\sin\theta), \\ y = \theta\cos\theta. \end{cases}$

6. 已知参数方程 $\begin{cases} x = e^t \sin t, \\ y = e^t \cos t, \end{cases}$ 求当 $t = \dfrac{\pi}{3}$ 时 $\dfrac{dy}{dx}$ 的值.

7. 求下列隐函数的导数：

(1) $x^3 + y^3 - 3axy = 0$ （$a$ 为常数）；

(2) $x = y\ln xy$；

(3) $xe^y + ye^x = 10$；

(4) $\ln(x^2+y^2) = 2\arctan \dfrac{y}{x}$；

(5) $xy = e^{x+y}$.

8. 利用对数求导法求下列函数的导数：

(1) $y = \dfrac{\sqrt{x+2}(3-x)^4}{(x+1)^5}$；

(2) $y = (\sin x)^{\cos x}$；

(3) $y = \dfrac{e^{2x}(x+3)}{\sqrt{(x+5)(x-4)}}$.

9. 设函数 $f(x), g(x)$ 在 $(-\infty, +\infty)$ 内均有定义，已知 $f(x+y) = f(x)g(y) + f(y)g(x)$，$x, y \in (-\infty, +\infty)$，且 $f(0) = 0, g(0) = 1, f'(0) = 1, g'(0) = 0$，求 $f'(x)$.

10. 设函数 $f(x) > 0$，且 $f(x)$ 可导，已知 $a$ 为实数，求 $\lim\limits_{n \to \infty} \left[\dfrac{f\left(a+\dfrac{1}{n}\right)}{f(a)}\right]^n$.

11. 证明：(1) 可导的偶函数，其导数为奇函数；

(2) 可导的奇函数，其导数为偶函数；

(3) 可导的周期函数，其导数为周期函数.

习题答案

## 第三节 高阶导数

一般地,函数 $y=f(x)$ 的导数 $f'(x)$ 仍然是 $x$ 的函数. 若 $f'(x)$ 的导数存在,即极限

$$\lim_{\Delta x \to 0} \frac{f'(x+\Delta x)-f'(x)}{\Delta x}$$

存在,则称该极限值为函数 $y=f(x)$ 在点 $x$ 处的**二阶导数**,记作 $f''(x), \dfrac{d^2 y}{dx^2}, y''$ 等.

函数 $y=f(x)$ 的二阶导数 $f''(x)$ 仍是 $x$ 的函数,如果它可导,则 $f''(x)$ 的导数称为 $y=f(x)$ 的**三阶导数**,记作 $f'''(x), \dfrac{d^3 y}{dx^3}, y'''$ 等.

一般说来,函数 $y=f(x)$ 的 $n-1$ 阶导数仍是 $x$ 的函数,如果它可导,则它的导数称为 $y=f(x)$ 的 **$n$ 阶导数**,记作 $f^{(n)}(x), \dfrac{d^n y}{dx^n}, y^{(n)}$ 等. 通常四阶和四阶以上的导数都采用这套记号,且在后面为了表述方便,我们也将利用记号 $f^{(0)}(x)=f(x)$.

由以上叙述可知,求一个函数的**高阶导数**(二阶及二阶以上的导数),原则上是没有什么困难的,只须运用求一阶导数的法则按下列公式计算:

$$y^{(n)}=[y^{(n-1)}]' \quad (n=2,3,\cdots),$$

或写成

$$\frac{d^n y}{dx^n}=\frac{d}{dx}\left(\frac{d^{n-1} y}{dx^{n-1}}\right), \quad f^{(n)}(x)=[f^{(n-1)}(x)]'.$$

为了名称的统一,我们称函数 $y=f(x)$ 在区间 $I$ 上的导数 $f'(x)$ 为 $y=f(x)$ 的**一阶导数**,而 $f(x)$ 叫作它自己的**零阶导数**.

**例 1** 设函数 $y=x^n$,$n$ 为正整数,求它的各阶导数.

**解** $y'=(x^n)'=nx^{n-1},$

$y''=(nx^{n-1})'=n(n-1)x^{n-2},$

……

$y^{(k)}=n(n-1)\cdots(n-k+1)x^{n-k},$

……

$$y^{(n)} = n(n-1) \cdot \cdots \cdot 3 \cdot 2 \cdot 1 = n!,$$
$$y^{(n+1)} = [y^{(n)}]' = (n!)' = 0.$$

显然，$y = x^n$ 的 $n+1$ 阶以上的各阶导数均为 0。

**例 2**  设函数 $y = \sin x$，求它的 $n$ 阶导数 $y^{(n)}$。

**解**  $y' = \cos x = \sin\left(x + \dfrac{\pi}{2}\right),$

$$y'' = (y')' = \cos\left(x + \dfrac{\pi}{2}\right) = \sin\left(x + 2 \times \dfrac{\pi}{2}\right).$$

设

$$y^{(k)} = \sin\left(x + k \cdot \dfrac{\pi}{2}\right),$$

则

$$y^{(k+1)} = [y^{(k)}]' = \cos\left(x + k \cdot \dfrac{\pi}{2}\right) = \sin \cdot \left[x + (k+1) \cdot \dfrac{\pi}{2}\right].$$

由数学归纳法，可证

$$(\sin x)^{(n)} = \sin\left(x + \dfrac{n}{2}\pi\right), \quad n = 1, 2, \cdots.$$

同理，可得函数 $y = \cos x$ 的 $n$ 阶导数公式

$$(\cos x)^{(n)} = \cos\left(x + \dfrac{n}{2}\pi\right), \quad n = 1, 2, \cdots.$$

**例 3**  设函数 $y = \ln(1+x)$，求 $y^{(n)}$。

**解**  $y' = \dfrac{1}{1+x},$

$$y'' = (y')' = \left(\dfrac{1}{1+x}\right)' = -\dfrac{1}{(1+x)^2},$$
$$y''' = (y'')' = \left[-\dfrac{1}{(1+x)^2}\right]' = \dfrac{2}{(1+x)^3}.$$

由数学归纳法，可证

$$y^{(n)} = (-1)^{n-1} \dfrac{(n-1)!}{(1+x)^n}, \quad n = 1, 2, \cdots.$$

**例 4**  设函数 $y = a^x (a > 0)$，求 $y^{(n)}$。

**解**  $y' = (a^x)' = a^x \ln a,$

$$y'' = (a^x \ln a)' = a^x \ln^2 a.$$

设 $y^{(k)} = a^x \ln^k a$，则

$$y^{(k+1)} = (a^x \ln^k a)' = a^x \ln^{k+1} a,$$

故

$$(a^x)^{(n)} = a^x \ln^n a, \quad n = 1, 2, \cdots.$$

特别地,有
$$(e^x)^{(n)} = e^x, \quad n = 1, 2, \cdots.$$

对于高阶导数,有下面的运算法则.

设函数 $u = u(x)$ 和 $v = v(x)$ 在点 $x$ 处都具有直到 $n$ 阶的导数,则函数 $u(x) \pm v(x), u(x)v(x)$ 在点 $x$ 处也具有 $n$ 阶导数,且

$$(u \pm v)^{(n)} = u^{(n)} \pm v^{(n)}, \tag{2-3-1}$$

$$(uv)^{(n)} = u^{(n)}v + nu^{(n-1)}v' + \frac{n(n-1)}{2!}u^{(n-2)}v'' + \cdots$$
$$+ \frac{n(n-1)\cdots(n-k+1)}{k!}u^{(n-k)}v^{(k)} + \cdots + uv^{(n)}$$
$$= \sum_{i=0}^{n} C_n^i u^{(n-i)} v^{(i)}, \tag{2-3-2}$$

其中 $u^{(0)} = u, v^{(0)} = v, C_n^i = \dfrac{n(n-1)\cdots(n-i+1)}{i!}$.

式(2-3-2) 称为**莱布尼茨(Leibniz) 公式**,将它与二项展开式对比,就很容易记住.

式(2-3-1) 由数学归纳法易证. 式(2-3-2) 证明如下:

当 $n = 1$ 时,由 $(uv)' = u'v + uv'$ 知公式成立.

设当 $n = k$ 时公式成立,即

$$(uv)^{(k)} = \sum_{i=0}^{k} C_k^i u^{(k-i)} v^{(i)}.$$

上式两边求导,得

$$(uv)^{(k+1)} = u^{(k+1)}v + \sum_{i=0}^{k-1}(C_k^{i+1} + C_k^i)u^{(k-i)}v^{(i+1)} + uv^{(k+1)}$$
$$= \sum_{i=0}^{k+1} C_{k+1}^i u^{(k+1-i)} v^{(i)},$$

即 $n = k + 1$ 时式(2-3-2) 也成立,从而对于任意正整数 $n$,式(2-3-2) 成立.

**例5** 设函数 $y = x^2 e^{2x}$,求 $y^{(20)}$.

**解** 设 $u = e^{2x}, v = x^2$,则
$$u^{(i)} = 2^i e^{2x} \quad (i = 1, 2, \cdots, 20),$$
$$v' = 2x, \quad v'' = 2, \quad v^{(i)} = 0 \quad (i = 3, 4, \cdots, 20).$$

代入莱布尼茨公式,得
$$y^{(20)} = (x^2 e^{2x})^{(20)}$$
$$= 2^{20} e^{2x} x^2 + 20 \cdot 2^{19} e^{2x} \cdot 2x + \frac{20 \cdot 19}{2!} \cdot 2^{18} e^{2x} \cdot 2$$
$$= 2^{20} e^{2x}(x^2 + 20x + 95).$$

**例6** 设方程 $e^{x+y} - xy = 1$，求 $y''(0)$。

**解** 方程两边对 $x$ 求导，得
$$(1+y')e^{x+y} - y - xy' = 0.$$
上式两边再对 $x$ 求导，得
$$(1+y')^2 e^{x+y} + y''e^{x+y} - 2y' - xy'' = 0.$$
令 $x=0$，可得 $y=0, y'(0)=-1$，代入上式得
$$y''(0) = -2.$$

**例7** 已知参数方程 $\begin{cases} x = a\cos t, \\ y = b\sin t, \end{cases}$ 其中 $a$ 和 $b$ 均为非零常数，求 $\dfrac{d^2y}{dx^2}$。

**解**
$$\frac{dy}{dx} = \frac{(b\sin t)'}{(a\cos t)'} = -\frac{b\cos t}{a\sin t} = -\frac{b}{a}\cot t.$$

$\dfrac{dy}{dx} = -\dfrac{b}{a}\cot t, x = a\cos t$ 仍是参数方程，所以仍须用参数方程的求导法，从而

$$\frac{d^2y}{dx^2} = \frac{\dfrac{d}{dt}\left(\dfrac{dy}{dx}\right)}{\dfrac{dx}{dt}} = \frac{\left(-\dfrac{b}{a}\cot t\right)'}{(a\cos t)'}$$

$$= \frac{b}{a}\csc^2 t \cdot \frac{1}{-a\sin t} = -\frac{b}{a^2}\csc^3 t.$$

**例8** 已知 $y'(x) \neq 0$，证明：$\dfrac{d^2x}{dy^2} = -\dfrac{y''(x)}{[y'(x)]^3}$。

**证** $\dfrac{dx}{dy} = \dfrac{1}{y'(x)},$

$$\frac{d^2x}{dy^2} = \frac{d}{dy}\left(\frac{dx}{dy}\right) = \frac{d}{dy}\left[\frac{1}{y'(x)}\right] = \frac{d}{dx}\left[\frac{1}{y'(x)}\right] \cdot \frac{dx}{dy}$$

$$= -\frac{y''(x)}{[y'(x)]^2} \cdot \frac{1}{y'(x)} = -\frac{y''(x)}{[y'(x)]^3}.$$

### 习题 2-3

1. 求自由落体运动 $s(t) = \dfrac{1}{2}gt^2$ 的加速度。
2. 求 $n$ 次多项式 $y = a_0 x^n + a_1 x^{n-1} + \cdots + a_{n-1}x + a_n (a_0 \neq 0)$ 的 $n$ 阶导数。
3. 设函数 $f(x) = x\ln x, n \in \mathbf{N}^*$ 且 $n \geq 2$，求 $f^{(n)}(x)$。
4. 验证：函数 $y = e^x \sin x$ 满足关系式 $y'' - 2y' + 2y = 0$。

5. 求下列函数在指定点处的高阶导数:

(1) $f(x) = \dfrac{x}{\sqrt{1+x^2}}$,求 $f''(0)$;

(2) $f(x) = e^{2x-1}$,求 $f''(0), f'''(0)$;

(3) $f(x) = (x+10)^6$,求 $f^{(5)}(0), f^{(6)}(0)$.

6. 求由下列方程所确定的隐函数的二阶导数 $\dfrac{d^2 y}{dx^2}$:

(1) $b^2 x^2 + a^2 y^2 = a^2 b^2$ ($a, b$ 为常数);      (2) $y = 1 + x e^y$;

(3) $y = \tan(x+y)$;      (4) $y^2 + 2\ln y = x^4$.

7. 已知 $f''(x)$ 存在,求下列函数的二阶导数 $\dfrac{d^2 y}{dx^2}$:

(1) $y = f(x^2)$;      (2) $y = \ln f(x)$.

8. 求由下列参数方程所确定的函数的二阶导数 $\dfrac{d^2 y}{dx^2}$:

(1) $\begin{cases} x = a(t - \sin t), \\ y = a(1 - \cos t) \end{cases}$ ($a$ 为常数);

(2) $\begin{cases} x = f'(t), \\ y = t f'(t) - f(t), \end{cases}$ $f''(t)$ 存在且不为 0.

## 第四节 函数的微分

### 一、微分的概念

微分也是微积分中的一个重要概念,它与导数等概念有着极为密切的关系. 如果说导数来源于求函数增量与自变量的增量之比当自变量的增量趋于 0 时的极限,那么微分就来源于求函数的增量的近似值. 例如,一块边长为 $x_0$ 的正方形金属薄片,受热后发生膨胀,边长增长了 $\Delta x$,其面积的增量为

$$\Delta y = (x_0 + \Delta x)^2 - x_0^2 = 2x_0 \Delta x + (\Delta x)^2.$$

这个增量分成两部分,第一部分 $2x_0 \Delta x$ 是 $\Delta x$ 的线性函数;第二部分 $(\Delta x)^2$ 是 $\Delta x \to 0$ 时 $\Delta x$ 的高阶无穷小,即 $(\Delta x)^2$ 趋于 0 的速度比 $\Delta x$ 快得多. 于是当 $\Delta x$ 很小时,$\Delta y$ 的表达式中,第一部分起主导作用,第二部分可以忽略不计. 因此,当给 $x$ 以微小增量 $\Delta x$ 时,由此所引起的面积增量 $\Delta y$ 可近似地用 $2x_0 \Delta x$ 来代替,相差仅是一个以 $\Delta x$ 为边长的正方形面积(见图 2-2). 故当 $|\Delta x|$ 越小时相差也越小,从而得到 $\Delta y \approx 2x_0 \Delta x$. $2x_0 \Delta x$ 称为函数 $y = x^2$ 在点 $x_0$ 处的微分.

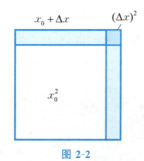

图 2-2

**定义 1**  设函数 $y=f(x)$ 在点 $x_0$ 的某个邻域内有定义,$\Delta x$ 是自变量 $x$ 在点 $x_0$ 处的增量,$x_0+\Delta x$ 在该邻域内. 如果函数的增量

$$\Delta y=f(x_0+\Delta x)-f(x_0)$$

可表示为

$$\Delta y=A\Delta x+o(\Delta x), \qquad (2\text{-}4\text{-}1)$$

其中 $A$ 是不依赖于 $\Delta x$ 的常数,则称函数 $y=f(x)$ 在点 $x_0$ 处**可微分**(简称**可微**),线性部分 $A\Delta x$ 称为 $y=f(x)$ 在点 $x_0$ 处的**微分**,记作 $\mathrm{d}y$,即

$$\mathrm{d}y=A\Delta x,$$

$A$ 称为**微分系数**.

若函数 $y=f(x)$ 在点 $x_0$ 处可微,则式(2-4-1)成立,于是有

$$\begin{aligned}\lim_{\Delta x\to 0}\frac{\Delta y}{\Delta x}&=\lim_{\Delta x\to 0}\frac{f(x_0+\Delta x)-f(x_0)}{\Delta x}\\&=\lim_{\Delta x\to 0}\frac{A\Delta x+o(\Delta x)}{\Delta x}=A.\end{aligned} \qquad (2\text{-}4\text{-}2)$$

若函数 $y=f(x)$ 在点 $x_0$ 处可导,则有

$$\lim_{x\to x_0}\frac{f(x)-f(x_0)}{x-x_0}=\lim_{\Delta x\to 0}\frac{\Delta y}{\Delta x}=f'(x_0).$$

故存在 $\alpha$ 满足

$$\frac{\Delta y}{\Delta x}=f'(x_0)+\alpha,$$

其中 $\lim_{\Delta x\to 0}\alpha=0$,从而有

$$\Delta y=f'(x_0)\Delta x+o(\Delta x).$$

因此,式(2-4-1)成立的**充要条件**为

$$\lim_{x\to x_0}\frac{f(x)-f(x_0)}{x-x_0}=A.$$

于是便有下面的定理.

**定理 1**  函数 $y=f(x)$ 在点 $x_0$ 处可微的充要条件是:$y=f(x)$ 在点 $x_0$ 处可导.

当函数 $y=f(x)$ 在点 $x_0$ 处可微时,必有

$$\mathrm{d}y=f'(x_0)\Delta x.$$

该定理说明,函数的可微性与可导性是**等价**的.

函数 $y = f(x)$ 在任意点 $x$ 处的微分,称为**函数的微分**,记作

$$\mathrm{d}y = f'(x)\Delta x. \qquad (2\text{-}4\text{-}3)$$

**例 1** 设函数 $y = x$,求 $\mathrm{d}y$.

**解** 因为 $y' = (x)' = 1$,所以

$$\mathrm{d}y = 1 \times \Delta x = \Delta x.$$

为方便起见,我们规定:自变量的增量称为**自变量的微分**,记作 $\mathrm{d}x = \Delta x$. 于是,式(2-4-3)可记作

$$\mathrm{d}y = f'(x)\mathrm{d}x. \qquad (2\text{-}4\text{-}4)$$

**例 2** 求函数 $y = \sin x$ 当 $x = \dfrac{\pi}{4}$,$\mathrm{d}x = 0.1$ 时的微分.

**解** $\quad \mathrm{d}y = (\sin x)' \mathrm{d}x = \cos x \, \mathrm{d}x.$

当 $x = \dfrac{\pi}{4}$,$\mathrm{d}x = 0.1$ 时,有

$$\mathrm{d}y = \cos\frac{\pi}{4} \times 0.1 = \frac{\sqrt{2}}{2} \times 0.1 \approx 0.070\,7.$$

由微分的定义及微分表达式(2-4-3)可知,若函数 $y = f(x)$ 在点 $x_0$ 的某个邻域 $U(x_0)$ 内有定义,且在点 $x_0$ 处可微,则当 $x \in U(x_0)$ 且 $\Delta x = x - x_0$ 的绝对值充分小时,有

$$\Delta y = f(x_0 + \Delta x) - f(x_0) = \mathrm{d}y\Big|_{x = x_0} + o(\Delta x) \approx \mathrm{d}y\Big|_{x = x_0},$$

即

$$f(x_0 + \Delta x) - f(x_0) \approx f'(x_0)\Delta x, \qquad (2\text{-}4\text{-}5)$$

或写成

$$f(x) - f(x_0) \approx f'(x_0)(x - x_0). \qquad (2\text{-}4\text{-}6)$$

由此有

$$f(x_0 + \Delta x) \approx f(x_0) + f'(x_0)\Delta x, \qquad (2\text{-}4\text{-}7)$$

或写成

$$f(x) \approx f(x_0) + f'(x_0)(x - x_0). \qquad (2\text{-}4\text{-}8)$$

式(2-4-5)和式(2-4-6)称为利用微分计算函数值增量的近似公式,式(2-4-7)和式(2-4-8)称为利用微分计算函数值的近似公式.

利用式(2-4-7)和式(2-4-8)做近似计算的前提条件是函数 $y = f(x)$ 及其导数 $f'(x)$ 在点 $x_0$ 处的值容易计算,且 $|x - x_0|$ 充分小.

**例 3** 求 $\sqrt[3]{1.02}$ 的近似值.

**解** 取函数 $f(x)=\sqrt[3]{x}$. 令 $x_0=1, \Delta x=0.02$, 则
$$f(x_0)=f(1)=1, \quad f'(x_0)=\frac{1}{3}x^{-\frac{2}{3}}\bigg|_{x=1}=\frac{1}{3},$$

故
$$\sqrt[3]{1.02} \approx f(1)+f'(1)\times 0.02=1+\frac{1}{3}\times 0.02 \approx 1.007.$$

**例 4** 求 $\cos 29°$ 的近似值.

**解** 取函数 $f(x)=\cos x, x_0=30°=\frac{\pi}{6}, \Delta x=-1°=-\frac{\pi}{180}$, 则
$$\cos 29° \approx \cos\frac{\pi}{6}+\left(-\sin\frac{\pi}{6}\right)\left(-\frac{\pi}{180}\right)\approx 0.8748.$$

若在式 (2-4-8) 中取 $x_0=0$, 则当 $|x|$ 充分小时, 有
$$f(x) \approx f(0)+f'(0)x. \tag{2-4-9}$$

由式 (2-4-9), 当 $|x|$ 充分小时, 我们容易证明下面的近似公式:

$\sin x \approx x$ ($x$ 取弧度单位), $\tan x \approx x$ ($x$ 取弧度单位),

$\arcsin x \approx x$ ($x$ 取弧度单位), $\cos x \approx 1-\frac{1}{2}x^2$ ($x$ 取弧度单位),

$e^x \approx 1+x$, $\ln(1+x) \approx x$, $\sqrt[n]{1+x} \approx 1+\frac{1}{n}x$ ($n$ 为非零实数).

在几何上, 函数 $y=f(x)$ 在点 $x_0$ 处的微分 $dy=f'(x_0)\Delta x$ 表示曲线 $y=f(x)$ 在点 $M(x_0,f(x_0))$ 处切线 $MT$ 的纵坐标相应于 $\Delta x$ 的增量 $|PQ|$ (见图 2-3), 因此 $dy=\Delta x \tan\alpha$.

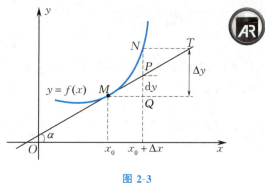

图 2-3

## 二、微分的运算公式

**1. 函数的四则运算的微分**

设函数 $u=u(x), v=v(x)$ 在点 $x$ 处均可微, 则有

$$d(Cu) = C\,du \quad (C \text{ 为常数}),$$
$$d(u \pm v) = du \pm dv,$$
$$d(uv) = u\,dv + v\,du,$$
$$d\left(\frac{u}{v}\right) = \frac{v\,du - u\,dv}{v^2} \quad (v \neq 0).$$

这些公式由微分的定义及相应的求导公式即可证得.

### 2. 复合函数的微分

若函数 $y = f(u)$ 及 $u = \varphi(x)$ 均可导,则复合函数 $y = f[\varphi(x)]$ 对 $x$ 的微分为

$$dy = f'(u)\varphi'(x)dx. \tag{2-4-10}$$

注意到 $du = \varphi'(x)dx$,则函数 $y = f(u)$ 对 $u$ 的微分为

$$dy = f'(u)du. \tag{2-4-11}$$

将式(2-4-11)与式(2-4-4)比较可知,无论 $u$ 是自变量还是中间变量,微分形式 $dy = f'(u)du$ 保持不变.此性质称为**一阶微分的形式不变性**.由此性质,我们可以把导数 $\dfrac{dy}{dx}$,$\dfrac{dy}{du}$ 等理解为两个变量的微分之商了.因此,导数有时也称**微商**.用微商来理解复合函数的导数,求复合函数的导数就方便多了.

**例 5** 设函数 $y = \sqrt{a^2 + x^2}$,利用一阶微分的形式不变性求 $dy$.

**解** 设 $u = a^2 + x^2$,则 $y = \sqrt{u}$,于是

$$dy = y'_u\,du = \frac{1}{2\sqrt{u}}du.$$

又

$$du = u'_x\,dx = 2x\,dx,$$

故

$$dy = \frac{1}{2\sqrt{a^2 + x^2}} \cdot 2x\,dx = \frac{x}{\sqrt{a^2 + x^2}}dx.$$

为了读者使用的方便,下面将常数和一些基本初等函数的导数与微分公式对应列表,如表 2-1 所示.

表 2-1

| 导数公式 | 微分公式 |
| --- | --- |
| $(C)' = 0, C$ 为常数 | $d(C) = 0, C$ 为常数 |
| $(x^\mu)' = \mu x^{\mu-1}, \mu$ 为常数 | $d(x^\mu) = \mu x^{\mu-1}dx, \mu$ 为常数 |
| $(\sin x)' = \cos x$ | $d(\sin x) = \cos x\,dx$ |
| $(\cos x)' = -\sin x$ | $d(\cos x) = -\sin x\,dx$ |
| $(\tan x)' = \sec^2 x$ | $d(\tan x) = \sec^2 x\,dx$ |

续表

| 导数公式 | 微分公式 |
|---|---|
| $(\cot x)' = -\csc^2 x$ | $d(\cot x) = -\csc^2 x \, dx$ |
| $(\sec x)' = \sec x \tan x$ | $d(\sec x) = \sec x \tan x \, dx$ |
| $(\csc x)' = -\csc x \cot x$ | $d(\csc x) = -\csc x \cot x \, dx$ |
| $(a^x)' = a^x \ln a$, $a$ 为常数且 $a>0, a\neq 1$ | $d(a^x) = a^x \ln a \, dx$, $a$ 为常数且 $a>0, a\neq 1$ |
| $(e^x)' = e^x$ | $d(e^x) = e^x \, dx$ |
| $(\log_a x)' = \dfrac{1}{x \ln a}$, $a$ 为常数且 $a>0, a\neq 1$ | $d(\log_a x) = \dfrac{1}{x \ln a} dx$, $a$ 为常数且 $a>0, a\neq 1$ |
| $(\ln x)' = \dfrac{1}{x}$ | $d(\ln x) = \dfrac{1}{x} dx$ |
| $(\arcsin x)' = \dfrac{1}{\sqrt{1-x^2}}$ | $d(\arcsin x) = \dfrac{1}{\sqrt{1-x^2}} dx$ |
| $(\arccos x)' = -\dfrac{1}{\sqrt{1-x^2}}$ | $d(\arccos x) = -\dfrac{1}{\sqrt{1-x^2}} dx$ |
| $(\arctan x)' = \dfrac{1}{1+x^2}$ | $d(\arctan x) = \dfrac{1}{1+x^2} dx$ |
| $(\operatorname{arccot} x)' = -\dfrac{1}{1+x^2}$ | $d(\operatorname{arccot} x) = -\dfrac{1}{1+x^2} dx$ |

### *三、高阶微分

对于函数 $y = f(x)$，类似于高阶导数，可以定义高阶微分. 设函数 $y = f(x)$ 有直至 $n$ 阶的导数，自变量的增量仍为 $dx$，则**二阶微分**定义为

$$d^2 y = d(dy) = d[f'(x) dx] = d[f'(x)] dx$$
$$= f''(x) dx \cdot dx = f''(x) dx^2,$$

**三阶微分**定义为

$$d^3 y = d(d^2 y) = d[f''(x) dx^2] = d[f''(x)] dx^2$$
$$= f'''(x) dx \cdot dx^2 = f'''(x) dx^3.$$

一般地，定义 $n$ **阶微分**为

$$d^n y = d(d^{n-1} y) = f^{(n)}(x) dx^n. \tag{2-4-12}$$

以上公式中的 $x$ 都是自变量，$dx^n$ 表示 $n$ 个 $dx$ 的乘积 $(n=2,3,\cdots)$.

对复合函数来说，二阶及二阶以上的微分不再具有式(2-4-12)的形式. 例如，设函数 $y = f(u), u = \varphi(x)$，且都具有相应的可微性，则

$$dy = f'(u) du,$$

而

$$d^2 y = d[f'(u) du] = d[f'(u)] du + f'(u) d(du)$$
$$= f''(u) du^2 + f'(u) d^2 u. \tag{2-4-13}$$

这是因为 $du$ 不再是固定的了，它依赖于自变量 $x$，即

$$du = \varphi'(x)dx.$$

式(2-4-13)说明高阶微分不再具有形式不变性了. 这是高阶微分与一阶微分的重要区别之一.

**例 6** 设函数 $y = x\sin x$, 求 $d^2 y$.

解 $dy = (x\sin x)'dx = (\sin x + x\cos x)dx$,

$d^2 y = d(dy) = (\sin x + x\cos x)'dx^2$
$= (\cos x + \cos x - x\sin x)dx^2 = (2\cos x - x\sin x)dx^2.$

**例 7** 设函数 $u = u(x), v = v(x)$ 均有二阶导数, $y = u(x)v(x)$, 求 $d^2 y$.

解 $dy = y'dx = [u(x)v(x)]'dx$
$= [u'(x)v(x) + u(x)v'(x)]dx,$

$d^2 y = d(dy) = d\{[u'(x)v(x) + u(x)v'(x)]dx\}$
$= [u'(x)v(x) + u(x)v'(x)]'dx^2$
$= [u''(x)v(x) + 2u'(x)v'(x) + u(x)v''(x)]dx^2.$

### 习题 2-4

1. 在下列括号内填入适当的函数,使得等式成立:

(1) $d(\quad) = \cos 2t\, dt$;  (2) $d(\quad) = \sin\omega x\, dx$;

(3) $d(\quad) = \dfrac{1}{1+x}dx$;  (4) $d(\quad) = e^{-2x}dx$;

(5) $d(\quad) = \dfrac{1}{\sqrt{x}}dx$;  (6) $d(\quad) = \sec^2 3x\, dx$;

(7) $d(\quad) = \dfrac{1}{x}\ln x\, dx$;  (8) $d(\quad) = \dfrac{x}{\sqrt{1-x^2}}dx.$

2. 根据下列所给的值,求函数 $y = x^2 + 1$ 的 $\Delta y, dy$ 及 $\Delta y - dy$:

(1) $x = 1, \Delta x = 0.1$;

(2) $x = 1, \Delta x = 0.01.$

3. 求下列函数的微分:

(1) $y = xe^x$;  (2) $y = \dfrac{\ln x}{x}$;

(3) $y = \cos\sqrt{x}$;  (4) $y = 5^{\ln\tan x}$;

(5) $y = 8x^x - 6e^{2x}$;  (6) $y = \sqrt{\arcsin x} + (\arctan x)^2.$

4. 求由下列方程所确定的隐函数 $y = y(x)$ 的微分 $dy$:

(1) $y = 1 + xe^y$;  (2) $\dfrac{x^2}{a^2} + \dfrac{y^2}{b^2} = 1$;

(3) $y = x + \dfrac{1}{2}\sin y$;　　　　　(4) $y^2 - x = \arccos y$.

5. 利用微分求下列数的近似值：

(1) $\sqrt[3]{8.1}$;　　　　　(2) $\ln 0.99$;

(3) $\arctan 1.02$.

6. 设 $a > 0$，且 $|b|$ 与 $a^n$ 相比是很小的量．证明：$\sqrt[n]{a^n + b} \approx a + \dfrac{b}{na^{n-1}}$.

7. 利用一阶微分的形式不变性求下列函数的微分，其中 $f$ 和 $\varphi$ 均为可微函数：

(1) $y = f[x^3 + \varphi(x^4)]$;　　　　　(2) $y = f(1 - 2x) + 3\sin f(x)$.

习题答案

# 习 题 二

1. 填空题：

(1) 曲线 $y = \ln x$ 上与直线 $x + y = 1$ 垂直的切线方程为_____．

(2) 已知函数 $f(x) = \begin{cases} x\arctan\dfrac{1}{x^2}, & x \neq 0, \\ 0, & x = 0, \end{cases}$ 则 $f'(0) =$ _____．

(3) 设 $f'(x) = \sqrt{1 + x^4}$，$y = f(\mathrm{e}^{2x})$，则 $\mathrm{d}y \big|_{x=0} =$ _____．

(4) 设 $y = y(x)$ 是由方程 $\mathrm{e}^y - \sin x + y = 1$ 所确定的隐函数，则 $\mathrm{d}y\big|_{x=0} =$ _____．

(5) 设 $\begin{cases} x = \sin t, \\ y = t\sin t + \cos t \end{cases}$ ($t$ 为参数)，则 $\dfrac{\mathrm{d}^2 y}{\mathrm{d}x^2}\bigg|_{t=\frac{\pi}{4}} =$ _____．

2. 选择题：

(1) 设函数 $y(x) = (\mathrm{e}^x - 1)(\mathrm{e}^{2x} - 2)\cdots(\mathrm{e}^{nx} - n)$，其中 $n$ 是正整数，则 $y'(0) = (\quad)$．

A. $(-1)^{n-1}(n-1)!$　　　　　B. $(-1)^n (n-1)!$

C. $(-1)^{n-1} n!$　　　　　D. $(-1)^n n!$

(2) 设函数 $f(x) = x^2\sin\dfrac{1}{x}$ ($0 < x < +\infty$)，$g(x)$ 为其导数，则($\quad$)．

A. $g(x)$ 是当 $x \to +\infty$ 时的无穷小

B. $g(x)$ 是当 $x \to +\infty$ 时的无穷大

C. $g(x)$ 不是当 $x \to +\infty$ 时的无穷小，但在 $(0, +\infty)$ 内有界

D. $g(x)$ 不是当 $x \to +\infty$ 时的无穷大，但在 $(0, +\infty)$ 内无界

(3) 设函数 $f(x)$ 在点 $x = 0$ 处连续，下列结论中错误的是($\quad$)．

A. 若 $\lim\limits_{x\to 0}\dfrac{f(x)}{x}$ 存在，则 $f(0)=0$

B. 若 $\lim\limits_{x\to 0}\dfrac{f(x)+f(-x)}{x}$ 存在，则 $f(0)=0$

C. 若 $\lim\limits_{x\to 0}\dfrac{f(x)}{x}$ 存在，则 $f'(0)$ 存在

D. 若 $\lim\limits_{x\to 0}\dfrac{f(x)-f(-x)}{x}$ 存在，则 $f'(0)$ 存在

(4) 设函数 $y=f(x)$ 具有二阶导数，且 $f'(x)>0, f''(x)>0$，$\Delta x$ 为自变量 $x$ 在点 $x_0$ 处的增量，$\Delta y$ 与 $\mathrm{d}y$ 分别为 $f(x)$ 在点 $x_0$ 处对应的增量与微分。若 $\Delta x>0$，则(　　).

A. $0<\mathrm{d}y<\Delta y$      B. $0<\Delta y<\mathrm{d}y$

C. $\Delta y<\mathrm{d}y<0$      D. $\mathrm{d}y<\Delta y<0$

(5) 设 $n\in \mathbf{N}^*$，函数 $f(x)=\lim\limits_{n\to\infty}\sqrt[n]{1+|x|^{3n}}$，则 $f(x)$ 在 $(-\infty,+\infty)$ 内(　　).

A. 处处可导      B. 恰有一个不可导点

C. 恰有两个不可导点      D. 至少有三个不可导点

3. 如果 $f(x)$ 为偶函数，且 $f'(0)$ 存在，证明：$f'(0)=0$.

4. 求下列函数在指定点 $x_0$ 处的左、右导数，从而证明函数在点 $x_0$ 处不可导：

(1) $y=\begin{cases}\sin x, & x\geqslant 0,\\ x^3, & x<0,\end{cases}\quad x_0=0$;  
(2) $y=\begin{cases}\dfrac{x}{1+\mathrm{e}^{\frac{1}{x}}}, & x\neq 0,\\ 0, & x=0,\end{cases}\quad x_0=0$;

(3) $y=\begin{cases}\sqrt{x}, & x\geqslant 1,\\ x^2, & x<1,\end{cases}\quad x_0=1$.

5. 已知函数 $f(x)=\begin{cases}\sin x, & x<0,\\ x, & x\geqslant 0,\end{cases}$ 求 $f'(x)$.

6. 设函数 $f(x)=|x-a|\varphi(x)$，其中 $a$ 为常数，$\varphi(x)$ 为连续函数，讨论 $f(x)$ 在点 $x=a$ 处的可导性.

7. 讨论下列函数在指定点处的连续性与可导性：

(1) $y=|\sin x|,\quad x=0$;   
(2) $y=\begin{cases}x^2\sin\dfrac{1}{x}, & x\neq 0,\\ 0, & x=0,\end{cases}$

(3) $y=\begin{cases}x, & x\leqslant 1,\\ 2-x, & x>1,\end{cases}\quad x=1$.

8. 已知函数 $f(x)=\max\{x^2,3\}$，求 $f'(x)$.

9. 若函数 $f\left(\dfrac{1}{x}\right)=\mathrm{e}^{x+\frac{1}{x}}$，求 $f'(x)$.

10. 证明：双曲线 $xy=a^2$（$a$ 为非零常数）上任一点处的切线与两坐标轴构成的三角形的面积都等于 $2a^2$.

11. 已知函数 $f(x)$ 在点 $x_0$ 处可导，证明：

$$\lim_{h\to 0}\frac{f(x_0+\alpha h)-f(x_0-\beta h)}{h}=(\alpha+\beta)f'(x_0)\quad (\alpha,\beta\text{ 为常数}).$$

12. 垂直向上抛某个物体,其上升高度 $h$(单位:m)与时间 $t$(单位:s)的关系式为 $h(t) = 10t - \dfrac{1}{2}gt^2$,求:

(1) 物体从 $t = 1\text{s}$ 到 $t = 1.2\text{s}$ 的平均速度;

(2) 速度函数 $v(t)$;

(3) 物体到达最高点的时间.

13. 设某个物体绕定轴旋转,在时间区间 $[0,t]$ 上,转过角度 $\theta$,从而转角 $\theta$ 是 $t$ 的函数 $\theta = \theta(t)$. 如果旋转是匀速的,那么称 $\omega = \dfrac{\theta}{t}$ 为该物体旋转的角速度. 如果旋转是非匀速的,应怎样确定该物体在时刻 $t_0$ 的角速度?

14. 设 $Q = Q(T)$ 表示重 1 单位的金属从 $0\,℃$ 加热到 $T\,℃$ 所吸收的热量,当金属从 $T\,℃$ 升温到 $(T+\Delta T)\,℃$ 时,所需热量为 $\Delta Q = Q(T+\Delta T) - Q(T)$,$\Delta Q$ 与 $\Delta T$ 之比称为 $T$ 到 $T + \Delta T$ 的平均比热.

(1) 如何定义在 $T\,℃$ 时金属的比热?

(2) 当 $Q(T) = aT + bT^2$($a$,$b$ 均为常数)时,求比热.

15. 求下列函数在指定点处的导数:

(1) $y = x\sin x + \dfrac{1}{2}\cos x$,求 $\left.\dfrac{\mathrm{d}y}{\mathrm{d}x}\right|_{x=\frac{\pi}{4}}$;

(2) $f(x) = \dfrac{3}{5-x} + \dfrac{x^2}{5}$,求 $f'(0)$ 和 $f'(2)$;

(3) $f(x) = \begin{cases} 5x - 4, & x \leqslant 1, \\ 4x^2 - 3x, & x > 1, \end{cases}$ 求 $f'(1)$.

16. 求下列函数的导数:

(1) $y = \sqrt{1 + \ln^2 x}$;

(2) $y = \sin^n x \cos nx$;

(3) $y = \dfrac{\sqrt{1+x} - \sqrt{1-x}}{\sqrt{1+x} + \sqrt{1-x}}$;

(4) $y = \arcsin\sqrt{\dfrac{1-x}{1+x}}$;

(5) $y = \ln\{\cos[\arctan(\operatorname{sh} x)]\}$;

(6) $y = \dfrac{x}{2}\sqrt{a^2 - x^2} + \dfrac{a^2}{2}\arcsin\dfrac{x}{a}$ ($a > 0$ 为常数).

17. 若 $f'\left(\dfrac{\pi}{3}\right) = 1$,$y = f\left(\arccos\dfrac{1}{x}\right)$,求 $\left.\dfrac{\mathrm{d}y}{\mathrm{d}x}\right|_{x=2}$.

18. 设函数 $f(x)$ 可导,求下列函数的导数 $\dfrac{\mathrm{d}y}{\mathrm{d}x}$:

(1) $y = f(x^2)$;

(2) $y = f(\sin^2 x) + f(\cos^2 x)$.

19. 已知函数 $y = f(x)$ 的导数 $f'(x) = \dfrac{2x+1}{(1+x+x^2)^2}$,且 $f(-1) = 1$,求 $y = f(x)$ 的反函数 $x = \varphi(y)$ 的导数 $\varphi'(1)$.

20. 求下列函数的高阶导数:

(1) $y = \mathrm{e}^x \sin x$,求 $y^{(4)}$;

(2) $y = x\mathrm{e}^{3x}$,求 $y^{(6)}$;

(3) $y = x^2 \sin x$,求 $y^{(80)}$.

21. 设 $y = f(x)$ 是由参数方程
$$\begin{cases} x = 3t^2 + 2t + 3, \\ y = \mathrm{e}^y \sin t + 1 \end{cases}$$

所确定的隐函数,求 $\left.\dfrac{d^2 y}{dx^2}\right|_{t=0}$.

22. 设函数 $f(x)$ 在闭区间 $[a,b]$ 上连续,在开区间 $(a,b)$ 内可导,且 $\lim\limits_{x \to a^+} f'(x) = A$. 证明: $f'_+(a) = A$.

23. 设函数 $f(x)$ 具有二阶连续导数,且 $f(0)=0$. 证明: 函数

$$g(x) = \begin{cases} \dfrac{f(x)}{x}, & x \neq 0, \\ f'(0), & x = 0 \end{cases}$$

可导,且其导数连续.

*24. 求下列函数的高阶微分:

(1) $y = \sqrt{1+x^2}$,求 $d^2 y$;

(2) $y = x^x$,求 $d^2 y$;

(3) $y = x\cos 2x$,求 $d^{10} y$;

(4) $y = x^3 \ln x$,求 $d^n y$.

习题答案

第二章自测题

自测题答案

# 第三章 一元函数微分学的应用

本章首先介绍微分学基本定理——微分中值定理,它是从函数局部性质推断整体性态的有力工具,然后通过导数来研究函数及其图形的某些性态,并利用这些知识解决一些实际问题.

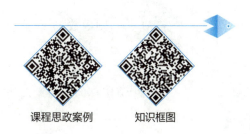

课程思政案例　　知识框图

# 第一节 微分中值定理

本节介绍微分学中有重要应用的、反映导数更深刻性质的微分中值定理.

**定理 1 [罗尔(Rolle)中值定理]** 若函数 $f(x)$ 在闭区间 $[a,b]$ 上连续,在开区间 $(a,b)$ 内可导,且 $f(a)=f(b)$,则至少存在一点 $\xi \in (a,b)$,使得
$$f'(\xi)=0.$$

**证** 由函数 $f(x)$ 在闭区间 $[a,b]$ 上连续知,$f(x)$ 在 $[a,b]$ 上必取得最大值 $M$ 与最小值 $m$.

若 $M>m$,则 $M$ 与 $m$ 中至少有一个不等于函数 $f(x)$ 在区间端点处的函数值. 不妨设 $M \neq f(a)$,由最值定理,$\exists \xi \in (a,b)$,使得 $f(\xi)=M$,则有

$$f'_+(\xi)=\lim_{\Delta x \to 0^+}\frac{f(\xi+\Delta x)-f(\xi)}{\Delta x}=\lim_{\Delta x \to 0^+}\frac{f(\xi+\Delta x)-M}{\Delta x} \leqslant 0,$$

$$f'_-(\xi)=\lim_{\Delta x \to 0^-}\frac{f(\xi+\Delta x)-f(\xi)}{\Delta x}=\lim_{\Delta x \to 0^-}\frac{f(\xi+\Delta x)-M}{\Delta x} \geqslant 0.$$

又由于函数 $f(x)$ 在 $(a,b)$ 内可导,故在点 $\xi$ 处的导数存在,因此有
$$f'(\xi)=0.$$

若 $M=m$,则函数 $f(x)$ 在 $[a,b]$ 上为常数. 故 $(a,b)$ 内任一点都可成为 $\xi$,使得
$$f'(\xi)=0.$$

动画视频

罗尔中值定理的**几何意义**是:若函数 $y=f(x)$ 满足罗尔中值定理的条件,则其图形在 $[a,b]$ 上对应的曲线弧 $\overset{\frown}{AB}$ 上至少存在一点具有水平切线,如图 3-1 所示.

名人简介

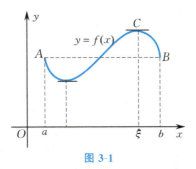

图 3-1

**定理 2 [拉格朗日(Lagrange)中值定理]** 若函数 $f(x)$ 在闭区间 $[a,b]$

上连续,在开区间$(a,b)$内可导,则至少存在一点$\xi \in (a,b)$,使得
$$f(b)-f(a)=f'(\xi)(b-a). \qquad (3\text{-}1\text{-}1)$$

**证** 考虑辅助函数$\Phi(x)=f(x)-\lambda(x-a)$,其中
$$\lambda = \frac{f(b)-f(a)}{b-a}.$$

显然,函数$\Phi(x)$满足罗尔中值定理的条件,即$\Phi(x)$在闭区间$[a,b]$上连续,在开区间$(a,b)$内可导,且$\Phi(a)=\Phi(b)$,则至少存在一点$\xi \in (a,b)$,使得$\Phi'(\xi)=0$. 而
$$\Phi'(x)=f'(x)-\frac{f(b)-f(a)}{b-a},$$

故有
$$f(b)-f(a)=f'(\xi)(b-a).$$

如图 3-2 所示,连接曲线弧$\overset{\frown}{AB}$两端的弦$\overline{AB}$,其斜率为$\dfrac{f(b)-f(a)}{b-a}$. 因此,拉格朗日中值定理的**几何意义**是:满足拉格朗日中值定理的条件的曲线弧$\overset{\frown}{AB}$上至少存在一点具有平行于弦$\overline{AB}$的切线.

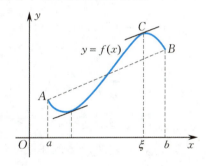

图 3-2

显然,罗尔中值定理是拉格朗日中值定理的特殊情形.

式(3-1-1)称为**拉格朗日中值公式**. 显然,当$b<a$时,式(3-1-1)也成立.

设函数$f(x)$在区间$(a,b)$内可导,$x$和$x+\Delta x$是$(a,b)$内的两点,其中自变量的增量$\Delta x$可正可负,于是在以$x$及$x+\Delta x$为端点的闭区间上应用拉格朗日中值定理,有
$$f(x+\Delta x)-f(x)=f'(\xi)\Delta x,$$

其中$\xi$为介于$x$与$x+\Delta x$之间的某点. 记$\xi=x+\theta\Delta x, 0<\theta<1$,则
$$f(x+\Delta x)-f(x)=f'(x+\theta\Delta x)\Delta x \quad (0<\theta<1). \qquad (3\text{-}1\text{-}2)$$

式(3-1-2)称为**有限增量公式**.

**推论1** 若函数$f(x)$在区间$I$上的导数恒为$0$,则$f(x)$在$I$上为一常数.

**证** 任取$x_1, x_2 \in I$,且$x_1 < x_2$,则函数$f(x)$在闭区间$[x_1, x_2]$上连续,在开区间$(x_1, x_2)$内可导,由拉格朗日中值定理,得

$$f(x_2) - f(x_1) = f'(\xi)(x_2 - x_1), \quad \xi \in (x_1, x_2).$$

由于 $f'(\xi) = 0$,因此 $f(x_2) = f(x_1)$. 由 $x_1, x_2$ 的任意性可知,函数 $f(x)$ 在区间 $I$ 上为一常数.

我们知道"常数的导数为 0",推论 1 就是其逆命题. 由推论 1 立即可得以下结论.

**推论 2** 设函数 $f(x)$ 及 $g(x)$ 在区间 $I$ 上可导. 若对于任一 $x \in I$,有 $f'(x) = g'(x)$,则

$$f(x) = g(x) + C,$$

其中 $C$ 为常数.

**例 1** 证明:$\arcsin x + \arccos x = \dfrac{\pi}{2}, x \in [-1, 1]$.

**证** 令函数 $f(x) = \arcsin x + \arccos x$,则

$$f'(x) = \frac{1}{\sqrt{1-x^2}} - \frac{1}{\sqrt{1-x^2}} = 0, \quad x \in (-1, 1).$$

由拉格朗日中值定理的推论 1,得 $f(x) = C, x \in (-1, 1)$. 又 $f(0) = \dfrac{\pi}{2}$,且 $f(\pm 1) = \dfrac{\pi}{2}$,故

$$f(x) = \arcsin x + \arccos x = \frac{\pi}{2}, \quad x \in [-1, 1].$$

**例 2** 证明:$\arctan x_2 - \arctan x_1 \leqslant x_2 - x_1$,其中 $x_1 < x_2$.

**证** 设函数 $f(x) = \arctan x$,在 $[x_1, x_2]$ 上利用拉格朗日中值定理,得

$$\arctan x_2 - \arctan x_1 = \frac{1}{1+\xi^2}(x_2 - x_1), \quad x_1 < \xi < x_2.$$

因为 $\dfrac{1}{1+\xi^2} \leqslant 1$,所以

$$\arctan x_2 - \arctan x_1 \leqslant x_2 - x_1.$$

**例 3** 设函数 $f(x) = x(x-2)(x-4)(x-6)$,说明方程 $f'(x) = 0$ 在 $(-\infty, +\infty)$ 内有几个实根,并指出它们所属区间.

**解** 因为 $f'(x)$ 是三次多项式,所以方程 $f'(x) = 0$ 在 $(-\infty, +\infty)$ 内最多有 3 个实根. 又 $f(0) = f(2) = f(4) = f(6) = 0$,函数 $f(x)$ 在区间 $[0, 2], [2, 4], [4, 6]$ 上满足罗尔中值定理的条件,所以存在 $\xi_1 \in (0, 2), \xi_2 \in (2, 4), \xi_3 \in (4, 6)$,使得 $f'(\xi_1) = 0, f'(\xi_2) = 0, f'(\xi_3) = 0$,即方程 $f'(x) = 0$ 在 $(-\infty, +\infty)$ 内有 3 个实根,分别属于区间 $(0, 2), (2, 4), (4, 6)$.

**例 4** 若函数 $f(x)$ 在闭区间 $[a,b]$ 上连续,在开区间 $(a,b)$ 内可导,且 $f(x)>0$,证明:$\exists \xi \in (a,b)$,使得

$$\ln\frac{f(b)}{f(a)}=\frac{f'(\xi)}{f(\xi)}(b-a).$$

**证** 原式可化为

$$\ln f(b)-\ln f(a)=\frac{f'(\xi)}{f(\xi)}(b-a).$$

令函数 $\varphi(x)=\ln f(x)$,有 $\varphi'(x)=\frac{f'(x)}{f(x)}$. 显然,函数 $\varphi(x)$ 在区间 $[a,b]$ 上满足拉格朗日中值定理的条件,从而 $\exists \xi \in (a,b)$,使得

$$\ln f(b)-\ln f(a)=\frac{f'(\xi)}{f(\xi)}(b-a).$$

下面再考虑由参数方程 $x=g(t),y=f(t),t\in[a,b]$ 给出的曲线段,其两端点分别为 $A(g(a),f(a)),B(g(b),f(b))$. 连接点 $A,B$ 的弦 $\overline{AB}$ 的斜率为 $\frac{f(b)-f(a)}{g(b)-g(a)}$(见图3-3),而曲线上任意一点 $(x,y)=(g(t),f(t))$ 处的切线斜率为 $\frac{\mathrm{d}y}{\mathrm{d}x}=\frac{f'(t)}{g'(t)}$.

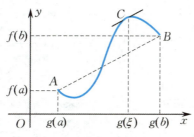

图 3-3

若曲线上存在一点 $C$ [对应参数 $t=\xi \in (a,b)$],在该点处曲线的切线与弦 $\overline{AB}$ 平行,则可得

$$\frac{f(b)-f(a)}{g(b)-g(a)}=\frac{f'(\xi)}{g'(\xi)}.$$

**定理 3 [柯西(Cauchy)中值定理]** 若函数 $f(x),g(x)$ 均在闭区间 $[a,b]$ 上连续,在开区间 $(a,b)$ 内可导,$g'(x)\neq 0$,则至少存在一点 $\xi \in (a,b)$,使得

$$\frac{f(b)-f(a)}{g(b)-g(a)}=\frac{f'(\xi)}{g'(\xi)}.$$

名人简介

**证** 由 $g'(x)\neq 0$ 和拉格朗日中值定理得

$$g(b)-g(a)=g'(\eta)(b-a)\neq 0,\quad \eta \in (a,b).$$

由此有 $g(b)\neq g(a)$,考虑辅助函数 $\Phi(x)=f(x)-\lambda g(x)(\lambda$ 待定). 为使函

数 $\Phi(x)$ 满足罗尔中值定理的条件，令 $\Phi(a) = \Phi(b)$，得
$$\lambda = \frac{f(b) - f(a)}{g(b) - g(a)}.$$
取 $\lambda$ 的值如上，由罗尔中值定理知，$\exists \xi \in (a,b)$，使得 $\Phi'(\xi) = 0$，即
$$f'(\xi) - \frac{f(b) - f(a)}{g(b) - g(a)} g'(\xi) = 0,$$
从而
$$\frac{f(b) - f(a)}{g(b) - g(a)} = \frac{f'(\xi)}{g'(\xi)}.$$
显而易见，若取 $g(x) \equiv x$，则柯西中值定理成为拉格朗日中值定理，因此柯西中值定理是罗尔中值定理、拉格朗日中值定理的推广，它是这三个中值定理中最一般的形式．

**例 5** 设函数 $f(x)$ 在闭区间 $[x_1, x_2]$ 上连续，在开区间 $(x_1, x_2)$ 内可导，且 $x_1 x_2 > 0$，证明：存在 $\xi \in (x_1, x_2)$，使得
$$\frac{x_1 f(x_2) - x_2 f(x_1)}{x_1 - x_2} = f(\xi) - \xi f'(\xi)$$
成立．

**证** 原式可写成
$$\frac{\frac{f(x_2)}{x_2} - \frac{f(x_1)}{x_1}}{\frac{1}{x_2} - \frac{1}{x_1}} = f(\xi) - \xi f'(\xi).$$
令函数 $\varphi(x) = \frac{f(x)}{x}$，$\psi(x) = \frac{1}{x}$，它们在 $[x_1, x_2]$ 上满足柯西中值定理的条件，且有
$$\frac{\varphi'(x)}{\psi'(x)} = f(x) - x f'(x).$$
应用柯西中值定理即得所证．

对于一些比较复杂的函数，为便于进行研究，往往希望用一些简单的函数来近似表示它们，而多项式表示的函数，只要对自变量进行有限次加、减、乘三种算术运算，便能求出它的函数值．因此，在实际问题中，常考虑用多项式来近似表示一个函数．

在本章前面已经知道，如果函数 $f(x)$ 在点 $x_0$ 处可微，则
$$f(x) = f(x_0) + f'(x_0)(x - x_0) + o(x - x_0).$$
上式表明：对于任何在点 $x_0$ 处有一阶导数的函数，在 $U(x_0)$ 内能用一个关于 $x - x_0$ 的一次多项式来近似表示它，多项式的系数就是该函数在点 $x_0$ 处的函数值和一阶导数值，这种近似表示的误差是 $x - x_0$ 的高阶无穷小．

于是，人们猜想：如果函数 $f(x)$ 在点 $x_0$ 处有 $n$ 阶导数，则可以用一个关于 $x-x_0$ 的 $n$ 次多项式来近似表示 $f(x)$，该多项式的系数仅与 $f(x)$ 在点 $x_0$ 处的函数值和各阶导数值有关，这种近似表示的误差是 $(x-x_0)^n$ 的高阶无穷小．

泰勒(Taylor)对这个猜想进行了研究，并得到了下面的结论．

**定理 4（泰勒中值定理）** 若函数 $f(x)$ 在点 $x_0$ 的某个邻域 $U(x_0)$ 内具有直到 $n+1$ 阶导数，则对于任一 $x\in U(x_0)$，有

$$f(x)=\sum_{k=0}^{n}\frac{f^{(k)}(x_0)}{k!}(x-x_0)^k+R_n(x), \tag{3-1-3}$$

其中 $R_n(x)=o[(x-x_0)^n]$，且

$$R_n(x)=\frac{f^{(n+1)}(\xi)}{(n+1)!}(x-x_0)^{n+1}, \tag{3-1-4}$$

$\xi$ 是介于 $x$ 与 $x_0$ 之间的某个值，有时也记 $\xi=x_0+\theta(x-x_0),0<\theta<1$．

式(3-1-3)称为函数 $f(x)$ 在点 $x_0$ 处的 $n$ **阶泰勒公式**，式中 $R_n(x)$ 称为**余项**；式(3-1-4)表示的余项称为**拉格朗日余项**，$R_n(x)=o[(x-x_0)^n]$ 称为**佩亚诺(Peano)余项**. 而

$$P_n(x)=\sum_{k=0}^{n}\frac{f^{(k)}(x_0)}{k!}(x-x_0)^k$$

称为 $n$ **阶泰勒多项式**．利用泰勒多项式近似表示函数 $f(x)$ 的误差，可由余项进行估计．例如，若 $\forall x\in U(x_0)$，有 $|f^{(n+1)}(x)|\leqslant M$，则可得误差估计式

$$|R_n(x)|=|f(x)-P_n(x)|\leqslant\frac{M}{(n+1)!}|x-x_0|^{n+1}.$$

我们可以借助柯西中值定理来给出上述泰勒中值定理的证明，在此从略．若只考虑带佩亚诺余项的泰勒公式，而不要求给出其余项的具体表达式(3-1-4)，则利用柯西中值定理可证明下面的结论．

**定理 5** 若函数 $f(x)$ 在点 $x_0$ 的某个邻域 $U(x_0)$ 内具有直到 $n-1$ 阶导数，且 $f^{(n)}(x_0)$ 存在，则对于任一 $x\in U(x_0)$，有

$$f(x)=\sum_{k=0}^{n}\frac{f^{(k)}(x_0)}{k!}(x-x_0)^k+o[(x-x_0)^n]. \tag{3-1-5}$$

式(3-1-5)称为 $n$ 阶带佩亚诺余项的泰勒公式．带拉格朗日余项和带佩亚诺余项的泰勒公式统称为泰勒公式．

特别地，当式(3-1-3)和式(3-1-5)中的 $x_0=0$ 时，通常称为**麦克劳林(Maclaurin)公式**． $n$ 阶带拉格朗日余项的麦克劳林公式为

$$f(x)=\sum_{k=0}^{n}\frac{f^{(k)}(0)}{k!}x^k+\frac{f^{(n+1)}(\theta x)}{(n+1)!}x^{n+1},\quad 0<\theta<1, \tag{3-1-6}$$

$n$ 阶带佩亚诺余项的麦克劳林公式为

$$f(x)=\sum_{k=0}^{n}\frac{f^{(k)}(0)}{k!}x^k+o(x^n). \tag{3-1-7}$$

**例6** 求函数 $f(x)=\mathrm{e}^x$ 的 $n$ 阶麦克劳林公式.

**解** $f^{(k)}(x)=\mathrm{e}^x, f^{(k)}(0)=1(k=0,1,2,\cdots)$,故

$$\mathrm{e}^x = 1 + x + \frac{x^2}{2!} + \cdots + \frac{x^n}{n!} + o(x^n),$$

其拉格朗日余项为

$$R_n(x) = \frac{\mathrm{e}^{\theta x}}{(n+1)!} x^{n+1}, \quad \theta \in (0,1).$$

**例7** 求函数 $f(x)=\sin x$ 的 $n$ 阶麦克劳林公式.

**解** $f^{(k)}(x)=\sin\left(x+\frac{k}{2}\pi\right)(k=0,1,2,\cdots)$,故

$$f^{(k)}(0) = \begin{cases} 0, & k=2j, \\ (-1)^j, & k=2j+1 \end{cases} \quad (j=0,1,2,\cdots).$$

取 $n=2m$,得

$$\sin x = x - \frac{x^3}{3!} + \frac{x^5}{5!} - \cdots + (-1)^{m-1}\frac{x^{2m-1}}{(2m-1)!} + o(x^{2m}),$$

其拉格朗日余项为

$$R_{2m}(x) = \frac{\sin\left(\theta x + \frac{2m+1}{2}\pi\right)}{(2m+1)!} x^{2m+1}$$

$$= (-1)^m \frac{\cos\theta x}{(2m+1)!} x^{2m+1}, \quad \theta \in (0,1).$$

类似地,有

$$\cos x = 1 - \frac{x^2}{2!} + \frac{x^4}{4!} - \cdots + (-1)^m \frac{x^{2m}}{(2m)!} + o(x^{2m+1}),$$

其拉格朗日余项为

$$R_{2m+1}(x) = (-1)^{m+1} \frac{\cos\theta x}{(2m+2)!} x^{2m+2}, \quad \theta \in (0,1).$$

**例8** 求函数 $f(x)=\ln(1+x)$ 的 $n$ 阶麦克劳林公式.

**解** $f^{(k)}(x)=(-1)^{k-1}\frac{(k-1)!}{(1+x)^k}(k=1,2,\cdots)$,故

$$f^{(k)}(0) = (-1)^{k-1}(k-1)! \quad (k=1,2,\cdots,n).$$

又 $f(0)=0$, $f^{(n+1)}(\xi)=(-1)^n\frac{n!}{(1+\xi)^{n+1}}$,

其中 $\xi$ 在 0 与 $x$ 之间. 于是, 当 $x \in (-1,+\infty)$ 时,

$$\ln(1+x) = x - \frac{x^2}{2} + \frac{x^3}{3} - \cdots + (-1)^{n-1}\frac{x^n}{n} + (-1)^n \frac{x^{n+1}}{(n+1)(1+\xi)^{n+1}},$$

其中 $\xi$ 在 0 与 $x$ 之间.

类似地,有

$$(1+x)^\alpha = 1 + \alpha x + \frac{\alpha(\alpha-1)}{2!}x^2 + \cdots + \frac{\alpha(\alpha-1)\cdots(\alpha-n+1)}{n!}x^n + R_n(x),$$

其拉格朗日余项为

$$R_n(x) = \frac{\alpha(\alpha-1)\cdots(\alpha-n)}{(n+1)!}(1+\theta x)^{\alpha-n-1}x^{n+1} \quad (0<\theta<1).$$

利用泰勒公式可以求某些函数的极限.

**例 9** 求极限 $\lim\limits_{x\to 0}\dfrac{\cos x - e^{-\frac{x^2}{2}}}{x^4}$.

**解** 利用泰勒公式,有

$$\cos x = 1 - \frac{x^2}{2!} + \frac{x^4}{4!} + o(x^4),$$

$$e^{-\frac{x^2}{2}} = 1 + \left(-\frac{x^2}{2}\right) + \frac{1}{2!}\left(-\frac{x^2}{2}\right)^2 + o(x^4),$$

于是

$$\cos x - e^{-\frac{x^2}{2}} = -\frac{1}{12}x^4 + o(x^4).$$

故

$$\lim_{x\to 0}\frac{\cos x - e^{-\frac{x^2}{2}}}{x^4} = \lim_{x\to 0}\frac{-\frac{1}{12}x^4 + o(x^4)}{x^4} = -\frac{1}{12}.$$

• 习题 3-1

1. 验证函数 $f(x) = \ln\sin x$ 在区间 $\left[\dfrac{\pi}{6}, \dfrac{5\pi}{6}\right]$ 上满足罗尔中值定理的条件,并求出相应的 $\xi$,使得 $f'(\xi) = 0$.

2. 下列函数在指定区间上是否满足罗尔中值定理的三个条件?有没有满足定理结论的 $\xi$?

   (1) $f(x) = \begin{cases} x^2, & 0 \leqslant x < 1, \\ 0, & x = 1, \end{cases}$  $[0,1]$;

   (2) $f(x) = |x-1|$, $[0,2]$;

   (3) $f(x) = \begin{cases} \sin x, & 0 < x \leqslant \pi, \\ 1, & x = 0, \end{cases}$  $[0,\pi]$.

3. 函数 $f(x) = (x-2)(x-1)x(x+1)(x+2)$ 的导数有几个零点?各位于哪个区间?

4. 设函数 $f(x)$ 在闭区间 $[a,b]$ 上满足 $|f(u)-f(v)| \leqslant (u-v)^2$,其中 $u,v \in [a,b]$,证明:$f(x)$ 在 $[a,b]$ 上是一个常数.

5. (1) 设 $x > 0$,证明:
$$\frac{x}{1+x} < \ln(1+x) < x.$$
(2) 设 $a > b > 0, n > 1$,证明:
$$nb^{n-1}(a-b) < a^n - b^n < na^{n-1}(a-b).$$
(3) 设 $a > b > 0$,证明:
$$\frac{a-b}{a} < \ln\frac{a}{b} < \frac{a-b}{b}.$$
(4) 设 $x > 0$,证明:
$$1 + \frac{1}{2}x > \sqrt{1+x}.$$

6. 如果 $f'(x)$ 在闭区间 $[a,b]$ 上连续,在开区间 $(a,b)$ 内可导,且 $f'(a) \geq 0, f''(x) > 0$,证明:$f(b) > f(a)$.

7. 设 $f(a) = f(c) = f(b)$,且 $a < c < b, f''(x)$ 在闭区间 $[a,b]$ 上存在. 证明:在开区间 $(a,b)$ 内至少有一点 $\xi$,使得 $f''(\xi) = 0$.

8. 已知函数 $f(x)$ 在闭区间 $[a,b]$ 上连续,在开区间 $(a,b)$ 内可导,且 $f(a) = f(b) = 0$. 证明:在 $(a,b)$ 内至少存在一点 $\xi$,使得
$$f(\xi) + f'(\xi) = 0.$$

9. 证明恒等式:
$$2\arctan x + \arcsin\frac{2x}{1+x^2} = \pi \quad (x \geq 1).$$

10. 利用麦克劳林公式,按 $x$ 乘幂展开函数 $f(x) = (x^2 - 3x + 1)^3$.

11. 利用泰勒公式求下列极限:

(1) $\lim\limits_{x \to 0} \dfrac{x - \sin x}{x^3}$;  

(2) $\lim\limits_{x \to 0} \dfrac{e^{-x^4} - \cos^2 x - x^2}{x^4}$;

(3) $\lim\limits_{x \to \infty}\left[x - x^2 \ln\left(1 + \dfrac{1}{x}\right)\right]$.

习题答案

12. 求下列函数在指定点 $x_0$ 处的三阶泰勒公式:

(1) $y = \sqrt{x} \quad (x_0 = 4)$;  

(2) $y = (x-1)\ln x \quad (x_0 = 1)$.

13. 求函数 $f(x) = x e^x$ 的 $n$ 阶麦克劳林公式.

# 第二节 洛必达法则

本节将利用微分中值定理来考虑某些重要类型的极限.

由第二章我们知道,在某个极限过程中,函数 $f(x)$ 和 $g(x)$ 都是无穷小或

都是无穷大时, $\dfrac{f(x)}{g(x)}$ 的极限可能存在, 也可能不存在. 通常称这种极限为**不定式**(或**待定型**), 并分别简记为 $\dfrac{0}{0}$ **型**或 $\dfrac{\infty}{\infty}$ **型**.

**洛必达**(L'Hospital)**法则**是处理不定式极限的重要工具, 是计算 $\dfrac{0}{0}$ 型、$\dfrac{\infty}{\infty}$ 型不定式的简单而有效的法则. 该法则的理论依据是柯西中值定理.

## 一、$\dfrac{0}{0}$ 型不定式

**定理 1**　设函数 $f(x), g(x)$ 满足:

(1) $\lim\limits_{x \to x_0} f(x) = 0, \lim\limits_{x \to x_0} g(x) = 0$,

(2) 在点 $x_0$ 的某个去心邻域内可导, 且 $g'(x) \neq 0$,

(3) $\lim\limits_{x \to x_0} \dfrac{f'(x)}{g'(x)}$ 存在(或为 $\infty$),

则
$$\lim_{x \to x_0} \dfrac{f(x)}{g(x)} = \lim_{x \to x_0} \dfrac{f'(x)}{g'(x)}.$$

**证**　由于求极限 $\lim\limits_{x \to x_0} \dfrac{f(x)}{g(x)}$ 和函数 $f(x), g(x)$ 在点 $x_0$ 处有无定义没有关系, 不妨设 $f(x_0) = g(x_0) = 0$. 这样, 由条件(1)和(2)知 $f(x), g(x)$ 在点 $x_0$ 的某个邻域 $U(x_0)$ 内连续. 设 $x \in U(x_0)$, 则在 $[x, x_0]$ 或 $[x_0, x]$ 上, 柯西中值定理的条件得到满足, 于是有

$$\dfrac{f(x)}{g(x)} = \dfrac{f(x) - f(x_0)}{g(x) - g(x_0)} = \dfrac{f'(\xi)}{g'(\xi)},$$

其中 $\xi$ 介于 $x$ 与 $x_0$ 之间. 令 $x \to x_0$(从而 $\xi \to x_0$), 上式两边取极限, 再由条件(3)就得到

$$\lim_{x \to x_0} \dfrac{f(x)}{g(x)} = \lim_{\xi \to x_0} \dfrac{f'(\xi)}{g'(\xi)} = \lim_{x \to x_0} \dfrac{f'(x)}{g'(x)}.$$

对于当 $x \to x_0^+, x \to x_0^-$ 和 $x \to \infty (x \to +\infty, x \to -\infty)$ 时的 $\dfrac{0}{0}$ 型不定式, 洛必达法则也成立, 下面仅给出 $x \to \infty$ 时的情形.

**推论 1**　若函数 $f(x), g(x)$ 满足:

(1) $\lim\limits_{x \to \infty} f(x) = 0, \lim\limits_{x \to \infty} g(x) = 0$,

(2) 存在常数 $X > 0$, 当 $|x| > X$ 时, $f(x), g(x)$ 均可导, 且 $g'(x) \neq 0$,

(3) $\lim\limits_{x \to \infty} \dfrac{f'(x)}{g'(x)}$ 存在(或为 $\infty$),

则
$$\lim_{x \to \infty} \dfrac{f(x)}{g(x)} = \lim_{x \to \infty} \dfrac{f'(x)}{g'(x)}.$$

**证**　令 $t = \dfrac{1}{x}$, 则 $x \to \infty$ 时, $t \to 0$, 从而

$$\lim_{t \to 0} f\left(\frac{1}{t}\right) = \lim_{x \to \infty} f(x) = 0,$$

$$\lim_{t \to 0} g\left(\frac{1}{t}\right) = \lim_{x \to \infty} g(x) = 0.$$

由定理 1 得

$$\lim_{x \to \infty} \frac{f(x)}{g(x)} = \lim_{t \to 0} \frac{f\left(\frac{1}{t}\right)}{g\left(\frac{1}{t}\right)} = \lim_{t \to 0} \frac{f'\left(\frac{1}{t}\right)\left(-\frac{1}{t^2}\right)}{g'\left(\frac{1}{t}\right)\left(-\frac{1}{t^2}\right)} = \lim_{x \to \infty} \frac{f'(x)}{g'(x)}.$$

显然,若 $\lim\limits_{x \to *} \dfrac{f'(x)}{g'(x)}$ 仍为 $\dfrac{0}{0}$ 型不定式,且 $f'(x), g'(x)$ 满足定理中 $f(x), g(x)$ 所要满足的条件,则可继续使用洛必达法则而得到

$$\lim_{x \to *} \frac{f(x)}{g(x)} = \lim_{x \to *} \frac{f'(x)}{g'(x)} = \lim_{x \to *} \frac{f''(x)}{g''(x)},$$

且仍可以此类推.

**例 1** 求极限 $\lim\limits_{x \to 2} \dfrac{x^3 - 12x + 16}{x^3 - 2x^2 - 4x + 8}$.

**解** $\lim\limits_{x \to 2} \dfrac{x^3 - 12x + 16}{x^3 - 2x^2 - 4x + 8} = \lim\limits_{x \to 2} \dfrac{3x^2 - 12}{3x^2 - 4x - 4} = \lim\limits_{x \to 2} \dfrac{6x}{6x - 4} = \dfrac{3}{2}.$

**例 2** 求极限 $\lim\limits_{x \to +\infty} \dfrac{\dfrac{\pi}{2} - \arctan x}{\dfrac{1}{x}}$.

**解** $\lim\limits_{x \to +\infty} \dfrac{\dfrac{\pi}{2} - \arctan x}{\dfrac{1}{x}} = \lim\limits_{x \to +\infty} \dfrac{-\dfrac{1}{1+x^2}}{-\dfrac{1}{x^2}} = \lim\limits_{x \to +\infty} \dfrac{x^2}{1+x^2} = 1.$

## 二、$\dfrac{\infty}{\infty}$ 型不定式

**定理 2** 设函数 $f(x), g(x)$ 满足:

(1) $\lim\limits_{x \to x_0} f(x) = \infty, \lim\limits_{x \to x_0} g(x) = \infty,$

(2) 在点 $x_0$ 的某个去心邻域内可导,且 $g'(x) \neq 0,$

(3) $\lim\limits_{x \to x_0} \dfrac{f'(x)}{g'(x)}$ 存在(或为 $\infty$),

则

$$\lim_{x \to x_0} \frac{f(x)}{g(x)} = \lim_{x \to x_0} \frac{f'(x)}{g'(x)}.$$

该定理也可应用柯西中值定理来证明,因过程较繁,故略.

对于当 $x \to x_0^+, x \to x_0^-$ 和 $x \to \infty(x \to +\infty, x \to -\infty)$ 时的 $\dfrac{\infty}{\infty}$ 型不定式,洛必达法则也成立,下面仅给出 $x \to \infty$ 时的情形.

**推论 2** 若函数 $f(x), g(x)$ 满足:
(1) $\lim\limits_{x \to \infty} f(x) = \infty, \lim\limits_{x \to \infty} g(x) = \infty$,
(2) 存在常数 $X > 0$,当 $|x| > X$ 时,$f(x), g(x)$ 均可导,且 $g'(x) \neq 0$,
(3) $\lim\limits_{x \to \infty} \dfrac{f'(x)}{g'(x)}$ 存在(或为 $\infty$),

则
$$\lim_{x \to \infty} \frac{f(x)}{g(x)} = \lim_{x \to \infty} \frac{f'(x)}{g'(x)}.$$

**例 3** 求极限 $\lim\limits_{x \to +\infty} \dfrac{\ln x}{x^\alpha}$ $(\alpha > 0)$.

**解**  $\lim\limits_{x \to +\infty} \dfrac{\ln x}{x^\alpha} = \lim\limits_{x \to +\infty} \dfrac{\dfrac{1}{x}}{\alpha x^{\alpha-1}} = \lim\limits_{x \to +\infty} \dfrac{1}{\alpha x^\alpha} = 0.$

**例 4** 求极限 $\lim\limits_{x \to +\infty} \dfrac{x^\alpha}{e^x}$ $(\alpha > 0)$.

**解**  $\lim\limits_{x \to +\infty} \dfrac{x^\alpha}{e^x} = \lim\limits_{x \to +\infty} \dfrac{\alpha x^{\alpha-1}}{e^x}.$

若 $0 < \alpha \leqslant 1$,则上式右边极限为 $0$.若 $\alpha > 1$,则上式右边仍是 $\dfrac{\infty}{\infty}$ 型不定式,这时总存在自然数 $n$,使得 $n-1 < \alpha \leqslant n$,逐次应用洛必达法则直到第 $n$ 次,有

$$\lim_{x \to +\infty} \frac{x^\alpha}{e^x} = \lim_{x \to +\infty} \frac{\alpha x^{\alpha-1}}{e^x} = \cdots$$
$$\xlongequal{(n \text{ 次})} \lim_{x \to +\infty} \frac{\alpha(\alpha-1)\cdots(\alpha-n+1)x^{\alpha-n}}{e^x} = 0.$$

故
$$\lim_{x \to +\infty} \frac{x^\alpha}{e^x} = 0 \quad (\alpha > 0).$$

**例 5** 求极限 $\lim\limits_{x \to \frac{\pi}{2}} \dfrac{\tan x}{\tan 3x}$.

**解**  $\lim\limits_{x \to \frac{\pi}{2}} \dfrac{\tan x}{\tan 3x} = \lim\limits_{x \to \frac{\pi}{2}} \left( \dfrac{\sin x}{\sin 3x} \cdot \dfrac{\cos 3x}{\cos x} \right) = -\lim\limits_{x \to \frac{\pi}{2}} \dfrac{\cos 3x}{\cos x}$
$$= -\lim_{x \to \frac{\pi}{2}} \frac{3\sin 3x}{\sin x} = 3.$$

在使用洛必达法则求极限时,首先必须验证它是不是不定式的极限,否则会导致错误结果.例如,在例 1 中,$\lim\limits_{x \to 2} \dfrac{6x}{6x-4}$ 已不是不定式,故不能再使用洛必

达法则. 其次, 本节定理只是提供了求不定式极限的一种方法, 当定理条件成立时, 所求极限存在(或为 $\infty$), 但当定理条件不成立时, 不能盲目使用洛必达法则, 这时所求极限也可能存在. 例如,

$$\lim_{x \to \infty} \frac{x + \sin x}{x - \sin x} = \lim_{x \to \infty} \frac{1 + \frac{\sin x}{x}}{1 - \frac{\sin x}{x}} = 1,$$

但 $\lim\limits_{x \to \infty} \dfrac{(x + \sin x)'}{(x - \sin x)'} = \lim\limits_{x \to \infty} \dfrac{1 + \cos x}{1 - \cos x}$ 不存在.

### 三、其他不定式

对于函数极限的其他一些不定式, 如 $0 \cdot \infty, \infty - \infty, 0^0, 1^\infty$ 和 $\infty^0$ 型等, 处理它们的总原则是设法将其转化为 $\dfrac{0}{0}$ 型或 $\dfrac{\infty}{\infty}$ 型不定式, 再考虑等价无穷小的替代化简, 最后应用洛必达法则.

**例 6** 求极限 $\lim\limits_{x \to 0^+} x^2 \ln x$.

**解** $\lim\limits_{x \to 0^+} x^2 \ln x = \lim\limits_{x \to 0^+} \dfrac{\ln x}{x^{-2}} = \lim\limits_{x \to 0^+} \dfrac{\dfrac{1}{x}}{-2x^{-3}} = -\dfrac{1}{2} \lim\limits_{x \to 0^+} x^2 = 0.$

**例 7** 求极限 $\lim\limits_{x \to \frac{\pi}{2}} (\sec x - \tan x)$.

**解** $\lim\limits_{x \to \frac{\pi}{2}} (\sec x - \tan x) = \lim\limits_{x \to \frac{\pi}{2}} \dfrac{1 - \sin x}{\cos x} = \lim\limits_{x \to \frac{\pi}{2}} \dfrac{-\cos x}{-\sin x} = 0.$

**例 8** 求极限 $\lim\limits_{x \to 0^+} x^{\sin x}$.

**解** 设 $y = x^{\sin x}$, 则 $\ln y = \sin x \ln x$, 从而

$$\lim_{x \to 0^+} \ln y = \lim_{x \to 0^+} \sin x \ln x = \lim_{x \to 0^+} \frac{\ln x}{\dfrac{1}{\sin x}} = \lim_{x \to 0^+} \frac{\dfrac{1}{x}}{-\dfrac{\cos x}{\sin^2 x}}$$

$$= -\lim_{x \to 0^+} \frac{1}{\cos x} \cdot \lim_{x \to 0^+} \frac{\sin^2 x}{x} = 0.$$

由 $y = e^{\ln y}$, 有 $\lim\limits_{x \to 0^+} y = \lim\limits_{x \to 0^+} e^{\ln y} = e^{\lim\limits_{x \to 0^+} \ln y}$, 所以

$$\lim_{x \to 0^+} x^{\sin x} = e^0 = 1.$$

**例 9** 求极限 $\lim\limits_{x \to 0^+} \left(1 + \dfrac{1}{x}\right)^x$.

**解** 设 $y = \left(1 + \dfrac{1}{x}\right)^x$，则 $\ln y = x\ln\left(1 + \dfrac{1}{x}\right)$，从而

$$\lim_{x \to 0^+} \ln y = \lim_{x \to 0^+} \frac{\ln\left(1 + \dfrac{1}{x}\right)}{x^{-1}} = \lim_{u \to +\infty} \frac{\ln(1+u)}{u} = \lim_{u \to +\infty} \frac{1}{1+u} = 0.$$

故
$$\lim_{x \to 0^+} \left(1 + \frac{1}{x}\right)^x = e^0 = 1.$$

洛必达法则是求不定式的一种有效方法，但不是万能的. 我们要学会根据具体问题采取不同的方法求解，最好能与其他求极限的方法结合使用. 例如，能化简时，应尽可能先化简；可以应用等价无穷小替代时，应尽可能应用. 这样可以使运算简捷.

**例 10** 求极限 $\lim\limits_{x \to 0} \dfrac{x - \tan x}{x^2 \sin x}$.

**解** 先应用等价无穷小替代. 由 $\sin x \sim x\,(x \to 0)$，有

$$\lim_{x \to 0} \frac{x - \tan x}{x^2 \sin x} = \lim_{x \to 0} \frac{x - \tan x}{x^3} = \lim_{x \to 0} \frac{1 - \sec^2 x}{3x^2} = -\lim_{x \to 0} \frac{\tan^2 x}{3x^2}$$
$$= -\lim_{x \to 0} \frac{x^2}{3x^2} = -\frac{1}{3}.$$

**例 11** 设 $g(0) = g'(0) = 0, g''(0) = 4, f(x) = \begin{cases} 0, & x = 0, \\ \dfrac{g(x)}{x}, & x \neq 0, \end{cases}$ 求 $f'(0)$.

**解** 由已知，

$$f'(0) = \lim_{x \to 0} \frac{f(x) - f(0)}{x - 0} = \lim_{x \to 0} \frac{g(x)}{x^2} = \lim_{x \to 0} \frac{g'(x)}{2x}$$
$$= \frac{1}{2} \lim_{x \to 0} \frac{g'(x) - g'(0)}{x - 0} = \frac{1}{2} g''(0) = 2,$$

故 $f'(0) = 2$.

### 习题 3-2

1. 选择题：

(1) 已知函数 $f(x) = x\left(\dfrac{\pi}{2} - \arctan x\right)$，则 $\lim\limits_{x \to +\infty} f(x)$ 是（ ）型不定式的极限.

A. $\infty - \infty$　　B. $\infty \cdot 0$　　C. $\infty + \infty$　　D. $\infty \cdot \infty$

(2) $\lim\limits_{x\to 0}\dfrac{1-\cos x}{1+x^2}=\lim\limits_{x\to 0}\dfrac{(1-\cos x)'}{(1+x^2)'}=\lim\limits_{x\to 0}\dfrac{\sin x}{2x}=\dfrac{1}{2}$,则此计算（    ）.

A. 正确

B. 错误，因为 $\lim\limits_{x\to 0}\dfrac{1-\cos x}{1+x^2}$ 不是 $\dfrac{0}{0}$ 型不定式

C. 错误，因为 $\lim\limits_{x\to 0}\dfrac{(1-\cos x)'}{(1+x^2)'}$ 不存在

D. 错误，因为 $\lim\limits_{x\to 0}\dfrac{1-\cos x}{1+x^2}$ 是 $\dfrac{\infty}{\infty}$ 型不定式

(3) $\lim\limits_{x\to 0}\dfrac{f'(x)}{g'(x)}=A$（或为 $\infty$）是使用洛必达法则计算不定式 $\lim\limits_{x\to 0}\dfrac{f(x)}{g(x)}$ 的（    ）.

A. 必要条件　　　B. 充分条件　　　C. 充要条件　　　D. 无关条件

(4) 下列求极限的问题中，能使用洛必达法则的是（    ）.

A. $\lim\limits_{x\to 0}\dfrac{x^2\sin\dfrac{1}{x}}{\sin x}$ 　　　　　　B. $\lim\limits_{x\to +\infty}\left(1+\dfrac{2}{x}\right)^x$

C. $\lim\limits_{x\to \infty}\dfrac{x-\sin x}{x+\sin x}$ 　　　　　　D. $\lim\limits_{x\to +\infty}\dfrac{e^x-e^{-x}}{e^x+e^{-x}}$

(5) $\lim\limits_{x\to b}\dfrac{x^4-bx^3}{x^4-2bx^3+2b^3x-b^4}=$（    ），其中 $b$ 为非零常数.

A. $0$　　　　　B. $\infty$　　　　　C. $1$　　　　　D. $-\dfrac{1}{4}$

(6) $\lim\limits_{x\to 0^+}\dfrac{\ln\sin 5x}{\ln\sin 2x}=$（    ）.

A. $\dfrac{5}{2}$　　　　　B. $\dfrac{2}{5}$　　　　　C. $1$　　　　　D. $\infty$

2. 求下列极限：

(1) $\lim\limits_{x\to \pi}\dfrac{\sin 3x}{\tan 5x}$；

(2) $\lim\limits_{x\to \frac{\pi}{2}}\dfrac{\ln\sin x}{(\pi-2x)^2}$；

(3) $\lim\limits_{x\to 0}\dfrac{e^x-x-1}{x(e^x-1)}$；

(4) $\lim\limits_{x\to a}\dfrac{\sin x-\sin a}{x-a}$；

(5) $\lim\limits_{x\to a}\dfrac{x^m-a^m}{x^n-a^n}$ $(m,n\in \mathbf{N}^*)$；

(6) $\lim\limits_{x\to +\infty}\dfrac{\ln\left(1+\dfrac{1}{x}\right)}{\operatorname{arccot} x}$；

(7) $\lim\limits_{x\to 0^+}\dfrac{\ln x}{\cot x}$；

(8) $\lim\limits_{x\to 0^+}\sin x\ln x$；

(9) $\lim\limits_{x\to 0}\left(\dfrac{e^x}{x}-\dfrac{1}{e^x-1}\right)$；

(10) $\lim\limits_{x\to 0^+}\left(\ln\dfrac{1}{x}\right)^x$.

3. 已知 $\lim\limits_{x\to 1}\dfrac{x^2+mx+n}{x-1}=5$，求常数 $m,n$ 的值.

4. 设函数 $f(x)$ 二阶可导，求 $\lim\limits_{h\to 0}\dfrac{f(x+h)-2f(x)+f(x-h)}{h^2}$.

习题答案

## 函数的单调性与极值

### 一、函数单调性的判定

第一章已经介绍了函数在区间上单调的概念. 利用单调性的定义来判定函数在区间上的单调性,一般来说是比较困难的. 下面将介绍一种简单而有效的判定方法.

我们知道,函数的单调增加或单调减少,在几何上表现为图形是一条沿 $x$ 轴正向上升或下降的曲线. 容易知道,曲线随 $x$ 的增加而上升时,其切线(如果存在)与 $x$ 轴正向的夹角为锐角;曲线随 $x$ 的增加而下降时,其切线与 $x$ 轴正向的夹角为钝角. 曲线的升降与曲线切线的斜率密切相关,而曲线切线的斜率可以通过相应函数的导数来表示.

**定理 1** 设函数 $f(x)$ 在闭区间 $[a,b]$ 上连续,在开区间 $(a,b)$ 内可导.
(1) 若在区间 $(a,b)$ 内,有 $f'(x)>0$,则 $f(x)$ 在 $[a,b]$ 上严格单调增加;
(2) 若在区间 $(a,b)$ 内,有 $f'(x)<0$,则 $f(x)$ 在 $[a,b]$ 上严格单调减少.

**证** 任取 $x_1, x_2 \in [a,b]$,不妨设 $x_1 < x_2$,应用拉格朗日中值定理,有
$$f(x_2)-f(x_1)=f'(\xi)(x_2-x_1), \quad \xi \in (x_1, x_2).$$
由 $f'(x)>0$[或 $f'(x)<0$],得 $f'(\xi)>0$[或 $f'(\xi)<0$],故
$$f(x_2)>f(x_1) \quad [\text{或} f(x_2)<f(x_1)],$$
即函数 $f(x)$ 在 $[a,b]$ 上严格单调增加(或严格单调减少).

**例 1** 证明:函数 $y=\sin x$ 在区间 $\left[-\dfrac{\pi}{2}, \dfrac{\pi}{2}\right]$ 上严格单调增加.

**证** 因为函数 $y=\sin x$ 在 $\left[-\dfrac{\pi}{2}, \dfrac{\pi}{2}\right]$ 上连续,并且
$$(\sin x)'=\cos x>0, \quad x \in \left(-\dfrac{\pi}{2}, \dfrac{\pi}{2}\right),$$
所以 $y=\sin x$ 在 $\left[-\dfrac{\pi}{2}, \dfrac{\pi}{2}\right]$ 上严格单调增加.

从定理 1 的证明易知,若在 $(a,b)$ 内除个别点使得 $f'(x)=0$ 外,其余处处满足定理条件,则定理结论仍成立. 此外,定理中的闭区间换成其他区间(如开、半开半闭或无限区间等),定理的结论仍成立. 例如,函数 $y=x^3$ 在

$(-\infty, +\infty)$ 内的导数 $y' = 3x^2 \geqslant 0$,但仅在 $x = 0$ 时,$y' = 0$,因此 $y = x^3$ 在 $(-\infty, +\infty)$ 内是严格单调增加的(见图 3-4). 另外,当定理 1 的(1)和(2)中的严格不等号 ">" 和 "<" 分别换为 "≥" 和 "≤" 时,则分别得到单调增加和单调减少的结论.

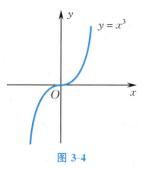

图 3-4

**例 2** 讨论函数 $y = f(x) = e^{-x^2}$ 的单调性.

**解** 函数 $f(x)$ 的定义域为 $(-\infty, +\infty)$. $f'(x) = -2x e^{-x^2}$.

当 $x \in (-\infty, 0)$ 时,$f'(x) > 0$,故函数 $f(x)$ 在 $(-\infty, 0]$ 内严格单调增加;

当 $x \in (0, +\infty)$ 时,$f'(x) < 0$,故函数 $f(x)$ 在 $[0, +\infty)$ 内严格单调减少,其图形如图 3-5 所示.

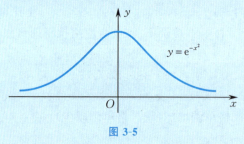

图 3-5

**例 3** 证明:当 $x > 0$ 时,有 $x > \ln(1+x)$.

**证** 令函数 $f(x) = x - \ln(1+x)$,则 $f(x)$ 在区间 $[0, +\infty)$ 内连续. 又

$$f'(x) = \frac{x}{1+x} > 0, \quad x \in (0, +\infty),$$

故函数 $f(x)$ 在 $[0, +\infty)$ 内严格单调增加. 因此,当 $x > 0$ 时,$f(x) > f(0) = 0$,即

$$x > \ln(1+x).$$

## 二、函数的极值

在例 2 中,函数 $f(x)$ 的单调区间的分界点 $x = 0$ 具有特别意义:$f(x)$ 在点 $x = 0$ 的左邻域内严格单调增加,在点 $x = 0$ 的右邻域内严格单调减少. 于是,存在点 $x = 0$ 的某个邻域 $U(0)$,$\forall x \in \overset{\circ}{U}(0)$,总有 $f(x) < f(0)$. 这就是下面有

关函数极值的概念.

**定义 1**　设函数 $f(x)$ 在点 $x_0$ 的某个邻域内有定义. 若对于该邻域内任一点 $x \neq x_0$, 有 $f(x) < f(x_0)$ [或 $f(x) > f(x_0)$], 则称函数 $f(x)$ 在点 $x_0$ 处取得**极大值**(或**极小值**) $f(x_0)$, $x_0$ 称为 $f(x)$ 的**极大**(或**极小**) **值点**.

极大值与极小值统称为函数的**极值**, 极大值点与极小值点统称为函数的**极值点**.

由定义 1 可知, 极值是局部性的概念, 是在一点的邻域内通过比较函数值的大小而产生的. 因此, 对于一个定义在 $(a,b)$ 内的函数, 其极值往往有很多个, 且在某一点处取得的极大值可能会比在另一点处取得的极小值还要小, 如图 3-6 所示. 从直观上看, 图 3-6 中的函数在取得极值的地方, 其切线(如果存在) 都是水平的. 事实上, 我们有下面的定理.

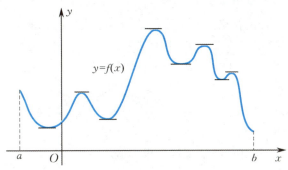

图 3-6

**定理 2[费马(Fermat)定理]**　设函数 $f(x)$ 在区间 $I$ 内有定义, 在该区间内的点 $x_0$ 处取得极值, 且 $f'(x_0)$ 存在, 则必有 $f'(x_0) = 0$.

名人简介

**证**　不妨设 $f(x_0)$ 为极大值, 则由定义, 存在 $\mathring{U}(x_0)$, 使得 $\forall x \in \mathring{U}(x_0)$, 当 $x < x_0$ 时, 有

$$\frac{f(x) - f(x_0)}{x - x_0} > 0,$$

故

$$f'_-(x_0) = \lim_{x \to x_0^-} \frac{f(x) - f(x_0)}{x - x_0} \geqslant 0.$$

当 $x > x_0$ 时, 有

$$\frac{f(x) - f(x_0)}{x - x_0} < 0,$$

故

$$f'_+(x_0) = \lim_{x \to x_0^+} \frac{f(x) - f(x_0)}{x - x_0} \leqslant 0.$$

综上, 得到

$$f'(x_0) = 0.$$

在点 $x_0$ 处取得极小值时类似可证.

$f'(x)$ 的零点, 通常称为函数 $f(x)$ 的**驻点**. 定理 2 给出了可导函数取得极值的必要条件: 可导函数的极值点必是驻点. 但此条件并不充分. 例如, $x = 0$ 是

函数 $y=x^3$ 的驻点,却不是其极值点,如图 3-4 所示.

另外,连续函数在其导数不存在的点处也可能取得极值. 例如,函数 $y=|x|$ 在点 $x=0$ 处取得极小值.

因此,对连续函数来说,驻点和导数不存在的点都有可能是极值点,它们统称为**极值嫌疑点**,那么如何确认其是否是极值点? 有下面的定理.

**定理 3(极值第一判别法)** 设函数 $f(x)$ 在点 $x_0$ 处连续,且在点 $x_0$ 的某个去心邻域 $\mathring{U}(x_0)$ 内可导.

(1) 若当 $x \in \mathring{U}(x_0^-)$ 时,$f'(x) > 0$,当 $x \in \mathring{U}(x_0^+)$ 时,$f'(x) < 0$,则函数 $f(x)$ 在点 $x_0$ 处取得极大值;

(2) 若当 $x \in \mathring{U}(x_0^-)$ 时,$f'(x) < 0$,当 $x \in \mathring{U}(x_0^+)$ 时,$f'(x) > 0$,则函数 $f(x)$ 在点 $x_0$ 处取得极小值.

**证** 只证(1). 由拉格朗日中值定理, $\forall x \in \mathring{U}(x_0^-)$,有
$$f(x)-f(x_0)=f'(\xi_1)(x-x_0), \quad x<\xi_1<x_0.$$
由 $f'(x)>0$,得 $f'(\xi_1)>0$,故 $f(x)<f(x_0)$.

同理,$\forall x \in \mathring{U}(x_0^+)$,有
$$f(x)-f(x_0)=f'(\xi_2)(x-x_0), \quad x_0<\xi_2<x.$$
由 $f'(x)<0$,得 $f'(\xi_2)<0$,故 $f(x)<f(x_0)$.

因此,函数 $f(x)$ 在点 $x_0$ 处取得极大值.

由定理 3 的证明过程可知,如果 $f'(x)$ 在 $\mathring{U}(x_0)$ 内符号不变,则函数 $f(x)$ 在点 $x_0$ 处就不取得极值.

**例 4** 求函数 $f(x)=x^3-3x^2-9x+5$ 的极值.

**解** $f'(x)=3x^2-6x-9=3(x+1)(x-3).$

令 $f'(x)=0$,得驻点 $x_1=-1, x_2=3$.

当 $x \in (-\infty,-1)$ 时,$f'(x)>0$;

当 $x \in (-1,3)$ 时,$f'(x)<0$;

当 $x \in (3,+\infty)$ 时,$f'(x)>0$.

故函数 $f(x)$ 的极大值为 $f(-1)=10$,极小值为 $f(3)=-22$.

**例 5** 求函数 $f(x)=\sqrt[3]{x^2}$ 的极值.

**解** $f'(x)=\dfrac{2}{3\sqrt[3]{x}}(x \neq 0)$,$x=0$ 是函数 $f(x)$ 一阶导数不存在的点.

当 $x<0$ 时,$f'(x)<0$;当 $x>0$ 时,$f'(x)>0$. 故函数 $f(x)$ 在点 $x=0$ 处取得极小值 $f(0)=0$.

**定理 4(极值第二判别法)** 设函数 $f(x)$ 在点 $x_0$ 的某个邻域 $U(x_0)$ 内

可导,二阶导数 $f''(x_0)$ 存在,且 $f'(x_0)=0, f''(x_0)\neq 0$,则

(1) 当 $f''(x_0)<0$ 时,$f(x)$ 在点 $x_0$ 处取得极大值;

(2) 当 $f''(x_0)>0$ 时,$f(x)$ 在点 $x_0$ 处取得极小值.

**证** 将函数 $f(x)$ 在点 $x_0$ 处展开为二阶泰勒公式,并注意到 $f'(x_0)=0$,得

$$f(x)-f(x_0)=\frac{f''(x_0)}{2!}(x-x_0)^2+o[(x-x_0)^2].$$

因为当 $x\to x_0$ 时,$o[(x-x_0)^2]$ 是比 $(x-x_0)^2$ 高阶的无穷小,所以

$$\lim_{x\to x_0}\frac{f(x)-f(x_0)}{(x-x_0)^2}=\frac{f''(x_0)}{2!}.$$

由函数极限的局部保号性,当 $f''(x_0)>0$ 时,$\exists \delta>0$,使得当 $x\in \overset{\circ}{U}(x_0,\delta)$ 时,有 $f(x)>f(x_0)$,即 $f(x_0)$ 为函数 $f(x)$ 的极小值;当 $f''(x_0)<0$ 时,$\exists \delta>0$,使得当 $x\in \overset{\circ}{U}(x_0,\delta)$ 时,有 $f(x)<f(x_0)$,即 $f(x_0)$ 为函数 $f(x)$ 的极大值.

例如,对于例 4 中的驻点 $x_1=-1, x_2=3$,分别有 $f''(-1)=-12<0$,$f''(3)=12>0$,故 $f(-1)$ 为极大值,$f(3)$ 为极小值.

**例 6** 求函数 $f(x)=x^3-3x$ 的极值.

**解** $f'(x)=3x^2-3=3(x+1)(x-1), \quad f''(x)=6x.$

令 $f'(x)=0$,得 $x=\pm 1$. $f''(-1)=-6<0$,则 $f(-1)=2$ 为极大值;$f''(1)=6>0$,则 $f(1)=-2$ 为极小值.

#### 习题 3-3

1. 确定下列函数的单调区间:

(1) $y=2x^3-6x^2-18x-7$;

(2) $y=2x+\dfrac{8}{x}\ (x>0)$;

(3) $y=\ln(x+\sqrt{1+x^2})$;

(4) $y=(x-1)(x+1)^3$;

(5) $y=x^n e^{-x}\ (n>0, x\geqslant 0)$;

(6) $y=x+|\sin 2x|$;

(7) $y=(x-2)^5(2x+1)^4$.

2. 证明:

(1) 当 $0<x<\dfrac{\pi}{2}$ 时,$\sin x+\tan x>2x$;

(2) 当 $0<x<1$ 时,$e^{-x}+\sin x<1+\dfrac{x^2}{2}$.

3. 证明:方程 $\sin x=x$ 只有一个实根.

4. 求下列函数的极值：

(1) $y = x^2 - 2x + 3$；

(2) $y = 2x^3 - 3x^2$；

(3) $y = 2x^3 - 6x^2 - 18x + 7$；

(4) $y = x - \ln(1+x)$；

(5) $y = -x^4 + 2x^2$；

(6) $y = x + \sqrt{1-x}$.

5. 设 $a, b, c, d$ 为常数，证明：如果函数 $y = ax^3 + bx^2 + cx + d$ 满足 $b^2 - 3ac < 0$，那么该函数没有极值.

6. 问常数 $a$ 为何值时，函数 $f(x) = a\sin x + \dfrac{1}{3}\sin 3x$ 在点 $x = \dfrac{\pi}{3}$ 处取得极值？它是极大值还是极小值？并求此极值.

习题答案

## 第四节 函数的最值及其应用

若 $f(x)$ 为 $[a,b]$ 上的连续函数，且在 $(a,b)$ 内只有有限个驻点或导数不存在的点，设其为 $x_1, x_2, \cdots, x_n$. 由闭区间上连续函数的最值定理知，函数 $f(x)$ 在 $[a,b]$ 上必取得最大值和最小值. 若最值在 $(a,b)$ 内取得，则它一定也是极值，而 $f(x)$ 的极值点只能是驻点或导数不存在的点. 此外，最值点也可能在区间的端点 $x = a$ 或 $x = b$ 处取得. 于是，函数 $f(x)$ 在 $[a,b]$ 上的最值可以用如下方法求得：

$$\max_{x \in [a,b]} f(x) = \max\{f(a), f(x_1), f(x_2), \cdots, f(x_n), f(b)\},$$

$$\min_{x \in [a,b]} f(x) = \min\{f(a), f(x_1), f(x_2), \cdots, f(x_n), f(b)\}.$$

为简便起见，有时我们将函数 $f(x)$ 在区间上的最大值和最小值分别记作 $f_{\max}$ 和 $f_{\min}$.

**例 1** 求函数 $f(x) = x^4 - 8x^2 + 2$ 在区间 $[-1, 3]$ 上的最大值和最小值.

**解** 令 $f'(x) = 4x(x-2)(x+2) = 0$，得驻点

$$x_1 = 0, \quad x_2 = 2, \quad x_3 = -2 \quad (x_3 \notin [-1, 3] \text{ 舍去}).$$

计算出

$$f(-1) = -5, \quad f(0) = 2, \quad f(2) = -14, \quad f(3) = 11.$$

故在 $[-1, 3]$ 上，$f_{\max} = f(3) = 11$，$f_{\min} = f(2) = -14$.

下面两个结论在解应用问题时特别有用.

(1) 若 $f(x)$ 为 $[a,b]$ 上的连续函数,且在 $(a,b)$ 内只有唯一一个极值点 $x_0$,则当 $f(x_0)$ 为极大(或极小)值时,它就是 $f(x)$ 在 $[a,b]$ 上的最大(或最小)值.

(2) 若 $f(x)$ 为 $[a,b]$ 上的连续函数,且在 $[a,b]$ 上单调增加,则 $f(a)$ 为最小值,$f(b)$ 为最大值;若 $f(x)$ 在 $[a,b]$ 上单调减少,则 $f(a)$ 为最大值,$f(b)$ 为最小值.

在工农业生产、工程设计、经济管理等许多实践当中,经常会遇到诸如在一定条件下怎样使产量最高、用料最省、效益最大、成本最低等的一系列"最优化"问题.这类问题有些能够归结为求某个函数(称为**目标函数**)的最值或最值点(称为**最优解**).

在实际应用中,根据问题本身的特点往往可以断定目标函数确有最大值或最小值,而且一定在定义区间内部取得.此时,如果目标函数在定义区间内部只有一个驻点,那么不必讨论是否是极值点,就可以断定驻点处的函数值就是要求的最大值或最小值.

**例 2** 要制造一个容积为 $V_0$ 的带盖圆柱形桶,问桶的半径 $r$ 和高 $h$ 应如何确定,才能使用料最省?

**解** 首先建立目标函数.要使用料最省,就是要使圆桶表面积 $S$ 最小.

由 $\pi r^2 h = V_0$,得 $h = \dfrac{V_0}{\pi r^2}$,故

$$S = 2\pi r^2 + 2\pi rh = 2\pi r^2 + \dfrac{2V_0}{r} \quad (r>0).$$

令 $S' = 4\pi r - \dfrac{2V_0}{r^2} = 0$,得驻点 $r_0 = \sqrt[3]{\dfrac{V_0}{2\pi}}$.

又因在 $(0, +\infty)$ 内 $S$ 只有唯一一个驻点,故根据问题的实际意义,该驻点也就是要求的最小值点.因此,当 $r = \sqrt[3]{\dfrac{V_0}{2\pi}}, h = 2\sqrt[3]{\dfrac{V_0}{2\pi}} = 2r$ 时,圆桶表面积最小,则用料最省.

像这种高度等于底面直径的圆桶在实际中常被采用,如储油罐、化学反应容器、各种包装罐等.

**例 3** 如图 3-7 所示,某工厂在点 $C$ 处,该工厂到铁路线 $A$ 处的垂直距离 $CA = 20\,\mathrm{km}$,须从距离 $A$ 为 $150\,\mathrm{km}$ 的 $B$ 处运来原料,现在要在 $AB$ 上选一点 $D$ 修建一条直线公路与工厂连接.已知铁路与公路每吨千米运费之比为 $3:5$,问:$D$ 应选在何处,方能使运费最省?

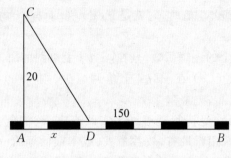

图 3-7

**解** 设 $AD=x$(单位:km),则 $DB=150-x$,$DC=\sqrt{x^2+20^2}$. 又设铁路上的每吨千米运费为 $3k(k>0)$,则公路上的每吨千米运费为 $5k$. 于是,从 $B$ 处到 $C$ 处的每吨原料的总运费为

$$y=3k(150-x)+5k\sqrt{x^2+20^2}, \quad x\in(0,150).$$

这是目标函数,要求其最小值点. 令

$$y'=\left(-3+\frac{5x}{\sqrt{x^2+400}}\right)k=0,$$

得 $x=\pm 15$. 这个问题的最小值一定存在,而在 $(0,150)$ 中 $y$ 只有唯一驻点 $x=15$,故在点 $x=15$ 处,$y$ 取得最小值. 因此,$D$ 点应选在距离 $A$ 点 $15$ km 处,此时运费最省.

**例 4** 宽为 $2$ m 的支渠道垂直地流向宽为 $3$ m 的主渠道. 若在其中漂运原木,问能通过的原木的最大长度是多少?

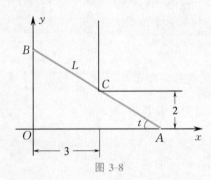

图 3-8

**解** 将问题理想化,原木的直径忽略不计.

建立坐标系如图 3-8 所示,$AB$ 是通过点 $C(3,2)$ 且与渠道两侧壁分别交于 $A$ 和 $B$ 的线段.

设 $\angle OAC=t, t\in\left(0,\frac{\pi}{2}\right)$,则当原木长度不超过线段 $AB$ 的长度 $L$ 的最小值时,原木就能通过,于是建立目标函数

$$L=L(t)=AC+CB=\frac{2}{\sin t}+\frac{3}{\cos t}, \quad t\in\left(0,\frac{\pi}{2}\right).$$

由于

$$L'(t)=-\frac{2\cos t}{\sin^2 t}-\frac{3(-\sin t)}{\cos^2 t}=\frac{3\sin t}{\cos^2 t}-\frac{2\cos t}{\sin^2 t}$$

$$=\frac{3\sin t}{\cos^2 t}\left(1-\frac{2}{3}\cot^3 t\right),$$

当 $t\in\left(0,\frac{\pi}{2}\right)$ 时,$\frac{\sin t}{\cos^2 t}>0$,因此由 $L'(t)=0$ 解得

$$t_0 = \arctan \sqrt[3]{\frac{2}{3}} \approx 41°8'.$$

这个问题的最小值($L$ 的最小值)一定存在,而在 $\left(0, \frac{\pi}{2}\right)$ 内只有一个驻点 $t_0$,故它就是 $L$ 的最小值点. 于是

$$\min_{t \in \left(0, \frac{\pi}{2}\right)} L(t) = L(t_0) \approx 7.02.$$

所以,能通过的原木的最大长度约 7.02 m.

• 习题 3-4

1. 求下列函数的最值:

(1) $f(x) = x^2 - \dfrac{54}{x}$,$x \in (-\infty, 0)$;    (2) $f(x) = x + \sqrt{1-x}$,$x \in [-5, 1]$;

(3) $y = x^4 - 8x^2 + 2$,$-1 \leqslant x \leqslant 3$.

2. 求数列 $\left\{\dfrac{\sqrt{n}}{n + 1\,000}\right\}$ 中最大的项.

3. 设 $a$ 为非零常数,$b$ 为正常数,求函数 $y = ax^2 + bx$ 在以 0 和 $\dfrac{b}{a}$ 为端点的闭区间上的最值.

4. 已知 $a > 0$,证明:函数 $f(x) = \dfrac{1}{1 + |x|} + \dfrac{1}{1 + |x - a|}$ 的最大值为 $\dfrac{2 + a}{1 + a}$.

5. 在半径为 $r$ 的球中内接一正圆柱体,为使其体积为最大,求此圆柱体的高.

6. 某铁路隧道的截面拟建成矩形加半圆形的形状,如图 3-9 所示. 设截面积为 $a$ m²,问:底宽 $x$ 为多少时,才能使所用建造材料最省?

图 3-9

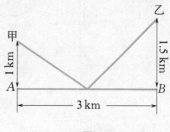

图 3-10

7. 甲、乙两用户共用一台变压器,如图 3-10 所示. 问变压器设在输电干线 $AB$ 的何处时,所需电线最短?

8. 在边长为 $a$ 的一块正方形铁皮的四个角上各截出一个小正方形,将四边上折焊成一个无盖方盒. 问截去的小正方形边长为多大时,方盒的容积最大?

习题答案

## 第五节 曲线的凹凸性、拐点

前面讨论了函数的单调性,但单调性相同的函数还会存在显著的差异.例如,函数 $y=\sqrt{x}$ 与 $y=x^2$ 在 $[0,+\infty)$ 内都是单调增加的,但是它们单调增加的方式并不相同.从图形上看,它们的曲线的弯曲方向不一样,如图 3-11 所示.下面介绍描述曲线的弯曲性态的概念,即曲线的凹凸性,并研究其判定方法.

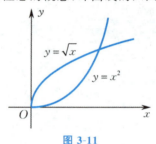

图 3-11

从几何上看到,在有的曲线弧上,如果任取两点,则连接这两点间的弦总位于这两点间的弧段的上方,如图 3-12 所示;而有的曲线弧则正好相反,如图 3-13 所示.曲线的这种性质就是曲线的凹凸性.因此,曲线的凹凸性可以用连接曲线弧上任意两点的弦的中点与曲线弧上相应点(具有相同横坐标的点)的位置关系来描述.下面给出曲线凹凸性的定义.

动画视频

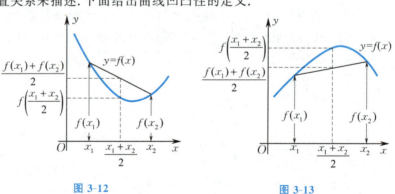

图 3-12　　　　　图 3-13

**定义 1** 设函数 $f(x)$ 在区间 $I$ 上连续.如果对于 $I$ 上任意两点 $x_1,x_2$,恒有

$$f\left(\frac{x_1+x_2}{2}\right)<\frac{f(x_1)+f(x_2)}{2},$$

那么称函数 $f(x)$ 在 $I$ 上的图形是<u>向上</u><u>凹的</u>(或<u>凹弧</u>),区间 $I$ 称为曲线 $y=f(x)$ 的<u>凹区间</u>;如果恒有

$$f\left(\frac{x_1+x_2}{2}\right) > \frac{f(x_1)+f(x_2)}{2},$$

那么称函数 $f(x)$ 在 $I$ 上的图形是(**向上**)**凸的**(或凸弧),区间 $I$ 称为曲线 $y = f(x)$ 的**凸区间**.

如果函数 $f(x)$ 在 $I$ 上具有二阶导数,那么可以利用二阶导数的符号来判定曲线的凹凸性,这就是下面的曲线凹凸性的判定定理. 这里仅就 $I$ 为闭区间的情形来叙述定理,当 $I$ 不是闭区间时,定理类同.

**定理 1**   设函数 $f(x)$ 在 $[a,b]$ 上连续,在 $(a,b)$ 内具有二阶导数.
(1) 若在 $(a,b)$ 内 $f''(x) > 0$,则函数 $f(x)$ 在 $[a,b]$ 上的图形是凹的;
(2) 若在 $(a,b)$ 内 $f''(x) < 0$,则函数 $f(x)$ 在 $[a,b]$ 上的图形是凸的.

**证**  (1) 设 $x_1$ 和 $x_2$ 为 $[a,b]$ 上任意两点,且 $x_1 < x_2$. 记 $\frac{x_1+x_2}{2} = x_0$, $x_2 - x_0 = x_0 - x_1 = h$,则 $x_1 = x_0 - h$, $x_2 = x_0 + h$. 由泰勒公式,得

$$f(x_0+h) - f(x_0) = f'(x_0)h + \frac{1}{2!}f''(\xi_1)h^2,$$

$$f(x_0-h) - f(x_0) = f'(x_0)(-h) + \frac{1}{2!}f''(\xi_2)h^2,$$

其中 $\xi_1$ 介于 $x_0$ 与 $x_2$ 之间,$\xi_2$ 介于 $x_1$ 与 $x_0$ 之间. 两式相加,即得

$$f(x_0+h) + f(x_0-h) - 2f(x_0) = \frac{1}{2!}[f''(\xi_1) + f''(\xi_2)]h^2.$$

按假设,$f''(x) > 0$,则有

$$f(x_0+h) + f(x_0-h) - 2f(x_0) > 0,$$

即

$$\frac{f(x_0+h) + f(x_0-h)}{2} > f(x_0),$$

亦即

$$\frac{f(x_1)+f(x_2)}{2} > f\left(\frac{x_1+x_2}{2}\right).$$

因此,函数 $f(x)$ 在 $[a,b]$ 上的图形是凹的.

类似地可以证明(2).

**例 1**   判定曲线 $y = \ln x$ 的凹凸性.

**解**   函数 $y = \ln x$ 的定义域为 $(0, +\infty)$. 因 $y' = \frac{1}{x}$, $y'' = -\frac{1}{x^2}$,函数 $y = \ln x$ 的二阶导数在区间 $(0, +\infty)$ 内处处为负,故曲线 $y = \ln x$ 在区间 $(0, +\infty)$ 内是凸的.

**例 2**   判定曲线 $y = x^3$ 的凹凸性.

**解**   函数 $y = x^3$ 的定义域为 $(-\infty, +\infty)$. $y' = 3x^2$, $y'' = 6x$.

当 $x<0$ 时,$y''=6x<0$,曲线 $y=x^3$ 在 $(-\infty,0]$ 内是凸的;

当 $x>0$ 时,$y''=6x>0$,曲线 $y=x^3$ 在 $[0,+\infty)$ 内是凹的.

在例 2 中,$(0,0)$ 是曲线 $y=x^3$ 由凸变凹的分界点. 一般地,连续曲线 $y=f(x)$ 上凹弧与凸弧的分界点称为 $y=f(x)$ 的**拐点**.

如何来寻找曲线 $y=f(x)$ 的拐点呢?

前面我们已经知道,由 $f''(x)$ 的符号可以判定曲线的凹凸性. 如果 $f''(x_0)=0$,而 $f''(x)$ 在点 $x_0$ 的左、右两侧邻近异号,那么 $(x_0,f(x_0))$ 就是曲线 $y=f(x)$ 的一个拐点. 因此,如果函数 $y=f(x)$ 在区间 $(a,b)$ 内具有二阶导数,就可以按下列步骤来求曲线 $y=f(x)$ 的拐点.

(1) 求 $f''(x)$.

(2) 令 $f''(x)=0$,求出该方程在区间 $(a,b)$ 内的实根.

(3) 对于(2)中求出的每一个实根 $x_0$,检查 $f''(x)$ 在点 $x_0$ 的左、右两侧邻近的符号,如果 $f''(x)$ 在点 $x_0$ 的左、右两侧邻近分别保持一定的符号,那么当两侧的符号相反时,$(x_0,f(x_0))$ 是拐点;当两侧的符号相同时,$(x_0,f(x_0))$ 不是拐点.

**例 3** 求曲线 $y=2x^3+3x^2-12x+14$ 的拐点.

**解** $y'=6x^2+6x-12, \quad y''=12x+6=12\left(x+\dfrac{1}{2}\right).$

解方程 $y''=0$,得 $x=-\dfrac{1}{2}$. 当 $x<-\dfrac{1}{2}$ 时,$y''<0$;当 $x>-\dfrac{1}{2}$ 时,$y''>0$. 又 $f\left(-\dfrac{1}{2}\right)=\dfrac{41}{2}$,因此 $\left(-\dfrac{1}{2},\dfrac{41}{2}\right)$ 是曲线的拐点.

**例 4** 求曲线 $y=3x^4-4x^3+1$ 的拐点及凹凸区间.

**解** 函数 $y=3x^4-4x^3+1$ 的定义域为 $(-\infty,+\infty)$.

$$y'=12x^3-12x^2, \quad y''=36x^2-24x=36x\left(x-\dfrac{2}{3}\right).$$

解方程 $y''=0$,得 $x_1=0, x_2=\dfrac{2}{3}$.

$x_1=0$ 及 $x_2=\dfrac{2}{3}$ 把函数的定义域 $(-\infty,+\infty)$ 分成三个部分区间:

$$(-\infty,0), \quad \left(0,\dfrac{2}{3}\right), \quad \left(\dfrac{2}{3},+\infty\right).$$

在$(-\infty,0)$内,$y''>0$,则曲线在区间$(-\infty,0]$内是凹的;在$\left(0,\dfrac{2}{3}\right)$内,$y''<0$,则曲线在区间$\left[0,\dfrac{2}{3}\right]$上是凸的;在$\left(\dfrac{2}{3},+\infty\right)$内,$y''>0$,则曲线在区间$\left[\dfrac{2}{3},+\infty\right)$内是凹的.

$x=0$时,$y=1$,$(0,1)$是曲线的一个拐点;$x=\dfrac{2}{3}$时,$y=\dfrac{11}{27}$,$\left(\dfrac{2}{3},\dfrac{11}{27}\right)$也是曲线的一个拐点.

**例 5** 求曲线 $y=\sqrt[3]{x}$ 的拐点.

**解** 显然,函数 $y=\sqrt[3]{x}$ 在$(-\infty,+\infty)$内连续,当 $x\neq 0$ 时,
$$y'=\dfrac{1}{3\sqrt[3]{x^2}},\quad y''=-\dfrac{2}{9x\sqrt[3]{x^2}}.$$

当 $x=0$ 时,$y'$,$y''$ 都不存在.故二阶导数在$(-\infty,+\infty)$内不连续,且不具有零点.但 $x=0$ 是 $y''$ 不存在的点,它把$(-\infty,+\infty)$分成两个部分区间:$(-\infty,0)$,$(0,+\infty)$.

在$(-\infty,0)$内,$y''>0$,则曲线在$(-\infty,0]$内是凹的;
在$(0,+\infty)$内,$y''<0$,则曲线在$[0,+\infty)$内是凸的.

又 $x=0$ 时,$y=0$,故$(0,0)$是曲线的一个拐点,如图 3-14 所示.

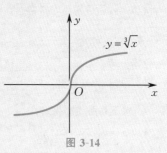

图 3-14

由前面的讨论和例 5 可知:若函数 $y=f(x)$ 在点 $x_0$ 处的二阶导数等于 0 或不存在,则$(x_0,f(x_0))$都可能是曲线 $y=f(x)$ 的拐点,称为**拐点嫌疑点**.

**例 6** 设 $x>0,y>0,0<a<b$,证明:$\left(\dfrac{x^a+y^a}{2}\right)^{\frac{1}{a}}<\left(\dfrac{x^b+y^b}{2}\right)^{\frac{1}{b}}$.

**证** 令函数 $f(t)=t^{\frac{b}{a}}$,$t>0$,则
$$f'(t)=\dfrac{b}{a}t^{\frac{b}{a}-1},\quad f''(t)=\dfrac{b}{a}\left(\dfrac{b}{a}-1\right)t^{\frac{b}{a}-2}.$$

显然,$f''(t)>0$,故曲线 $f(t)$ 是凹的.因此,有
$$f\left(\dfrac{x^a+y^a}{2}\right)<\dfrac{f(x^a)+f(y^a)}{2},$$
即
$$\left(\dfrac{x^a+y^a}{2}\right)^{\frac{b}{a}}<\dfrac{x^b+y^b}{2},$$
亦即
$$\left(\dfrac{x^a+y^a}{2}\right)^{\frac{1}{a}}<\left(\dfrac{x^b+y^b}{2}\right)^{\frac{1}{b}}.$$

• 习题 3-5

1. 判定下列曲线的凹凸性：

(1) $y = 4x - x^2$；

(2) $y = \text{sh}\,x$；

(3) $y = x + \dfrac{1}{x}$ $(x > 0)$；

(4) $y = x\arctan x$.

2. 求下列曲线的拐点及凹凸区间：

(1) $y = x^3 - 5x^2 + 3x + 5$；

(2) $y = x\mathrm{e}^{-x}$；

(3) $y = (x+1)^4 + \mathrm{e}^x$；

(4) $y = \ln(x^2 + 1)$；

(5) $y = \mathrm{e}^{\arctan x}$；

(6) $y = x^4(12\ln x - 7)$.

3. 利用曲线的凹凸性证明下列不等式：

(1) $\dfrac{1}{2}(x^n + y^n) > \left(\dfrac{x+y}{2}\right)^n$ $(x > 0, y > 0, x \neq y, n > 1)$；

(2) $\dfrac{\mathrm{e}^x + \mathrm{e}^y}{2} > \mathrm{e}^{\frac{x+y}{2}}$ $(x \neq y)$；

(3) $x\ln x + y\ln y > (x+y)\ln\dfrac{x+y}{2}$ $(x > 0, y > 0, x \neq y)$.

4. 求下列曲线的拐点：

(1) $x = t^2, y = 3t + t^3$；

(2) $x = 2a\cot\theta, y = 2a\sin^2\theta$.

5. 证明：曲线 $y = \dfrac{x-1}{x^2+1}$ 有 3 个拐点位于同一直线上.

6. 问常数 $a, b$ 为何值时，$(1,3)$ 为曲线 $y = ax^3 + bx^2$ 的拐点？

习题答案

# 第六节 曲线的渐近线、函数图形的描绘

前面讨论了函数的单调性与极值、曲线的凹凸性与拐点等，函数的这些性态，非常有助于我们比较准确地描绘出函数的几何图形．

为了更准确地描绘出函数的几何图形，下面我们再介绍渐近线的概念与求法．

## 一、渐近线

曲线 $C$ 上的动点 $M$ 沿曲线离原点无限远移时，若它与直线 $l$ 的距离能趋于 0，则称直线 $l$ 为曲线 $C$ 的一条**渐近（直）线**，如图 3-15 所示．

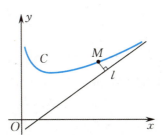

图 3-15

渐近线反映了曲线无限延伸时的走向和趋势. 确定曲线 $y=f(x)$ 的渐近线的方法如下:

(1) 若 $\lim\limits_{x\to x_0}f(x)=\infty$, 则曲线 $y=f(x)$ 有一条垂直渐近线 $x=x_0$;

(2) 若 $\lim\limits_{x\to\infty}f(x)=A$, 则曲线 $y=f(x)$ 有一条水平渐近线 $y=A$;

(3) 若 $\lim\limits_{x\to\infty}\dfrac{f(x)}{x}=a\neq 0$, 且 $\lim\limits_{x\to\infty}[f(x)-ax]=b$, 则曲线 $y=f(x)$ 有一条斜渐近线 $y=ax+b$.

上面 (1)~(3) 中的极限过程可改成相应的单侧极限过程. 例如, $x\to x_0$ 可改成 $x\to x_0^+$ 或 $x\to x_0^-$, $x\to\infty$ 可改成 $x\to+\infty$ 或 $x\to-\infty$, 但 (3) 中的前后两个极限过程必须一致.

**例 1** 曲线 $y=\ln x$, 因为 $\lim\limits_{x\to 0^+}\ln x=-\infty$, 所以它有垂直渐近线 $x=0$, 如图 3-16(a) 所示.

曲线 $y=\dfrac{1}{x}$, 因为 $\lim\limits_{x\to\infty}\dfrac{1}{x}=0$, 所以它有水平渐近线 $y=0$, 如图 3-16(b) 所示.

双曲线 $\dfrac{x^2}{a^2}-\dfrac{y^2}{b^2}=1$, 有 $y=\dfrac{b}{a}\sqrt{x^2-a^2}$, $y=-\dfrac{b}{a}\sqrt{x^2-a^2}$, 而

$$\lim_{x\to\infty}\left(\pm\dfrac{b}{a}\cdot\dfrac{\sqrt{x^2-a^2}}{x}\right)=\pm\dfrac{b}{a},$$

$$\lim_{x\to\infty}\left(\pm\dfrac{b}{a}\sqrt{x^2-a^2}\mp\dfrac{b}{a}x\right)=\lim_{x\to\infty}\left[\pm\dfrac{b}{a}(\sqrt{x^2-a^2}-x)\right]=0,$$

所以该双曲线有一对斜渐近线 $y=\pm\dfrac{b}{a}x$, 如图 3-16(c) 所示.

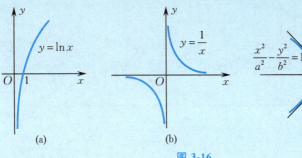

图 3-16

## 二、函数图形的描绘

描绘函数 $y=f(x)$ 的图形可按下列步骤进行：

(1) 确定 $y=f(x)$ 的定义域,并讨论其奇偶性、周期性、连续性等；

(2) 求出 $f'(x)$ 和 $f''(x)$ 的全部零点及不存在的点,并将它们作为分点划分定义域为若干个部分区间；

(3) 判断各个部分区间内 $f'(x)$ 和 $f''(x)$ 的符号,从而确定 $f(x)$ 的单调区间、极值点和凹凸区间及拐点,并使用记号( ╭凹、单调增加, ╮凹、单调减少, ╭凸、单调增加, ╮凸、单调减少) 列表；

(4) 确定 $f(x)$ 的渐近线及其他变化趋势；

(5) 必要时,补充一些适当的点,如 $y=f(x)$ 与坐标轴的交点等；

(6) 结合上面讨论,连点描出图形.

**例 2** 描绘函数 $f(x)=2x\mathrm{e}^{-x}$ 的图形.

**解** (1) 定义域为 $(-\infty,+\infty)$,且 $f(x)\in C(-\infty,+\infty)$.

(2) $\quad f'(x)=2\mathrm{e}^{-x}(1-x), \quad f''(x)=2\mathrm{e}^{-x}(x-2),$

令 $f'(x)=0$,得 $x=1$;令 $f''(x)=0$,得 $x=2$.把定义域分为三个部分区间：
$$(-\infty,1), \quad (1,2), \quad (2,+\infty).$$

(3) 列表 3-1 讨论.

表 3-1

| $x$ | $(-\infty,1)$ | 1 | $(1,2)$ | 2 | $(2,+\infty)$ |
| --- | --- | --- | --- | --- | --- |
| $f'(x)$ | + | 0 | − | − | − |
| $f''(x)$ | − | − | − | 0 | + |
| $f(x)$ | ╭ | 极大值 $2/\mathrm{e}$ | ╮ | 拐点 $(2,4/\mathrm{e}^2)$ | ╮ |

(4) $\lim\limits_{x\to +\infty}f(x)=0$,故曲线 $y=f(x)$ 有水平渐近线 $y=0$,
$$\lim\limits_{x\to -\infty}f(x)=-\infty.$$

(5) 补充点 $(0,0)$,并连点绘图,得到函数的图形如图 3-17 所示.

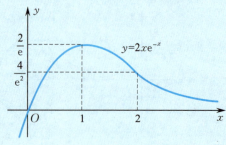

图 3-17

**例3** 描绘函数 $f(x)=\dfrac{x}{3-x^2}$ 的图形.

**解** (1) 定义域为 $(-\infty,-\sqrt{3})\cup(-\sqrt{3},\sqrt{3})\cup(\sqrt{3},+\infty)$,$x=\pm\sqrt{3}$ 为间断点,$f(x)$ 为奇函数,故图形关于原点对称.

(2) $f'(x)=\dfrac{x^2+3}{(3-x^2)^2}>0$,故 $f(x)$ 在定义域内无驻点.

$f''(x)=\dfrac{2x(x^2+9)}{(3-x^2)^3}$,令 $f''(x)=0$,得 $x=0$,此时 $f(0)=0$,所以 $(0,0)$ 为拐点嫌疑点.

(3) 列表 3-2 讨论.

表 3-2

| $x$ | 0 | $(0,\sqrt{3})$ | $\sqrt{3}$ | $(\sqrt{3},+\infty)$ |
|---|---|---|---|---|
| $f'(x)$ | + | + | 不存在 | + |
| $f''(x)$ | 0 | + | 不存在 | − |
| $f(x)$ | 拐点 $(0,0)$ | ↗ | 间断点 | ↱ |

(4) $\lim\limits_{x\to\sqrt{3}}f(x)=\infty$,$\lim\limits_{x\to-\sqrt{3}}f(x)=\infty$,故有垂直渐近线 $x=\pm\sqrt{3}$.$\lim\limits_{x\to\infty}f(x)=0$,故有水平渐近线 $y=0$.

(5) 取辅助点 $M_1\left(1,\dfrac{1}{2}\right)$,$M_2(2,-2)$,$M_3\left(3,-\dfrac{1}{2}\right)$,描绘出函数在 $[0,+\infty)$ 内的图形,再利用对称性便得 $(-\infty,0)$ 内的图形,如图 3-18 所示.

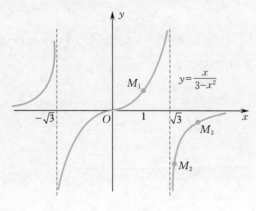

图 3-18

**例4** 描绘函数 $f(x) = x^{\frac{2}{3}}(6-x)^{\frac{1}{3}}$ 的图形.

**解** (1) 定义域为 $(-\infty, +\infty)$,且 $f(x) \in C(-\infty, +\infty)$.

(2) 由 $f'(x) = \dfrac{4-x}{x^{\frac{1}{3}}(6-x)^{\frac{2}{3}}}$,得驻点 $x=4$ 及 $f'(x)$ 不存在的点 $x=0, x=6$.

$f''(x) = -\dfrac{8}{x^{\frac{4}{3}}(6-x)^{\frac{5}{3}}}$,无零点,$f''(x)$ 不存在的点为 $x=0, x=6$.

(3) 列表 3-3 讨论.

表 3-3

| $x$ | $(-\infty, 0)$ | 0 | $(0,4)$ | 4 | $(4,6)$ | 6 | $(6,+\infty)$ |
|---|---|---|---|---|---|---|---|
| $f'(x)$ | − | 不存在 | + | 0 | − | 不存在 | − |
| $f''(x)$ | − | 不存在 | − | − | − | 不存在 | + |
| $f(x)$ | ↘ | 极小值 0 | ↗ | 极大值 $2\sqrt[3]{4}$ | ↘ | 拐点 $(6,0)$ | ↘ |

(4) $\lim\limits_{x \to \infty} \dfrac{f(x)}{x} = \lim\limits_{x \to \infty} \left(\dfrac{6}{x} - 1\right)^{\frac{1}{3}} = -1$,

$\lim\limits_{x \to \infty}[f(x) + x] = \lim\limits_{x \to \infty}[x^{\frac{2}{3}}(6-x)^{\frac{1}{3}} + x] = \lim\limits_{x \to \infty} x\left[\left(\dfrac{6}{x}-1\right)^{\frac{1}{3}} + 1\right]$

$= \lim\limits_{u \to 0} \dfrac{-[(1-6u)^{\frac{1}{3}} - 1]}{u} = \lim\limits_{u \to 0} \dfrac{2u}{u} = 2$,

故 $f(x)$ 有斜渐近线

$$y = -x + 2.$$

此外,当 $x \to 0$ 时,$f'(x) \to \infty$;当 $x \to 6$ 时,$f'(x) \to \infty$,即这时 $f(x)$ 有垂直切线.

(5) 描绘图形,如图 3-19 所示.

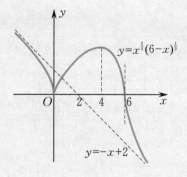

图 3-19

• 习题 3 – 6

1. 选择题：

(1) 曲线 $y = \dfrac{4x-1}{(x-2)^2}$ (　　).

A. 只有水平渐近线　　　　　　　B. 只有垂直渐近线
C. 没有渐近线　　　　　　　　　D. 有水平渐近线,也有垂直渐近线

(2) 曲线 $y = 2\ln\dfrac{x+3}{x} - 3$ 的水平渐近线方程为(　　).

A. $y = 2$　　　　B. $y = 1$　　　　C. $y = -3$　　　　D. $y = 0$

(3) 曲线 $y = -e^{2(x+1)}$ (　　).

A. 只有水平渐近线　　　　　　　B. 只有垂直渐近线
C. 没有水平渐近线和垂直渐近线　D. 有水平渐近线,也有垂直渐近线

(4) 曲线 $y = \dfrac{2x-1}{(x-1)^2}$ 有(　　).

A. 水平渐近线 $y = 1$　　　　　　B. 水平渐近线 $y = \dfrac{1}{2}$

C. 垂直渐近线 $x = 1$　　　　　　D. 垂直渐近线 $x = \dfrac{1}{2}$

2. 求下列曲线的渐近线：

(1) $y = \dfrac{e^x}{1+x}$;　　　　　　(2) $y = \dfrac{x^2}{(x+1)(x-3)}$;

(3) $y = \ln(2+x)$.

3. 描绘下列函数的图形：

(1) $f(x) = \dfrac{x}{1+x^2}$;　　　　(2) $f(x) = x - 2\arctan x$;

(3) $f(x) = \dfrac{x^2}{1+x}$;　　　　(4) $y = e^{-(x-1)^2}$.

习题答案

## 其他方面的应用举例

### 一、相关变化率

在微分学的实际应用中,常会遇到相互关联的两个变化率,通常称为**相关变化率**. 我们总是通过建立它们之间的关系式,从其中一个已知的变化率求出另一个变化率.

**例1** 在汽缸内,当理想气体的体积为 $100\,\text{cm}^3$ 时,压强为 $50\,\text{kPa}$. 如果温度不变,压强以 $0.5\,\text{kPa}\cdot\text{h}^{-1}$ 的速率减小,求体积增加的速率.

**解** 在温度不变的条件下,理想气体的压强 $p$ 与体积 $V$ 之间的关系为
$$pV = k \quad (k\ \text{为常数}).$$
由题意可知,$p,V$ 都是时间 $t$ 的函数,上式两边对 $t$ 求导,得
$$p\frac{\mathrm{d}V}{\mathrm{d}t} + V\frac{\mathrm{d}p}{\mathrm{d}t} = 0.$$
代入 $V = 100\,\text{cm}^3, p = 50\,\text{kPa}, \dfrac{\mathrm{d}p}{\mathrm{d}t} = -0.5\,\text{kPa}\cdot\text{h}^{-1}$,得
$$\frac{\mathrm{d}V}{\mathrm{d}t} = -\frac{V}{p}\cdot\frac{\mathrm{d}p}{\mathrm{d}t} = -\frac{100}{50}\times(-0.5)\,\text{cm}^3\cdot\text{h}^{-1} = 1\,\text{cm}^3\cdot\text{h}^{-1}.$$
因此,体积增加的速率为 $1\,\text{cm}^3\cdot\text{h}^{-1}$.

**例2** 设一个气球充气时,体积以 $12\,\text{cm}^3\cdot\text{s}^{-1}$ 的速率增大,形状始终保持球形不变. 求半径为 $10\,\text{cm}$ 时表面积增加的速率.

**解** 设 $r$ 为半径,$A$ 为表面积,$V$ 为体积,则
$$V = \frac{4}{3}\pi r^3, \quad A = 4\pi r^2.$$
显然,$r,A,V$ 都是时间 $t$ 的函数,则
$$\frac{\mathrm{d}V}{\mathrm{d}t} = 4\pi r^2\,\frac{\mathrm{d}r}{\mathrm{d}t} = A\,\frac{\mathrm{d}r}{\mathrm{d}t}.$$
由 $V = \dfrac{1}{3}rA$,有
$$\frac{\mathrm{d}V}{\mathrm{d}t} = \frac{1}{3}A\,\frac{\mathrm{d}r}{\mathrm{d}t} + \frac{1}{3}r\,\frac{\mathrm{d}A}{\mathrm{d}t} = \frac{1}{3}\frac{\mathrm{d}V}{\mathrm{d}t} + \frac{1}{3}r\,\frac{\mathrm{d}A}{\mathrm{d}t},$$
即
$$\frac{\mathrm{d}A}{\mathrm{d}t} = \frac{2}{r}\cdot\frac{\mathrm{d}V}{\mathrm{d}t}.$$
代入 $\dfrac{\mathrm{d}V}{\mathrm{d}t} = 12\,\text{cm}^3\cdot\text{s}^{-1}, r = 10\,\text{cm}$,得 $\dfrac{\mathrm{d}A}{\mathrm{d}t} = 2.4\,\text{cm}^2\cdot\text{s}^{-1}$. 因此,表面积增加的速率为 $2.4\,\text{cm}^2\cdot\text{s}^{-1}$.

**例3** 液体从深为 $18\,\text{cm}$、顶直径为 $12\,\text{cm}$ 的正圆锥形漏斗中漏入直径为 $10\,\text{cm}$ 的圆柱形桶中,开始时漏斗中盛满液体. 已知漏斗中液面深为 $12\,\text{cm}$ 时,液面下落速率为 $1\,\text{cm}\cdot\text{min}^{-1}$,求此时桶中液面上升的速率.

**解** 设漏斗中液面深为 $H$ 时,桶中液面深为 $h$,漏斗液面圆半径为 $R$,如图 3-20 所示,则

$$R = \frac{1}{3}H,$$

且有

$$\frac{1}{3}\pi \cdot 6^2 \cdot 18 - \frac{1}{3}\pi R^2 H = \pi \cdot 5^2 \cdot h.$$

整理得

$$6^3 - \frac{1}{27}H^3 = 25h.$$

上式两边对 $t$ 求导,得

$$-\frac{1}{9}H^2 \frac{\mathrm{d}H}{\mathrm{d}t} = 25 \frac{\mathrm{d}h}{\mathrm{d}t},$$

化简得

$$\frac{\mathrm{d}h}{\mathrm{d}t} = -\frac{H^2}{225} \cdot \frac{\mathrm{d}H}{\mathrm{d}t}.$$

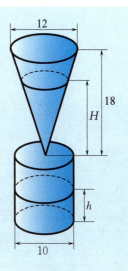

图 3-20

代入 $H = 12\,\mathrm{cm}$,$\frac{\mathrm{d}H}{\mathrm{d}t} = -1\,\mathrm{cm \cdot min^{-1}}$,得 $\frac{\mathrm{d}h}{\mathrm{d}t} = 0.64\,\mathrm{cm \cdot min^{-1}}$. 因此,此时桶中液面上升的速率为 $0.64\,\mathrm{cm \cdot min^{-1}}$.

## 二、曲率、曲率半径

### 1. 弧微分

作为曲率的预备知识,这里先介绍弧微分的概念. 我们直观想象曲线的一段弧为一根柔软而无弹性的细线,拉直后的长度便是其弧长.

设 $y = f(x)$ 为 $[a, b]$ 上的连续函数,约定:当 $x$ 增大时,曲线 $y = f(x)$ 上的动点 $M(x, y)$ 沿曲线移动的方向为该曲线的正向.

在曲线 $y = f(x)$ 上取一定点 $M_0$ 为起点,对曲线上的一点 $M$,记弧 $\overparen{M_0 M}$ 的长度为 $\|\overparen{M_0 M}\|$. 规定有向弧 $\overparen{M_0 M}$ 的数值 $s$(简称弧 $s$)为:当 $\overparen{M_0 M}$ 的方向与曲线的正向一致时,$s = \|\overparen{M_0 M}\|$;当 $\overparen{M_0 M}$ 的方向与曲线的正向相反时,$s = -\|\overparen{M_0 M}\|$. 显然,$s$ 是 $x$ 的函数,设为 $s = s(x)$,且是单调增加函数. 下面来求 $s(x)$ 的导数和微分.

如图 3-21 所示,记曲线 $y = f(x)$ 上与点 $M(x, y)$ 邻近的点为 $M'(x + \Delta x, y + \Delta y)$,对应于 $x$ 的增量 $\Delta x$,弧 $s$ 的增量记为 $\Delta s$,则有 $\Delta s = \pm \|\overparen{MM'}\|$($\Delta x > 0$ 时取"+"号,$\Delta x < 0$ 时取"-"号).

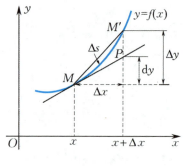

图 3-21

若记弦 $\overline{MM'}$ 的长度为 $\|\overline{MM'}\|$,则

$$\left(\frac{\Delta s}{\Delta x}\right)^2 = \left(\frac{\pm\|\overparen{MM'}\|}{\Delta x}\right)^2 = \left(\frac{\|\overparen{MM'}\|}{\|\overline{MM'}\|}\right)^2 \cdot \frac{\|\overline{MM'}\|^2}{(\Delta x)^2}$$

$$= \left(\frac{\|\overparen{MM'}\|}{\|\overline{MM'}\|}\right)^2 \cdot \frac{(\Delta x)^2 + (\Delta y)^2}{(\Delta x)^2}$$

$$= \left(\frac{\|\overparen{MM'}\|}{\|\overline{MM'}\|}\right)^2 \left[1 + \left(\frac{\Delta y}{\Delta x}\right)^2\right].$$

当 $\Delta x \to 0$ 时,有 $M' \to M$,这时可以证明:

$$\lim_{M' \to M} \frac{\|\overparen{MM'}\|}{\|\overline{MM'}\|} = 1.$$

又

$$\lim_{\Delta x \to 0} \frac{\Delta y}{\Delta x} = \frac{\mathrm{d}y}{\mathrm{d}x},$$

所以

$$\left(\frac{\mathrm{d}s}{\mathrm{d}x}\right)^2 = \lim_{\Delta x \to 0}\left(\frac{\Delta s}{\Delta x}\right)^2 = 1 + \left(\frac{\mathrm{d}y}{\mathrm{d}x}\right)^2$$

或

$$(\mathrm{d}s)^2 = (\mathrm{d}x)^2 + (\mathrm{d}y)^2.$$

由于 $s(x)$ 单调增加,因此 $\dfrac{\mathrm{d}s}{\mathrm{d}x} > 0$,从而

$$\mathrm{d}s = \sqrt{1 + (y')^2}\,\mathrm{d}x,$$

或写成

$$\mathrm{d}s = \sqrt{(\mathrm{d}x)^2 + (\mathrm{d}y)^2}.$$

这就是**弧微分**.显然,弧微分的**几何意义**是:$|\mathrm{d}s|$ 等于 $[x, x+\Delta x]$ 上所对应的切线段长 $\|\overline{MP}\|$,如图 3-21 所示.

若曲线方程为

$$\begin{cases} x = \varphi(t), \\ y = \psi(t), \end{cases} \tag{3-7-1}$$

则
$$ds = \sqrt{[\varphi'(t)]^2 + [\psi'(t)]^2}\,dt.$$

**2. 曲率**

如果一条曲线上每一点都有切线,且切线随切点的移动而连续转动,则该曲线称为<u>光滑曲线</u>. 设 $M, M'$ 是光滑曲线 $L$ 上的两点,当曲线 $L$ 上的动点从点 $M$ 移动到点 $M'$ 时,切线转过的角度为 $\Delta \alpha$(称为<u>转角</u>),而所对应的弧增量 $\Delta s = \|\widehat{MM'}\|$,如图 3-22 所示.

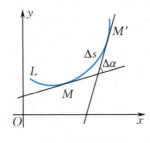

**图 3-22**

不难看出,曲线的弯曲程度与两个因素有关,一是与切线的转角有关,转角越大,弯曲得越厉害;二是与弧长有关,转角相同时,弧长越短,弯曲得越厉害,即曲线的弯曲程度与转角成正比,与弧长成反比. 于是,我们用 $|\Delta \alpha|$ 与 $|\Delta s|$ 的比值来表示弧段 $\widehat{MM'}$ 的弯曲程度. 我们将单位弧段上切线转角的大小称为 $\widehat{MM'}$ 的<u>平均曲率</u>,记作 $\overline{k}$,则

$$\overline{k} = \left|\frac{\Delta \alpha}{\Delta s}\right|.$$

将上述平均曲率当 $\Delta s \to 0 (M' \to M)$ 时的极限,即

$$k = \lim_{\Delta s \to 0} \left|\frac{\Delta \alpha}{\Delta s}\right| = \left|\frac{d\alpha}{ds}\right| \tag{3-7-2}$$

称为曲线 $L$ 在<u>点 $M$ 处的曲率</u>.

对于直线,倾角 $\alpha$ 始终不变,故 $\Delta \alpha = 0$,从而 $k = 0$,即直线不弯曲.

对于圆,设半径为 $R$. 由图 3-23 知,任意两点 $M, M'$ 处圆的切线所夹的角 $\Delta \alpha$ 等于中心角 $\angle MDM'$,而 $\angle MDM' = \dfrac{\Delta s}{R}$,于是 $\dfrac{\Delta \alpha}{\Delta s} = \dfrac{\Delta s / R}{\Delta s} = \dfrac{1}{R}$. 故

$$k = \lim_{\Delta s \to 0} \left|\frac{\Delta \alpha}{\Delta s}\right| = \frac{1}{R},$$

即圆上任意两点处的曲率都相等,且等于其半径的倒数. 也就是说,圆的半径越小,曲率越大;反之,半径越大,曲率越小. 若半径无限增大,则曲率就无限趋于 0. 从这个意义上看,直线是半径为无穷大的圆.

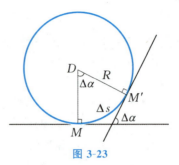

图 3-23

下面给出曲率的计算公式. 设曲线方程为 $y=f(x)$, 且 $f(x)$ 具有二阶导数. 记曲线在点 $(x,f(x))$ 处切线的倾角为 $\alpha$, 则 $y'=\tan\alpha$, 从而

$$y''=\sec^2\alpha\,\frac{\mathrm{d}\alpha}{\mathrm{d}x},$$

即

$$\frac{\mathrm{d}\alpha}{\mathrm{d}x}=\frac{y''}{1+\tan^2\alpha}=\frac{y''}{1+(y')^2}.$$

故 $\mathrm{d}\alpha=\dfrac{y''}{1+(y')^2}\mathrm{d}x$. 又 $\mathrm{d}s=\sqrt{1+(y')^2}\,\mathrm{d}x$, 于是

$$k=\left|\frac{\mathrm{d}\alpha}{\mathrm{d}s}\right|=\frac{|y''|}{[1+(y')^2]^{\frac{3}{2}}}. \tag{3-7-3}$$

若曲线方程为 $\begin{cases}x=\varphi(t),\\ y=\psi(t),\end{cases}$ 则

$$k=\frac{|\varphi'(t)\psi''(t)-\psi'(t)\varphi''(t)|}{\{[\varphi'(t)]^2+[\psi'(t)]^2\}^{\frac{3}{2}}}. \tag{3-7-4}$$

在工程技术中, 有时须研究曲率问题. 例如, 钢梁在荷载作用下会弯曲变形, 在设计时就要对其曲率有一定限制. 又如, 铺设铁路铁轨时, 在拐弯处也要考虑曲率, 铁轨由直线到圆弧, 这中间必须用过渡曲线连接, 过渡曲线在其与直轨衔接的一端曲率应为 0, 而在与圆轨衔接的另一端应具有与圆弧相同的曲率, 否则曲率的突然变化, 会使高速行驶的列车产生的离心力发生突变, 从而造成列车的剧烈震动, 影响车辆、铁轨的使用寿命, 甚至有列车脱轨的危险.

**例 4** 铁路拐弯处常用立方抛物线作为过渡曲线. 试求立方抛物线 $y=\dfrac{1}{3}x^3$ 在点 $(0,0)$, $\left(1,\dfrac{1}{3}\right)$ 和 $\left(2,\dfrac{8}{3}\right)$ 处的曲率.

**解** $y'=x^2$, $y''=2x$, 由式 (3-7-3), 可得

$$k=\frac{|2x|}{[1+(x^2)^2]^{\frac{3}{2}}}=\frac{|2x|}{(1+x^4)^{\frac{3}{2}}}.$$

于是,

在点$(0,0)$处,$k_0 = 0$;

在点$\left(1, \dfrac{1}{3}\right)$处,$k_1 = \dfrac{\sqrt{2}}{2} \approx 0.707$;

在点$\left(2, \dfrac{8}{3}\right)$处,$k_2 = \dfrac{4}{17\sqrt{17}} \approx 0.057$.

**例 5** 椭圆 $x = a\cos\theta, y = b\sin\theta (a > b > 0)$ 上哪一点处的曲率最大?哪一点处的曲率最小?

**解**
$$\frac{\mathrm{d}x}{\mathrm{d}\theta} = -a\sin\theta, \quad \frac{\mathrm{d}^2 x}{\mathrm{d}\theta^2} = -a\cos\theta,$$

$$\frac{\mathrm{d}y}{\mathrm{d}\theta} = b\cos\theta, \quad \frac{\mathrm{d}^2 y}{\mathrm{d}\theta^2} = -b\sin\theta.$$

由式(3-7-4),得

$$k = \frac{ab}{(a^2\sin^2\theta + b^2\cos^2\theta)^{\frac{3}{2}}}.$$

又

$$\frac{\mathrm{d}k}{\mathrm{d}\theta} = -\frac{3ab(a^2 - b^2)\sin\theta\cos\theta}{(a^2\sin^2\theta + b^2\cos^2\theta)^{\frac{5}{2}}},$$

令 $\dfrac{\mathrm{d}k}{\mathrm{d}\theta} = 0$,得驻点 $\theta = 0, \dfrac{\pi}{2}, \pi, \dfrac{3}{2}\pi$.

因 $a > b$,故 $\dfrac{\mathrm{d}k}{\mathrm{d}\theta}$ 在区间 $\left(0, \dfrac{\pi}{2}\right), \left(\dfrac{\pi}{2}, \pi\right), \left(\pi, \dfrac{3}{2}\pi\right), \left(\dfrac{3}{2}\pi, 2\pi\right)$ 内的符号依次为 $-, +, -, +$. 因此,易知 $\theta = 0, \pi$ 时,$k$ 取得最大值 $k_{\max} = \dfrac{a}{b^2}$;$\theta = \dfrac{\pi}{2}, \dfrac{3}{2}\pi$ 时,$k$ 取得最小值 $k_{\min} = \dfrac{b}{a^2}$.

### 3. 曲率圆与曲率半径

设光滑曲线 $C$ 上点 $M$ 处的曲率为 $k(k \neq 0)$. 在曲线 $C$ 上点 $M$ 的邻近任取两点 $M_1, M_2$,过三点 $M, M_1, M_2$ 作一个 $\odot D_1$(此记号表示以点 $D_1$ 为圆心的圆). 当点 $M_1, M_2$ 沿曲线 $C$ 趋于点 $M$ 时,$\odot D_1$ 趋于 $\odot D$,我们称 $\odot D$ 为曲线 $C$ 在点 $M$ 处的**曲率圆**. 该圆的圆心 $D$ 称为曲线 $C$ 在点 $M$ 处的**曲率中心**,该圆的半径 $R$ 称为曲线 $C$ 在点 $M$ 处的**曲率半径**,如图 3-24 所示.

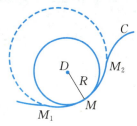

图 3-24

假设曲线方程为 $y=f(x)$,函数 $f(x)$ 具有连续的二阶导数,即 $f''(x)$ 存在且连续,下面来求曲线在点 $M(x,y)$ 处的曲率中心的坐标 $D(\xi,\eta)$ 和曲率半径 $R$.

按定义,设 $\odot D_1$ 的圆心为 $D_1(\xi_1,\eta_1)$,半径为 $R_1$,其方程为
$$(x-\xi_1)^2+(y-\eta_1)^2=R_1^2,$$
记
$$F(x)=(x-\xi_1)^2+[f(x)-\eta_1]^2-R_1^2.$$

因为点 $M, M_1(x_1,y_1), M_2(x_2,y_2)$ 都在 $\odot D_1$ 上,所以 $F(x)=0$, $F(x_1)=0, F(x_2)=0$. 不妨设 $x_1<x<x_2$,则由罗尔中值定理,$\exists x_3 \in (x_1,x), x_4 \in (x,x_2)$,使得 $F'(x_3)=0$ 和 $F'(x_4)=0$. 再由罗尔中值定理, $\exists x_5 \in (x_3,x_4)$,使得 $F''(x_5)=0$.

当点 $M_1, M_2$ 趋于点 $M$ 时,$x_3, x_4, x_5$ 均趋于 $x$,故有
$$F(x)=0,\quad F'(x)=0,\quad F''(x)=0.$$

同时,$(\xi_1,\eta_1) \to (\xi,\eta)$, $R_1 \to R$. 于是,曲率圆 $\odot D$ 的圆心 $D(\xi,\eta)$ 及半径 $R$ 满足
$$\begin{cases}(x-\xi)^2+(y-\eta)^2-R^2=0,\\ x-\xi+(y-\eta)y'=0,\\ 1+(y')^2+(y-\eta)y''=0.\end{cases}$$

解此方程组,便得
$$\begin{cases}\xi=x-\dfrac{y'}{y''}[1+(y')^2],\\ \eta=y+\dfrac{1}{y''}[1+(y')^2]\end{cases} \tag{3-7-5}$$

及
$$R=\dfrac{1}{k}. \tag{3-7-6}$$

由此不难看出,曲线 $y=f(x)$ 在点 $M$ 处的曲率圆有下列性质:
(1) 在点 $M$ 处与曲线有相同的曲率;
(2) 在点 $M$ 处与曲线相切,且在切点附近有相同的凹凸性.

由性质(2)还可知道,点 $M$ 处曲率圆的圆心位于曲线在该点的法线上.
下面来看一个应用实例.

**例 6** 某工件内表面的型线为 $y=0.4x^2$,现要用砂轮磨削内表面,问应选多大直径的砂轮?

**解** 为使磨削时不会多磨掉不应磨去的部分,砂轮半径应不超过抛物线上各点处曲率半径的最小值,如图 3-25 所示.

对于 $y=0.4x^2$,有 $y'=0.8x, y''=0.8$. 曲率半径最小,应是曲率最大,而

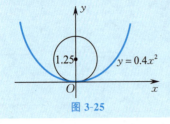

图 3-25

$$k = \frac{0.8}{[1+(0.8x)^2]^{\frac{3}{2}}}.$$

当 $x=0$ 时，$k$ 取得最大值 $0.8$，即顶点处曲率最大，因而曲率半径

$$R = \frac{1}{k} = 1.25.$$

因此，砂轮直径不得超过 $2.50$ 单位长度.

### *三、在经济学中的应用举例

**1. 边际函数**

"边际"是经济学中的关键术语，常常是指"新增"的意思. 例如，**边际效应**是指消费新增 1 单位商品时所带来的新增效应，**边际成本**是在所考虑的产量水平上再增加生产 1 单位产品所需成本，**边际收入**是指在所考虑的销量水平上再增加 1 单位产品销量所带来的收入. 在经济学中，此类边际问题还有很多. 下面以边际成本为例，引出经济学中边际函数的数学定义.

设生产数量为 $x$ 的某种产品的成本为 $C(x)$，一般而言，它是 $x$ 的单调增加函数. 产量从 $x$ 变为 $x+1$ 时，成本增加量为

$$\Delta C(x) = C(x+1) - C(x) = \frac{C(x+1) - C(x)}{x+1-x}.$$

它也是产量从 $x$ 变为 $x+1$ 时，成本的平均变化率. 由微分学中关于导数的定义知，导数即是平均变化率当自变量的增量趋于 $0$ 时的极限. 当自变量从 $x$ 变为 $x+\Delta x$ 时，只要 $\Delta x$ 改变不大，则函数在点 $x$ 处的瞬时变化率与函数在 $x$ 与 $x+\Delta x$ 上的平均变化率相差不大. 因此，经济学家将 $C(x)$ 视为可微函数，把边际成本定义为成本关于产量的瞬时变化率，即

$$\text{边际成本} = C'(x).$$

类似地，若销售 $x$ 单位产品产生的收入为 $R(x)$，则

$$\text{边际收入} = R'(x).$$

设利润函数用 $L(x)$ 表示，则有

$$L(x) = R(x) - C(x).$$

因此，边际利润为

$$L'(x) = R'(x) - C'(x).$$

令 $L'(x) = 0$，得 $R'(x) = C'(x)$. 如果 $L(x)$ 有极值，则在 $R'(x) = C'(x)$ 时取得. 因此，当边际成本等于边际收入时，利润取得极大（或极小）值.

一般地，经济学上称函数的导数为其**边际函数**.

**2. 价格弹性**

首先来讨论需求的价格弹性. 人们对于某些商品的需求量，与该商品的价格有关. 当商品的价格下降时，需求量将增大；当商品的价格上升时，需求量将

减少. 为了衡量某种商品的价格发生变动时,该商品的需求量变动的大小,经济学家把需求量变动的百分比除以价格变动的百分比定义为 需求的价格弹性,简称 价格弹性.

设商品的需求量 $Q$ 为价格 $p$ 的函数,即 $Q=f(p)$,则价格弹性为

$$\frac{\Delta Q}{Q} \bigg/ \frac{\Delta p}{p} = \frac{p}{Q} \cdot \frac{\Delta Q}{\Delta p}.$$

若 $Q$ 是 $p$ 的可微函数,则当 $\Delta p \to 0$ 时,有

$$\lim_{\Delta p \to 0}\left(\frac{\Delta Q}{Q} \bigg/ \frac{\Delta p}{p}\right) = \frac{p}{Q} \lim_{\Delta p \to 0} \frac{\Delta Q}{\Delta p} = \frac{p}{Q} \cdot \frac{\mathrm{d}Q}{\mathrm{d}p}.$$

故商品的价格弹性为 $\frac{p}{Q} \cdot \frac{\mathrm{d}Q}{\mathrm{d}p}$,记作 $\frac{EQ}{Ep}$,其含义为价格变动1%时所引起的需求量变动百分比.

**例7** 设某地区城市人口对服装的需求函数为

$$Q = ap^{-0.54},$$

其中 $a > 0$ 为常数,$p$ 为价格,则服装需求的价格弹性为

$$\frac{EQ}{Ep} = \frac{p}{Q} \cdot \frac{\mathrm{d}Q}{\mathrm{d}p} = \frac{p}{Q} \cdot ap^{-0.54-1} \cdot (-0.54) = -0.54.$$

这说明若服装价格提高(或降低)1%,则对服装的需求减少(或提高)0.54%.

需求的价格弹性为负值时,需求量的变化与价格的变化是反向的. 为了方便,记 $E = \left|\frac{EQ}{Ep}\right|$,称 $E > 1$ 的需求为 弹性需求,表示该需求对价格变动比较敏感;称 $E < 1$ 的需求为 非弹性需求,表示该需求对价格变动不太敏感. 一般地说,生活必需品需求的价格弹性较小,而奢侈品需求的价格弹性较大.

**例8** 求下列函数的弹性:

(1) $y = ax^b$;  (2) $y = ax^2 + bx + c$.

**解** (1) $\frac{Ey}{Ex} = \frac{x}{ax^b} \cdot abx^{b-1} = b.$

(2) $\frac{Ey}{Ex} = \frac{x}{ax^2+bx+c}(2ax+b) = \frac{2ax^2+bx}{ax^2+bx+c}.$

### 3. 增长率

在许多宏观经济问题的研究中,所考察的对象一般是随时间的推移而不

断变化的,如国民收入、人口、对外贸易额、投资总额等.我们希望了解这些量在单位时间内相对于过去的变化率,如国民收入增长率、人口增长率、投资增长率等.

设某经济变量 $y$ 是时间 $t$ 的函数 $y=f(t)$,单位时间内 $f(t)$ 的增长量占基数 $f(t)$ 的百分比

$$\frac{f(t+\Delta t)-f(t)}{\Delta t} \Big/ f(t)$$

称为 $f(t)$ 从 $t$ 到 $t+\Delta t$ 的**平均增长率**.

若将 $f(t)$ 视为 $t$ 的可微函数,则有

$$\lim_{\Delta t \to 0}\left[\frac{1}{f(t)} \cdot \frac{f(t+\Delta t)-f(t)}{\Delta t}\right]=\frac{1}{f(t)}\lim_{\Delta t \to 0}\frac{f(t+\Delta t)-f(t)}{\Delta t}=\frac{f'(t)}{f(t)}.$$

我们称 $\dfrac{f'(t)}{f(t)}$ 为 $f(t)$ 在时刻 $t$ 的**瞬时增长率**,简称**增长率**,记作 $\gamma_f$.

由导数的运算法则知,函数的增长率有两条重要的**运算法则**:

(1) 积的增长率等于各因子增长率的和;

(2) 商的增长率等于分子与分母的增长率之差.

事实上,设 $y=uv$,其中 $y=y(t), u=u(t), v=v(t)$,则由

$$\frac{\mathrm{d}y}{\mathrm{d}t}=u\frac{\mathrm{d}v}{\mathrm{d}t}+v\frac{\mathrm{d}u}{\mathrm{d}t},$$

可得

$$\gamma_y=\frac{1}{y}\cdot\frac{\mathrm{d}y}{\mathrm{d}t}=\frac{1}{uv}\cdot\frac{u\mathrm{d}v+v\mathrm{d}u}{\mathrm{d}t}=\frac{1}{v}\cdot\frac{\mathrm{d}v}{\mathrm{d}t}+\frac{1}{u}\cdot\frac{\mathrm{d}u}{\mathrm{d}t}=\gamma_u+\gamma_v.$$

同理,若 $y=\dfrac{u}{v}$,则 $\gamma_y=\gamma_u-\gamma_v$.

**例 9** 设国民收入 $Y$ 的增长率是 $\gamma_Y$,人口 $H$ 的增长率是 $\gamma_H$,则人均国民收入 $\dfrac{Y}{H}$ 的增长率是 $\gamma_Y-\gamma_H$.

**例 10** 求函数 (1) $y=ax+b$,(2) $y=a\mathrm{e}^{bx}$ 的增长率.

**解** (1) $\gamma_y=\dfrac{y'}{y}=\dfrac{a}{ax+b}$.

(2) $\gamma_y=\dfrac{y'}{y}=\dfrac{ab\mathrm{e}^{bx}}{a\mathrm{e}^{bx}}=b$.

由 (1) 知,当 $x\to+\infty$ 时,$\gamma_y\to 0$,即线性函数的增长率随自变量的不断增大而不断减小,直至趋于 0.由 (2) 知,指数函数的增长率恒等于常数.

• 习题 3-7

1. 已知球的半径以速率 $v$ 改变，则球的体积与表面积以怎样的速率改变？

2. 设一动点沿对数螺线 $r = e^{a\varphi}$ 运动，它的极径以角速度 $\omega$ 旋转，试求该极径的变化率．

3. 设一动点沿曲线 $r = 2a\cos\varphi$ 运动，它的极径以角速度 $\omega$ 旋转，求该动点的横坐标与纵坐标的变化率．

4. 椭圆 $16x^2 + 9y^2 = 400$ 上哪些点的纵坐标减少的速率与它的横坐标增加的速率相同？

5. 一个水槽长 $12\,\mathrm{m}$，横截面是等边三角形，其边长为 $2\,\mathrm{m}$，水以 $3\,\mathrm{m}^3 \cdot \mathrm{min}^{-1}$ 的速度注入水槽内，当水深 $0.5\,\mathrm{m}$ 时，水面高度上升多快？

6. 某人走过一桥的速度为 $4\,\mathrm{km} \cdot \mathrm{h}^{-1}$，同时一条船在该桥底下以 $8\,\mathrm{km} \cdot \mathrm{h}^{-1}$ 的速度划过，此桥比船高 $200\,\mathrm{m}$，求 $3\,\mathrm{min}$ 后人与船相离的速度．

7. 求抛物线 $y = 4x - x^2$ 在它顶点处的曲率．

8. 求曲线 $y = \mathrm{ch}\,x$ 在点 $(0,1)$ 处的曲率．

9. 求曲线 $y = \ln\sec x$ 在点 $(x, y)$ 处的曲率及曲率半径．

10. 求曲线 $x = a\cos^3 t, y = a\sin^3 t$ 在点 $t = t_0$ 处的曲率．

*11. 求下列初等函数的边际函数、弹性和增长率：

(1) $y = ax + b$，  (2) $y = a\mathrm{e}^{bx}$，

(3) $y = x^a$，

其中 $a, b \in \mathbf{R}$，且 $a \neq 0$.

习题答案

## 习 题 三

1. 填空题：

(1) 曲线 $y = (x+1)\mathrm{e}^{-x}$ 的拐点坐标为_____．

(2) 曲线 $y = x\ln\left(\mathrm{e} + \dfrac{1}{x}\right)(x > 0)$ 的斜渐近线方程为_____．

(3) 函数 $f(x) = x\ln(1+x)$ 的三阶带佩亚诺余项的麦克劳林公式为_____．

(4) 曲线 $y = \ln x$ 在点 $(1, 0)$ 处的曲率为_____．

2. 选择题：

(1) 已知极限 $\lim\limits_{x \to 0} \dfrac{x - \arctan x}{x^k} = c$，其中 $k, c$ 为常数，且 $c \neq 0$，则（　　）．

A. $k = 2, c = -\dfrac{1}{2}$  B. $k = 2, c = \dfrac{1}{2}$

C. $k=3, c=-\dfrac{1}{3}$    D. $k=3, c=\dfrac{1}{3}$

（2）设函数 $y=f(x)$ 在 $[a,b]$ 上连续，其导数的图形如图 3-26 所示，则曲线 $y=f(x)(a\leqslant x\leqslant b)$ 的所有拐点为（    ）.

A. $(x_1, f(x_1)), (x_2, f(x_2)), (x_3, f(x_3))$
B. $(x_1, f(x_1)), (x_2, f(x_2)), (x_4, f(x_4))$
C. $(x_1, f(x_1)), (x_2, f(x_2))$
D. $(x_3, f(x_3)), (x_4, f(x_4))$

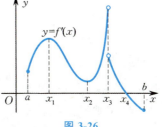

图 3-26

（3）曲线 $y=(x-1)(x-2)^2(x-3)^3(x-4)^4$ 的拐点为（    ）.

A. $(1,0)$    B. $(2,0)$    C. $(3,0)$    D. $(4,0)$

（4）曲线 $y=\dfrac{x^2+x}{x^2-1}$ 的渐近线条数为（    ）.

A. 0    B. 1    C. 2    D. 3

3. 对函数 $f(x)=\sin x$ 及 $g(x)=x+\cos x$ 在 $\left[0,\dfrac{\pi}{2}\right]$ 上，证明柯西中值定理的正确性.

4. 设函数 $f(x)$ 在 $[a,b]$ 上有 $n-1$ 阶连续导数，在 $(a,b)$ 内有 $n$ 阶导数，且 $f(b)=f(a)=f'(a)=\cdots=f^{(n-1)}(a)=0$. 证明：在 $(a,b)$ 内至少存在一点 $\xi$，使得 $f^{(n)}(\xi)=0$.

5. 求函数 $f(x)=\dfrac{1}{x}$ 在点 $x_0=-1$ 处的 $n$ 阶泰勒公式.

6. 求函数 $y=\dfrac{e^x+e^{-x}}{2}$ 的 $2n$ 阶麦克劳林公式.

7. 设函数 $f(x)$ 在点 $x_0$ 的某个区间上存在有界的二阶导数，证明：当 $x$ 在点 $x_0$ 处的增量 $h$ 很小时，用增量比近似一阶导数 $f'(x_0)$ 的近似公式
$$f'(x_0)\approx \dfrac{f(x_0+h)-f(x_0)}{h},$$
其绝对误差的量级为 $O(h)$，即不超过 $h$ 的常数倍.

8. 利用四阶泰勒公式求 $\ln 1.2$ 的近似值，并估计误差.

9. 计算 $e^{0.2}$ 的近似值，使其误差不超过 $10^{-3}$.

10. 求下列极限：

（1）$\lim\limits_{x\to +\infty}\left(\dfrac{2}{\pi}\arctan x\right)^x$；

（2）$\lim\limits_{x\to 0}(1+\sin x)^{\frac{1}{x}}$；

（3）$\lim\limits_{x\to 0^+}[\ln x\ln(1+x)]$；

（4）$\lim\limits_{x\to +\infty}(\sqrt[3]{x^3+x^2+x+1}-x)$；

（5）$\lim\limits_{x\to 0}\dfrac{e^x-e^{\sin x}}{x-\sin x}$；

（6）$\lim\limits_{x\to 0}\left(\dfrac{\sin x}{x}\right)^{\frac{1}{x^2}}$；

（7）$\lim\limits_{x\to 0}\left[\dfrac{1}{e}(1+x)^{\frac{1}{x}}\right]^{\frac{1}{x}}$；

（8）$\lim\limits_{x\to 0}\left[\dfrac{\ln(1+x)}{x}\right]^{\frac{1}{e^x-1}}$；

（9）$\lim\limits_{x\to 0}\left[\dfrac{1}{x\ln(1+x)}-\dfrac{2+x}{2x^2}\right]$；

（10）$\lim\limits_{x\to 0}\left(\dfrac{1}{x}-\dfrac{1}{e^x-1}\right)$.

11. 求下列函数的极值：

(1) $y = \dfrac{1+3x}{\sqrt{4+5x^2}}$；

(2) $y = \dfrac{3x^2+4x+4}{x^2+x+1}$；

(3) $y = e^x \cos x$；

(4) $y = x^{\frac{1}{x}}$；

(5) $y = 2e^x + e^{-x}$；

(6) $y = 2 - (x-1)^{\frac{2}{3}}$；

(7) $y = 3 - 2(x+1)^{\frac{1}{3}}$；

(8) $y = x + \tan x$。

12. 试确定曲线 $y = ax^3 + bx^2 + cx + d$ 中的常数 $a, b, c, d$ 的值，使得曲线在 $x = -2$ 处有水平切线，$(1, -10)$ 为拐点，且点 $(-2, 44)$ 在曲线上。

13. 试确定曲线 $y = k(x^2 - 3)^2$ 中 $k$ 的值，使曲线在拐点处的法线通过原点。

14. 设函数 $y = f(x)$ 在点 $x = x_0$ 的某个邻域内具有三阶连续导数。如果 $f'(x_0) = 0$，$f''(x_0) = 0$，而 $f'''(x_0) \neq 0$，问 $x = x_0$ 是否为极值点？为什么？$(x_0, f(x_0))$ 是否为拐点？为什么？

*15. 逻辑斯谛曲线族
$$y = \dfrac{A}{1+Be^{-Cx}}, \quad -\infty < x < +\infty, A, B, C > 0$$
建立了动物的生长模型。

(1) 画出 $B = 1$ 时的 $g(x) = \dfrac{A}{1+e^{-Cx}}$ 的图形，并说明参数 $A$ 的意义（设 $x$ 表示时间，$y$ 表示某种动物的数量）。

(2) 计算 $g(-x) + g(x)$，并说明其几何意义。

(3) 证明：曲线 $y = \dfrac{A}{1+Be^{-Cx}}$ 是对 $g(x)$ 的图形所做的平移。

16. 设一个动点沿抛物线 $y = x^2$ 运动，它沿 $x$ 轴方向的分速度为 $3\,\text{cm} \cdot \text{s}^{-1}$，求动点在点 $(2, 4)$ 时沿 $y$ 轴的分速度。

17. 设一盏路灯高 $4\,\text{m}$，一个人高 $\dfrac{5}{3}\,\text{m}$。若人以 $56\,\text{m} \cdot \text{min}^{-1}$ 的等速沿直线离开灯柱，证明：人影的长度以常速增加。

18. 计算正弦曲线 $y = \sin x$ 在点 $\left(\dfrac{\pi}{2}, 1\right)$ 处的曲率。

19. 曲线弧 $y = \sin x (0 < x < \pi)$ 上哪一点处的曲率半径最小？并求出该点的曲率半径。

20. 求曲线 $y = \ln x$ 在与 $x$ 轴交点处的曲率圆方程。

*21. 一架飞机沿抛物线路径 $y = \dfrac{x^2}{10\,000}$（$y$ 轴垂直向上，单位：m）做俯冲飞行，在原点 $O$ 处飞机速度 $v = 200\,\text{m} \cdot \text{s}^{-1}$，飞行员体重 $G = 70\,\text{kg}$。求飞机俯冲至最低点即原点 $O$ 处时，座椅对飞行员的反作用力。

*22. 设收入函数和成本函数分别由以下两式给出：
$$R(q) = 5q - 0.003q^2, \quad C(q) = 300 + 1.1q,$$
其中 $q$ 为产量，$0 \leq q \leq 1\,000$。求：

(1) 边际成本；

(2) 获得最大利润时的产量；

(3) 盈亏平衡时的产量。

*23. 设生产 $q$ 件产品的成本（单位：元）为
$$C(q) = 0.01q^3 - 0.6q^2 + 13q.$$

(1) 设每件产品的价格为 7 元,企业的最大利润是多少?

(2) 当固定生产水平为 34 件时,若每件价格每提高 1 元时少卖出 2 件,问是否应提高价格? 如果要提高价格,价格应提高多少?

*24. 设某种商品需求的价格弹性为 0.8,则当价格分别提高 10%,20% 时,需求量将如何变化?

*25. 国民收入的年增长率为 7.1%,若人口的年增长率为 1.2%,求人均收入年增长率.

26. 设奇函数 $f(x)$ 在 $[-1,1]$ 上具有二阶导数,且 $f(1)=1$. 证明:

(1) 存在 $\xi \in (0,1)$,使得 $f'(\xi)=1$;

(2) 存在 $\eta \in (-1,1)$,使得 $f''(\eta)+f'(\eta)=1$.

27. 已知函数 $f(x)$ 在 $[0,1]$ 上连续,在 $(0,1)$ 内可导,且 $f(1)=1$. 证明:存在 $\xi \in (0,1)$,使得
$$f(\xi)+\xi f'(\xi)=1.$$

28. 设函数 $f(x)$ 在 $[0,1]$ 上具有二阶导数,且满足 $f(0)=0, f(1)=1, f\left(\dfrac{1}{2}\right) > \dfrac{1}{4}$. 证明:

(1) 至少存在一点 $\xi \in (0,1)$,使得 $f''(\xi) < 2$;

(2) 若对于一切 $x \in (0,1)$,有 $f''(x) \neq 2$,则当 $x \in (0,1)$ 时,恒有 $f(x) > x^2$.

29. 证明: $x \ln \dfrac{1+x}{1-x} + \cos x \geqslant 1 + \dfrac{x^2}{2} \quad (-1 < x < 1)$.

30. 在抛物线 $y=1-x^2$ 上求一点,使得抛物线在该点的切线与两条坐标轴所形成的位于第一象限内的三角形面积最小.

31. 讨论函数 $f(x)=x\sqrt{9-x^2}$ 的单调性和极值点及其对应图形的凹凸性和拐点.

32. 求曲线 $y=\dfrac{1-x}{1+x}\mathrm{e}^{-x}$ 的渐近线.

33. 求摆线 $C:\begin{cases}x=t-\sin t,\\ y=1-\cos t\end{cases} (0<t<2\pi)$ 上点 $(\pi,2)$ 处的曲率与曲率半径.

习题答案

34. 将函数 $f(x)=\lim\limits_{n\to\infty} x^2 \left(1+\dfrac{1}{n}\right)^{nx}$ 展开成九阶带佩亚诺余项的麦克劳林公式,并求 $f^{(9)}(0)$.

第三章自测题　　自测题答案

# 第四章
## 一元函数积分学

一元函数的积分,包括定积分和不定积分,是一元函数微积分学的另一基本组成部分.本章将介绍定积分与不定积分的概念、有关性质和运算.

课程思政案例　　知识框图

# 第一节 定积分的概念

积分学的发明与发展同面积、体积等量的计算有着重要关系,阿基米德(Archimedes)在《抛物线求积法》中使用穷竭法求抛物线弓形面积的工作标志着积分学的萌芽.到了 16 世纪,研究行星运动的开普勒(Kepler)发展了阿基米德求面积和体积的方法,并研究了酒桶的体积及最佳比例,由此开创了积分学思想的研究与应用.这些实际问题的数学模型化,引出了人们关注的一个重要问题:如何确定已知曲线下图形的面积? 到了 17 世纪,牛顿运用他的"流数术"的运算模式,把曲线看作运动着的点的轨迹,想象用一条运动的直线扫过一个区域,来计算此曲线下的面积,这标志着微积分的诞生.下面先来讨论平面图形的面积计算问题.

在初等数学中,我们已掌握了矩形、三角形、梯形等规则多边形面积的计算方法,但一般平面图形的面积如何计算呢? 根据面积的可加性,求任何平面图形的面积问题都可以归结为求下述曲边梯形的面积问题.

## 一、曲边梯形的面积

设函数 $y=f(x)$ 在区间 $[a,b]$ 上非负、连续.由直线 $x=a$,$x=b$,$y=0$ 及曲线 $y=f(x)$ 所围成的平面图形(见图 4-1),称为**曲边梯形**,其中曲线弧段称为曲边梯形的**曲边**.

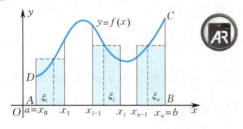

图 4-1

我们注意到,如图 4-1 所示的曲边梯形中,其底边落在 $x$ 轴上的区间 $[a,b]$ 上.一方面,点 $x(x\in[a,b])$ 处的高 $f(x)$ 是变量;另一方面,若函数 $f(x)$ 在 $[a,b]$ 上连续,则在很小的一段区间上,$f(x)$ 的变化会很小,且当区间长度无限缩小时,$f(x)$ 的变化也无限减小,这说明总体上高是变化的,但局部上高又可以近似看作不变的.因此,我们可以采用如下方法计算该曲边梯形的面积.

(1) 分割:取分点 $x_i\in[a,b]$ $(i=0,1,2,\cdots,n)$,即
$$a=x_0<x_1<x_2<\cdots<x_{n-1}<x_n=b,$$

将底边对应区间$[a,b]$分成$n$个小区间$[x_{i-1},x_i]$,其长度依次记作$\Delta x_i = x_i - x_{i-1}(i=1,2,\cdots,n)$.相应地,整个大曲边梯形被分割成$n$个小曲边梯形.

(2) 近似:在$[x_{i-1},x_i]$上任取一点$\xi_i$,并以底为$[x_{i-1},x_i]$、高为$f(\xi_i)$的矩形近似代替第$i$个小曲边梯形$(i=1,2,\cdots,n)$,从而整个大曲边梯形面积的近似值为$\sum_{i=1}^{n} f(\xi_i)\Delta x_i$.显然,区间划分越细,则该曲边梯形面积近似值的精度越高.

(3) 取极限:记$\lambda = \max_{1\leqslant i\leqslant n}\{\Delta x_i\}$,令$\lambda \to 0$,此即意味着对区间$[a,b]$的划分无限加密(此时必有$n\to\infty$).于是,可将曲边梯形面积近似值的极限

$$\lim_{\lambda\to 0}\sum_{i=1}^{n} f(\xi_i)\Delta x_i$$

定义为曲边梯形的面积.

在实践中,还有许多其他量可类似表示.于是,从这些量出发,我们便抽象出一个重要概念——定积分.

## 二、定积分的概念

**定义1** 设函数$f(x)$在区间$[a,b]$上有界,在$[a,b]$上任取若干个分点

$$a = x_0 < x_1 < x_2 < \cdots < x_{n-1} < x_n = b,$$

将$[a,b]$分成$n$个小区间$[x_{i-1},x_i]$,其长度记作$\Delta x_i = x_i - x_{i-1}(i=1,2,\cdots,n)$,并令$\lambda = \max_{1\leqslant i\leqslant n}\{\Delta x_i\}$.任取$\xi_i \in [x_{i-1},x_i](i=1,2,\cdots,n)$,若极限

$$\lim_{\lambda\to 0}\sum_{i=1}^{n} f(\xi_i)\Delta x_i$$

存在,且该极限值与区间$[a,b]$的划分及点$\xi_i$的取法无关,则称函数$f(x)$在$[a,b]$上**可积**,且称该极限值为$f(x)$在$[a,b]$上的**定积分**,记作$\int_a^b f(x)\mathrm{d}x$,即

$$\int_a^b f(x)\mathrm{d}x = \lim_{\lambda\to 0}\sum_{i=1}^{n} f(\xi_i)\Delta x_i,$$

其中$f(x)$称为**被积函数**,$x$称为**积分变量**,$a$和$b$分别称为**积分下限**和**积分上限**,区间$[a,b]$称为**积分区间**,$\sum_{i=1}^{n} f(\xi_i)\Delta x_i$称为**积分和**.

由定积分的定义易知:

(1) 当被积函数在积分区间上恒等于1时,其积分值就为积分区间的长度,即

$$\int_a^b 1\mathrm{d}x = \int_a^b \mathrm{d}x = b-a;$$

(2) 定积分的值只与被积函数及积分区间有关,而与积分变量的记号无关,即

$$\int_a^b f(x)\mathrm{d}x = \int_a^b f(t)\mathrm{d}t = \int_a^b f(u)\mathrm{d}u.$$

由定义1可知,图 4-1 中曲边梯形的面积可记作 $\int_a^b f(x)\mathrm{d}x$. 于是可知,若函数 $y=f(x)$ 在区间 $[a,b]$ 上连续,则当 $f(x) \geqslant 0$ 时,$\int_a^b f(x)\mathrm{d}x$ 在几何上表示由曲线 $y=f(x)$、直线 $x=a,x=b$ 及 $x$ 轴所围成的曲边梯形的面积,如图 4-2 所示. 此外,若在区间 $[a,b]$ 上 $f(x) \leqslant 0$,则由曲线 $y=f(x)$、直线 $x=a,x=b$ 及 $x$ 轴所围成的曲边梯形位于 $x$ 轴下方,此时由定义 1 可知 $\int_a^b f(x)\mathrm{d}x$ 在几何上表示该曲边梯形面积的负值,如图 4-3 所示. 进一步地,若 $f(x)$ 在 $[a,b]$ 上变号,则 $\int_a^b f(x)\mathrm{d}x$ 等于由曲线 $y=f(x)$、直线 $x=a,x=b$ 及 $x$ 轴所围成的图形中 $x$ 轴上方的图形面积之和减去 $x$ 轴下方的图形面积之和,如图 4-4 所示. 总之,若函数 $y=f(x)$ 在区间 $[a,b]$ 上连续,则定积分 $\int_a^b f(x)\mathrm{d}x$ 的**几何意义**是由曲线 $y=f(x)$、直线 $x=a,x=b$ 及 $x$ 轴所围成的各部分图形面积的代数和,其中位于 $x$ 轴上方的图形面积取正号,位于 $x$ 轴下方的图形面积取负号.

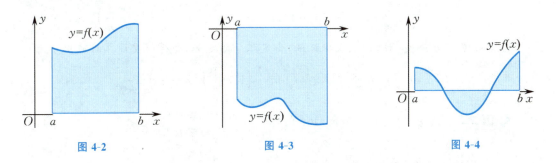

图 4-2　　　　　图 4-3　　　　　图 4-4

对于在区间 $[a,b]$ 上的函数 $f(x)$,有这样一个非常重要的问题:函数 $f(x)$ 在 $[a,b]$ 上满足什么条件时它才是可积的呢?下面仅给出几个重要的结论,而不加证明.

(1) 若函数 $f(x)$ 在 $[a,b]$ 上连续,则 $f(x)$ 在 $[a,b]$ 上可积;

(2) 若函数 $f(x)$ 在 $[a,b]$ 上单调有界,则 $f(x)$ 在 $[a,b]$ 上可积;

(3) 若函数 $f(x)$ 在 $[a,b]$ 上只有有限个第一类间断点,则 $f(x)$ 在 $[a,b]$ 上可积.

另外,也有下面的结论:若函数 $f(x)$ 在 $[a,b]$ 上可积,则 $f(x)$ 必为 $[a,b]$ 上的有界函数.

定积分的概念要求对区间 $[a,b]$ 的任意划分及任意选取 $\xi_i \in [x_{i-1}, x_i]$ $(i=1,2,\cdots,n)$,极限 $\lim\limits_{\lambda \to 0} \sum\limits_{i=1}^{n} f(\xi_i) \Delta x_i$ 均存在且值相同,才能说明函数 $f(x)$ 在 $[a,b]$ 上可积,此时有

$$\int_a^b f(x)\mathrm{d}x = \lim_{\lambda \to 0} \sum_{i=1}^n f(\xi_i)\Delta x_i.$$

但是,当利用上述结论(1),(2),(3)能判定 $f(x)$ 为 $[a,b]$ 上的可积函数时,我们可做特殊划分及取特定的 $\xi_i \in [x_{i-1}, x_i](i=1,2,\cdots,n)$,去构造积分和而求得定积分 $\int_a^b f(x)\mathrm{d}x$ 的值.

**例1** 利用定义计算定积分 $\int_0^1 x^2 \mathrm{d}x$.

**解** 因为被积函数 $f(x) = x^2$ 在积分区间 $[0,1]$ 上连续,而闭区间上的连续函数是可积的,所以定积分与区间 $[0,1]$ 的划分及点 $\xi_i$ 的取法无关. 因此,为了便于计算,不妨把区间 $[0,1]$ 等分成 $n$ 份,分点为 $x_i = \dfrac{i}{n}(i=0,1,2,\cdots,n)$. 这样,每个小区间 $[x_{i-1}, x_i]$ 的长度 $\Delta x_i = x_i - x_{i-1} = \dfrac{1}{n}(i=1,2,\cdots,n)$,取 $\xi_i = x_i(i=1,2,\cdots,n)$,得积分和为

$$\sum_{i=1}^n f(\xi_i)\Delta x_i = \sum_{i=1}^n \xi_i^2 \Delta x_i = \sum_{i=1}^n x_i^2 \Delta x_i = \sum_{i=1}^n \left(\frac{i}{n}\right)^2 \cdot \frac{1}{n} = \frac{1}{n^3}\sum_{i=1}^n i^2$$
$$= \frac{1}{n^3} \cdot \frac{1}{6}n(n+1)(2n+1) = \frac{1}{6}\left(1+\frac{1}{n}\right)\left(2+\frac{1}{n}\right).$$

当 $\lambda \to 0$ 即 $n \to \infty$ 时,对上式取极限,由定积分的定义,即得所要计算的定积分为

$$\int_0^1 x^2 \mathrm{d}x = \lim_{\lambda \to 0}\sum_{i=1}^n \xi_i^2 \Delta x_i = \lim_{n\to\infty}\frac{1}{6}\left(1+\frac{1}{n}\right)\left(2+\frac{1}{n}\right) = \frac{1}{3}.$$

**例2** 证明:狄利克雷函数 $D(x) = \begin{cases} 1, & x\text{ 为有理数}, \\ 0, & x\text{ 为无理数} \end{cases}$ 不可积.

**证** 设 $\int_a^b D(x)\mathrm{d}x = \lim_{\lambda\to 0}\sum_{i=1}^n D(\xi_i)\Delta x_i = I$.

若取 $\xi_i$ 为有理数,$D(\xi_i) = 1$,则

$$\int_a^b D(x)\mathrm{d}x = \lim_{\lambda\to 0}\sum_{i=1}^n D(\xi_i)\Delta x_i = \lim_{\lambda\to 0}\left(\sum_{i=1}^n 1\cdot \Delta x_i\right) = b - a.$$

若取 $\xi_i$ 为无理数,$D(\xi_i) = 0$,则

$$\int_a^b D(x)\mathrm{d}x = \lim_{\lambda\to 0}\sum_{i=1}^n D(\xi_i)\Delta x_i = \lim_{\lambda\to 0}\left(\sum_{i=1}^n 0\cdot \Delta x_i\right) = 0.$$

故这样的数 $I$ 不存在,即狄利克雷函数不可积.

例2也说明有无穷多个间断点的函数不一定可积.

### 三、定积分的性质

为了以后计算及应用方便起见,下面先对定积分做两点补充规定:

(1) 当 $a=b$ 时，$\int_a^b f(x)\mathrm{d}x = 0$；

(2) 当 $a>b$ 时，$\int_a^b f(x)\mathrm{d}x = -\int_b^a f(x)\mathrm{d}x$.

由规定(2)可知，交换定积分的积分上、下限时，定积分绝对值不变而符号相反.

下面讨论定积分的性质.

**性质 1** 若函数 $f(x),g(x)$ 在 $[a,b]$ 上可积，则对于任意常数 $\alpha,\beta$，有函数 $\alpha f(x)+\beta g(x)$ 在 $[a,b]$ 上可积，且
$$\int_a^b [\alpha f(x)+\beta g(x)]\mathrm{d}x = \alpha\int_a^b f(x)\mathrm{d}x + \beta\int_a^b g(x)\mathrm{d}x.$$

**证** 由于函数 $f(x),g(x)$ 在 $[a,b]$ 上可积，因此对 $[a,b]$ 的任一划分
$$a=x_0<x_1<x_2<\cdots<x_{n-1}<x_n=b,$$
记 $\Delta x_i = x_i - x_{i-1}(i=1,2,\cdots,n),\lambda = \max\limits_{1\leqslant i\leqslant n}\{\Delta x_i\},\forall \xi_i \in [x_{i-1},x_i]$，有

$$\lim_{\lambda\to 0}\sum_{i=1}^n [\alpha f(\xi_i)+\beta g(\xi_i)]\Delta x_i$$
$$=\alpha\lim_{\lambda\to 0}\sum_{i=1}^n f(\xi_i)\Delta x_i + \beta\lim_{\lambda\to 0}\sum_{i=1}^n g(\xi_i)\Delta x_i$$
$$=\alpha\int_a^b f(x)\mathrm{d}x + \beta\int_a^b g(x)\mathrm{d}x.$$

所以，函数 $\alpha f(x)+\beta g(x)$ 在 $[a,b]$ 上可积，且
$$\int_a^b [\alpha f(x)+\beta g(x)]\mathrm{d}x = \alpha\int_a^b f(x)\mathrm{d}x + \beta\int_a^b g(x)\mathrm{d}x.$$

**性质 2** 若 $a<c<b$，且 $f(x)$ 为 $[a,b]$ 上的可积函数，则
$$\int_a^b f(x)\mathrm{d}x = \int_a^c f(x)\mathrm{d}x + \int_c^b f(x)\mathrm{d}x.$$

**证** 由于函数 $f(x)$ 在 $[a,b]$ 上可积，因此不论把 $[a,b]$ 怎样划分，积分和的极限总是存在且不变的. 而因为 $a<c<b$，所以可在选取区间 $[a,b]$ 的划分时，总使 $c$ 成为分点，即
$$a=x_0<x_1<x_2<\cdots<x_{i_0}=c<x_{i_0+1}<x_{i_0+2}<\cdots<x_n=b.$$
于是
$$\sum_{i=1}^n f(\xi_i)\Delta x_i = \sum_{i=1}^{i_0} f(\xi_i)\Delta x_i + \sum_{i=i_0+1}^n f(\xi_i)\Delta x_i.$$
令 $\lambda\to 0$，得
$$\int_a^b f(x)\mathrm{d}x = \int_a^c f(x)\mathrm{d}x + \int_c^b f(x)\mathrm{d}x.$$

此性质称为定积分对积分区间的**可加性**. 按照前面关于定积分的规定，可以看出本性质中的条件"$a<c<b$"可去掉，只要函数 $f(x)$ 在所给区间上是可积的. 请读者自己思考.

**性质 3** 若函数 $f(x)$ 在 $[a,b]$ 上可积，且对于任意的 $x\in[a,b]$，有

$f(x) \geqslant 0$,则
$$\int_a^b f(x)\mathrm{d}x \geqslant 0.$$

**证** 由已知条件及极限的性质,有
$$\int_a^b f(x)\mathrm{d}x = \lim_{\lambda \to 0}\sum_{i=1}^n f(\xi_i)\Delta x_i \geqslant 0.$$

**推论 1** 若 $f(x), g(x)$ 是 $[a,b]$ 上的可积函数,且对于任意的 $x \in [a,b]$,有 $f(x) \geqslant g(x)$,则
$$\int_a^b f(x)\mathrm{d}x \geqslant \int_a^b g(x)\mathrm{d}x.$$

**证** 令函数 $F(x) = f(x) - g(x)$,则 $F(x)$ 在 $[a,b]$ 上可积,且 $\forall x \in [a,b]$,有 $F(x) \geqslant 0$. 由性质 3 即得 $\int_a^b F(x)\mathrm{d}x \geqslant 0$,再由性质 1 可得
$$\int_a^b f(x)\mathrm{d}x \geqslant \int_a^b g(x)\mathrm{d}x.$$

**推论 2** 若函数 $f(x)$ 在 $[a,b]$ 上可积,则
$$\left|\int_a^b f(x)\mathrm{d}x\right| \leqslant \int_a^b |f(x)|\mathrm{d}x.$$

**证** 由于 $\forall x \in [a,b]$,有
$$-|f(x)| \leqslant f(x) \leqslant |f(x)|,$$
由推论 1,有
$$-\int_a^b |f(x)|\mathrm{d}x \leqslant \int_a^b f(x)\mathrm{d}x \leqslant \int_a^b |f(x)|\mathrm{d}x,$$
即
$$\left|\int_a^b f(x)\mathrm{d}x\right| \leqslant \int_a^b |f(x)|\mathrm{d}x.$$

**推论 3(估值不等式)** 设函数 $f(x)$ 在 $[a,b]$ 上可积,$m, M$ 为常数. 若对于任意的 $x \in [a,b]$,有 $m \leqslant f(x) \leqslant M$,则
$$m(b-a) \leqslant \int_a^b f(x)\mathrm{d}x \leqslant M(b-a).$$

**证** 由于 $m \leqslant f(x) \leqslant M$,根据推论 1,有
$$m(b-a) = \int_a^b m\,\mathrm{d}x \leqslant \int_a^b f(x)\mathrm{d}x \leqslant \int_a^b M\,\mathrm{d}x = M(b-a).$$

**性质 4(积分中值定理)** 设函数 $f(x)$ 在 $[a,b]$ 上连续,则至少存在一点 $\xi \in [a,b]$,使得
$$\int_a^b f(x)\mathrm{d}x = f(\xi)(b-a).$$

**证** 因为函数 $f(x)$ 在 $[a,b]$ 上连续,所以 $f(x)$ 在 $[a,b]$ 上有最大值 $M$ 和最小值 $m$. 于是,由推论 3 可知
$$m(b-a) \leqslant \int_a^b f(x)\mathrm{d}x \leqslant M(b-a),$$
从而有

$$m \leqslant \frac{1}{b-a}\int_a^b f(x)\mathrm{d}x \leqslant M.$$

这说明,$\frac{1}{b-a}\int_a^b f(x)\mathrm{d}x$ 是介于最大值 $M$ 与最小值 $m$ 之间的一个数值. 由闭区间上连续函数的介值定理可知,至少存在一点 $\xi \in [a,b]$,使得

$$f(\xi) = \frac{1}{b-a}\int_a^b f(x)\mathrm{d}x,$$

即
$$\int_a^b f(x)\mathrm{d}x = f(\xi)(b-a).$$

性质 4 的**几何解释**是:在区间 $[a,b]$ 上至少存在一点 $\xi$,使得以区间 $[a,b]$ 为底、曲线 $y=f(x)$ 为曲边的曲边梯形的面积等于同一底边而高为 $f(\xi)$ 的一个矩形的面积(见图 4-5).

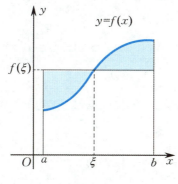

**图 4-5**

通常称 $\frac{1}{b-a}\int_a^b f(x)\mathrm{d}x$ 为 函数 $f(x)$ 在区间 $[a,b]$ 上的平均值.

**性质 5**  设函数 $f(x)$ 在 $[a,b]$ 上连续,$f(x)$ 在 $[a,b]$ 上非负且不恒等于 0,则
$$\int_a^b f(x)\mathrm{d}x > 0.$$

**证**  因函数 $f(x)$ 在 $[a,b]$ 上非负且不恒等于 0,故 $\exists x_0 \in [a,b]$,使得 $f(x_0) > 0$. 不妨设 $x_0 \in (a,b)$,则由连续函数的保号性知,存在点 $x_0$ 的某个邻域 $U(x_0,\delta) \subset [a,b]$,使得 $\forall x \in U(x_0,\delta)$,均有 $f(x) > \frac{1}{2}f(x_0)$,从而由性质 2、性质 3 及其推论 3 得

$$\int_a^b f(x)\mathrm{d}x = \int_a^{x_0-\delta} f(x)\mathrm{d}x + \int_{x_0-\delta}^{x_0+\delta} f(x)\mathrm{d}x + \int_{x_0+\delta}^b f(x)\mathrm{d}x$$
$$\geqslant \int_{x_0-\delta}^{x_0+\delta} f(x)\mathrm{d}x \geqslant \frac{1}{2}f(x_0) \cdot 2\delta = f(x_0)\delta > 0.$$

至于 $x_0=a$ 或 $x_0=b$ 的情形,则取 $a$ 的右邻域或 $b$ 的左邻域可完全类似地证明.

类似于推论 1 的证明可得如下推论.

**推论 4**  设函数 $f(x),g(x)$ 均在 $[a,b]$ 上连续,且在 $[a,b]$ 上有 $f(x) \geqslant$

$g(x)$ 及 $f(x) \not\equiv g(x)$,则
$$\int_a^b f(x)\,\mathrm{d}x > \int_a^b g(x)\,\mathrm{d}x.$$

**推论 5** 设函数 $f(x)$ 在 $[a,b]$ 上连续,且 $\int_a^b |f(x)|\,\mathrm{d}x = 0$,则对于任意的 $x \in [a,b]$,有 $f(x) \equiv 0$.

**证** 用反证法. 如果 $\exists x_0 \in [a,b]$,使得 $f(x_0) \neq 0$,即 $|f(x_0)| > 0$,则由性质 5,有
$$\int_a^b |f(x)|\,\mathrm{d}x > 0.$$
此与题设矛盾,故 $\forall x \in [a,b]$,有 $f(x) \equiv 0$.

**例 3** 比较下列定积分的大小:

(1) $\int_0^1 x^2\,\mathrm{d}x$ 与 $\int_0^1 x^3\,\mathrm{d}x$;      (2) $\int_1^2 x^2\,\mathrm{d}x$ 与 $\int_1^2 x^3\,\mathrm{d}x$.

**解** (1) 因为 $0 < x < 1$ 时,$x^2 > x^3$,所以
$$\int_0^1 x^2\,\mathrm{d}x > \int_0^1 x^3\,\mathrm{d}x.$$

(2) 因为 $1 < x < 2$ 时,$x^2 < x^3$,所以
$$\int_1^2 x^2\,\mathrm{d}x < \int_1^2 x^3\,\mathrm{d}x.$$

**例 4** 证明不等式:$1 \leqslant \int_0^1 \sqrt{1+x^4}\,\mathrm{d}x \leqslant \dfrac{4}{3}$.

**证** 由于
$$f(x) = \sqrt{1+x^4} \leqslant \sqrt{1+2x^2+x^4} = \sqrt{(1+x^2)^2} = 1+x^2,$$
且显然有 $f(x) = \sqrt{1+x^4} \geqslant 1$,因此
$$1 = \int_0^1 \mathrm{d}x \leqslant \int_0^1 \sqrt{1+x^4}\,\mathrm{d}x,$$
$$\int_0^1 \sqrt{1+x^4}\,\mathrm{d}x \leqslant \int_0^1 (1+x^2)\,\mathrm{d}x = \int_0^1 \mathrm{d}x + \int_0^1 x^2\,\mathrm{d}x$$
$$= 1 + \frac{1}{3} = \frac{4}{3} \quad \text{(此处利用了例 1 的结果)}.$$
这就证明了 $1 \leqslant \int_0^1 \sqrt{1+x^4}\,\mathrm{d}x \leqslant \dfrac{4}{3}$.

**例 5** 求极限 $\lim\limits_{n\to\infty} \int_n^{n+p} \dfrac{\sin x}{x}\,\mathrm{d}x$.

**解** 由积分中值定理可知,在 $n$ 与 $n+p$ 之间存在 $\xi_n$,使得 $\int_n^{n+p} \dfrac{\sin x}{x}\,\mathrm{d}x = p\dfrac{\sin \xi_n}{\xi_n}$,于是

$$\lim_{n\to\infty}\int_n^{n+p}\frac{\sin x}{x}\mathrm{d}x=\lim_{n\to\infty}\left(\frac{\sin\xi_n}{\xi_n}\cdot p\right)=p\lim_{n\to\infty}\frac{\sin\xi_n}{\xi_n}=0.$$

### 习题 4-1

1. 利用定义计算下列定积分：

   (1) $\int_a^b x\,\mathrm{d}x\ (a<b)$；       (2) $\int_0^1 \mathrm{e}^x\,\mathrm{d}x$.

2. 利用定积分的几何意义求下列积分值：

   (1) $\int_0^1 2x\,\mathrm{d}x$；       (2) $\int_0^R \sqrt{R^2-x^2}\,\mathrm{d}x\ (R>0)$.

3. 比较 $\int_{-\pi}^0 x^2\sin x\,\mathrm{d}x$ 与 $\int_0^\pi \sin^3 x\,\mathrm{d}x$ 的大小.

4. 证明下列不等式：

   (1) $\mathrm{e}^2-\mathrm{e}\leqslant\int_\mathrm{e}^{\mathrm{e}^2}\ln x\,\mathrm{d}x\leqslant 2(\mathrm{e}^2-\mathrm{e})$；       (2) $1\leqslant\int_0^1 \mathrm{e}^{x^2}\,\mathrm{d}x\leqslant \mathrm{e}$.

5. 证明下列极限：

   (1) $\lim_{n\to\infty}\int_0^{\frac{1}{2}}\frac{x^n}{\sqrt{1+x}}\mathrm{d}x=0$；       (2) $\lim_{n\to\infty}\int_0^{\frac{\pi}{4}}\sin^n x\,\mathrm{d}x=0$.

习题答案

## 第二节　原函数与微积分学基本定理

第一节已经介绍了定积分的定义和性质，但并未给出一个有效的计算方法．当被积函数较复杂时，也难以利用定义直接计算．为此，自本节开始，我们将介绍一些求定积分的有效方法．

### 一、原函数与变限积分

**定义 1**　设函数 $F(x)$ 在区间 $I$ 上可导，且对于任一 $x\in I$，有
$$F'(x)=f(x)\quad \text{或}\quad \mathrm{d}[F(x)]=f(x)\mathrm{d}x,$$
则称 $F(x)$ 为函数 $f(x)$ 在区间 $I$ 上的一个**原函数**.

例如，$(\sin x)'=\cos x$，因此 $\sin x$ 是 $\cos x$ 在 $(-\infty,+\infty)$ 内的一个原函数．显然，一个函数的原函数并不唯一．事实上，若 $F(x)$ 为 $f(x)$ 在区间 $I$ 上的一个原函数，则 $F(x)+C$（$C$ 为任意常数）也是 $f(x)$ 的原函数.

**定理 1** 设 $F(x)$ 是函数 $f(x)$ 在区间 $I$ 上的一个原函数，则 $f(x)$ 在区间 $I$ 上的任何一个原函数都可以表示为 $F(x)+C$ ($C$ 为常数).

证 若 $\Phi(x)$ 为函数 $f(x)$ 的任一原函数，则
$$[\Phi(x)-F(x)]'=f(x)-f(x)=0.$$
于是 $\forall x \in I$，有
$$\Phi(x)-F(x)=C,$$
其中 $C$ 为常数，即
$$\Phi(x)=F(x)+C, \quad x \in I.$$

由定理1可知，如果函数 $f(x)$ 在区间 $I$ 上存在一个原函数 $F(x)$，则 $f(x)$ 在区间 $I$ 上的所有原函数的集合可表示为 $\{F(x)+C \mid C$ 为任意常数 $\}$. 为了简便起见，记 $F(x)+C$ ($C$ 为任意常数) 为函数 $f(x)$ 在区间 $I$ 上的全体原函数. 因此，接下来的问题是如何求出函数 $f(x)$ 在区间 $I$ 上的某个具体原函数.

由定积分的定义可知，$\int_a^b f(x)\mathrm{d}x$ 是一个数，它仅与 $a,b$（积分下限、上限）及函数 $f(x)$ 有关，当 $f(x)$ 给定并固定 $a$ 时，$\int_a^b f(x)\mathrm{d}x$ 就是一个只依赖于 $b$ 的常数. 从函数的观点来看，设函数 $f(x)$ 在区间 $[a,b]$ 上可积，$x \in [a,b]$，那么定积分 $\int_a^x f(t)\mathrm{d}t$ 就是其积分上限的函数，类似地，$\int_x^b f(t)\mathrm{d}t$ 也是一个关于 $x$ 的函数. 对于这两个函数（见图4-6），有下述定义.

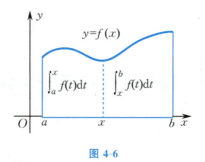

图 4-6

**定义 2** 若函数 $f(x)$ 在区间 $[a,b]$ 上可积，则称积分
$$\int_a^x f(t)\mathrm{d}t \quad (x \in [a,b]) \tag{4-2-1}$$
为 $f(x)$ 在 $[a,b]$ 上的**积分上限函数**，称积分
$$\int_x^b f(t)\mathrm{d}t \quad (x \in [a,b]) \tag{4-2-2}$$
为 $f(x)$ 在 $[a,b]$ 上的**积分下限函数**.

积分上限（或下限）函数具有许多性质，它是我们将微分与积分联系起来的纽带. 由于 $\int_x^b f(t)\mathrm{d}t = -\int_b^x f(t)\mathrm{d}t$ ($x \in [a,b]$)，因此下面仅讨论积分上限函数的一些性质. 对于积分下限函数，我们不难利用此关系式给出其相应性质.

我们将积分(4-2-1)与积分(4-2-2)也分别称为**变上限积分**与**变下限积分**. 变上限积分与变下限积分统称为**变限积分**.

**定理 2** 若函数 $f(x)$ 在 $[a,b]$ 上可积,则 $\Phi(x) = \int_a^x f(t)dt$ 在 $[a,b]$ 上连续.

**证** 由函数 $f(x)$ 在 $[a,b]$ 上可积知,$\exists M > 0$,使得 $\forall x \in [a,b]$,有 $|f(x)| \leq M$. 若自变量在点 $x$ 处取得增量 $\Delta x$,其绝对值足够小,使得 $x + \Delta x \in [a,b]$,则有

$$\begin{aligned}
|\Phi(x+\Delta x) - \Phi(x)| &= \left|\int_a^{x+\Delta x} f(t)dt - \int_a^x f(t)dt\right| \\
&= \left|\int_x^{x+\Delta x} f(t)dt\right| \\
&\leq \left|\int_x^{x+\Delta x} |f(t)|dt\right| \\
&\leq M|\Delta x| \to 0 \quad (\text{当 } \Delta x \to 0 \text{ 时}).
\end{aligned}$$

因此

$$\lim_{\Delta x \to 0}[\Phi(x+\Delta x) - \Phi(x)] = 0,$$

即 $\Phi(x)$ 为 $[a,b]$ 上的连续函数.

**定理 3** 若函数 $f(x)$ 在 $[a,b]$ 上可积,且在点 $x_0 \in [a,b]$ 处连续 ($x_0 = a$ 和 $b$ 时,分别为右连续和左连续),则 $\Phi(x) = \int_a^x f(t)dt$ 在点 $x_0$ 处可导,且 $\Phi'(x_0) = f(x_0)$ ($x_0 = a$ 和 $b$ 时,分别为右导数和左导数).

**证** 不妨设 $x_0 \in (a,b)$ ($x_0$ 为端点时类似可证). 由函数 $f(x)$ 在点 $x_0$ 处连续,有 $\forall \varepsilon > 0, \exists \delta > 0$,当 $x \in U(x_0, \delta) \subset (a,b)$ 时,$|f(x) - f(x_0)| < \varepsilon$. 于是当 $x \in \mathring{U}(x_0, \delta)$ 时,有

$$\begin{aligned}
\left|\frac{\Phi(x) - \Phi(x_0)}{x - x_0} - f(x_0)\right| &= \left|\frac{1}{x - x_0}\int_{x_0}^x f(t)dt - f(x_0)\right| \\
&= \left|\frac{1}{x - x_0}\int_{x_0}^x [f(t) - f(x_0)]dt\right| \\
&\leq \frac{1}{|x - x_0|} \cdot \left|\int_{x_0}^x |f(t) - f(x_0)|dt\right| \\
&\leq \frac{1}{|x - x_0|} \cdot \varepsilon|x - x_0| = \varepsilon,
\end{aligned}$$

即 $\Phi(x)$ 在点 $x_0$ 处可导,且

$$\Phi'(x_0) = \lim_{x \to x_0}\frac{\Phi(x) - \Phi(x_0)}{x - x_0} = f(x_0).$$

**推论 1** 若函数 $f(x)$ 在区间 $[a,b]$ 上连续,则 $\Phi(x) = \int_a^x f(t)dt$ 在 $[a,b]$

上可导,且
$$\Phi'(x) = \frac{d}{dx}\left[\int_a^x f(t)dt\right] = f(x) \quad (a \leqslant x \leqslant b).$$

定理 3 及其推论 1 揭示了导数与积分间的联系,且由此可知,$[a,b]$ 上的任何连续函数 $f(x)$ 均存在原函数 $\Phi(x) = \int_a^x f(t)dt$. 因此,进一步有如下推论.

**推论 2** 若函数 $f(x)$ 在区间 $[a,b]$ 上连续,$F(x)$ 是 $f(x)$ 的一个原函数,则存在常数 $C$,使得对于任一 $x \in [a,b]$,有
$$F(x) = \int_a^x f(t)dt + C.$$

**例 1** 设函数 $f(x)$ 在 $(-\infty, +\infty)$ 内连续,且满足方程
$$\int_0^x f(t)dt = \int_x^1 t^2 f(t)dt + \frac{x^{16}}{8} + \frac{x^{18}}{9},$$
求 $f(x)$.

**解** 对已知方程两边关于 $x$ 求导,得
$$f(x) = -x^2 f(x) + 2x^{15} + 2x^{17},$$
即
$$(1+x^2)f(x) = 2x^{15}(1+x^2),$$
故
$$f(x) = 2x^{15}.$$

变限积分(函数)除式(4-2-1)和式(4-2-2)外,更一般地还有下面的变限复合函数,即
$$\int_a^{u(x)} f(t)dt, \quad \int_{v(x)}^b f(t)dt, \quad \int_{v(x)}^{u(x)} f(t)dt.$$

若函数 $f(t)$ 在区间 $[a,b]$ 上连续,$u(x), v(x)$ 在 $[\alpha, \beta]$ 上可导,且对于任一 $x \in [\alpha, \beta]$,有 $u(x), v(x) \in [a,b]$,则由复合函数的求导法可得
$$\frac{d}{dx}\int_{v(x)}^{u(x)} f(t)dt = f[u(x)]u'(x) - f[v(x)]v'(x).$$

**例 2** 求下列导数:

(1) $\dfrac{d}{dx}\int_0^{\sin x} f(t)dt$;  (2) $\dfrac{d}{dx}\int_{x^2}^{x^3} e^{-t}dt$.

**解** (1) $\dfrac{d}{dx}\int_0^{\sin x} f(t)dt = f(\sin x)\cdot(\sin x)' = f(\sin x)\cdot\cos x.$

(2) $\dfrac{d}{dx}\int_{x^2}^{x^3} e^{-t}dt = e^{-x^3}\cdot(x^3)' - e^{-x^2}\cdot(x^2)' = 3x^2 e^{-x^3} - 2x e^{-x^2}.$

**例 3** 求下列极限：

(1) $\lim\limits_{x\to 0}\dfrac{\int_0^x \sin t^2 \, dt}{x^3}$;

(2) $\lim\limits_{x\to \infty}\dfrac{\left(\int_0^x e^{t^2} \, dt\right)^2}{\int_0^x e^{2t^2} \, dt}$.

**解** 利用洛必达法则，有：

(1) $\lim\limits_{x\to 0}\dfrac{\int_0^x \sin t^2 \, dt}{x^3} = \lim\limits_{x\to 0}\dfrac{\sin x^2}{3x^2} = \dfrac{1}{3}$.

(2) $\lim\limits_{x\to \infty}\dfrac{\left(\int_0^x e^{t^2} \, dt\right)^2}{\int_0^x e^{2t^2} \, dt} = \lim\limits_{x\to \infty}\dfrac{2\int_0^x e^{t^2} \, dt \cdot e^{x^2}}{e^{2x^2}} = \lim\limits_{x\to \infty}\dfrac{2\int_0^x e^{t^2} \, dt}{e^{x^2}}$

$= \lim\limits_{x\to \infty}\dfrac{2e^{x^2}}{2x e^{x^2}} = \lim\limits_{x\to \infty}\dfrac{1}{x} = 0.$

## 二、微积分学基本定理

**定理 4** 设函数 $f(x)$ 在 $[a,b]$ 上连续，$F(x)$ 是 $f(x)$ 在 $[a,b]$ 上的一个原函数，则

$$\int_a^b f(x) \, dx = F(b) - F(a). \tag{4-2-3}$$

**证** 因 $F(x)$ 是函数 $f(x)$ 在 $[a,b]$ 上的原函数，由定理 3 的推论 2 知，存在常数 $C$，使得 $\forall x \in [a,b]$，有

$$F(x) = \int_a^x f(t) \, dt + C.$$

而

$$F(a) = \int_a^a f(t) \, dt + C = C,$$

因此

$$F(x) = \int_a^x f(t) \, dt + F(a),$$

即

$$\int_a^x f(t) \, dt = F(x) - F(a), \quad \forall x \in [a,b].$$

将 $x = b$ 代入上式，即得公式 (4-2-3).

定理 4 称为**微积分学基本定理**. 式 (4-2-3) 称为**微积分学基本公式**，也称为**牛顿–莱布尼茨公式**，常将其简写为

$$\int_a^b f(x) \, dx = F(x) \Big|_a^b.$$

**例 4** 计算定积分 $\int_0^1 \dfrac{x}{\sqrt{1+x^2}}\,dx$.

**解** 因 $(\sqrt{1+x^2})' = \dfrac{x}{\sqrt{1+x^2}}$，即 $\sqrt{1+x^2}$ 是 $\dfrac{x}{\sqrt{1+x^2}}$ 的一个原函数，故有

$$\int_0^1 \dfrac{x}{\sqrt{1+x^2}}\,dx = \sqrt{1+x^2}\,\Big|_0^1 = \sqrt{2}-1.$$

**例 5** 计算定积分 $\int_0^\pi \sqrt{1+\cos 2x}\,dx$.

**解**
$$\int_0^\pi \sqrt{1+\cos 2x}\,dx = \sqrt{2}\int_0^\pi |\cos x|\,dx = \sqrt{2}\left[\int_0^{\frac{\pi}{2}} \cos x\,dx + \int_{\frac{\pi}{2}}^\pi (-\cos x)\,dx\right]$$
$$= \sqrt{2}\left(\sin x\,\Big|_0^{\frac{\pi}{2}} - \sin x\,\Big|_{\frac{\pi}{2}}^\pi\right) = 2\sqrt{2}.$$

**例 6** 求极限 $\lim\limits_{n\to\infty} \dfrac{1}{n}\left(\sin\dfrac{\pi}{n}+\sin\dfrac{2\pi}{n}+\cdots+\sin\dfrac{n\pi}{n}\right)$.

**解**
$$\lim_{n\to\infty}\dfrac{1}{n}\left(\sin\dfrac{\pi}{n}+\sin\dfrac{2\pi}{n}+\cdots+\sin\dfrac{n\pi}{n}\right) = \lim_{n\to\infty}\dfrac{1}{n}\sum_{k=1}^n \sin\dfrac{k\pi}{n}$$
$$= \int_0^1 \sin\pi x\,dx = -\dfrac{1}{\pi}\cos\pi x\,\Big|_0^1$$
$$\left[\text{因为}\left(-\dfrac{1}{\pi}\cos\pi x\right)' = \sin\pi x\right]$$
$$= -\dfrac{1}{\pi}(-1-1) = \dfrac{2}{\pi}.$$

**例 7** 设 $\begin{cases} x = e^{-t}, \\ y = \int_0^t \ln(1+u^2)\,du, \end{cases}$ 求 $\dfrac{d^2 y}{dx^2}\bigg|_{t=0}$.

**解** 由已知，$x'_t = -e^{-t}$, $y'_t = \ln(1+t^2)$，则有
$$\dfrac{dy}{dx} = \dfrac{y'_t}{x'_t} = -e^t \ln(1+t^2),$$
$$\dfrac{d^2 y}{dx^2} = \dfrac{d}{dx}\left(\dfrac{dy}{dx}\right) = -\dfrac{d}{dt}\left[e^t \ln(1+t^2)\right]\cdot \dfrac{1}{x'_t} = \left[\dfrac{2t}{1+t^2}+\ln(1+t^2)\right]e^{2t}.$$

因此
$$\dfrac{d^2 y}{dx^2}\bigg|_{t=0} = 0.$$

**例 8** 求函数 $f(x) = \int_1^{x^2}(x^2-t)e^{-t^2}\,dt$ 的单调区间与极值.

**解** $f(x) = x^2\int_1^{x^2} e^{-t^2}\,dt - \int_1^{x^2} t e^{-t^2}\,dt$，定义域为 $(-\infty,+\infty)$. 对函数 $f(x)$ 关于 $x$ 求导，得
$$f'(x) = 2x\int_1^{x^2} e^{-t^2}\,dt + 2x^3 e^{-x^4} - 2x^3 e^{-x^4} = 2x\int_1^{x^2} e^{-t^2}\,dt.$$

当 $|x|=1$ 时，$\int_1^{x^2} \mathrm{e}^{-t^2}\mathrm{d}t=0$；当 $|x|>1$ 时，$\int_1^{x^2}\mathrm{e}^{-t^2}\mathrm{d}t>0$；当 $|x|<1$ 时，$\int_1^{x^2}\mathrm{e}^{-t^2}\mathrm{d}t<0$.
令 $f'(x)=0$，得 $x=0,\pm 1$.

当 $x<-1$ 时，$f'(x)<0$，故 $f(x)$ 在 $(-\infty,-1]$ 内严格单调减少；

当 $-1<x<0$ 时，$f'(x)>0$，故 $f(x)$ 在 $[-1,0]$ 上严格单调增加；

当 $0<x<1$ 时，$f'(x)<0$，故 $f(x)$ 在 $[0,1]$ 上严格单调减少；

当 $x>1$ 时，$f'(x)>0$，故 $f(x)$ 在 $[1,+\infty)$ 内严格单调增加.

综上可得，函数 $f(x)$ 在点 $x=\pm 1$ 处取得极小值 $f(-1)=f(1)=0$，在点 $x=0$ 处取得极大值

$$f(0)=\int_1^0(-t)\mathrm{e}^{-t^2}\mathrm{d}t=\int_0^1 t\mathrm{e}^{-t^2}\mathrm{d}t=-\frac{1}{2}\mathrm{e}^{-t^2}\Big|_0^1\left[\text{因为}\left(-\frac{1}{2}\mathrm{e}^{-t^2}\right)'=t\mathrm{e}^{-t^2}\right]=\frac{1}{2}(1-\mathrm{e}^{-1}).$$

• 习题 4-2

1. 求下列极限：

(1) $\lim\limits_{n\to\infty}\left(\dfrac{1}{n+1}+\dfrac{1}{n+2}+\cdots+\dfrac{1}{2n}\right)$；

(2) $\lim\limits_{n\to\infty}\dfrac{1}{n^2}(\sqrt{n}+\sqrt{2n}+\cdots+\sqrt{n^2})$.

2. 计算下列定积分：

(1) $\int_3^4 \sqrt{x}\,\mathrm{d}x$；

(2) $\int_{-1}^2 |x^2-x|\,\mathrm{d}x$；

(3) $\int_0^\pi f(x)\,\mathrm{d}x$，其中 $f(x)=\begin{cases}x, & 0\leqslant x\leqslant \dfrac{\pi}{2},\\ \sin x, & \dfrac{\pi}{2}<x\leqslant \pi;\end{cases}$

(4) $\int_{-2}^2 \max\{1,x^2\}\,\mathrm{d}x$；

(5) $\int_0^{\frac{\pi}{2}} \sqrt{1-\sin 2x}\,\mathrm{d}x$.

3. 求下列导数：

(1) $\dfrac{\mathrm{d}}{\mathrm{d}x}\int_0^{x^2}\sqrt{1+t^2}\,\mathrm{d}t$；

(2) $\dfrac{\mathrm{d}}{\mathrm{d}x}\int_{x^2}^{x^3}\dfrac{\mathrm{d}t}{\sqrt{1+t^4}}$.

4. 求由参数方程 $\begin{cases}x=\int_0^t \sin u^2\,\mathrm{d}u,\\ y=\int_0^t \cos u^2\,\mathrm{d}u\end{cases}$ 所确定的函数 $y$ 对 $x$ 的导数 $\dfrac{\mathrm{d}y}{\mathrm{d}x}$.

5. 求由方程 $\int_0^y \mathrm{e}^{t^2}\mathrm{d}t+\int_0^x \cos t^2\,\mathrm{d}t=0$ 所确定的隐函数 $y=y(x)$ 的导数.

6. 求下列极限：

(1) $\lim\limits_{x\to 0}\dfrac{\int_0^x \ln(1+2t^2)\mathrm{d}t}{x^3}$；

(2) $\lim\limits_{x\to 0}\dfrac{\left(\int_0^x \mathrm{e}^{t^2}\mathrm{d}t\right)^2}{\int_0^x t\mathrm{e}^{2t^2}\mathrm{d}t}$.

7. $a,b,c$ 取何实数值时，才能使得 $\lim\limits_{x\to 0}\dfrac{1}{\sin x-ax}\int_b^x \dfrac{t^2}{\sqrt{1+t^2}}\mathrm{d}t=c$ 成立？

习题答案

## 第三节 不定积分与原函数的求法

设函数 $f(x)$ 在区间 $[a,b]$ 上连续. 由微积分学基本公式可知,定积分 $\int_a^b f(x)\mathrm{d}x$ 等于 $f(x)$ 的任一原函数在积分上、下限处的函数值的差. 显然,要利用该公式,关键是找出 $f(x)$ 的原函数. 如果 $f(x)$ 较复杂,它的原函数可能不那么容易找出. 为此,本节介绍一些求被积函数的原函数的方法.

### 一、不定积分的概念和性质

**定义 1** 设函数 $f(x)$ 在区间 $I$ 上有定义,称 $f(x)$ 在区间 $I$ 上的原函数的全体为 $f(x)$ 在 $I$ 上的**不定积分**,记作 $\int f(x)\mathrm{d}x$,其中记号 "$\int$" 称为**不定积分号**,$f(x)$ 称为**被积函数**,$x$ 称为**积分变量**.

由不定积分的定义及第二节中定理 1,立即可得如下定理.

**定理 1** 设 $F(x)$ 是函数 $f(x)$ 在区间 $I$ 上的一个原函数,则
$$\int f(x)\mathrm{d}x = F(x) + C, \quad C \text{ 为任意常数}.$$

通常,我们把 $y = f(x)$ 在区间 $I$ 上的原函数的图形称为 $f(x)$ 的**积分曲线**. 由定理 1 知,$\int f(x)\mathrm{d}x$ 在几何上表示横坐标相同(设为 $x_0 \in I$)的点处切线都平行[切线斜率均等于 $f(x_0)$]的一族曲线(见图 4-7).

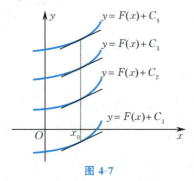

图 4-7

由不定积分的定义易知,不定积分有下列性质:

(1) $\int [\alpha f(x) + \beta g(x)]\mathrm{d}x = \alpha \int f(x)\mathrm{d}x + \beta \int g(x)\mathrm{d}x$,其中 $\alpha,\beta$ 为常数;

(2) $\dfrac{\mathrm{d}}{\mathrm{d}x} \int f(x)\mathrm{d}x = f(x)$;

(3) $\int f'(x)\mathrm{d}x = f(x) + C$,$C$ 为任意常数.

由性质(2)和(3)可以看出,不定积分是微分运算的逆运算,因此由常用函数的导数公式可以得到相应的积分公式. 将这些常用函数的积分公式列成一个表, 通常称为**基本积分表**, 其中 $C$ 为积分常数(在本章后面的讨论中同样如此).

① $\int k\,\mathrm{d}x = kx + C$ ($k$ 为常数);

② $\int x^a\,\mathrm{d}x = \dfrac{1}{a+1}x^{a+1} + C$ ($a$ 为常数且 $a \neq -1$);

③ $\int \dfrac{\mathrm{d}x}{x} = \ln|x| + C$ ($x \neq 0$);

④ $\int \mathrm{e}^x\,\mathrm{d}x = \mathrm{e}^x + C$;

⑤ $\int a^x\,\mathrm{d}x = \dfrac{1}{\ln a}a^x + C$ ($a$ 为常数且 $a > 0, a \neq 1$);

⑥ $\int \cos x\,\mathrm{d}x = \sin x + C$;

⑦ $\int \sin x\,\mathrm{d}x = -\cos x + C$;

⑧ $\int \sec^2 x\,\mathrm{d}x = \tan x + C$;

⑨ $\int \csc^2 x\,\mathrm{d}x = -\cot x + C$;

⑩ $\int \sec x \tan x\,\mathrm{d}x = \sec x + C$;

⑪ $\int \csc x \cot x\,\mathrm{d}x = -\csc x + C$;

⑫ $\int \dfrac{\mathrm{d}x}{\sqrt{1-x^2}} = \arcsin x + C$;

⑬ $\int \dfrac{\mathrm{d}x}{1+x^2} = \arctan x + C$;

⑭ $\int \mathrm{sh}\,x\,\mathrm{d}x = \mathrm{ch}\,x + C$;

⑮ $\int \mathrm{ch}\,x\,\mathrm{d}x = \mathrm{sh}\,x + C$.

上述这些不定积分的性质及基本积分公式是求不定积分的基础.

**例1** 求不定积分 $\int \dfrac{\mathrm{d}x}{x\sqrt[3]{x}}$.

**解** $\int \dfrac{\mathrm{d}x}{x\sqrt[3]{x}} = \int x^{-\frac{4}{3}}\,\mathrm{d}x = \dfrac{x^{-\frac{4}{3}+1}}{-\frac{4}{3}+1} + C = -3x^{-\frac{1}{3}} + C = -\dfrac{3}{\sqrt[3]{x}} + C.$

**例2** 求不定积分 $\int \dfrac{(x-1)^3}{x^2}\mathrm{d}x$.

**解** $\int \dfrac{(x-1)^3}{x^2}\mathrm{d}x = \int \dfrac{x^3 - 3x^2 + 3x - 1}{x^2}\mathrm{d}x = \int\left(x - 3 + \dfrac{3}{x} - \dfrac{1}{x^2}\right)\mathrm{d}x$

$\qquad = \int x\,\mathrm{d}x - 3\int\mathrm{d}x + 3\int \dfrac{\mathrm{d}x}{x} - \int \dfrac{\mathrm{d}x}{x^2} = \dfrac{x^2}{2} - 3x + 3\ln|x| + \dfrac{1}{x} + C.$

**例3** 求不定积分 $\int(\mathrm{e}^x - 3\cos x)\mathrm{d}x$.

**解** $\int(\mathrm{e}^x - 3\cos x)\mathrm{d}x = \int\mathrm{e}^x\,\mathrm{d}x - 3\int\cos x\,\mathrm{d}x = \mathrm{e}^x - 3\sin x + C.$

**例4** 求不定积分 $\int \dfrac{1 + x + x^2}{x(1 + x^2)}\mathrm{d}x$.

**解** $\int \dfrac{1 + x + x^2}{x(1 + x^2)}\mathrm{d}x = \int \dfrac{x + (1 + x^2)}{x(1 + x^2)}\mathrm{d}x = \int\left(\dfrac{1}{1 + x^2} + \dfrac{1}{x}\right)\mathrm{d}x$

$\qquad = \int \dfrac{\mathrm{d}x}{1 + x^2} + \int \dfrac{\mathrm{d}x}{x} = \arctan x + \ln|x| + C.$

**例5** 求不定积分 $\int \dfrac{x^4}{1 + x^2}\mathrm{d}x$.

**解** $\int \dfrac{x^4}{1 + x^2}\mathrm{d}x = \int \dfrac{x^4 - 1 + 1}{1 + x^2}\mathrm{d}x = \int \dfrac{(x^2 + 1)(x^2 - 1) + 1}{1 + x^2}\mathrm{d}x$

$\qquad = \int\left(x^2 - 1 + \dfrac{1}{1 + x^2}\right)\mathrm{d}x = \int x^2\,\mathrm{d}x - \int\mathrm{d}x + \int \dfrac{\mathrm{d}x}{1 + x^2}$

$\qquad = \dfrac{x^3}{3} - x + \arctan x + C.$

**例6** 求不定积分 $\int\tan^2 x\,\mathrm{d}x$.

**解** $\int\tan^2 x\,\mathrm{d}x = \int(\sec^2 x - 1)\mathrm{d}x = \int\sec^2 x\,\mathrm{d}x - \int\mathrm{d}x = \tan x - x + C.$

**例7** 求不定积分 $\int\sin^2\dfrac{x}{2}\mathrm{d}x$.

**解** $\int\sin^2\dfrac{x}{2}\mathrm{d}x = \int\dfrac{1}{2}(1 - \cos x)\mathrm{d}x = \dfrac{1}{2}\int(1 - \cos x)\mathrm{d}x$

$\qquad = \dfrac{1}{2}\left(\int\mathrm{d}x - \int\cos x\,\mathrm{d}x\right) = \dfrac{1}{2}(x - \sin x) + C.$

## 二、求不定积分的方法

直接利用基本积分公式和不定积分的性质可计算出的不定积分是非常有限的,下面介绍几种求不定积分的有效方法.

**1. 换元法**

**定理 2** 设 $F(u)$ 是函数 $f(u)$ 在区间 $I$ 上的一个原函数，$u=\psi(x)$ 在区间 $J$ 上可导，且 $\psi(J) \subset I$，则在区间 $J$ 上，有

$$\int f[\psi(x)]\psi'(x)\mathrm{d}x = \int f[\psi(x)]\mathrm{d}[\psi(x)] = F[\psi(x)] + C. \quad (4\text{-}3\text{-}1)$$

**证** 由复合函数的求导法，有

$$\{F[\psi(x)]\}' = F'(u)\psi'(x) = f(u)\psi'(x) = f[\psi(x)]\psi'(x),$$

故 $F[\psi(x)]$ 是 $f[\psi(x)]\psi'(x)$ 的一个原函数，从而

$$\int f[\psi(x)]\psi'(x)\mathrm{d}x = F[\psi(x)] + C.$$

通过上述这种换元而求得不定积分的方法称为**第一类换元法**。

为了利用公式 (4-3-1) 求不定积分 $\int g(x)\mathrm{d}x$，必须设法将 $g(x)$ 凑成 $f[\psi(x)]\psi'(x)$ 的形式，然后做代换 $u=\psi(x)$，于是 $\int g(x)\mathrm{d}x = \int f(u)\mathrm{d}u$。如果能求得 $f(u)$ 的原函数 $F(u)$，则回代原来的变量 $x$，即可求得不定积分 $\int g(x)\mathrm{d}x = F[\psi(x)] + C$。因此，第一类换元法也称为**"凑" 微分法**。

**例 8** 求不定积分 $\int x\mathrm{e}^{x^2}\mathrm{d}x$。

**解** $\int x\mathrm{e}^{x^2}\mathrm{d}x = \dfrac{1}{2}\int \mathrm{e}^{x^2}\mathrm{d}(x^2) \xrightarrow{\diamondsuit u = x^2} \dfrac{1}{2}\int \mathrm{e}^u \mathrm{d}u$

$= \dfrac{1}{2}\mathrm{e}^u + C = \dfrac{1}{2}\mathrm{e}^{x^2} + C.$

**例 9** 求不定积分 $\int \dfrac{\mathrm{d}x}{\sqrt{a^2-x^2}}$ ($a$ 为常数且 $a>0$)。

**解** $\int \dfrac{\mathrm{d}x}{\sqrt{a^2-x^2}} = \int \dfrac{\mathrm{d}\left(\dfrac{x}{a}\right)}{\sqrt{1-\left(\dfrac{x}{a}\right)^2}} \xrightarrow{\diamondsuit u = \dfrac{x}{a}} \int \dfrac{\mathrm{d}u}{\sqrt{1-u^2}}$

$= \arcsin u + C = \arcsin \dfrac{x}{a} + C.$

当对该方法比较熟悉后，可不必明显写出中间变量 $u=\psi(x)$。

**例 10** 求不定积分 $\int \dfrac{\mathrm{d}x}{a^2-x^2}$ ($a$ 为常数且 $a \neq 0$)。

**解** $\int \dfrac{\mathrm{d}x}{a^2-x^2} = \dfrac{1}{2a}\int\left(\dfrac{1}{a+x}+\dfrac{1}{a-x}\right)\mathrm{d}x = \dfrac{1}{2a}\left[\int\dfrac{\mathrm{d}(a+x)}{a+x}-\int\dfrac{\mathrm{d}(a-x)}{a-x}\right]$

$\qquad\qquad = \dfrac{1}{2a}(\ln|a+x|-\ln|a-x|)+C$

$\qquad\qquad = \dfrac{1}{2a}\ln\left|\dfrac{a+x}{a-x}\right|+C.$

**例 11** 求不定积分 $\int \tan x\,\mathrm{d}x$.

**解** $\int \tan x\,\mathrm{d}x = \int \dfrac{\sin x}{\cos x}\mathrm{d}x = -\int\dfrac{\mathrm{d}(\cos x)}{\cos x} = -\ln|\cos x|+C.$

类似地,可得

$$\int \cot x\,\mathrm{d}x = \ln|\sin x|+C.$$

**例 12** 求不定积分 $\int \cos^2 x\,\mathrm{d}x$.

**解** $\int \cos^2 x\,\mathrm{d}x = \int \dfrac{1+\cos 2x}{2}\mathrm{d}x = \dfrac{1}{2}\left(\int\mathrm{d}x+\int\cos 2x\,\mathrm{d}x\right)$

$\qquad\qquad = \dfrac{1}{2}\int\mathrm{d}x+\dfrac{1}{4}\int\cos 2x\,\mathrm{d}(2x) = \dfrac{x}{2}+\dfrac{\sin 2x}{4}+C.$

类似地,可得

$$\int \sin^2 x\,\mathrm{d}x = \dfrac{x}{2}-\dfrac{\sin 2x}{4}+C.$$

**例 13** 求不定积分 $\int \sin^3 x\,\mathrm{d}x$.

**解** $\int \sin^3 x\,\mathrm{d}x = \int(1-\cos^2 x)\sin x\,\mathrm{d}x = -\int(1-\cos^2 x)\mathrm{d}(\cos x)$

$\qquad\qquad = -\cos x+\dfrac{1}{3}\cos^3 x+C.$

**例 14** 求不定积分 $\int \csc x\,\mathrm{d}x$.

**解** $\int \csc x\,\mathrm{d}x = \int\dfrac{\mathrm{d}x}{\sin x} = \int\dfrac{\mathrm{d}x}{2\sin\dfrac{x}{2}\cos\dfrac{x}{2}} = \int\dfrac{\mathrm{d}\left(\dfrac{x}{2}\right)}{\tan\dfrac{x}{2}\cos^2\dfrac{x}{2}}$

$\qquad\qquad = \int\dfrac{\mathrm{d}\left(\tan\dfrac{x}{2}\right)}{\tan\dfrac{x}{2}} = \ln\left|\tan\dfrac{x}{2}\right|+C.$

因为
$$\tan\frac{x}{2}=\frac{\sin\dfrac{x}{2}}{\cos\dfrac{x}{2}}=\frac{2\sin^2\dfrac{x}{2}}{\sin x}=\frac{1-\cos x}{\sin x}=\csc x-\cot x,$$

所以原不定积分又可表示为
$$\int\csc x\,\mathrm{d}x=\ln|\csc x-\cot x|+C.$$

类似地,可得
$$\int\sec x\,\mathrm{d}x=\ln|\sec x+\tan x|+C.$$

**例 15** 求不定积分 $\int\cos 3x\cos 2x\,\mathrm{d}x$.

**解** 利用三角学中的积化和差公式
$$\cos A\cos B=\frac{1}{2}[\cos(A-B)+\cos(A+B)],$$

得
$$\cos 3x\cos 2x=\frac{1}{2}(\cos x+\cos 5x),$$

于是
$$\begin{aligned}\int\cos 3x\cos 2x\,\mathrm{d}x&=\frac{1}{2}\int(\cos x+\cos 5x)\,\mathrm{d}x\\&=\frac{1}{2}\left[\int\cos x\,\mathrm{d}x+\frac{1}{5}\int\cos 5x\,\mathrm{d}(5x)\right]\\&=\frac{1}{2}\sin x+\frac{1}{10}\sin 5x+C.\end{aligned}$$

上面讨论的第一类换元法是把被积函数的一部分连同 $\mathrm{d}x$ 凑成一个函数 $\varphi(x)$ 的微分,而剩余部分是 $\varphi(x)$ 的复合函数,引入变量 $u=\varphi(x)$ 后,其原函数容易找到,从中我们体会到引入一个新变量后,可以起到简化被积式 $f(x)\mathrm{d}x$ 的作用. 受这一启发,对于某些不定积分 $\int f(x)\mathrm{d}x$,我们也可以直接做变量代换 $x=\psi(t)$,使得被积式 $f(x)\mathrm{d}x$ 化为新的被积式 $f[\psi(t)]\psi'(t)\mathrm{d}t$,而由此比较容易求出不定积分,这就是所谓的**第二类换元法**.

**定理 3** 设 $I,J$ 是两个区间,函数 $f(x)$ 在区间 $I$ 上连续,又 $x=\psi(t)$ 在 $J$ 上严格单调、可导,且 $\psi'(t)\neq 0,\psi(J)\subset I$. 若 $f[\psi(t)]\psi'(t)$ 在 $J$ 上有原函数 $F(t)$,则在 $I$ 上有
$$\int f(x)\mathrm{d}x=F[\psi^{-1}(x)]+C, \tag{4-3-2}$$

其中 $C$ 为任意常数,$\psi^{-1}(x)$ 是 $\psi(t)$ 的反函数.

**证** 由 $\psi(t)$ 满足的条件知 $\psi^{-1}(x)$ 存在,且在 $I$ 上严格单调、可导,因此由

复合函数的求导法及反函数的求导法,有

$$\{F[\psi^{-1}(x)]\}' = F'(t) \cdot [\psi^{-1}(x)]' = f[\psi(t)]\psi'(t) \cdot \frac{1}{\psi'(t)}$$
$$= f[\psi(t)] = f(x),$$

故
$$\int f(x)\mathrm{d}x = F[\psi^{-1}(x)] + C.$$

第一类换元法和第二类换元法的本质都是通过改变积分变量而使被积函数变得容易积分.两者的区别主要在于积分变量 $x$ 所处的"地位"不同,第一类换元法是令 $u = \psi(x)$,其中 $x$ 是自变量,引入的新变量 $u$ 是函数,而第二类换元法是令 $x = \psi(t)$,其中 $x$ 是函数,引入的新变量 $t$ 是自变量.

**例 16** 求不定积分 $\int \sqrt{a^2 - x^2}\,\mathrm{d}x$ ($a$ 为常数且 $a > 0$).

**解** 被积函数为无理式,应设法去掉根号,令 $x = a\sin t, t \in \left(-\frac{\pi}{2}, \frac{\pi}{2}\right)$,则它是 $t$ 的严格单调连续可微函数,且 $\mathrm{d}x = a\cos t\,\mathrm{d}t$,$\sqrt{a^2 - x^2} = a\cos t$.因而

$$\int \sqrt{a^2 - x^2}\,\mathrm{d}x = \int a\cos t \cdot a\cos t\,\mathrm{d}t = \int a^2\cos^2 t\,\mathrm{d}t = a^2 \int \frac{1 + \cos 2t}{2}\,\mathrm{d}t$$
$$= a^2 \left(\frac{t}{2} + \frac{1}{4}\sin 2t\right) + C = \frac{a^2 t}{2} + \frac{a^2}{2}\sin t \cos t + C$$
$$= \frac{a^2}{2}\arcsin\frac{x}{a} + \frac{1}{2}x\sqrt{a^2 - x^2} + C,$$

其中最后一个等式是由 $x = a\sin t$,$\sqrt{a^2 - x^2} = a\cos t$ 而得到的.

**例 17** 求不定积分 $\int \frac{\mathrm{d}x}{\sqrt{x^2 + a^2}}$ ($a$ 为常数且 $a > 0$).

**解** 令 $x = a\tan t, t \in \left(-\frac{\pi}{2}, \frac{\pi}{2}\right)$,则

$$\mathrm{d}x = a\sec^2 t\,\mathrm{d}t, \quad \sqrt{x^2 + a^2} = a\sec t.$$

因而
$$\int \frac{\mathrm{d}x}{\sqrt{x^2 + a^2}} = \int \frac{1}{a\sec t} \cdot a\sec^2 t\,\mathrm{d}t = \int \sec t\,\mathrm{d}t$$
$$= \ln|\sec t + \tan t| + C_1$$
$$= \ln\left(\frac{\sqrt{x^2 + a^2}}{a} + \frac{x}{a}\right) + C_1$$
$$= \ln(\sqrt{x^2 + a^2} + x) + C,$$

其中 $C = C_1 - \ln a$.

**例 18** 求不定积分 $\int \dfrac{\mathrm{d}x}{\sqrt{x^2-a^2}}$ （$a$ 为常数且 $a>0$）.

**解** 令 $x=a\sec t, t\in\left(0,\dfrac{\pi}{2}\right)$，可求得被积函数在 $x>a$ 上的不定积分，这时 $\mathrm{d}x = a\sec t\tan t\mathrm{d}t$，$\sqrt{x^2-a^2}=a\tan t$. 因而

$$\int \frac{\mathrm{d}x}{\sqrt{x^2-a^2}} = \int \frac{1}{a\tan t}\cdot a\sec t\tan t\mathrm{d}t = \int \sec t\mathrm{d}t$$
$$= \ln|\sec t+\tan t|+C_1$$
$$= \ln\left|\frac{x}{a}+\frac{\sqrt{x^2-a^2}}{a}\right|+C_1$$
$$= \ln|x+\sqrt{x^2-a^2}|+C,$$

其中 $C=C_1-\ln a$. 当 $x<-a$ 时，可令 $x=a\sec t\left(\dfrac{\pi}{2}<t<\pi\right)$，类似地可得相同形式的结果（读者可以试一试），因此不论哪种情况均有

$$\int \frac{\mathrm{d}x}{\sqrt{x^2-a^2}} = \ln|x+\sqrt{x^2-a^2}|+C.$$

例 16 ～ 例 18 所做代换均利用了三角恒等式，称为**三角代换**，目的是将被积函数中的无理因式化为三角函数的有理因式. 通常，若被积函数含有 $\sqrt{a^2-x^2}$，可做代换 $x=a\sin t$；若被积函数含有 $\sqrt{x^2+a^2}$，可做代换 $x=a\tan t$；若被积函数含有 $\sqrt{x^2-a^2}$，可做代换 $x=a\sec t$. 有时也可利用双曲函数做代换，如例 17 中也可令 $x=a\,\mathrm{sh}\,t$ 而得到相同结果. 此外，有时计算某些积分时须约简因子 $x^\mu(\mu\in\mathbf{N})$，此时往往可做倒代换 $x=\dfrac{1}{t}$.

**例 19** 求不定积分 $\int \dfrac{\mathrm{d}x}{x(x^4+1)}$.

**解** 令 $x=\dfrac{1}{t}$，则 $\mathrm{d}x=-\dfrac{\mathrm{d}t}{t^2}$. 于是

$$\int \frac{\mathrm{d}x}{x(x^4+1)} = -\int \frac{t^3}{t^4+1}\mathrm{d}t = -\frac{1}{4}\int \frac{\mathrm{d}(t^4+1)}{t^4+1}$$
$$= -\frac{1}{4}\ln(t^4+1)+C = -\frac{1}{4}\ln\left(\frac{1}{x^4}+1\right)+C.$$

## 2. 分部积分法

**定理 4** 设函数 $u(x), v(x)$ 在区间 $I$ 上可微，且 $u'(x)v(x)$ 在 $I$ 上有

原函数,则有

$$\int u(x)v'(x)\mathrm{d}x = u(x)v(x) - \int u'(x)v(x)\mathrm{d}x. \quad (4\text{-}3\text{-}3)$$

**证** 因为函数 $u=u(x)$ 和 $v=v(x)$ 在 $I$ 上可微,所以 $uv$ 是 $(uv)'$ 在 $I$ 上的一个原函数,而

$$(uv)' = u'v + uv'$$

或

$$uv' = (uv)' - u'v.$$

对这个等式两边求不定积分,得

$$\int uv'\mathrm{d}x = uv - \int u'v\mathrm{d}x.$$

公式(4-3-3)称为**分部积分公式**,常简写成

$$\int u\,\mathrm{d}v = uv - \int v\,\mathrm{d}u, \quad (4\text{-}3\text{-}4)$$

其中 $u,v$ 的选取以 $\int v\,\mathrm{d}u$ 比 $\int u\,\mathrm{d}v$ 易求为原则.利用该公式求不定积分的方法称为**分部积分法**.

**例 20** 求不定积分 $\int x\mathrm{e}^x\mathrm{d}x$.

**解** 取 $u=\mathrm{e}^x, v=\dfrac{1}{2}x^2$,则

$$\int x\mathrm{e}^x\mathrm{d}x = \int \mathrm{e}^x\mathrm{d}\left(\dfrac{1}{2}x^2\right) = \dfrac{1}{2}x^2\mathrm{e}^x - \int \dfrac{1}{2}x^2\mathrm{d}(\mathrm{e}^x).$$

而上式右边不定积分 $\int \dfrac{1}{2}x^2\mathrm{d}(\mathrm{e}^x) = \int \dfrac{1}{2}x^2\mathrm{e}^x\mathrm{d}x$ 比左边不定积分 $\int x\mathrm{e}^x\mathrm{d}x$ 更难求,因此改取 $u=x, v=\mathrm{e}^x$,则

$$\int x\mathrm{e}^x\mathrm{d}x = \int x\mathrm{d}(\mathrm{e}^x) = x\mathrm{e}^x - \int \mathrm{e}^x\mathrm{d}x = x\mathrm{e}^x - \mathrm{e}^x + C.$$

**例 21** 求不定积分 $\int x\cos x\mathrm{d}x$.

**解** 取 $u=x, v=\sin x$,则

$$\int x\cos x\mathrm{d}x = \int x\mathrm{d}(\sin x) = x\sin x - \int \sin x\mathrm{d}x$$
$$= x\sin x + \cos x + C.$$

例 20 和例 21 说明,如果被积函数是幂函数和指数函数,或者幂函数和三角函数的乘积,可考虑用分部积分法,且在分部积分公式(4-3-4)中取幂函数为 $u$.

**例 22** 求不定积分 $\int \ln x \, dx$.

**解** 取 $u = \ln x, v = x$，则
$$\int \ln x \, dx = x \ln x - \int x \, d(\ln x) = x \ln x - \int dx = x \ln x - x + C.$$

**例 23** 求不定积分 $\int x \arctan x \, dx$.

**解** 取 $u = \arctan x, v = \frac{1}{2}x^2$，则
$$\int x \arctan x \, dx = \int \arctan x \, d\left(\frac{1}{2}x^2\right) = \frac{1}{2}x^2 \arctan x - \int \frac{1}{2}x^2 \, d(\arctan x)$$
$$= \frac{1}{2}x^2 \arctan x - \frac{1}{2}\int \frac{x^2}{1+x^2} dx$$
$$= \frac{1}{2}x^2 \arctan x - \frac{1}{2}\int \left(1 - \frac{1}{1+x^2}\right) dx$$
$$= \frac{1}{2}x^2 \arctan x - \frac{1}{2}x + \frac{1}{2}\arctan x + C.$$

例 22 和例 23 说明，如果被积函数是幂函数和对数函数，或者幂函数和反三角函数的乘积，可考虑用分部积分法，且在分部积分公式(4-3-4)中取对数函数或反三角函数为 $u$.

当我们对分部积分法较熟悉后，可不必明显写出公式中的 $u$ 与 $v$. 此外，在利用公式时，有时计算过程中会重新出现所求不定积分，此时可得到一个关于所求不定积分的代数方程，解出该方程中的不定积分即得所求.

**例 24** 求不定积分 $\int e^x \cos x \, dx$.

**解**
$$\int e^x \cos x \, dx = \int \cos x \, d(e^x) = e^x \cos x - \int e^x \, d(\cos x)$$
$$= e^x \cos x + \int e^x \sin x \, dx = e^x \cos x + \int \sin x \, d(e^x)$$
$$= e^x \cos x + e^x \sin x - \int e^x \, d(\sin x)$$
$$= e^x (\cos x + \sin x) - \int e^x \cos x \, dx,$$

故
$$\int e^x \cos x \, dx = \frac{1}{2} e^x (\sin x + \cos x) + C. \tag{4-3-5}$$

这里须特别指出的是：在例 24 中，因为式(4-3-5)右边已不包含不定积分

项，所以必须加上任意常数 $C$. 事实上，我们在运算中简化了计算步骤. 如果详细写明，应该还有下面的步骤：

$$\int e^x \cos x \, dx = e^x \cos x + e^x \sin x - \int e^x \cos x \, dx.$$

上式两边同时加上 $\int e^x \cos x \, dx$，得

$$2\int e^x \cos x \, dx = e^x (\sin x + \cos x) + \int (e^x \cos x - e^x \cos x) dx$$
$$= e^x (\sin x + \cos x) + \int 0 \, dx$$
$$= e^x (\sin x + \cos x) + 2C.$$

于是

$$\int e^x \cos x \, dx = \frac{1}{2} e^x (\sin x + \cos x) + C.$$

一般地，由不定积分的运算法则，有

$$\int f(x) dx - \int f(x) dx = \int [f(x) - f(x)] dx = \int 0 \, dx = C.$$

因此，$\int f(x) dx - \int f(x) dx$ 有时被认为是任意两个原函数之差的全体.

**例 25** 求不定积分 $I = \int \sqrt{x^2 - a^2} \, dx$ （$a$ 为常数且 $a > 0$）.

**解** $I = \int \sqrt{x^2 - a^2} \, dx = x\sqrt{x^2 - a^2} - \int x \, d(\sqrt{x^2 - a^2})$

$$= x\sqrt{x^2 - a^2} - \int \frac{x^2}{\sqrt{x^2 - a^2}} dx$$

$$= x\sqrt{x^2 - a^2} - \int \frac{x^2 - a^2 + a^2}{\sqrt{x^2 - a^2}} dx$$

$$= x\sqrt{x^2 - a^2} - \int \sqrt{x^2 - a^2} \, dx - a^2 \int \frac{dx}{\sqrt{x^2 - a^2}}$$

$$= x\sqrt{x^2 - a^2} - I - a^2 \ln |x + \sqrt{x^2 - a^2}| + C_1,$$

故

$$I = \frac{x}{2}\sqrt{x^2 - a^2} - \frac{a^2}{2} \ln |x + \sqrt{x^2 - a^2}| + C,$$

其中 $C = \frac{1}{2} C_1$ 为任意常数.

**例 26** 求不定积分 $I_n = \int \frac{dx}{(x^2 + a^2)^n}$ （$a$ 为非零常数，$n$ 为正整数）.

**解** 当 $n = 1$ 时，易求得

$$I_1 = \int \frac{\mathrm{d}x}{x^2+a^2} = \int \frac{\frac{1}{a}}{1+\left(\frac{x}{a}\right)^2} \mathrm{d}\left(\frac{x}{a}\right) = \frac{1}{a}\arctan\frac{x}{a}+C.$$

当 $n>1$ 时,

$$\begin{aligned}
I_n &= \frac{1}{a^2}\int \frac{x^2+a^2-x^2}{(x^2+a^2)^n}\mathrm{d}x \\
&= \frac{1}{a^2}I_{n-1} - \frac{1}{a^2}\int \frac{x^2}{(x^2+a^2)^n}\mathrm{d}x \\
&= \frac{1}{a^2}I_{n-1} - \frac{1}{a^2}\int \frac{x}{-2(n-1)}\mathrm{d}\left[\frac{1}{(x^2+a^2)^{n-1}}\right] \\
&= \frac{1}{a^2}I_{n-1} + \frac{1}{2(n-1)a^2}\left[\frac{x}{(x^2+a^2)^{n-1}} - \int \frac{\mathrm{d}x}{(x^2+a^2)^{n-1}}\right] \\
&= \frac{1}{a^2}\left[1-\frac{1}{2(n-1)}\right]I_{n-1} + \frac{1}{2(n-1)a^2}\cdot \frac{x}{(x^2+a^2)^{n-1}}.
\end{aligned}$$

由此,即得递推式

$$I_n = \frac{1}{2(n-1)a^2}\left[(2n-3)I_{n-1} + \frac{x}{(x^2+a^2)^{n-1}}\right].$$

由上述递推式可求出所有形如 $I_n$ 的积分,如取 $n=2$,得

$$I_2 = \frac{x}{2a^2(x^2+a^2)} + \frac{1}{2a^3}\arctan\frac{x}{a} + C.$$

在求不定积分的过程中往往要兼用换元法与分部积分法,下面举一个例子.

**例 27** 求不定积分 $\int \mathrm{e}^{\sqrt{x}}\mathrm{d}x$.

**解** 令 $\sqrt{x}=t$,则 $x=t^2$,$\mathrm{d}x=2t\,\mathrm{d}t$. 于是

$$\begin{aligned}
\int \mathrm{e}^{\sqrt{x}}\mathrm{d}x &= 2\int t\mathrm{e}^t\mathrm{d}t = 2\int t\,\mathrm{d}(\mathrm{e}^t) = 2\left(t\mathrm{e}^t - \int \mathrm{e}^t\mathrm{d}t\right) \\
&= 2(t\mathrm{e}^t - \mathrm{e}^t) + 2C_1 = 2\mathrm{e}^{\sqrt{x}}(\sqrt{x}-1) + C.
\end{aligned}$$

### 3. 有理函数的不定积分

若 $P(x),Q(x)$ 是两个实系数多项式,则称函数 $R(x)=\dfrac{P(x)}{Q(x)}$ 为**有理函数**. 由多项式的除法可知,当 $R(x)$ 为假分式[$P(x)$ 的次数不小于 $Q(x)$ 的次数]时,总可将其化为一个多项式与一个真分式[$P(x)$ 的次数小于 $Q(x)$ 的次

数]的和,而多项式的不定积分简单易求,因此要求 $\int R(x)\mathrm{d}x$ ,关键是弄清真分式的不定积分的求法. 现假定 $R(x)=\dfrac{P(x)}{Q(x)}$ 为真分式,则由代数学有关理论知, $R(x)$ 必能分解成下列四种部分简单分式之和:

(1) $\dfrac{A}{x-a}$,

(2) $\dfrac{A}{(x-a)^n}$ $(n=2,3,\cdots)$,

(3) $\dfrac{Bx+C}{x^2+px+q}$ $(p^2-4q<0)$,

(4) $\dfrac{Bx+C}{(x^2+px+q)^n}$ $(n=2,3,\cdots,p^2-4q<0)$,

这里 $A,B,C,a,p,q$ 均为常数.

此外还有

(1) 若 $Q(x)=0$ 有一个 $k$ 重实根 $a$,则 $R(x)$ 的分解式中必有项

$$\dfrac{A_1}{x-a}+\dfrac{A_2}{(x-a)^2}+\cdots+\dfrac{A_k}{(x-a)^k},$$

其中 $A_1,A_2,\cdots,A_k$ 为待定常数.

(2) 若 $Q(x)=0$ 有一对 $k$ 重共轭复根 $\alpha$ 和 $\beta$,即 $Q(x)$ 有因式 $(x^2+px+q)^k(p^2-4q<0)$,且 $x^2+px+q=(x-\alpha)(x-\beta)$,则 $R(x)$ 的分解式中必有项

$$\dfrac{B_1x+C_1}{x^2+px+q}+\dfrac{B_2x+C_2}{(x^2+px+q)^2}+\cdots+\dfrac{B_kx+C_k}{(x^2+px+q)^k},$$

其中 $B_1,B_2,\cdots,B_k$ 和 $C_1,C_2,\cdots,C_k$ 为待定常数.

**例 28** 将分式 $\dfrac{x^2+5x+6}{(x-1)(x^2+2x+3)}$ 分解为部分简单分式之和.

**解** 可设

$$\dfrac{x^2+5x+6}{(x-1)(x^2+2x+3)}=\dfrac{A}{x-1}+\dfrac{Bx+C}{x^2+2x+3}.$$

两边去分母且合并同类项,得

$$x^2+5x+6=(A+B)x^2+(2A-B+C)x+(3A-C).$$

比较 $x$ 同次幂的系数,得方程组

$$\begin{cases} A+B=1, \\ 2A-B+C=5, \\ 3A-C=6. \end{cases}$$

解之,得 $A=2, B=-1, C=0$. 故

$$\frac{x^2+5x+6}{(x-1)(x^2+2x+3)} = \frac{2}{x-1} - \frac{x}{x^2+2x+3}.$$

**例 29** 将分式 $\dfrac{2x+2}{(x-1)(x^2+1)^2}$ 分解为部分简单分式之和.

**解** 可设

$$\frac{2x+2}{(x-1)(x^2+1)^2} = \frac{A}{x-1} + \frac{B_1 x + C_1}{x^2+1} + \frac{B_2 x + C_2}{(x^2+1)^2}.$$

两边去分母且合并同类项,得

$$2x+2 = (A+B_1)x^4 + (C_1-B_1)x^3 + (2A+B_2+B_1-C_1)x^2 \\ + (C_2+C_1-B_2-B_1)x + (A-C_2-C_1).$$

比较 $x$ 同次幂的系数,得方程组

$$\begin{cases} A+B_1=0, \\ C_1-B_1=0, \\ 2A+B_2+B_1-C_1=0, \\ C_2+C_1-B_2-B_1=2, \\ A-C_2-C_1=2. \end{cases}$$

解之,得 $A=1, B_1=-1, C_1=-1, B_2=-2, C_2=0$. 故

$$\frac{2x+2}{(x-1)(x^2+1)^2} = \frac{1}{x-1} - \frac{x+1}{x^2+1} - \frac{2x}{(x^2+1)^2}.$$

通过上面的讨论可知,任意真分式的不定积分实质上可归结为上述**四种部分简单分式的不定积分**. 为此,下面将逐一讨论这四种部分简单分式的不定积分.

(1) $\displaystyle\int \frac{A}{x-a} \mathrm{d}x$.

$$\int \frac{A}{x-a} \mathrm{d}x = A \ln|x-a| + C.$$

(2) $\displaystyle\int \frac{A}{(x-a)^n} \mathrm{d}x \quad (n=2,3,\cdots)$.

$$\int \frac{A}{(x-a)^n} \mathrm{d}x = \frac{A(x-a)^{1-n}}{1-n} + C = -\frac{A}{(n-1)(x-a)^{n-1}} + C.$$

(3) $\displaystyle\int \frac{Bx+C}{x^2+px+q} \mathrm{d}x \quad (p^2-4q<0)$.

$$\int \frac{Bx+C}{x^2+px+q} \mathrm{d}x = \frac{B}{2} \int \frac{\mathrm{d}(x^2+px+q)}{x^2+px+q} + \int \frac{C-\dfrac{Bp}{2}}{\left(x+\dfrac{p}{2}\right)^2 + \left(\sqrt{q-\dfrac{p^2}{4}}\right)^2} \mathrm{d}x$$

$$= \frac{B}{2}\ln(x^2+px+q) + \frac{2C-Bp}{\sqrt{4q-p^2}}\arctan\frac{2x+p}{\sqrt{4q-p^2}} + C_1.$$

(4) $\int \frac{Bx+C}{(x^2+px+q)^n}dx \quad (n=2,3,\cdots, p^2-4q<0)$.

$$\int \frac{Bx+C}{(x^2+px+q)^n}dx = \frac{B}{2}\int \frac{d(x^2+px+q)}{(x^2+px+q)^n} + \int \frac{C-\frac{Bp}{2}}{(x^2+px+q)^n}dx$$

$$= \frac{B}{2}\frac{1}{(1-n)(x^2+px+q)^{n-1}}$$

$$+ \left(C-\frac{Bp}{2}\right)\int \frac{dx}{\left[\left(x+\frac{p}{2}\right)^2 + \left(\sqrt{q-\frac{p^2}{4}}\right)^2\right]^n}.$$

对于上式右边的不定积分,只要令 $t=x+\frac{p}{2}, a=\sqrt{q-\frac{p^2}{4}}$,则可化为例26中的不定积分.

至此,我们解决了有理函数的不定积分的计算问题.

**例 30** 求下列不定积分:

(1) $\int \frac{x^2+5x+6}{(x-1)(x^2+2x+3)}dx$;  (2) $\int \frac{2x+2}{(x-1)(x^2+1)^2}dx$.

**解** (1) $\int \frac{x^2+5x+6}{(x-1)(x^2+2x+3)}dx$

$$= \int \frac{2}{x-1}dx - \int \frac{x}{x^2+2x+3}dx$$

$$= 2\ln|x-1| - \frac{1}{2}\int \frac{d(x^2+2x+3)}{x^2+2x+3} + \int \frac{dx}{(x+1)^2+(\sqrt{2})^2}$$

$$= 2\ln|x-1| - \frac{1}{2}\ln(x^2+2x+3) + \frac{1}{\sqrt{2}}\arctan\frac{x+1}{\sqrt{2}} + C$$

$$= \ln\frac{(x-1)^2}{\sqrt{x^2+2x+3}} + \frac{1}{\sqrt{2}}\arctan\frac{x+1}{\sqrt{2}} + C.$$

(2) $\int \frac{2x+2}{(x-1)(x^2+1)^2}dx$

$$= \int \frac{dx}{x-1} - \int \frac{x+1}{x^2+1}dx - \int \frac{2x}{(x^2+1)^2}dx$$

$$= \ln|x-1| - \frac{1}{2}\int \frac{d(x^2+1)}{x^2+1} - \int \frac{dx}{x^2+1} - \int \frac{d(x^2+1)}{(x^2+1)^2}$$

$$= \ln|x-1| - \frac{1}{2}\ln(x^2+1) - \arctan x + \frac{1}{x^2+1} + C$$

$$= \ln \frac{|x-1|}{\sqrt{x^2+1}} - \arctan x + \frac{1}{x^2+1} + C.$$

某些不定积分虽本身不属于有理函数的不定积分，但经某些代换后，可化为有理函数的不定积分. 例如不定积分 $\int R\left(x, \sqrt[n]{\frac{ax+b}{cx+d}}\right) dx$ [其中 $R(x,y)$ 表示关于 $x,y$ 的有理函数]，一般我们令 $t = \sqrt[n]{\frac{ax+b}{cx+d}}$，则可将其化为有理函数的不定积分. 又如不定积分 $\int R(\sin x, \cos x) dx$，若记 $t = \tan \frac{x}{2}$，则由三角学中的万能公式，有

$$\sin x = \frac{2t}{1+t^2}, \quad \cos x = \frac{1-t^2}{1+t^2},$$

且 $dx = \frac{2}{1+t^2} dt$，故

$$\int R(\sin x, \cos x) dx = \int R\left(\frac{2t}{1+t^2}, \frac{1-t^2}{1+t^2}\right) \frac{2}{1+t^2} dt,$$

即将原不定积分化为关于 $t$ 的有理函数的不定积分.

**例 31** 求不定积分 $\int \frac{dx}{(1+\cos x)\sin x}$.

**解** 令 $t = \tan \frac{x}{2}$，则

$$\int \frac{dx}{(1+\cos x)\sin x} = \int \frac{1}{2}\left(t + \frac{1}{t}\right) dt = \frac{1}{4} t^2 + \frac{1}{2} \ln |t| + C$$

$$= \frac{1}{4} \tan^2 \frac{x}{2} + \frac{1}{2} \ln \left|\tan \frac{x}{2}\right| + C.$$

这里值得一提的是，上面虽指出某些积分可化为有理函数的积分，但并非这样积分的途径最简捷，有时可能还有更简单的方法.

**例 32** 求不定积分 $\int \frac{\cos x}{1+\sin x} dx$.

**解** $\int \frac{\cos x}{1+\sin x} dx = \int \frac{d(1+\sin x)}{1+\sin x} = \ln(1+\sin x) + C.$

本节某些例题的结果可作为求不定积分的常用公式，把它们列在下面，以

便记忆,其中 $a$ 为常数且 $a>0$.

⑯ $\int \tan x \, dx = -\ln|\cos x| + C$;

⑰ $\int \cot x \, dx = \ln|\sin x| + C$;

⑱ $\int \csc x \, dx = \ln|\csc x - \cot x| + C$;

⑲ $\int \sec x \, dx = \ln|\sec x + \tan x| + C$;

⑳ $\int \dfrac{dx}{a^2 - x^2} = \dfrac{1}{2a} \ln\left|\dfrac{a+x}{a-x}\right| + C$;

㉑ $\int \sqrt{a^2 - x^2} \, dx = \dfrac{a^2}{2} \arcsin \dfrac{x}{a} + \dfrac{1}{2} x \sqrt{a^2 - x^2} + C$;

㉒ $\int \dfrac{dx}{\sqrt{x^2 \pm a^2}} = \ln|x + \sqrt{x^2 \pm a^2}| + C$.

• 习题 4-3

1. 求下列不定积分:

(1) $\int \sqrt{x}(x^2 - 5) \, dx$;

(2) $\int 3^x e^x \, dx$;

(3) $\int \left(\dfrac{3}{1+x^2} - \dfrac{2}{\sqrt{1-x^2}}\right) dx$;

(4) $\int \dfrac{x^2}{1+x^2} \, dx$;

(5) $\int \sin^2 \dfrac{x}{2} \, dx$;

(6) $\int \left(1 - \dfrac{1}{x^2}\right) \sqrt{x \sqrt{x}} \, dx$;

(7) $\int \dfrac{dx}{x^2}$;

(8) $\int x \sqrt{x} \, dx$;

(9) $\int \dfrac{dx}{x^2 \sqrt{x}}$;

(10) $\int (x^2 - 3x + 2) \, dx$;

(11) $\int \dfrac{3x^4 + 3x^2 + 1}{x^2 + 1} \, dx$;

(12) $\int \left(2e^x + \dfrac{3}{x}\right) dx$;

(13) $\int e^x \left(1 - \dfrac{e^{-x}}{\sqrt{x}}\right) dx$;

(14) $\int \dfrac{2 \cdot 3^x - 5 \cdot 2^x}{3^x} \, dx$;

(15) $\int \sec x (\sec x - \tan x) \, dx$;

(16) $\int \dfrac{dx}{1 + \cos 2x}$;

(17) $\int \dfrac{\cos 2x}{\cos x - \sin x} \, dx$;

(18) $\int \dfrac{\cos 2x}{\cos^2 x \sin^2 x} \, dx$.

2. 一平面曲线过点 $(1,0)$,且曲线上任一点 $(x,y)$ 处的切线斜率为 $2x-2$,求该曲线的方程.

3. 在下列等式右边的空白处填入适当的系数,使得等式成立:

(1) $x \, dx = ($　　$) d(1-x^2)$;

(2) $x e^{x^2} \, dx = ($　　$) d(e^{x^2})$;

(3) $\dfrac{dx}{x} = ($　　$) d(3 - 5\ln|x|)$;

(4) $a^{3x} \, dx = ($　　$) d(a^{3x} - 1)$;

(5) $\sin 3x\,dx = ($   $)d(\cos 3x)$;

(6) $\dfrac{dx}{\cos^2 5x} = ($   $)d(\tan 5x)$;

(7) $\dfrac{x}{x^2-1}dx = ($   $)d(\ln|x^2-1|)$;

(8) $\dfrac{dx}{5-2x} = ($   $)d(\ln|5-2x|)$;

(9) $\dfrac{dx}{\sqrt{1-x^2}} = ($   $)d(1-\arcsin x)$;

(10) $\dfrac{dx}{1+9x^2} = ($   $)d(\arctan 3x)$;

(11) $(3-x)dx = ($   $)d[(3-x)^2-4]$;

(12) $e^{-\frac{x}{2}}dx = ($   $)d\left(1+e^{-\frac{x}{2}}\right)$.

**4. 利用换元法求下列不定积分：**

(1) $\displaystyle\int x\cos x^2\,dx$;

(2) $\displaystyle\int \dfrac{\sin x+\cos x}{\sqrt[3]{\sin x-\cos x}}dx$;

(3) $\displaystyle\int \dfrac{dx}{2x^2-1}$;

(4) $\displaystyle\int \cos^3 x\,dx$;

(5) $\displaystyle\int \cos x\cos\dfrac{x}{2}dx$;

(6) $\displaystyle\int \sin 2x\cos 3x\,dx$;

(7) $\displaystyle\int \dfrac{10^{2\arccos x}}{\sqrt{1-x^2}}dx$;

(8) $\displaystyle\int \dfrac{1+\ln x}{(x\ln x)^2}dx$;

(9) $\displaystyle\int \dfrac{\arctan\sqrt{x}}{\sqrt{x}(1+x)}dx$;

(10) $\displaystyle\int \dfrac{\ln\tan x}{\cos x\sin x}dx$;

(11) $\displaystyle\int e^{-5x}\,dx$;

(12) $\displaystyle\int \dfrac{dx}{1-2x}$;

(13) $\displaystyle\int \dfrac{\sin\sqrt{x}}{\sqrt{x}}dx$;

(14) $\displaystyle\int \tan^{10}x\sec^2 x\,dx$;

(15) $\displaystyle\int \dfrac{dx}{x\ln^2 x}$;

(16) $\displaystyle\int \tan\sqrt{1+x^2}\,\dfrac{x}{\sqrt{1+x^2}}dx$;

(17) $\displaystyle\int \dfrac{dx}{\sin x\cos x}$;

(18) $\displaystyle\int x e^{-x^2}\,dx$;

(19) $\displaystyle\int (x+4)^{10}dx$;

(20) $\displaystyle\int \dfrac{dx}{\sqrt[3]{2-3x}}$;

(21) $\displaystyle\int \dfrac{dx}{x\sqrt{x^2+1}}$;

(22) $\displaystyle\int \sqrt{\dfrac{a+x}{a-x}}dx$ ($a$ 为常数且 $a>0$);

(23) $\displaystyle\int \dfrac{dx}{e^x+e^{-x}}$;

(24) $\displaystyle\int \dfrac{\ln x}{x}dx$;

(25) $\displaystyle\int \sin^2 x\cos^3 x\,dx$;

(26) $\displaystyle\int \dfrac{dx}{x^4\sqrt{x^2+1}}$;

(27) $\displaystyle\int \dfrac{dx}{1+\sqrt{2x}}$;

(28) $\displaystyle\int \dfrac{\sqrt{x^2-9}}{x}dx$;

(29) $\displaystyle\int \dfrac{dx}{\sqrt{(x^2+1)^3}}$;

(30) $\displaystyle\int \dfrac{dx}{x+\sqrt{1-x^2}}$.

**5. 利用分部积分法求下列不定积分：**

(1) $\displaystyle\int x^2\sin x\,dx$;

(2) $\displaystyle\int x e^{-x}\,dx$;

(3) $\int x \ln x \, dx$;

(4) $\int x^2 \arctan x \, dx$;

(5) $\int \arccos x \, dx$;

(6) $\int x \tan^2 x \, dx$;

(7) $\int e^{-x} \cos x \, dx$;

(8) $\int x \sin x \cos x \, dx$;

(9) $\int \dfrac{\ln^3 x}{x^2} dx$;

(10) $\int \sqrt{x^2 + a^2} \, dx$ （$a$ 为常数且 $a > 0$）.

6. 求下列不定积分:

(1) $\int \dfrac{x^2 + 1}{(x+1)^2 (x-1)} dx$;

(2) $\int \dfrac{3}{x^3 + 1} dx$;

(3) $\int \dfrac{x^5 + x^4 - 8}{x^3 - x} dx$;

(4) $\int \dfrac{x^2}{x^6 + 1} dx$;

(5) $\int \dfrac{\sin x}{1 + \sin x} dx$;

(6) $\int \dfrac{\cot x}{\sin x + \cos x + 1} dx$;

(7) $\int \dfrac{1}{\sqrt{x}(1 + x)} dx$;

(8) $\int \dfrac{\sqrt{x+1} - 1}{\sqrt{x+1} + 1} dx$.

习题答案

## 第四节 积分表的使用

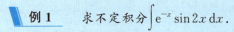

通过前面的讨论可以看出,积分的计算往往要比导数的计算更加灵活、复杂.这样,当实际应用中需要计算积分时,就会产生诸多不便.为了解决该问题,人们便把一些常用积分公式汇总成表,称为**积分表**(见附录Ⅱ).积分表是根据被积函数的类型来排列的,求积分时,可根据被积函数的类型直接地或经过简单的变形后,在表内查得所需的结果.

下面先举几个可以直接从积分表中查得结果的不定积分的例子.

**例 1** 求不定积分 $\int e^{-x} \sin 2x \, dx$.

**解** 被积函数含有指数函数,在附录Ⅱ积分表(十三)中查得公式(128),得

$$\int e^{-x} \sin 2x \, dx = \dfrac{1}{(-1)^2 + 2^2} e^{-x}(-\sin 2x - 2\cos 2x) + C$$

$$= -\dfrac{1}{5} e^{-x}(\sin 2x + 2\cos 2x) + C.$$

**例 2** 求不定积分 $\int \dfrac{x}{(3x+4)^2}\mathrm{d}x$.

**解** 被积函数含有 $ax+b$,在附录 Ⅱ 积分表(一)中查得公式(7),得

$$\int \dfrac{x}{(3x+4)^2}\mathrm{d}x = \dfrac{1}{9}\left(\ln|3x+4| + \dfrac{4}{3x+4}\right) + C.$$

**例 3** 求不定积分 $\int \dfrac{\mathrm{d}x}{5-4\cos x}$.

**解** 被积函数含有三角函数,在附录 Ⅱ 积分表(十一)中查得关于积分 $\int \dfrac{\mathrm{d}x}{a+b\cos x}$ 的公式,但是公式有两个,要看 $a^2>b^2$ 或 $a^2<b^2$ 而决定采用哪一个.

现在 $a=5, b=-4$,即 $a^2>b^2$,故用附录 Ⅱ 积分表(十一)中的公式(105),得

$$\int \dfrac{\mathrm{d}x}{5-4\cos x} = \dfrac{2}{5+(-4)}\sqrt{\dfrac{5+(-4)}{5-(-4)}}\arctan\left(\sqrt{\dfrac{5-(-4)}{5+(-4)}}\tan\dfrac{x}{2}\right) + C$$

$$= \dfrac{2}{3}\arctan\left(3\tan\dfrac{x}{2}\right) + C.$$

下面再举一个需要先进行变量代换,再查积分表求不定积分的例子.

**例 4** 求不定积分 $\int \dfrac{\mathrm{d}x}{(x+1)\sqrt{x^2+2x+5}}$.

**解** 该不定积分在积分表中不能直接查出,为此先令 $u=x+1$,得

$$\int \dfrac{\mathrm{d}x}{(x+1)\sqrt{x^2+2x+5}} = \int \dfrac{\mathrm{d}u}{u\sqrt{u^2+4}}.$$

上式右边不定积分的被积函数含有 $\sqrt{x^2+a^2}\ (a>0)$,故用附录 Ⅱ 积分表(六)中的公式(37),得

$$\int \dfrac{\mathrm{d}x}{(x+1)\sqrt{x^2+2x+5}} = \dfrac{1}{2}\ln\dfrac{\sqrt{u^2+4}-2}{|u|} + C$$

$$= \dfrac{1}{2}\ln\dfrac{\sqrt{x^2+2x+5}-2}{|x+1|} + C.$$

一般说来,查积分表可以节省计算不定积分的时间. 但是,只有掌握了前面学过的基本积分方法才能灵活地使用积分表,而且对一些比较简单的不定积分,应用基本积分方法来计算可能比查积分表更快. 例如,对不定积分 $\int \sin^2 x \cos^3 x \, \mathrm{d}x$,用代换 $u=\sin x$ 很快就可得到结果. 所以,求不定积分时究竟是直接计算,还是查积分表,或是两者结合使用,应该做具体分析,不能一概而论.

另外,我们还要指出:对初等函数来说,在其定义区间上,它的原函数一定存在,但其原函数不一定都是初等函数. 例如

$$\int e^{-x^2} dx, \quad \int \frac{\sin x}{x} dx, \quad \int \frac{dx}{\ln x}, \quad \int \frac{dx}{\sqrt{1+x^4}}$$

等,就都不是初等函数.

### 习题 4-4

1. 利用积分表求下列不定积分:

(1) $\int e^{-2x} \sin 3x \, dx$;

(2) $\int \sqrt{2x^2+9} \, dx$;

(3) $\int x \arcsin \frac{x}{2} \, dx$;

(4) $\int \frac{dx}{\sqrt{4x^2-9}}$;

(5) $\int \frac{dx}{x^2(1-x)}$;

(6) $\int \frac{dx}{x\sqrt{x^2-1}}$;

(7) $\int x^2 \sqrt{x^2-1} \, dx$;

(8) $\int \sqrt{\frac{1-x}{1+x}} \, dx$;

(9) $\int \frac{dx}{x\sqrt{4x^2+9}}$;

(10) $\int \sin^4 x \, dx$.

习题答案

## 第五节 定积分的计算

名人简介

第二节已经给出了计算定积分的牛顿-莱布尼茨公式,本节将借鉴求不定积分的方法,并结合牛顿-莱布尼茨公式而给出求定积分的一些基本方法.

### 一、换元法

**定理 1** 假设

(1) 函数 $f(x)$ 在 $[a,b]$ 上连续,

(2) 函数 $x = \psi(t)$ 在 $[\alpha,\beta]$ 上具有连续导数,

(3) 当 $\alpha \leqslant t \leqslant \beta$ 时,$a \leqslant \psi(t) \leqslant b$,且 $\psi(\alpha)=a, \psi(\beta)=b$,

则

$$\int_a^b f(x) dx = \int_\alpha^\beta f[\psi(t)] \psi'(t) dt. \qquad (4\text{-}5\text{-}1)$$

**证** 由条件(1)知函数 $f(x)$ 在 $[a,b]$ 上可积,设其原函数为 $F(x)$. 又由复合函数的求导法知,$F[\psi(t)] (t \in [\alpha,\beta])$ 是 $f[\psi(t)]\psi'(t)$ 的一个原函数. 故由

牛顿-莱布尼茨公式,有
$$\int_a^b f(x)\mathrm{d}x = F(b) - F(a)$$
及
$$\int_\alpha^\beta f[\psi(t)]\psi'(t)\mathrm{d}t = F[\psi(\beta)] - F[\psi(\alpha)] = F(b) - F(a),$$
从而
$$\int_a^b f(x)\mathrm{d}x = \int_\alpha^\beta f[\psi(t)]\psi'(t)\mathrm{d}t.$$

值得注意的是:

第一,公式(4-5-1)在做代换 $x = \psi(t)$ 后,原来关于 $x$ 的积分区间必须换为关于新变量 $t$ 的积分区间,而且新被积函数的原函数求出后不必再回代原积分变量,而只须把新积分变量的积分上、下限直接代入相减即可.

第二,定理1中的条件若改为

(1)′ 函数 $f(x)$ 在 $[a,b]$ 上可积,

(2)′ 函数 $x = \psi(t)$ 在 $[\alpha,\beta]$ 上单调且具有连续导数,

(3)′ $\psi(\alpha) = a, \psi(\beta) = b$,

则公式(4-5-1)仍成立.

第三,求定积分时,代换 $x = \psi(t)$ 的选取原则与用换元法求相应的不定积分的选取原则完全相同.

**例1** 计算定积分 $\int_0^a \sqrt{a^2 - x^2}\,\mathrm{d}x$ ($a$ 为常数且 $a > 0$).

**解** 令 $x = a\sin t$,则 $\mathrm{d}x = a\cos t\,\mathrm{d}t$,且当 $x = 0$ 时,$t = 0$;当 $x = a$ 时,$t = \dfrac{\pi}{2}$. 于是

$$\int_0^a \sqrt{a^2 - x^2}\,\mathrm{d}x = \int_0^{\frac{\pi}{2}} a\cos t \cdot a\cos t\,\mathrm{d}t = \frac{a^2}{2}\int_0^{\frac{\pi}{2}}(1 + \cos 2t)\,\mathrm{d}t$$
$$= \frac{a^2}{2}\left(t + \frac{\sin 2t}{2}\right)\bigg|_0^{\frac{\pi}{2}} = \frac{\pi}{4}a^2.$$

**例2** 计算定积分 $\int_0^4 \dfrac{x + 2}{\sqrt{2x + 1}}\,\mathrm{d}x$.

**解** 设 $\sqrt{2x+1} = t$,则 $x = \dfrac{t^2 - 1}{2}$,$\mathrm{d}x = t\,\mathrm{d}t$,且当 $x = 0$ 时,$t = 1$;当 $x = 4$ 时,$t = 3$. 于是

$$\int_0^4 \frac{x + 2}{\sqrt{2x + 1}}\,\mathrm{d}x = \int_1^3 \frac{\frac{t^2 - 1}{2} + 2}{t} \cdot t\,\mathrm{d}t = \frac{1}{2}\int_1^3(t^2 + 3)\,\mathrm{d}t$$
$$= \frac{1}{2}\left(\frac{t^3}{3} + 3t\right)\bigg|_1^3 = \frac{22}{3}.$$

**例3** 设函数 $f(x)$ 在 $[-a,a]$ 上可积,证明:

(1) 若 $f(x)$ 为偶函数,则
$$\int_{-a}^{a} f(x)\mathrm{d}x = 2\int_{0}^{a} f(x)\mathrm{d}x;$$

(2) 若 $f(x)$ 为奇函数,则
$$\int_{-a}^{a} f(x)\mathrm{d}x = 0.$$

**证**
$$\int_{-a}^{a} f(x)\mathrm{d}x = \int_{-a}^{0} f(x)\mathrm{d}x + \int_{0}^{a} f(x)\mathrm{d}x,$$

在上式右边第一个积分中令 $x=-t$,故

$$上式 = \int_{a}^{0} f(-t)\mathrm{d}(-t) + \int_{0}^{a} f(x)\mathrm{d}x = \int_{0}^{a} f(-t)\mathrm{d}t + \int_{0}^{a} f(x)\mathrm{d}x$$
$$= \int_{0}^{a} f(-x)\mathrm{d}x + \int_{0}^{a} f(x)\mathrm{d}x = \int_{0}^{a} [f(-x)+f(x)]\mathrm{d}x.$$

(1) 若 $f(x)$ 为偶函数,则 $f(-x)=f(x)$,从而
$$\int_{-a}^{a} f(x)\mathrm{d}x = 2\int_{0}^{a} f(x)\mathrm{d}x.$$

(2) 若 $f(x)$ 为奇函数,则 $f(-x)=-f(x)$,从而
$$\int_{-a}^{a} f(x)\mathrm{d}x = 0.$$

利用例3的结论,常可简化计算偶函数、奇函数在关于原点对称的区间上的定积分.

**例4** 若 $f(x)$ 为定义在 $(-\infty,+\infty)$ 内的周期为 $T$ 的周期函数,且在任意区间上可积,则对于任意实数 $a$,证明:
$$\int_{a}^{a+T} f(x)\mathrm{d}x = \int_{0}^{T} f(x)\mathrm{d}x.$$

**证** 因 $\int_{a}^{a+T} f(x)\mathrm{d}x = \int_{a}^{T} f(x)\mathrm{d}x + \int_{T}^{a+T} f(x)\mathrm{d}x$,而

$$\int_{T}^{a+T} f(x)\mathrm{d}x \xrightarrow{\diamondsuit x=t+T} \int_{0}^{a} f(t+T)\mathrm{d}t = \int_{0}^{a} f(t)\mathrm{d}t$$
$$= \int_{0}^{a} f(x)\mathrm{d}x = \int_{0}^{T} f(x)\mathrm{d}x - \int_{a}^{T} f(x)\mathrm{d}x,$$

故等式成立.

例4说明周期为 $T$ 的可积函数在任一长度为 $T$ 的区间上的积分值都相同.

**例 5** 设函数 $f(x)$ 在 $[0,1]$ 上连续,证明:

(1) $\int_0^{\frac{\pi}{2}} f(\sin x)\mathrm{d}x = \int_0^{\frac{\pi}{2}} f(\cos x)\mathrm{d}x$;

(2) $\int_0^{\pi} f(\sin x)\mathrm{d}x = 2\int_0^{\frac{\pi}{2}} f(\sin x)\mathrm{d}x$.

**证** (1) 令 $x = \dfrac{\pi}{2} - t$,则

$$\int_0^{\frac{\pi}{2}} f(\sin x)\mathrm{d}x = \int_{\frac{\pi}{2}}^0 f(\cos t)(-\mathrm{d}t) = \int_0^{\frac{\pi}{2}} f(\cos x)\mathrm{d}x.$$

(2) 因 $\int_0^{\pi} f(\sin x)\mathrm{d}x = \int_0^{\frac{\pi}{2}} f(\sin x)\mathrm{d}x + \int_{\frac{\pi}{2}}^{\pi} f(\sin x)\mathrm{d}x$,而

$$\int_{\frac{\pi}{2}}^{\pi} f(\sin x)\mathrm{d}x \xrightarrow{\diamondsuit x = \pi - t} \int_{\frac{\pi}{2}}^0 f(\sin t)(-\mathrm{d}t) = \int_0^{\frac{\pi}{2}} f(\sin x)\mathrm{d}x,$$

故等式成立.

由例 5 可知

$$\int_0^{\frac{\pi}{2}} \sin^n x\,\mathrm{d}x = \int_0^{\frac{\pi}{2}} \cos^n x\,\mathrm{d}x \quad (n \text{ 为正整数}).$$

**例 6** 计算定积分 $\int_{-\frac{\pi}{4}}^{\frac{\pi}{4}} \dfrac{\sin^2 x}{1+\mathrm{e}^{-x}}\mathrm{d}x$.

**解** 
$$\int_{-\frac{\pi}{4}}^{\frac{\pi}{4}} \frac{\sin^2 x}{1+\mathrm{e}^{-x}}\mathrm{d}x = \int_{-\frac{\pi}{4}}^0 \frac{\sin^2 x}{1+\mathrm{e}^{-x}}\mathrm{d}x + \int_0^{\frac{\pi}{4}} \frac{\sin^2 x}{1+\mathrm{e}^{-x}}\mathrm{d}x = \int_0^{\frac{\pi}{4}} \left(\frac{\sin^2 x}{1+\mathrm{e}^x} + \frac{\sin^2 x}{1+\mathrm{e}^{-x}}\right)\mathrm{d}x$$

$$= \int_0^{\frac{\pi}{4}} \sin^2 x\,\mathrm{d}x = \frac{1}{2}\int_0^{\frac{\pi}{4}} (1-\cos 2x)\mathrm{d}x$$

$$= \frac{1}{2}\left(\frac{\pi}{4} - \frac{1}{2}\sin 2x\,\bigg|_0^{\frac{\pi}{4}}\right) = \frac{1}{8}(\pi - 2).$$

**例 7** 计算定积分 $\int_{\frac{k-1}{n}\pi}^{\frac{k}{n}\pi} |\sin nx|\,\mathrm{d}x$,其中 $k,n$ 为正整数.

**解** 
$$\int_{\frac{k-1}{n}\pi}^{\frac{k}{n}\pi} |\sin nx|\,\mathrm{d}x = \int_0^{\frac{\pi}{n}} \sin nx\,\mathrm{d}x = -\frac{1}{n}\cos nx\,\bigg|_0^{\frac{\pi}{n}}$$

$$= -\frac{1}{n}(-1-1) = \frac{2}{n}.$$

**例 8** 设 $n$ 为正整数,计算定积分 $I = \int_{\mathrm{e}^{-2n\pi}}^1 \left|\dfrac{\mathrm{d}}{\mathrm{d}x}(\cos\ln x)\right|\mathrm{d}x$.

**解** $I = \int_{e^{-2n\pi}}^{1} |\sin \ln x| \cdot \frac{1}{x} dx = \int_{e^{-2n\pi}}^{1} |\sin \ln x| d(\ln x)$

$= \int_{-2n\pi}^{0} |\sin t| dt = 2n \int_{0}^{\pi} \sin t \, dt$

$= 4n \int_{0}^{\frac{\pi}{2}} \sin t \, dt = 4n.$

## 二、分部积分法

**定理 2** 设函数 $u = u(x), v = v(x)$ 均在区间 $[a,b]$ 上可导，且 $u'v$ 在 $[a,b]$ 上可积，则有分部积分公式

$$\int_{a}^{b} uv' dx = uv \Big|_{a}^{b} - \int_{a}^{b} u'v \, dx. \tag{4-5-2}$$

**证** 由已知条件可知，$uv$ 为 $(uv)'$ 的原函数，故 $(uv)'$ 在 $[a,b]$ 上可积. 而

$$(uv)' = u'v + uv',$$

又 $u'v$ 在 $[a,b]$ 上可积，从上式可知 $uv'$ 在 $[a,b]$ 上也必可积. 对上式两边从 $a$ 到 $b$ 积分，得

$$\int_{a}^{b} (uv)' dx = \int_{a}^{b} u'v \, dx + \int_{a}^{b} uv' dx.$$

由此即可得公式 (4-5-2).

**例 9** 计算定积分 $\int_{0}^{\frac{1}{2}} \arcsin x \, dx$.

**解** 设 $u = \arcsin x, dv = dx$，则

$$du = \frac{dx}{\sqrt{1-x^2}}, \quad v = x.$$

将其代入分部积分公式，得

$\int_{0}^{\frac{1}{2}} \arcsin x \, dx = x \arcsin x \Big|_{0}^{\frac{1}{2}} - \int_{0}^{\frac{1}{2}} \frac{x}{\sqrt{1-x^2}} dx = \frac{\pi}{12} + \frac{1}{2} \int_{0}^{\frac{1}{2}} (1-x^2)^{-\frac{1}{2}} d(1-x^2)$

$= \frac{\pi}{12} + \sqrt{1-x^2} \Big|_{0}^{\frac{1}{2}} = \frac{\pi}{12} + \frac{\sqrt{3}}{2} - 1.$

例 9 中，在应用分部积分法之后，还应用了定积分的换元法.

**例 10** 计算定积分 $\int_{0}^{1} e^{\sqrt{x}} dx$.

**解** 先用换元法. 设 $\sqrt{x}=t$, 则 $x=t^2$, $\mathrm{d}x=2t\mathrm{d}t$, 且当 $x=0$ 时, $t=0$; 当 $x=1$ 时, $t=1$. 于是

$$\int_0^1 \mathrm{e}^{\sqrt{x}}\mathrm{d}x = 2\int_0^1 t\mathrm{e}^t\mathrm{d}t.$$

再用分部积分法计算上式右边的积分. 设 $u=t$, $\mathrm{d}v=\mathrm{e}^t\mathrm{d}t$, 则 $\mathrm{d}u=\mathrm{d}t$, $v=\mathrm{e}^t$. 于是

$$\int_0^1 t\mathrm{e}^t\mathrm{d}t = t\mathrm{e}^t\Big|_0^1 - \int_0^1 \mathrm{e}^t\mathrm{d}t = \mathrm{e} - \mathrm{e}^t\Big|_0^1 = 1.$$

因此 $\int_0^1 \mathrm{e}^{\sqrt{x}}\mathrm{d}x = 2$.

**例 11** 计算定积分 $I_n = \int_0^{\frac{\pi}{2}} \sin^n x \, \mathrm{d}x$.

**解** 
$$\begin{aligned}
I_n &= \int_0^{\frac{\pi}{2}} \sin^n x \, \mathrm{d}x = \int_0^{\frac{\pi}{2}} (-\sin^{n-1} x) \mathrm{d}(\cos x) \\
&= -\sin^{n-1} x \cos x \Big|_0^{\frac{\pi}{2}} + \int_0^{\frac{\pi}{2}} \cos x \cdot (n-1) \sin^{n-2} x \cos x \, \mathrm{d}x \\
&= (n-1) \int_0^{\frac{\pi}{2}} \sin^{n-2} x \cdot (1-\sin^2 x) \mathrm{d}x \\
&= (n-1) I_{n-2} - (n-1) I_n.
\end{aligned}$$

由此得到递推公式

$$I_n = \frac{n-1}{n} I_{n-2}.$$

而易求得

$$I_0 = \int_0^{\frac{\pi}{2}} \mathrm{d}x = \frac{\pi}{2}, \quad I_1 = \int_0^{\frac{\pi}{2}} \sin x \, \mathrm{d}x = 1.$$

故当 $n$ 为偶数时,

$$I_n = \frac{n-1}{n} \cdot \frac{n-3}{n-2} \cdot \cdots \cdot \frac{3}{4} \cdot \frac{1}{2} I_0 = \frac{(n-1)!!}{n!!} \cdot \frac{\pi}{2};$$

当 $n$ 为奇数时,

$$I_n = \frac{n-1}{n} \cdot \frac{n-3}{n-2} \cdot \cdots \cdot \frac{4}{5} \cdot \frac{2}{3} I_1 = \frac{(n-1)!!}{n!!}.$$

由例 5 及例 11 可知

$$\int_0^{\frac{\pi}{2}} \cos^n x \, \mathrm{d}x = I_n = \begin{cases} \dfrac{(n-1)!!}{n!!} \cdot \dfrac{\pi}{2}, & n \text{ 为偶数}, \\ \dfrac{(n-1)!!}{n!!}, & n \text{ 为奇数}. \end{cases}$$

---

① !!为双阶乘符号,当 $n$ 为偶数时,$n!! = n \cdot (n-2) \cdot (n-4) \cdot \cdots \cdot 4 \cdot 2$;当 $n$ 为奇数时,$n!! = n \cdot (n-2) \cdot (n-4) \cdot \cdots \cdot 3 \cdot 1$.

例 11 的结果是一个常用公式，例如，

$$\int_0^\pi \sin^6 \frac{x}{2} dx = 2\int_0^{\frac{\pi}{2}} \sin^6 t \, dt = 2 \cdot \frac{5 \cdot 3 \cdot 1}{6 \cdot 4 \cdot 2} \cdot \frac{\pi}{2} = \frac{5\pi}{16}.$$

**例 12** 计算定积分 $\int_0^1 x^2 \sqrt{1-x^2} \, dx$.

**解** 令 $x = \sin t$，则 $dx = \cos t \, dt$，且当 $x = 0$ 时，$t = 0$；当 $x = 1$ 时，$t = \frac{\pi}{2}$. 于是

$$\int_0^1 x^2 \sqrt{1-x^2} \, dx = \int_0^{\frac{\pi}{2}} \sin^2 t \cos^2 t \, dt = \int_0^{\frac{\pi}{2}} (\sin^2 t - \sin^4 t) \, dt$$

$$= \frac{1}{2} \cdot \frac{\pi}{2} - \frac{3 \cdot 1}{4 \cdot 2} \cdot \frac{\pi}{2} = \frac{\pi}{16}.$$

**例 13** 若函数 $f(x)$ 在 $[a,b]$ 上可导，且 $f(a) = f(b) = 0$，$\int_a^b f^2(x) dx = 1$，试求 $\int_a^b x f(x) f'(x) dx$.

**解** 由已知及分部积分公式，可得

$$\int_a^b x f(x) f'(x) dx = \int_a^b x f(x) d[f(x)] = \frac{1}{2} \int_a^b x \, d[f^2(x)]$$

$$= \frac{1}{2} x f^2(x) \Big|_a^b - \frac{1}{2} \int_a^b f^2(x) dx$$

$$= 0 - \frac{1}{2} \times 1 = -\frac{1}{2}.$$

### 三、有理函数定积分的计算

由第三节可知，有理函数的不定积分可转化为多项式和某些简单真分式的不定积分. 利用牛顿-莱布尼茨公式，可完全类似地将有理函数的定积分转化为多项式和某些简单真分式的定积分.

**例 14** 计算定积分 $\int_2^3 \frac{x^5 + x^4 - 8}{x^3 - x} dx$.

**解** 因

$$\frac{x^5 + x^4 - 8}{x^3 - x} = x^2 + x + 1 + \frac{8}{x} - \frac{4}{x+1} - \frac{3}{x-1},$$

故

$$\int_2^3 \frac{x^5+x^4-8}{x^3-x}dx = \int_2^3 \left(x^2+x+1+\frac{8}{x}-\frac{4}{x+1}-\frac{3}{x-1}\right)dx$$
$$= \left(\frac{1}{3}x^3+\frac{1}{2}x^2+x+8\ln|x|-4\ln|x+1|-3\ln|x-1|\right)\Big|_2^3$$
$$= \frac{59}{6}+12\ln 3-19\ln 2.$$

**例 15** 计算定积分 $\int_1^{\sqrt{3}} \frac{dx}{(x^2+1)(x^2+x)}$.

**解** 因

$$\frac{1}{(x^2+1)(x^2+x)} = \frac{1}{x}-\frac{\frac{1}{2}}{x+1}-\frac{\frac{1}{2}x+\frac{1}{2}}{x^2+1},$$

故

$$\int_1^{\sqrt{3}} \frac{dx}{(x^2+1)(x^2+x)} = \int_1^{\sqrt{3}} \left(\frac{1}{x}-\frac{\frac{1}{2}}{x+1}-\frac{\frac{1}{2}x}{x^2+1}-\frac{\frac{1}{2}}{x^2+1}\right)dx$$
$$= \left[\ln|x|-\frac{1}{2}\ln|x+1|-\frac{1}{4}\ln(x^2+1)-\frac{1}{2}\arctan x\right]\Big|_1^{\sqrt{3}}$$
$$= \frac{1}{2}\ln 3-\frac{1}{2}\ln(\sqrt{3}+1)+\frac{1}{4}\ln 2-\frac{\pi}{24}.$$

有些定积分的被积函数虽不属于有理函数,但通过做代换,可转化为有理函数的定积分.

**例 16** 计算定积分 $\int_1^2 \frac{\sqrt{x-1}}{x}dx$.

**解** 为了去掉根号,令 $\sqrt{x-1}=t$,则 $x=t^2+1$,$dx=2tdt$,且当 $x\in[1,2]$ 时,$t\in[0,1]$,从而

$$\int_1^2 \frac{\sqrt{x-1}}{x}dx = \int_0^1 \frac{t}{t^2+1}\cdot 2tdt = 2\int_0^1 \left(1-\frac{1}{1+t^2}\right)dt$$
$$= 2(t-\arctan t)\Big|_0^1 = 2-\frac{\pi}{2}.$$

**例 17** 计算定积分 $\int_{\frac{\pi}{3}}^{\frac{\pi}{2}} \frac{1+\sin x}{\sin x(1+\cos x)}dx$.

**解** 这是关于 $\sin x,\cos x$ 的有理函数的定积分,令 $t=\tan\frac{x}{2}$,则

$$\frac{1+\sin x}{\sin x(1+\cos x)} = \frac{1+\dfrac{2t}{1+t^2}}{\dfrac{2t}{1+t^2}\left(1+\dfrac{1-t^2}{1+t^2}\right)} = \frac{(1+2t+t^2)(1+t^2)}{4t},$$

$$\mathrm{d}x = \frac{2}{1+t^2}\mathrm{d}t,$$

且当 $x \in \left[\dfrac{\pi}{3}, \dfrac{\pi}{2}\right]$ 时，$t \in \left[\dfrac{\sqrt{3}}{3}, 1\right]$，从而

$$\begin{aligned}\int_{\frac{\pi}{3}}^{\frac{\pi}{2}} \frac{1+\sin x}{\sin x(1+\cos x)}\mathrm{d}x &= \int_{\frac{\sqrt{3}}{3}}^{1} \frac{(1+2t+t^2)(1+t^2)}{4t} \cdot \frac{2}{1+t^2}\mathrm{d}t \\ &= \frac{1}{2}\int_{\frac{\sqrt{3}}{3}}^{1}\left(\frac{1}{t}+2+t\right)\mathrm{d}t = \frac{1}{2}\left(\ln t + 2t + \frac{1}{2}t^2\right)\Big|_{\frac{\sqrt{3}}{3}}^{1} \\ &= \frac{7-2\sqrt{3}}{6} + \frac{1}{4}\ln 3.\end{aligned}$$

### 习题 4-5

1. 利用被积函数的奇偶性计算下列定积分（$a$ 为正常数）：

(1) $\displaystyle\int_{-a}^{a} \frac{\sin x}{1+x^2}\mathrm{d}x$；

(2) $\displaystyle\int_{-a}^{a} \ln(x+\sqrt{1+x^2})\mathrm{d}x$；

(3) $\displaystyle\int_{-\frac{1}{2}}^{\frac{1}{2}}\left[\frac{\sin x \tan^2 x}{3+\cos 3x}+\ln(1-x)\right]\mathrm{d}x$；

(4) $\displaystyle\int_{-\frac{\pi}{2}}^{\frac{\pi}{2}} \sin^2 x\left(\sin^4 x + \ln\frac{3+x}{3-x}\right)\mathrm{d}x$.

2. 计算下列定积分：

(1) $\displaystyle\int_{-1}^{1} \frac{x}{\sqrt{5-4x}}\mathrm{d}x$；

(2) $\displaystyle\int_{1}^{e^2} \frac{\mathrm{d}x}{x\sqrt{1+\ln x}}$；

(3) $\displaystyle\int_{0}^{\frac{\pi}{4}} \frac{\sin x}{1+\sin x}\mathrm{d}x$；

(4) $\displaystyle\int_{0}^{\pi} \sqrt{1+\cos 2x}\,\mathrm{d}x$；

(5) $\displaystyle\int_{1}^{2} x^3 \ln x\,\mathrm{d}x$；

(6) $\displaystyle\int_{0}^{\frac{\pi}{2}} e^{2x}\cos x\,\mathrm{d}x$；

(7) $\displaystyle\int_{2}^{3} \frac{\mathrm{d}x}{x^2+x-2}$；

(8) $\displaystyle\int_{1}^{2} \frac{\sqrt[3]{x}}{x(\sqrt{x}+\sqrt[3]{x})}\mathrm{d}x$；

(9) $\displaystyle\int_{-\frac{\pi}{3}}^{\pi} \sin\left(x+\frac{\pi}{3}\right)\mathrm{d}x$；

(10) $\displaystyle\int_{0}^{1} te^{-\frac{t^2}{2}}\mathrm{d}t$；

(11) $\displaystyle\int_{\frac{\pi}{6}}^{\frac{\pi}{2}} \cos^2 x\,\mathrm{d}x$.

3. 证明：$\displaystyle\int_{0}^{a} x^3 f(x^2)\mathrm{d}x = \frac{1}{2}\int_{0}^{a^2} x f(x)\mathrm{d}x$（$a$ 为正常数）.

4. 证明：

$$\int_0^{\frac{\pi}{2}} \frac{\sin x}{\sin x + \cos x} dx = \int_0^{\frac{\pi}{2}} \frac{\cos x}{\sin x + \cos x} dx = \frac{\pi}{4},$$

并由此计算定积分 $\int_0^a \frac{dx}{x + \sqrt{a^2 - x^2}}$（$a$ 为正常数）.

5. 已知 $f(2) = \frac{1}{2}, f'(2) = 0, \int_0^2 f(x) dx = 1$，求 $\int_0^1 x^2 f''(2x) dx$.

习题答案

## 第六节　反常积分

在讨论定积分时有两个最基本的限制条件：积分区间的有限性和被积函数的有界性. 但在一些实际问题中，我们常遇到无限区间的"积分"，或者被积函数在积分区间上具有无穷间断点的"积分"，它们已经不属于前面所说的定积分了. 因此，我们对定积分的概念进行推广，建立"反常积分"的概念.

### 一、无穷积分

**定义 1**　设函数 $f(x)$ 在 $[a, +\infty)$ 内连续，对于任意的 $u > a, f(x)$ 在有限区间 $[a, u]$ 上可积. 如果极限

$$\lim_{u \to +\infty} \int_a^u f(x) dx$$

存在，则称此极限为函数 $f(x)$ 在 $[a, +\infty)$ 内的无穷限反常积分或无穷限广义积分，简称无穷积分，记作 $\int_a^{+\infty} f(x) dx$，即

$$\int_a^{+\infty} f(x) dx = \lim_{u \to +\infty} \int_a^u f(x) dx. \tag{4-6-1}$$

若式(4-6-1)中右边极限存在，则称无穷积分 $\int_a^{+\infty} f(x) dx$ 收敛；若式(4-6-1)中右边极限不存在，为方便起见，也称无穷积分 $\int_a^{+\infty} f(x) dx$ 发散.

类似地，可定义函数 $f(x)$ 在 $(-\infty, b]$ 内及 $(-\infty, +\infty)$ 内的无穷积分：

(1) $\int_{-\infty}^b f(x) dx = \lim_{u \to -\infty} \int_u^b f(x) dx \ (u < b)$;

(2) $\int_{-\infty}^{+\infty} f(x) dx = \int_{-\infty}^c f(x) dx + \int_c^{+\infty} f(x) dx \ (-\infty < c < +\infty)$.

对无穷积分 $\int_{-\infty}^{+\infty} f(x)\mathrm{d}x$，其收敛的充要条件是：$\int_{-\infty}^{c} f(x)\mathrm{d}x$ 及 $\int_{c}^{+\infty} f(x)\mathrm{d}x$ 同时收敛.

由于无穷积分的本质就是定积分取极限，因此根据无穷积分的定义和定积分的运算法则与计算方法，我们容易得到收敛无穷积分的相应运算法则与计算方法.

**例1** 计算无穷积分 $\int_{0}^{+\infty} x\mathrm{e}^{-x^2}\mathrm{d}x$.

**解** $\int_{0}^{+\infty} x\mathrm{e}^{-x^2}\mathrm{d}x = \lim_{u \to +\infty}\int_{0}^{u} x\mathrm{e}^{-x^2}\mathrm{d}x = \lim_{u \to +\infty}\left(-\frac{1}{2}\mathrm{e}^{-x^2}\right)\bigg|_{0}^{u} = \frac{1}{2}.$

该反常积分的**几何意义**：第一象限内位于曲线 $y = x\mathrm{e}^{-x^2}$ 下方、$x$ 轴上方，而向右无限延伸 ($u \to +\infty$) 的图形面积为有限值 $\frac{1}{2}$（见图 4-8）.

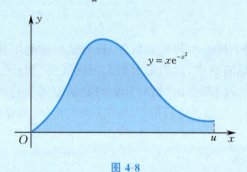

图 4-8

为了书写方便，今后记

$$\lim_{A \to +\infty} F(x)\bigg|_{a}^{A} = F(x)\bigg|_{a}^{+\infty},$$

$$\lim_{B \to -\infty} F(x)\bigg|_{B}^{b} = F(x)\bigg|_{-\infty}^{b}.$$

这样，无穷积分的换元公式及分部积分公式就与定积分相应的运算公式形式上完全一致了.

**例2** 判断 $p$ 积分 $\int_{1}^{+\infty} \frac{\mathrm{d}x}{x^p}$（$p$ 为任意实数）的敛散性.

**解** 当 $p = 1$ 时，

$$\int_{1}^{+\infty} \frac{\mathrm{d}x}{x^p} = \ln|x|\bigg|_{1}^{+\infty} = +\infty.$$

当 $p \neq 1$ 时，

$$\int_1^{+\infty} \frac{\mathrm{d}x}{x^p} = \left.\frac{x^{1-p}}{1-p}\right|_1^{+\infty} = \begin{cases} +\infty, & p < 1, \\ \dfrac{1}{p-1}, & p > 1. \end{cases}$$

故当 $p \leqslant 1$ 时，$p$ 积分发散；当 $p > 1$ 时，$p$ 积分收敛.

可将例 2 中的结果作为基准，借助下面的比较判别法来判断某些无穷积分的敛散性.

**\*定理 1（比较判别法）** 设函数 $f(x), g(x)$ 在 $[a, +\infty)$ 内连续，且对于任一 $x \in [a, +\infty)$，有 $g(x) \geqslant f(x) \geqslant 0$，则

(1) 当 $\int_a^{+\infty} g(x)\mathrm{d}x$ 收敛时，$\int_a^{+\infty} f(x)\mathrm{d}x$ 也收敛；

(2) 当 $\int_a^{+\infty} f(x)\mathrm{d}x$ 发散时，$\int_a^{+\infty} g(x)\mathrm{d}x$ 也发散.

该定理的证明可利用无穷积分敛散性的定义直接得到，对于无穷积分 $\int_{-\infty}^{b} f(x)\mathrm{d}x$ 及 $\int_{-\infty}^{+\infty} f(x)\mathrm{d}x$ 也有类似的结论.

**例 3** 判断无穷积分 $\int_1^{+\infty} \dfrac{\mathrm{d}x}{x\sqrt{x+1}}$ 的敛散性.

**解** 因当 $x \in [1, +\infty)$ 时，有

$$0 < \frac{1}{x\sqrt{x+1}} < \frac{1}{\sqrt{x^3}},$$

而 $p$ 积分 $\int_1^{+\infty} \dfrac{\mathrm{d}x}{\sqrt{x^3}}$ 收敛 $\left(p = \dfrac{3}{2} > 1\right)$，故由比较判别法知原积分收敛.

比较判别法常用下面的极限形式.

**\*定理 2** 设 $\lim\limits_{x \to +\infty} \dfrac{|f(x)|}{g(x)} = \rho$，且 $g(x) > 0$.

(1) 当 $0 \leqslant \rho < +\infty$ 时，若 $\int_a^{+\infty} g(x)\mathrm{d}x$ 收敛，则 $\int_a^{+\infty} |f(x)|\mathrm{d}x$ 收敛；

(2) 当 $0 < \rho \leqslant +\infty$ 时，若 $\int_a^{+\infty} g(x)\mathrm{d}x$ 发散，则 $\int_a^{+\infty} |f(x)|\mathrm{d}x$ 发散.

该定理的证明留给读者作为练习.

在定理 2 中，取 $g(x) = \dfrac{1}{x^p}$，利用例 2 的结果，则可得到下面的柯西判别法.

**\*定理 3（柯西判别法）** 若 $\lim\limits_{x \to +\infty} x^p |f(x)| = l$，则

(1) 当 $0 \leqslant l < +\infty, p > 1$ 时，积分 $\int_a^{+\infty} |f(x)|\mathrm{d}x$ 收敛；

(2) 当 $0 < l \leqslant +\infty, p \leqslant 1$ 时,积分 $\int_a^{+\infty} |f(x)| \, dx$ 发散.

**例 4** 判断无穷积分 $\int_0^{+\infty} e^{-x^2} \, dx$ 的敛散性.

**解** 因
$$\lim_{x \to +\infty} x^2 e^{-x^2} = \lim_{x \to +\infty} \frac{x^2}{e^{x^2}} = \lim_{x \to +\infty} \frac{2x}{2x e^{x^2}} = 0,$$
故由柯西判别法知原积分收敛.

若积分 $\int_a^{+\infty} |f(x)| \, dx$ 收敛,则称函数 $f(x)$ 在 $[a, +\infty)$ 内的积分**绝对收敛**;若积分 $\int_a^{+\infty} |f(x)| \, dx$ 发散,而 $\int_a^{+\infty} f(x) \, dx$ 收敛,则称函数 $f(x)$ 在 $[a, +\infty)$ 内的积分**条件收敛**. 容易证明下面的定理.

**\*定理 4** 若 $\int_a^{+\infty} |f(x)| \, dx$ **收敛**,则 $\int_a^{+\infty} f(x) \, dx$ **收敛**,但反之不然.

对于区间 $(-\infty, b]$ 和 $(-\infty, +\infty)$ 内的积分,也有类似的概念和结论.

**例 5** 判断无穷积分 $\int_0^{+\infty} e^{-ax} \sin x \, dx \, (a > 0)$ 的敛散性.

**解** 因
$$|e^{-ax} \sin x| \leqslant e^{-ax},$$
且
$$\lim_{x \to +\infty} x^2 e^{-ax} = \lim_{x \to +\infty} \frac{x^2}{e^{ax}} = \lim_{x \to +\infty} \frac{2x}{a e^{ax}} = \lim_{x \to +\infty} \frac{2}{a^2 e^{ax}} = 0,$$
故 $\int_0^{+\infty} e^{-ax} \, dx$ 收敛,从而原积分绝对收敛.

## 二、瑕积分

如果函数 $f(x)$ 在点 $x_0$ 的任一邻域 $U(x_0, \delta)$ 内无界,则称 $x_0$ 为 $f(x)$ 的一个**瑕点**. 例如,$x = a$ 是 $f(x) = \dfrac{1}{x-a}$ 的瑕点,$x = 0$ 是 $g(x) = \dfrac{1}{\ln|x-1|}$ 的瑕点.

**定义 2** 设函数 $f(x)$ 在 $(a, b]$ 内连续,$a$ 为 $f(x)$ 的瑕点. 若对于任意给定的 $\varepsilon > 0$,极限
$$\lim_{\varepsilon \to 0^+} \int_{a+\varepsilon}^b f(x) \, dx$$

存在,则称此极限为函数 $f(x)$ 在 $(a,b]$ 内的 反常积分 或 广义积分,又称为 瑕积分,仍记作 $\int_a^b f(x)\mathrm{d}x$,即

$$\int_a^b f(x)\mathrm{d}x = \lim_{\varepsilon \to 0^+} \int_{a+\varepsilon}^b f(x)\mathrm{d}x. \qquad (4\text{-}6\text{-}2)$$

若式(4-6-2)中右边极限存在,则称瑕积分 $\int_a^b f(x)\mathrm{d}x$ 收敛;若式(4-6-2)中右边极限不存在,则称瑕积分 $\int_a^b f(x)\mathrm{d}x$ 发散.

类似地,可定义函数 $f(x)$ 在 $[a,b)$ 内及 $[a,b]$ 上的瑕积分:

(1) $\quad \int_a^b f(x)\mathrm{d}x = \lim\limits_{\varepsilon \to 0^+} \int_a^{b-\varepsilon} f(x)\mathrm{d}x,$

其中 $b$ 为函数 $f(x)$ 在 $[a,b]$ 上的唯一瑕点;

(2) $\quad \int_a^b f(x)\mathrm{d}x = \int_a^c f(x)\mathrm{d}x + \int_c^b f(x)\mathrm{d}x$

$$= \lim_{\varepsilon_1 \to 0^+} \int_a^{c-\varepsilon_1} f(x)\mathrm{d}x + \lim_{\varepsilon_2 \to 0^+} \int_{c+\varepsilon_2}^b f(x)\mathrm{d}x, \qquad (4\text{-}6\text{-}3)$$

其中 $c$ 为函数 $f(x)$ 在 $[a,b]$ 上的唯一瑕点($a<c<b$).

特别地,对于式(4-6-3),瑕积分 $\int_a^b f(x)\mathrm{d}x$ 收敛的充要条件是:$\int_a^c f(x)\mathrm{d}x$ 及 $\int_c^b f(x)\mathrm{d}x$ 同时收敛.

此外,对于上述定义中的各种瑕积分,也可建立相应的换元法及分部积分法,并通过它们来计算一些收敛的瑕积分.但须注意的是:瑕积分虽然形式上与定积分相同,但内涵不一样.

我们将无穷积分和瑕积分统称为 反常积分.

**例 6** 计算瑕积分 $\int_0^1 \dfrac{\mathrm{d}x}{\sqrt{1-x^2}}$.

**解** 易知 $x=1$ 为函数 $\dfrac{1}{\sqrt{1-x^2}}$ 在 $[0,1]$ 上的唯一瑕点,故有

$$\int_0^1 \frac{\mathrm{d}x}{\sqrt{1-x^2}} = \lim_{\varepsilon \to 0^+} \int_0^{1-\varepsilon} \frac{\mathrm{d}x}{\sqrt{1-x^2}} = \lim_{\varepsilon \to 0^+} (\arcsin x)\Big|_0^{1-\varepsilon} = \frac{\pi}{2}.$$

**例 7** 判断积分 $\int_a^b \dfrac{\mathrm{d}x}{(x-a)^p}$ ($a,b,p$ 为任意给定的常数,$a<b$) 的敛散性.

**解** 当 $p \leqslant 0$ 时,所求积分为通常的定积分,且

$$\int_a^b \frac{\mathrm{d}x}{(x-a)^p} = \frac{(b-a)^{1-p}}{1-p};$$

当 $0<p<1$ 时,$a$ 为瑕点,且

$$\int_a^b \frac{\mathrm{d}x}{(x-a)^p} = \lim_{\varepsilon \to 0^+} \int_{a+\varepsilon}^b \frac{\mathrm{d}x}{(x-a)^p} = \lim_{\varepsilon \to 0^+} \frac{(x-a)^{1-p}}{1-p}\bigg|_{a+\varepsilon}^b = \frac{(b-a)^{1-p}}{1-p};$$

当 $p=1$ 时,$a$ 为瑕点,且

$$\int_a^b \frac{\mathrm{d}x}{(x-a)^p} = \lim_{\varepsilon \to 0^+} \int_{a+\varepsilon}^b \frac{\mathrm{d}x}{x-a} = \lim_{\varepsilon \to 0^+} \ln|x-a|\bigg|_{a+\varepsilon}^b = +\infty;$$

当 $p>1$ 时,$a$ 为瑕点,且

$$\int_a^b \frac{\mathrm{d}x}{(x-a)^p} = \lim_{\varepsilon \to 0^+} \int_{a+\varepsilon}^b \frac{\mathrm{d}x}{(x-a)^p} = \lim_{\varepsilon \to 0^+} \frac{(x-a)^{1-p}}{1-p}\bigg|_{a+\varepsilon}^b = +\infty.$$

故当 $p<1$ 时,原积分收敛,且其值为 $\dfrac{(b-a)^{1-p}}{1-p}$;当 $p \geqslant 1$ 时,原积分发散.

对于瑕积分 $\int_a^b \dfrac{\mathrm{d}x}{(b-x)^p}$ 的敛散性,有类似的结论.

对于瑕积分,同样可引入绝对收敛与条件收敛的概念:设 $a$ 为函数 $f(x)$ 在 $[a,b]$ 上的唯一瑕点,若 $\int_a^b |f(x)|\mathrm{d}x$ 收敛,则称瑕积分 $\int_a^b f(x)\mathrm{d}x$ 绝对收敛;若 $\int_a^b f(x)\mathrm{d}x$ 收敛,但 $\int_a^b |f(x)|\mathrm{d}x$ 发散,则称瑕积分 $\int_a^b f(x)\mathrm{d}x$ 条件收敛.绝对收敛的瑕积分必收敛.此外,对瑕积分也有比较判别法和柯西判别法,下面仅列出柯西判别法的极限形式.

**\*定理 5** 若 $x=a$ 为函数 $f(x)$ 在 $[a,b]$ 上的唯一瑕点,且

$$\lim_{x \to a}(x-a)^p|f(x)|=k,$$

则

(1) 当 $0 \leqslant k < +\infty$,$p<1$ 时,积分 $\int_a^b |f(x)|\mathrm{d}x$ 收敛;

(2) 当 $0 < k \leqslant +\infty$,$p \geqslant 1$ 时,积分 $\int_a^b |f(x)|\mathrm{d}x$ 发散.

其他类型的瑕积分也有类似的结论.

**例 8** 判断瑕积分:

(1) $\int_0^{\frac{\pi}{2}} \ln\sin x \, \mathrm{d}x,$ (2) $\int_0^{\frac{\pi}{2}} \ln\cos x \, \mathrm{d}x$

的敛散性,若收敛,则求其积分值.

**解** 易知 $x=0$ 为函数 $\ln\sin x$ 在 $\left[0, \dfrac{\pi}{2}\right]$ 上的唯一瑕点,$x=\dfrac{\pi}{2}$ 为函数 $\ln\cos x$ 在 $\left[0, \dfrac{\pi}{2}\right]$ 上的唯一瑕点.因为

$$\lim_{x\to 0^+} x^{\frac{1}{2}} \ln\sin x = 0, \quad \lim_{x\to \frac{\pi}{2}^-} \left(\frac{\pi}{2}-x\right)^{\frac{1}{2}} \ln\cos x = 0,$$

所以积分(1)及(2)均收敛. 另外, 做代换 $y = \frac{\pi}{2} - x$, 有

$$\int_0^{\frac{\pi}{2}} \ln\cos x \, dx = \int_0^{\frac{\pi}{2}} \ln\sin y \, dy.$$

设 $\int_0^{\frac{\pi}{2}} \ln\cos x \, dx = A$, 则

$$2A = \int_0^{\frac{\pi}{2}} (\ln\sin x + \ln\cos x) dx = \int_0^{\frac{\pi}{2}} \ln\left(\frac{1}{2}\sin 2x\right) dx$$

$$= \int_0^{\frac{\pi}{2}} \ln\sin 2x \, dx - \int_0^{\frac{\pi}{2}} \ln 2 \, dx = \frac{1}{2}\int_0^{\pi} \ln\sin t \, dt - \frac{\pi}{2}\ln 2$$

$$= \frac{1}{2}\left(\int_0^{\frac{\pi}{2}} \ln\sin t \, dt + \int_{\frac{\pi}{2}}^{\pi} \ln\sin t \, dt\right) - \frac{\pi}{2}\ln 2$$

$$= \frac{1}{2}A + \frac{1}{2}\int_0^{\frac{\pi}{2}} \ln\cos t \, dt - \frac{\pi}{2}\ln 2 = A - \frac{\pi}{2}\ln 2,$$

故

$$A = -\frac{\pi}{2}\ln 2.$$

**例 9** 判断带参数 $s$ 的广义积分

$$\Gamma(s) = \int_0^{+\infty} x^{s-1} e^{-x} dx \quad (s > 0) \tag{4-6-4}$$

的敛散性.

**解 因**

$$\Gamma(s) = \int_0^{+\infty} x^{s-1} e^{-x} dx = \int_0^1 x^{s-1} e^{-x} dx + \int_1^{+\infty} x^{s-1} e^{-x} dx,$$

且当 $s-1 < 0$ 时, $x = 0$ 为其瑕点, 故该积分为"混合型反常积分".

对于积分 $\int_0^1 x^{s-1} e^{-x} dx$, 当 $s \geq 1$ 时, 它是通常的定积分; 当 $0 < s < 1$ 时, 因

$$\lim_{x\to 0^+} (x^{1-s} \cdot x^{s-1} e^{-x}) = 1, \quad p = 1 - s < 1,$$

故知 $\int_0^1 x^{s-1} e^{-x} dx$ 收敛.

对于积分 $\int_1^{+\infty} x^{s-1} e^{-x} dx$, 当 $s > 0$ 时, 由洛必达法则, 有

$$\lim_{x\to +\infty} (x^2 \cdot x^{s-1} e^{-x}) = \lim_{x\to +\infty} \frac{x^{s+1}}{e^x} = 0, \quad p = 2 > 1,$$

故知 $\int_1^{+\infty} x^{s-1} e^{-x} dx$ 收敛.

综上所述, 可得 $s > 0$ 时, $\Gamma(s)$ 收敛. 因此, 式(4-6-4)在 $(0, +\infty)$ 内定义了一个函数, 我们称它为 $\Gamma$ 函数, 这一函数在数学学科及工程技术等领域有广泛应用.

• 习题 4 – 6

1. 用定义判断下列反常积分的敛散性,若收敛,则求其值:

(1) $\int_{\frac{2}{\pi}}^{+\infty} \frac{1}{x^2} \sin \frac{1}{x} dx$ ;

(2) $\int_{-\infty}^{+\infty} \frac{dx}{x^2 + 2x + 2}$ ;

(3) $\int_{0}^{+\infty} x^n e^{-x} dx$ （$n$ 为正整数）;

(4) $\int_{0}^{a} \frac{dx}{\sqrt{a^2 - x^2}}$ （$a$ 为正常数）;

(5) $\int_{1}^{e} \frac{dx}{x\sqrt{1 - \ln^2 x}}$ ;

(6) $\int_{0}^{1} \frac{dx}{\sqrt{x(1-x)}}$ .

*2. 讨论下列反常积分的敛散性:

(1) $\int_{2}^{+\infty} \frac{dx}{x \ln^k x}$ ;

(2) $\int_{a}^{b} \frac{dx}{(b-x)^k}$ （$b > a$）.

3. 已知 $\int_{0}^{+\infty} \frac{\sin x}{x} dx = \frac{\pi}{2}$，求:

(1) $\int_{0}^{+\infty} \frac{\sin x \cos x}{x} dx$ ;

(2) $\int_{0}^{+\infty} \frac{\sin^2 x}{x^2} dx$ .

*4. 证明无穷积分敛散性的比较判别法的极限形式,即本节定理 2.

# 习 题 四

1. 填空题:

(1) 设 $I = \int_{0}^{\frac{\pi}{4}} \ln \sin x \, dx$, $J = \int_{0}^{\frac{\pi}{4}} \ln \cot x \, dx$, $K = \int_{0}^{\frac{\pi}{4}} \ln \cos x \, dx$, 则 $I, J, K$ 的大小关系是 _____.

(2) 设 $e^{-x^2}$ 是函数 $f(x)$ 的一个原函数,则 $\int f(2x) dx = $ _____.

(3) 设 $[x]$ 表示不超过 $x$ 的最大整数,则 $\int_{0}^{2\,012} (x - [x]) dx = $ _____.

(4) 已知函数 $f(x) = \sqrt{1 + x^2}$, 则 $\int_{0}^{1} f'(x) f''(x) dx = $ _____.

(5) 反常积分 $\int_{0}^{+\infty} \frac{x}{(1 + x^2)^2} dx = $ _____.

2. 选择题:

(1) 设函数 $f(x)$ 与 $g(x)$ 在 $(-\infty, +\infty)$ 内均可导,且 $f(x) < g(x)$, 则必有（　　）.

A. $\lim_{x \to x_0} f(x) < \lim_{x \to x_0} g(x)$

B. $f'(x) < g'(x)$

C. $d[f(x)] < d[g(x)]$

D. $\int_{0}^{x} f(t) dt < \int_{0}^{x} g(t) dt$

(2) 下列定积分中,积分值不等于 0 的是（　　）.

A. $\int_0^{2\pi} \ln(\sin x + \sqrt{1+\sin^2 x})\,dx$ 　　　B. $\int_0^{2\pi} e^{\cos x} \sin(\sin x)\,dx$

C. $\int_{-\pi}^{\pi} \cos 2x\,dx$ 　　　D. $\int_{-\frac{\pi}{2}}^{\frac{\pi}{2}} \dfrac{\sin x + \cos x}{\cos^2 x + 2\sin^2 x}\,dx$

(3) 设 $F(x)$ 是连续函数 $f(x)$ 的一个原函数，"$M \Leftrightarrow N$" 表示"$M$ 的充要条件是 $N$"，则必有（　　）.

A. $F(x)$ 是偶函数 $\Leftrightarrow f(x)$ 是奇函数 　　　B. $F(x)$ 是奇函数 $\Leftrightarrow f(x)$ 是偶函数

C. $F(x)$ 是周期函数 $\Leftrightarrow f(x)$ 是周期函数 　　　D. $F(x)$ 是单调函数 $\Leftrightarrow f(x)$ 是单调函数

(4) 设 $\dfrac{\ln x}{x}$ 为函数 $f(x)$ 的一个原函数，则 $\int x f'(x)\,dx = ($　　$)$.

A. $\dfrac{\ln x}{x} + C$ 　　　B. $\dfrac{\ln x + 1}{x^2} + C$

C. $\dfrac{1}{x} + C$ 　　　D. $\dfrac{1}{x} - \dfrac{2\ln x}{x} + C$

(5) 设函数 $f(x) = \int_0^x \sin(x-t)\,dt$，$g(x) = \int_0^1 x\ln(1+xt)\,dt$，则当 $x \to 0$ 时，$f(x)$ 是 $g(x)$ 的（　　）.

A. 高阶无穷小 　　　B. 低阶无穷小

C. 等价无穷小 　　　D. 同阶但不等价无穷小

3. 利用定积分的概念求下列极限：

(1) $\lim\limits_{n\to\infty} \left( \dfrac{1}{\sqrt{n}\sqrt{n+3\cdot 1}} + \dfrac{1}{\sqrt{n}\sqrt{n+3\cdot 2}} + \cdots + \dfrac{1}{\sqrt{n}\sqrt{n+3\cdot n}} \right)$；

(2) $\lim\limits_{n\to\infty} \dfrac{1}{n} \left[ \ln\left(1+\sqrt{\dfrac{1}{n}}\right) + \ln\left(1+\sqrt{\dfrac{2}{n}}\right) + \cdots + \ln\left(1+\sqrt{\dfrac{n}{n}}\right) \right]$.

4. 已知曲线在点 $(x,y)$ 处的斜率为 $2\sin x + \cos x$，且曲线过点 $(\pi,0)$，求该曲线的方程.

*5. 设函数 $f(x)$ 连续，且满足 $\int_0^x (x-t)f(t)\,dt = x(x-2)e^x + 2x$. 求：

(1) 函数 $f(x)$ 的表达式；

(2) 函数 $f(x)$ 的单调区间与极值.

*6. 设函数 $f(x) = \begin{cases} \dfrac{\int_0^{2x}(e^{t^2}-1)\,dt}{x^2}, & x \neq 0, \\ A, & x = 0, \end{cases}$ 问当 $A$ 取何值时，$f(x)$ 在点 $x=0$ 处可导？并求出 $f'(0)$ 的值.

*7. 设函数 $f(x)$ 在 $\left[-\dfrac{\pi}{2}, \dfrac{\pi}{2}\right]$ 上连续，且满足 $f(x) = \cos^2 x + xe^{x^2} + \int_{-\frac{\pi}{2}}^{\frac{\pi}{2}} f(t)\,dt$，求 $f(x)$ 的表达式.

8. 求下列不定积分，并用求导方法验证其结果是否正确：

(1) $\int \dfrac{dx}{1+e^x}$； 　　　(2) $\int \ln(x+\sqrt{1+x^2})\,dx$；

(3) $\int \ln(1+x^2)\,dx$； 　　　(4) $\int \sqrt{5-4x-x^2}\,dx$；

(5) $\int \sin\ln x\,dx$； 　　　(6) $\int \dfrac{xe^x}{(e^x+1)^2}\,dx$；

(7) $\int \dfrac{\ln x}{(1+x^2)^{3/2}}\,dx$； 　　　(8) $\int \dfrac{x+\sin x}{1+\cos x}\,dx$；

(9) $\int x f''(x)\,dx$； 　　　(10) $\int \sin^n x\,dx$　（$n>1$ 且为正整数）.

9. 求不定积分 $\int \max\{1, |x|\} \, dx$.

10. 计算下列定积分：

(1) $\int_{\frac{3}{4}}^{1} \dfrac{dx}{\sqrt{1-x}-1}$;

(2) $\int_{1}^{\sqrt{3}} \dfrac{dx}{x^2\sqrt{1+x^2}}$;

(3) $\int_{\ln 2}^{\ln 3} \dfrac{dx}{e^x - e^{-x}}$;

(4) $\int_{0}^{\pi} \sqrt{\sin^3 x - \sin^5 x} \, dx$;

(5) $\int_{0}^{1} \dfrac{\ln(1+x)}{(2-x)^2} dx$;

(6) $\int_{0}^{2} \max\{x, x^3\} \, dx$.

11. 计算下列反常积分（$n$ 为正整数）：

(1) $\int_{0}^{1} \dfrac{x^n}{\sqrt{1-x^2}} dx$;

(2) $\int_{0}^{\frac{\pi}{4}} \tan^{2n} x \, dx$.

12. 设函数 $f(x) = \begin{cases} \dfrac{1}{1+x}, & x \geqslant 0, \\ \dfrac{1}{1+e^x}, & x < 0, \end{cases}$ 计算 $\int_{0}^{2} f(x-1) dx$.

13. 设函数 $f(x)$ 在 $[0,1]$ 上连续，证明：$\int_{0}^{\frac{\pi}{2}} f(|\cos x|) dx = \dfrac{1}{4} \int_{0}^{2\pi} f(|\cos x|) dx$.

14. 已知 $\int_{-\infty}^{+\infty} P(x) dx = 1$，其中

$$P(x) = \begin{cases} \dfrac{C}{\sqrt{1-x^2}}, & |x| < 1, \\ 0, & |x| \geqslant 1, \end{cases}$$

求常数 $C$ 的值.

第四章自测题

自测题答案

# 第五章 一元函数积分学的应用

在本章中,我们将利用学过的定积分理论来解决一些实际问题.首先介绍建立定积分数学模型的方法——微分元素法,然后利用这一方法求一些几何量(如面积、体积、弧长等)和一些物理量(如功、液体静压力、引力等),最后介绍定积分在经济学中的简单应用.

课程思政案例　　知识框图

## 第一节 微分元素法

在上一章中,我们已经学习了如何计算定积分,那么在实际问题中,哪些量可用定积分计算?又如何建立这些量的定积分表达式?本节中将回答这两个问题.

由定积分的定义知,若函数 $f(x)$ 在区间 $[a,b]$ 上可积,则对于 $[a,b]$ 的任一划分 $a=x_0<x_1<x_2<\cdots<x_n=b$ 及 $[x_{i-1},x_i]$ 中任意点 $\xi_i$,有

$$\int_a^b f(x)\mathrm{d}x = \lim_{\lambda\to 0}\sum_{i=1}^n f(\xi_i)\Delta x_i, \tag{5-1-1}$$

这里 $\Delta x_i = x_i - x_{i-1}(i=1,2,\cdots,n)$, $\lambda = \max\limits_{1\leqslant i\leqslant n}\{\Delta x_i\}$. 式(5-1-1)表明定积分的本质是一类特定和式的极限,此极限值与 $[a,b]$ 的分法及点 $\xi_i$ 的取法无关,只与区间 $[a,b]$ 及函数 $f(x)$ 有关.基于此,我们可以将一些实际问题中有关量的计算归结为定积分来计算.例如,曲边梯形的面积、变速直线运动的路程等均可用定积分来表达.由第四章中分析曲边梯形的面积用定积分来表示的过程,我们可概括地将此过程描述为"分割找近似,求和取极限".也就是说,将所求量整体转化为部分之和,利用整体上变化的量在局部近似于不变这一辩证关系,局部上以"不变"代替"变",这是利用定积分解决实际问题的**基本思想**.

根据定积分的定义,如果某个实际问题中所求量 $U$ 符合下列条件:

(1) 建立适当的坐标系和选择与 $U$ 有关的变量 $x$ 后,$U$ 是一个与定义在某一区间 $[a,b]$ 上的可积函数 $u(x)$ 有关的量;

(2) $U$ 对区间 $[a,b]$ 具有可加性,即如果把 $[a,b]$ 任意划分成 $n$ 个小区间 $[x_{i-1},x_i](i=1,2,\cdots,n)$,则 $U$ 相应地分成 $n$ 个部分量 $\Delta U_i$,且 $U=\sum\limits_{i=1}^n \Delta U_i$;

(3) 部分量 $\Delta U_i$ 可近似地表示成 $u(\xi_i)\Delta x_i(\xi_i \in [x_{i-1},x_i])$,且 $\Delta U_i$ 与 $u(\xi_i)\Delta x_i$ 之差是 $\Delta x_i$ 的高阶无穷小,即

$$\Delta U_i - u(\xi_i)\Delta x_i = o(\Delta x_i),$$

那么,可得到所求量 $U$ 的定积分模型

$$U = \int_a^b u(x)\mathrm{d}x. \tag{5-1-2}$$

在实际建模过程中,为简便起见,通常将具有代表性的第 $i$ 个小区间 $[x_{i-1},x_i]$ 的下标略去,记作 $[x,x+\mathrm{d}x]$,称之为**典型小区间**,相应于此小区间的所求量的部分量记作 $\Delta U$.因此,建立实际问题的定积分模型可按以下步骤进行:

(1) 建立坐标系,根据所求量 $U$ 确定一个积分变量 $x$ 及其变化范围 $[a,b]$;

(2) 考虑典型小区间 $[x,x+\mathrm{d}x]$,求出 $U$ 相应于这一小区间的部分量 $\Delta U$,将 $\Delta U$ 近似地表示成 $[a,b]$ 上的某个可积函数 $u(x)$ 在点 $x$ 处的取值与小区间长度 $\Delta x = \mathrm{d}x$ 的积,即

$$\Delta U = u(x)\Delta x + o(\Delta x), \qquad (5\text{-}1\text{-}3)$$

我们称 $u(x)\mathrm{d}x$ 为所求量 $U$ 的**微分元素**(简称**微元**或**元素**),记作

$$\mathrm{d}U = u(x)\mathrm{d}x;$$

(3) 计算所求量 $U$,即

$$U = \int_a^b \mathrm{d}U = \int_a^b u(x)\mathrm{d}x.$$

上述建立定积分模型的方法称为**微分元素法**,这一方法的关键是步骤(2)中微分元素 $\mathrm{d}U$ 的取得.

## 第二节 平面图形的面积

在第四章第一节讨论过由连续曲线 $y = f(x) [f(x) \geqslant 0]$ 及直线 $x = a$, $x = b (a < b)$ 和 $x$ 轴所围成的曲边梯形的面积

$$A = \int_a^b f(x)\mathrm{d}x.$$

如果函数 $f(x)$ 在 $[a,b]$ 上不都是非负的,由定积分对区间的可加性,则所围图形的面积为

$$A = \int_a^b |f(x)|\mathrm{d}x.$$

本节将讨论一般平面图形的面积问题,如果其边界曲线是两条连续曲线 $y = f_1(x), y = f_2(x) [f_1(x) \geqslant f_2(x)]$ 及直线 $x = a, x = b$,其面积便可用定积分来计算.下面运用定积分的微分元素法,建立不同坐标系下平面图形的面积计算公式.

### 一、直角坐标情形

设一平面图形由曲线 $y = f_1(x), y = f_2(x)$ 及直线 $x = a, x = b (a < b)$ 所围成(见图 5-1).为求其面积 $A$,我们在 $[a,b]$ 上取典型小区间 $[x,x+\mathrm{d}x]$,相应于该小区间的平面图形面积 $\Delta A$ 近似地等于高为 $|f_1(x) - f_2(x)|$、宽为 $\mathrm{d}x$ 的窄矩形的面积,从而得到面积微分元素

$$\mathrm{d}A = |f_1(x) - f_2(x)|\mathrm{d}x.$$

动画视频

所以,此平面图形的面积为

$$A = \int_a^b |f_1(x) - f_2(x)| \, dx. \tag{5-2-1}$$

类似地,若平面图形由曲线 $x = \varphi_1(y), x = \varphi_2(y)$ 及直线 $y = c, y = d$ ($c < d$) 所围成(见图 5-2),则其面积为

$$A = \int_c^d |\varphi_1(y) - \varphi_2(y)| \, dy. \tag{5-2-2}$$

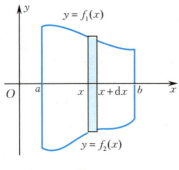

图 5-1

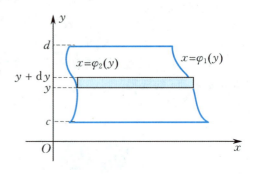

图 5-2

**例1** 计算由抛物线 $y = -x^2 + 1$ 与 $y = x^2$ 所围成平面图形的面积 $A$.

**解** 解方程组

$$\begin{cases} y = -x^2 + 1, \\ y = x^2, \end{cases}$$

得两抛物线的交点为 $\left(-\dfrac{\sqrt{2}}{2}, \dfrac{1}{2}\right)$ 和 $\left(\dfrac{\sqrt{2}}{2}, \dfrac{1}{2}\right)$,于是平面图形位于直线 $x = -\dfrac{\sqrt{2}}{2}$ 与 $x = \dfrac{\sqrt{2}}{2}$ 之间,如图 5-3 所示. 取 $x$ 为积分变量,得

$$A = \int_{-\frac{\sqrt{2}}{2}}^{\frac{\sqrt{2}}{2}} |1 - x^2 - x^2| \, dx = 2\int_0^{\frac{\sqrt{2}}{2}} (1 - 2x^2) \, dx$$

$$= 2\left(x - \frac{2}{3}x^3\right)\bigg|_0^{\frac{\sqrt{2}}{2}} = \frac{2\sqrt{2}}{3}.$$

**例2** 计算由直线 $y = x - 4$ 与抛物线 $y^2 = 2x$ 所围成平面图形的面积 $A$.

**解** 解方程组

$$\begin{cases} y^2 = 2x, \\ y = x - 4, \end{cases}$$

得两线的交点为 $(2, -2)$ 和 $(8, 4)$,于是平面图形位于直线 $y = -2$ 与 $y = 4$ 之间,如图 5-4 所示. 取 $y$ 为积分变量,得

$$A = \int_{-2}^{4} \left| y + 4 - \frac{y^2}{2} \right| dy = \left(\frac{y^2}{2} + 4y - \frac{y^3}{6}\right)\bigg|_{-2}^{4} = 18.$$

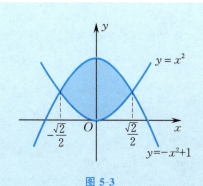
图 5-3

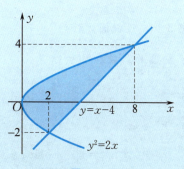
图 5-4

**注意** 若在例 1 中取 $y$ 为积分变量,在例 2 中取 $x$ 为积分变量,则所求面积的计算会较为复杂. 例如,在例 2 中,若取 $x$ 为积分变量,则积分区间是 $[0,8]$. 当 $x \in (0,2)$ 时,典型小区间 $[x, x+\mathrm{d}x]$ 所对应的面积微分元素为

$$\mathrm{d}A = [\sqrt{2x} - (-\sqrt{2x})]\mathrm{d}x;$$

而当 $x \in (2,8)$ 时,典型小区间所对应的面积微分元素为

$$\mathrm{d}A = [\sqrt{2x} - (x-4)]\mathrm{d}x.$$

故所求面积为

$$A = \int_0^2 [\sqrt{2x} - (-\sqrt{2x})]\mathrm{d}x + \int_2^8 [\sqrt{2x} - (x-4)]\mathrm{d}x.$$

显然,上述做法较例 2 中的解法要复杂. 因此,在求平面图形的面积时,恰当地选择积分变量可使计算简便.

当曲边梯形的曲边为连续曲线,其方程由参数方程

$$\begin{cases} x = \varphi(t), \\ y = \psi(t) \end{cases} \quad (t_1 \leqslant t \leqslant t_2)$$

给出时,若其底边位于 $x$ 轴上,且 $\varphi(t)$ 在 $[t_1, t_2]$ 上可导,则其面积微分元素为

$$\mathrm{d}A = |y\mathrm{d}x| = |\psi(t)\varphi'(t)|\mathrm{d}t \quad (\mathrm{d}t > 0),$$

从而面积为

$$A = \int_{t_1}^{t_2} |\psi(t)\varphi'(t)|\mathrm{d}t. \tag{5-2-3}$$

同理,若其底边位于 $y$ 轴上,且 $\psi(t)$ 在 $[t_1, t_2]$ 上可导,则其面积微分元素为

$$\mathrm{d}A = |x\mathrm{d}y| = |\varphi(t)\psi'(t)|\mathrm{d}t \quad (\mathrm{d}t > 0),$$

从而面积为

$$A = \int_{t_1}^{t_2} |\varphi(t)\psi'(t)|\mathrm{d}t. \tag{5-2-4}$$

**例 3** 设椭圆方程为 $\dfrac{x^2}{a^2}+\dfrac{y^2}{b^2}=1$ ($a,b$ 为正常数),求其面积 $A$.

**解** 椭圆的参数方程为
$$\begin{cases} x = a\cos t, \\ y = b\sin t \end{cases} (0 \leqslant t \leqslant 2\pi).$$

由对称性,知
$$A = 4\int_0^{\frac{\pi}{2}} |b\sin t \cdot (a\cos t)'| \, dt = 4ab\int_0^{\frac{\pi}{2}} \sin^2 t \, dt$$
$$= 4ab\int_0^{\frac{\pi}{2}} \frac{1-\cos 2t}{2} dt = \pi ab.$$

## 二、极坐标情形

极坐标也是常用的一种平面坐标,有些平面曲线用极坐标来表示是很方便的.下面先简单介绍极坐标的概念.

在平面上取定一点 $O$,称为**极点**,并自点 $O$ 引一射线 $ON$,称为**极轴**(见图 5-5).于是,平面上任意一点 $M$(不在极点)的位置,可以由两个数 $r=\overline{OM}$ 及 $\theta=\angle NOM$ 来决定,其中 $\theta$ 就是射线 $OP$ 绕点 $O$ 由 $ON$ 按逆时针方向旋转,第一次转到 $OM$ 位置时所转过的角,$r$ 是射线 $OP$ 上由点 $O$ 到点 $M$ 的距离.这样两个数 $r,\theta$ 称为点 $M$ 的**极坐标**,且以记号 $M(r,\theta)$ 来表示点 $M$,$r$ 称为**极径**,$\theta$ 称为**极角**.

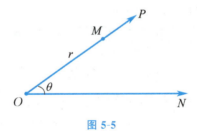

图 5-5

根据上述定义,点 $M$ 的极坐标 $r,\theta$ 的数值各自受到以下的限制:
$$r > 0, \quad 0 \leqslant \theta < 2\pi.$$

这样,任意给定一对数 $r,\theta$,平面上就对应着唯一的一点 $M$;反之,平面上除极点 $O$ 外的任意一点 $M$,必有一对数 $r,\theta$ 与它对应.当点 $M$ 为极点时,$r=0$,而 $\theta$ 的值可任意取.

在极坐标的实际应用中,为了方便起见,我们往往取消上述对 $\theta$ 的限制,而规定它可取任意数值.现设有任意实数 $\theta$.先作射线 $OP$ 使以 $ON$ 为始线、$OP$ 为终线的 $\angle NOP=\theta$(见图 5-5).这样对于任意的一对实数 $r \geqslant 0$ 和 $\theta$,总可以在平面上确定唯一的点 $M$.但是反过来,对平面上的同一点却对应着无限多对的数值.因为如果 $r=r_1 \geqslant 0$,$\theta=\theta_1$ 是平面上某一点 $M$ 的极坐标,则 $r=r_1$,

$\theta = \theta_1 + 2k\pi$($k$ 为任意整数)也是点 $M$ 的极坐标.

有时为了研究问题的方便,需要用到极坐标与直角坐标的相互转换.因此,我们需要研究这两种坐标之间的关系.

设平面上有一直角坐标系和一极坐标系,极点和原点重合,极轴和 $x$ 轴的正半轴重合.设平面上任意一点 $M$(见图 5-6)在直角坐标系中的坐标为 $(x,y)$,在极坐标系中的坐标为 $(r,\theta)$,则它们之间的变换公式为

$$x = r\cos\theta, \quad y = r\sin\theta.$$

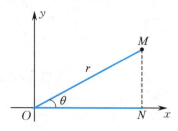

图 5-6

设一平面图形在极坐标系下由连续曲线 $r=r(\theta)$ 及射线 $\theta=\alpha$,$\theta=\beta$ 所围成(称为<u>曲边扇形</u>,见图 5-7).为求其面积,我们在 $\theta$ 的变化区间 $[\alpha,\beta]$ 上取一典型小区间 $[\theta,\theta+\mathrm{d}\theta]$,相应于此小区间上的面积近似地等于中心角为 $\mathrm{d}\theta$、半径为 $r(\theta)$ 的扇形面积,从而得到面积微分元素

$$\mathrm{d}A = \frac{1}{2}r^2(\theta)\mathrm{d}\theta.$$

所以

$$A = \frac{1}{2}\int_\alpha^\beta r^2(\theta)\mathrm{d}\theta. \tag{5-2-5}$$

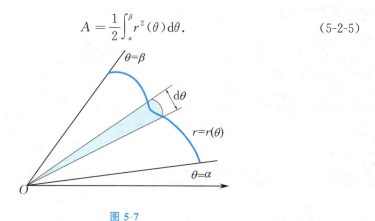

图 5-7

**例 4** 计算阿基米德螺线 $r=a\theta$($a>0$)上相应于 $\theta$ 从 $0$ 到 $2\pi$ 的一段弧与极轴所围成平面图形的面积(见图 5-8).

**解** 由式(5-2-5),得

$$A = \frac{1}{2}\int_0^{2\pi}(a\theta)^2 d\theta = \frac{1}{6}a^2\theta^3\Big|_0^{2\pi} = \frac{4}{3}a^2\pi^3.$$

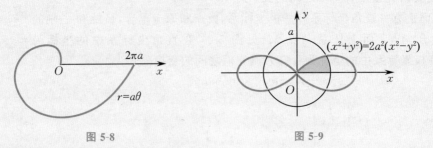

图 5-8    图 5-9

**例 5**  求由双纽线 $(x^2+y^2)^2 = 2a^2(x^2-y^2)$ 所围成,且在半径为 $a$ 的圆内部的平面图形的面积(见图 5-9).

**解**  由对称性,所求面积应等于第一象限部分面积的 4 倍.极坐标系下双纽线在第一象限部分的方程为

$$r^2 = 2a^2\cos 2\theta, \quad 0 \leqslant \theta \leqslant \frac{\pi}{4},$$

圆的方程为

$$r = a.$$

解方程组

$$\begin{cases} r^2 = 2a^2\cos 2\theta, \\ r = a, \end{cases}$$

得两曲线在第一象限的交点为 $\left(a, \dfrac{\pi}{6}\right)$,由式(5-2-5)得所求面积

$$A = 4\left(\frac{1}{2}\int_0^{\frac{\pi}{6}} a^2 d\theta + \frac{1}{2}\int_{\frac{\pi}{6}}^{\frac{\pi}{4}} 2a^2\cos 2\theta d\theta\right)$$

$$= \frac{a^2\pi}{3} + 2a^2\sin 2\theta\Big|_{\frac{\pi}{6}}^{\frac{\pi}{4}} = \left(2 + \frac{\pi}{3} - \sqrt{3}\right)a^2.$$

• 习题 5-2

1. 求由下列曲线所围成平面图形的面积:

(1) $y = \dfrac{1}{2}x^2$ 与 $x^2 + y^2 = 8$(两部分都要计算);

(2) $y = \dfrac{1}{x}$ 与直线 $y = x$ 及 $x = 2$;

(3) $y = e^x, y = e^{-x}$ 与直线 $x = 1$;

(4) $y = \ln x$ 与直线 $y = \ln a, y = \ln b$ 及 $y$ 轴($b > a > 0$);

(5) 抛物线 $y = x^2$ 与 $y = -x^2 + 2$;

(6) $y = \sin x, y = \cos x$ 与直线 $x = \dfrac{\pi}{4}, x = \dfrac{9}{4}\pi$;

(7) 抛物线 $y = -x^2 + 4x - 3$ 与其在点 $(0,-3)$ 和 $(3,0)$ 处的切线;

(8) 摆线 $x = a(t - \sin t), y = a(1 - \cos t)$ 的一拱 $(0 \leqslant t \leqslant 2\pi)$ 与 $x$ 轴,其中 $a$ 为正常数;

(9) 极坐标曲线 $\rho = a\sin 3\varphi$,其中 $a$ 为正常数;

(10) 极坐标曲线 $\rho = 2a\cos\varphi$,其中 $a$ 为正常数.

2. 求由下列曲线所围成平面图形的公共部分的面积:

(1) $r = a(1 + \cos\theta)$ 及 $r = 2a\cos\theta$,其中 $a$ 为正常数;

(2) $r = \sqrt{2}\cos\theta$ 及 $r^2 = \sqrt{3}\sin 2\theta$.

3. 已知曲线 $f(x) = x - x^2$ 与直线 $g(x) = ax$ 所围成平面图形的面积等于 $\dfrac{9}{2}$,求常数 $a$ 的值.

## 第三节 几何体的体积

### 一、平行截面面积为已知的立体体积

考虑介于垂直于 $x$ 轴的两平行平面 $x = a$ 与 $x = b$ 之间的立体,如图 5-10 所示.若对于任意的 $x \in [a, b]$,立体在此处垂直于 $x$ 轴的截面面积可以用 $x$ 的连续函数 $A(x)$ 来表示,则此立体的体积可用定积分表示.

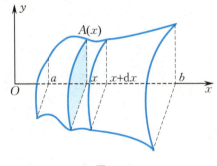

图 5-10

在 $[a, b]$ 上取典型小区间 $[x, x + \mathrm{d}x]$,相应于此小区间的体积近似地等于底面积为 $A(x)$、高为 $\mathrm{d}x$ 的柱体的体积,故体积微分元素为
$$\mathrm{d}V = A(x)\mathrm{d}x,$$
从而
$$V = \int_a^b A(x)\mathrm{d}x. \tag{5-3-1}$$

**例1** 一平面经过半径为 $R$ 的圆柱体的底圆中心,并与底面交成角 $\alpha$,如图 5-11 所示,计算此平面截圆柱体所得楔形体的体积 $V$.

**解** **方法 1** 建立直角坐标系如图 5-11 所示,则底面圆方程为 $x^2+y^2=R^2$. 对于任意的 $x \in [-R,R]$,过点 $x$ 且垂直于 $x$ 轴的截面是一个直角三角形,两直角边的长度分别为 $\sqrt{R^2-x^2}$ 和 $\sqrt{R^2-x^2}\tan\alpha$,故截面面积为

$$A(x)=\frac{1}{2}(R^2-x^2)\tan\alpha.$$

于是,楔形体的体积为

$$V=\int_{-R}^{R}\frac{1}{2}(R^2-x^2)\tan\alpha\,\mathrm{d}x=\tan\alpha\int_{0}^{R}(R^2-x^2)\,\mathrm{d}x=\frac{2}{3}R^3\tan\alpha.$$

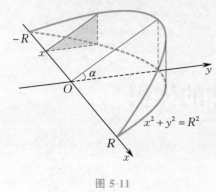

图 5-11　　　　　　　　　　　图 5-12

**方法 2** 建立直角坐标系如图 5-12 所示. 在楔形体中,过点 $y$ 且垂直于 $y$ 轴的截面是一个矩形,其长为 $2x=2\sqrt{R^2-y^2}$、高为 $y\tan\alpha$,故截面面积为

$$A(y)=2y\sqrt{R^2-y^2}\tan\alpha.$$

于是,楔形体的体积为

$$V=\int_{0}^{R}2y\sqrt{R^2-y^2}\tan\alpha\,\mathrm{d}y=-\frac{2}{3}\tan\alpha\cdot(R^2-y^2)^{\frac{3}{2}}\bigg|_{0}^{R}=\frac{2}{3}R^3\tan\alpha.$$

## 二、旋转体的体积

由一平面图形绕该平面内一条定直线旋转一周而成的立体称为**旋转体**.

设一旋转体是由连续曲线 $y=f(x)$、直线 $x=a,x=b(a<b)$ 及 $x$ 轴所围成的曲边梯形绕 $x$ 轴旋转一周而成的(见图 5-13),则对于任意的 $x \in [a,b]$,相应于 $x$ 处垂直于 $x$ 轴的截面是一个圆盘,其面积为 $\pi f^2(x)$,于是旋转体的体积为

$$V=\pi\int_{a}^{b}f^2(x)\,\mathrm{d}x. \tag{5-3-2}$$

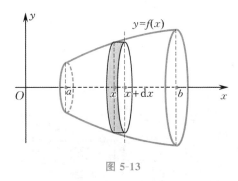

图 5-13

**例 2** 计算由椭圆 $\dfrac{x^2}{a^2}+\dfrac{y^2}{b^2}=1(a,b$ 为正常数) 所围成的平面图形(见图 5-14)绕 $x$ 轴旋转一周而成的旋转体(称为**旋转椭球体**)的体积.

**解** 这个旋转体实际上就是半个椭圆 $y=\dfrac{b}{a}\sqrt{a^2-x^2}$ 及 $x$ 轴所围成的曲边梯形绕 $x$ 轴旋转一周而成的立体,于是由式(5-3-2)得

$$V=\pi\int_{-a}^{a}\dfrac{b^2}{a^2}(a^2-x^2)\mathrm{d}x=2\pi\dfrac{b^2}{a^2}\int_{0}^{a}(a^2-x^2)\mathrm{d}x$$

$$=2\pi\dfrac{b^2}{a^2}\left(a^2x-\dfrac{x^3}{3}\right)\bigg|_{0}^{a}=\dfrac{4}{3}\pi ab^2.$$

特别地,当 $a=b$ 时,便得到球的体积为 $\dfrac{4}{3}\pi a^3$.

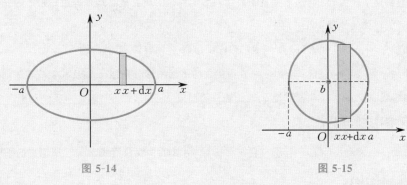

图 5-14　　　　图 5-15

**例 3** 求圆盘 $x^2+(y-b)^2\leqslant a^2(b>a$,见图 5-15) 绕 $x$ 轴旋转一周而成的圆环体的体积.

**解** 如图 5-15 所示,上半圆周的方程为 $y_2=b+\sqrt{a^2-x^2}$,下半圆周的方程为 $y_1=b-\sqrt{a^2-x^2}$. 相应于典型小区间 $[x,x+\mathrm{d}x]$ 上的体积微分元素为

$$dV = (\pi y_2^2 - \pi y_1^2)dx$$
$$= \pi[(b+\sqrt{a^2-x^2})^2 - (b-\sqrt{a^2-x^2})^2]dx$$
$$= 4\pi b\sqrt{a^2-x^2}dx,$$

所以

$$V = \int_{-a}^{a} 4\pi b\sqrt{a^2-x^2}dx = 8\pi b\int_0^a \sqrt{a^2-x^2}dx$$
$$= 8\pi b \cdot \frac{\pi a^2}{4} = 2\pi^2 a^2 b.$$

类似地,设一旋转体是由连续曲线 $x=\varphi(y)$、直线 $y=c, y=d(c<d)$ 及 $y$ 轴所围成的曲边梯形绕 $y$ 轴旋转一周而成的,则其体积为

$$V = \pi\int_c^d \varphi^2(y)dy. \tag{5-3-3}$$

• 习题 5-3

1. 设一截锥体的高为 $h$,上、下底均为椭圆,椭圆的轴长分别为 $2a, 2b$ 和 $2A, 2B$,求该截锥体的体积.
2. 计算底面是半径为 $R$ 的圆,而垂直于底面一固定直径的所有截面都是等边三角形的立体体积.
3. 求下列旋转体的体积:
(1) 由曲线 $y=x^2$ 与 $y^2=x^3$ 所围成的平面图形绕 $x$ 轴旋转一周而成;
(2) 由曲线 $y=x^3$ 与直线 $x=2, y=0$ 所围成的平面图形分别绕 $x$ 轴及 $y$ 轴旋转一周而成;
(3) 由星形线 $x^{2/3}+y^{2/3}=a^{2/3}$ 绕 $x$ 轴旋转一周而成.
4. 求下列旋转体的体积:
(1) 由曲线 $y=\sin x (0 \leqslant x \leqslant \pi)$ 与它在点 $x=\frac{\pi}{2}$ 处的切线及直线 $x=\pi$ 所围成的平面图形绕 $x$ 轴旋转一周而成的旋转体;
(2) 由圆盘 $x^2+(y-5)^2 \leqslant 16$ 绕 $x$ 轴旋转一周而成的旋转体.
5. 证明:由平面图形 $0 \leqslant a \leqslant x \leqslant b, 0 \leqslant y \leqslant f(x)$ 绕 $y$ 轴旋转一周而成的旋转体的体积为

$$V = 2\pi\int_a^b xf(x)dx.$$

习题答案

# 第四节 曲线的弧长和旋转体的侧面积

## 一、平面曲线的弧长

首先建立平面曲线的弧长的概念.

设有平面曲线 $\overset{\frown}{AB}$,在其上任取分点 $A = M_0, M_1, M_2, \cdots, M_{n-1}, M_n = B$,联结相邻的两个分点得到 $n$ 条线段 $\overline{M_{i-1}M_i}(i=1,2,\cdots,n)$. 以 $\rho_i = \rho(M_{i-1}, M_i)$ 表示线段 $\overline{M_{i-1}M_i}$ 的长度(见图 5-16),记 $\lambda = \max\limits_{1\leqslant i \leqslant n}\{\rho_i\}$,若极限 $\lim\limits_{\lambda \to 0} \sum\limits_{i=1}^{n} \rho_i$ 存在,则定义此极限值为**曲线 $\overset{\frown}{AB}$ 的长度**(**弧长**),并称曲线 $\overset{\frown}{AB}$ 是**可求长**的.

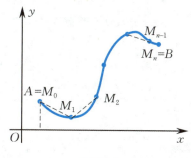

图 5-16

下面用微分元素法来推导弧长的计算公式. 设曲线 $\overset{\frown}{AB}$ 的方程为 $y = f(x), x \in [a,b]$,且 $f(x)$ 在 $[a,b]$ 上有连续导数. 考虑 $[a,b]$ 上的典型小区间 $[x, x+\Delta x]$,相应于此小区间的弧长记作 $\Delta s$,$\Delta s$ 近似等于弦长,即

$$(\Delta s)^2 \approx (\Delta x)^2 + (\Delta y)^2 = (\Delta x)^2 + [f(x+\Delta x) - f(x)]^2.$$

由微分中值定理,得

$$(\Delta s)^2 \approx (\Delta x)^2 + [f'(\xi)\Delta x]^2, \quad \xi \in (x, x+\Delta x),$$

此处 $\Delta x > 0$,故得弧长的微分元素(简称**弧微分**)为

$$\begin{aligned} \mathrm{d}s &= \sqrt{(\mathrm{d}x)^2 + (\mathrm{d}y)^2} = \sqrt{(\mathrm{d}x)^2 + [f'(x)\mathrm{d}x]^2} \\ &= \sqrt{1 + [f'(x)]^2}\,\mathrm{d}x. \end{aligned} \tag{5-4-1}$$

所以,$\overset{\frown}{AB}$ 的弧长为

$$s = \int_a^b \sqrt{1 + [f'(x)]^2}\,\mathrm{d}x. \tag{5-4-2}$$

设曲线 $\overset{\frown}{AB}$ 的方程由参数方程

$$\begin{cases} x = \varphi(t), \\ y = \psi(t), \end{cases} \alpha \leqslant t \leqslant \beta$$

给出，其中 $\varphi(t), \psi(t)$ 在 $[\alpha,\beta]$ 上具有连续导数. 由于 $\mathrm{d}x = \varphi'(t)\mathrm{d}t$，$\mathrm{d}y = \psi'(t)\mathrm{d}t$，因此对于任意的 $t \in [\alpha,\beta]$，典型小区间 $[t, t+\mathrm{d}t]$ 上相应的弧长微分元素为

$$\mathrm{d}s = \sqrt{(\mathrm{d}x)^2 + (\mathrm{d}y)^2} = \sqrt{[\varphi'(t)]^2 + [\psi'(t)]^2}\,\mathrm{d}t. \tag{5-4-3}$$

所以，曲线 $\overset{\frown}{AB}$ 的弧长为

$$s = \int_\alpha^\beta \sqrt{[\varphi'(t)]^2 + [\psi'(t)]^2}\,\mathrm{d}t. \tag{5-4-4}$$

式(5-4-1)和式(5-4-3)即为**弧微分公式**，这和第三章第七节所推导的弧微分公式是一致的.

**例 1** 两端固定于空中的线缆，由于其自身的重量而下垂成曲线形，称之为**悬链线**. 设一悬链线的方程为 $y = a\,\mathrm{ch}\,\dfrac{x}{a} = \dfrac{a}{2}\left(\mathrm{e}^{\frac{x}{a}} + \mathrm{e}^{-\frac{x}{a}}\right)$（$a$ 为正常数），求其在 $[0,a]$ 上一段的弧长.

**解** 在 $[0,a]$ 上典型小区间 $[x, x+\mathrm{d}x]$ 上的弧长微分元素为

$$\mathrm{d}s = \sqrt{1 + (y')^2}\,\mathrm{d}x = \sqrt{1 + \dfrac{1}{4}\left(\mathrm{e}^{\frac{2x}{a}} + \mathrm{e}^{-\frac{2x}{a}} - 2\right)}\,\mathrm{d}x = \dfrac{1}{2}\left(\mathrm{e}^{\frac{x}{a}} + \mathrm{e}^{-\frac{x}{a}}\right)\mathrm{d}x,$$

故

$$s = \dfrac{1}{2}\int_0^a \left(\mathrm{e}^{\frac{x}{a}} + \mathrm{e}^{-\frac{x}{a}}\right)\mathrm{d}x = \dfrac{a}{2}\left(\mathrm{e}^{\frac{x}{a}} - \mathrm{e}^{-\frac{x}{a}}\right)\bigg|_0^a = \dfrac{a}{2}(\mathrm{e} - \mathrm{e}^{-1}).$$

**例 2** 如图 5-17 所示，计算摆线

$$\begin{cases} x = a(t - \sin t), \\ y = a(1 - \cos t) \end{cases} (a > 0)$$

的一拱（$0 \leqslant t \leqslant 2\pi$）的长度.

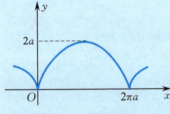

图 5-17

**解** 在 $[0, 2\pi]$ 上典型小区间 $[t, t+\mathrm{d}t]$ 上的弧长微分元素为

$$\mathrm{d}s = \sqrt{a^2(1-\cos t)^2 + a^2 \sin^2 t}\,\mathrm{d}t$$
$$= a\sqrt{2(1-\cos t)}\,\mathrm{d}t = 2a\left|\sin\dfrac{t}{2}\right|\mathrm{d}t,$$

故

$$s = \int_0^{2\pi} 2a\left|\sin\dfrac{t}{2}\right|\mathrm{d}t = 2a\int_0^{2\pi} \sin\dfrac{t}{2}\,\mathrm{d}t$$
$$= 2a\left(-2\cos\dfrac{t}{2}\right)\bigg|_0^{2\pi} = 8a.$$

如果曲线的方程由极坐标方程 $r = r(\theta)$（$\alpha \leqslant \theta \leqslant \beta$）给出，且 $r(\theta)$ 存在连

续导数,则由

$$\begin{cases} x = r(\theta)\cos\theta, \\ y = r(\theta)\sin\theta \end{cases} (\alpha \leqslant \theta \leqslant \beta),$$

可得

$$\varphi'(\theta) = [r(\theta)\cos\theta]' = r'(\theta)\cos\theta - r(\theta)\sin\theta,$$
$$\psi'(\theta) = [r(\theta)\sin\theta]' = r'(\theta)\sin\theta + r(\theta)\cos\theta,$$

从而

$$[\varphi'(\theta)]^2 + [\psi'(\theta)]^2 = r^2(\theta) + [r'(\theta)]^2.$$

所以

$$s = \int_\alpha^\beta \sqrt{r^2(\theta) + [r'(\theta)]^2}\,d\theta. \tag{5-4-5}$$

> **例 3** 求心形线 $r = a(1+\cos\theta)\,(a>0)$ 的全长(见图 5-18).
>
> **解** 由式(5-4-5),有
>
> $$\begin{aligned} ds &= \sqrt{r^2 + (r')^2}\,d\theta \\ &= \sqrt{a^2(1+\cos\theta)^2 + a^2\sin^2\theta}\,d\theta \\ &= a\sqrt{2(1+\cos\theta)}\,d\theta. \end{aligned}$$
>
> 由对称性,知
>
> $$s = 2\int_0^\pi a\sqrt{2(1+\cos\theta)}\,d\theta = 2a\int_0^\pi 2\cos\frac{\theta}{2}\,d\theta$$
> $$= 8a\sin\frac{\theta}{2}\Big|_0^\pi = 8a.$$

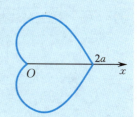

图 5-18

## *二、旋转体的侧面积

设一旋转体的侧面由一段曲线 $y = f(x)\,(a \leqslant x \leqslant b)$ 绕 $x$ 轴旋转一周而成(见图 5-19).为求其面积 $A$,在 $[a,b]$ 上取典型小区间 $[x, x+dx]$,相应于此小区间上的窄带形侧面(见图 5-19 中的阴影部分)可近似看成弧微分 $ds$ 绕 $x$ 轴旋转一周而成.想象将其沿 $x$ 轴方向"拉直",于是这一窄带形侧面可以用一个底面圆半径为 $|f(x)|$、高为 $ds$ 的圆柱面来近似代替,从而得侧面积的微分元素为

$$dA = 2\pi|f(x)|\,ds = 2\pi|f(x)|\sqrt{1+[f'(x)]^2}\,dx.$$

所以

$$A = 2\pi\int_a^b |f(x)|\sqrt{1+[f'(x)]^2}\,dx,$$

此处假设 $f(x)$ 在 $[a,b]$ 上具有连续导数.

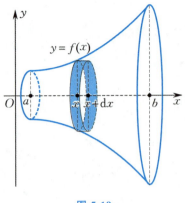

图 5-19

**例 4** 求半径为 $R$ 的球的表面积.

**解** 以球心为原点建立一平面直角坐标系,则该球是平面上半圆盘 $0 \leqslant y \leqslant \sqrt{R^2-x^2}$ 绕 $x$ 轴旋转一周而成的旋转体,其表面积为

$$A = 2\pi \int_{-R}^{R} \sqrt{R^2-x^2} \cdot \sqrt{1+\frac{x^2}{R^2-x^2}} \, dx = 4\pi \int_{0}^{R} R \, dx = 4\pi R^2.$$

### 习题 5-4

1. 求下列曲线的弧长:

(1) $y^2 = 2x, 0 \leqslant x \leqslant 2$;

(2) $y = \ln x, \sqrt{3} \leqslant x \leqslant \sqrt{8}$;

(3) $y = \int_{-\frac{\pi}{2}}^{x} \sqrt{\cos t} \, dt, -\frac{\pi}{2} \leqslant x \leqslant \frac{\pi}{2}$;

(4) 曲线 $y = 1 - \ln\cos x$ 上自 $x = 0$ 至 $x = \frac{\pi}{4}$ 的一段弧;

(5) 曲线 $x = \arctan t, y = \frac{1}{2}\ln(1+t^2)$ 上自 $t = 0$ 至 $t = 1$ 的一段弧;

(6) 抛物线 $y = \frac{1}{2}x^2$ 被圆 $x^2 + y^2 = 3$ 所截下有限部分的一段弧.

2. 设星形线的参数方程为 $x = a\cos^3 t, y = a\sin^3 t$,其中 $a > 0$,求:

(1) 星形线所围成平面图形的面积;

(2) 星形线所围成的平面图形绕 $x$ 轴旋转一周而成的旋转体的体积;

(3) 星形线的全长.

3. 求对数螺线 $r = e^{a\theta}$ 相应于 $\theta = 0$ 到 $\theta = \varphi$ 的一段弧长.

\*4. 求半径为 $R$、高为 $h$ 的球冠的表面积.

\*5. 求曲线段 $y = x^3 (0 \leqslant x \leqslant 1)$ 绕 $x$ 轴旋转一周而成的旋转曲面的面积.

## 第五节 定积分在物理学中的应用

### 一、变力沿直线做功

由物理学理论知,若一个大小和方向都不变的恒力 $F$ 作用于一物体,使其沿力的方向做直线运动,移动了一段距离 $s$,则力 $F$ 所做的功为 $W = Fs$.

下面用微分元素法来讨论变力做功问题. 设有大小随物体位置改变而连续变化的力 $F = F(x)$ 作用于一物体上,使其沿 $x$ 轴做直线运动,力 $F$ 的方向与物体运动的方向一致,物体从 $x = a$ 移至 $x = b (b > a)$(见图 5-20). 在 $[a, b]$ 上任一点 $x$ 处取一微小位移 $\mathrm{d}x$,当物体从 $x$ 移到 $x + \mathrm{d}x$ 时,$F(x)$ 所做的功近似等于 $F(x)\mathrm{d}x$,即功的微分元素 $\mathrm{d}W = F(x)\mathrm{d}x$,于是

$$W = \int_a^b F(x)\mathrm{d}x. \tag{5-5-1}$$

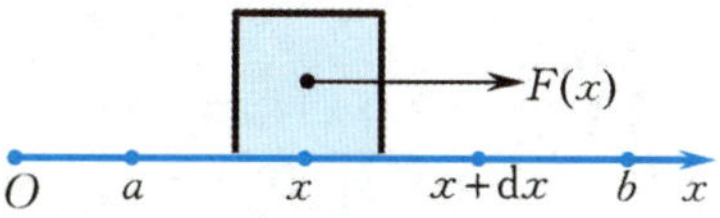

图 5-20

**例 1** 一汽缸如图 5-21 所示,直径为 $0.2\,\mathrm{m}$,长为 $1\,\mathrm{m}$,其中充满了气体,压强为 $9.8 \times 10^5\,\mathrm{Pa}$. 若温度保持不变,求推动活塞前进 $0.5\,\mathrm{m}$ 使气体压缩所做的功.

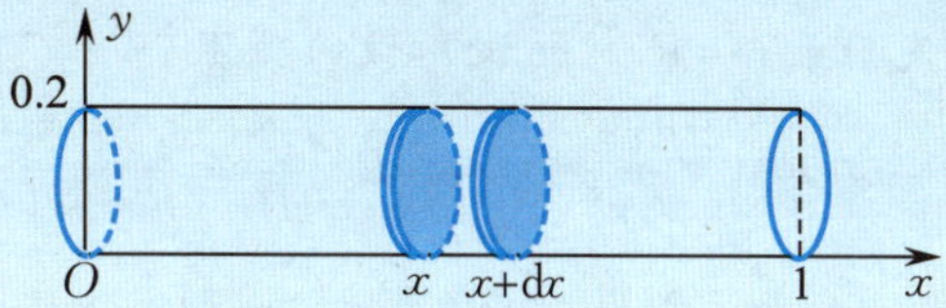

图 5-21

**解** 根据玻意耳(Boyle)定律,在恒温条件下,气体压强 $p$ 与体积 $V$ 的乘积是常数,即 $pV = k$. 由于压缩前气体压强为 $9.8 \times 10^5\,\mathrm{Pa}$,因此 $k = 9.8 \times 10^5 \cdot \pi \cdot 0.1^2 = 9\,800\pi$. 建立

直角坐标系如图 5-21 所示,活塞开始位置在点 $x=0$ 处,某一时刻活塞位置用 $x$ 表示,此时汽缸中气体体积 $V=(1-x) \cdot \pi \cdot 0.1^2 \mathrm{~m}^3$,于是压强为

$$p(x)=\frac{k}{(1-x) \cdot \pi \cdot 0.1^2},$$

从而活塞上的压力为

$$F(x)=pS=\frac{k}{1-x}.$$

故推动活塞所做的功为

$$W=\int_0^{0.5}\frac{9\,800\pi}{1-x}\mathrm{d}x=-9\,800\pi\ln(1-x)\Big|_0^{0.5}$$
$$=9\,800\pi\ln 2\approx 2.13\times 10^4 (\mathrm{J}).$$

**例 2** 从地面垂直向上发射一质量为 $m$ 的火箭,求将火箭发射至离地面高 $H$ 处所做的功.

**解** 发射火箭需要克服地球引力做功,设地球半径为 $R$,质量为 $M$,则由万有引力定律知,地球对火箭的引力为

$$F=\frac{GMm}{r^2},$$

其中 $r$ 为地心到火箭的距离,$G$ 为引力常量.

当火箭在地面时,$r=R$,引力为 $\frac{GMm}{R^2}$.又火箭在地面时,所受引力应为 $mg$,其中 $g$ 为重力加速度.因此,得

$$\frac{GMm}{R^2}=mg,$$

故有

$$G=\frac{gR^2}{M},$$

于是

$$F=\frac{mgR^2}{r^2}.$$

所以,将火箭从 $r=R$ 处发射至 $r=R+H$ 处所做的功为

$$W=mgR^2\int_R^{R+H}\frac{1}{r^2}\mathrm{d}r=mgR^2\left(\frac{1}{R}-\frac{1}{R+H}\right).$$

**例 3** 地面上有一底面面积为 $20 \mathrm{~m}^2$、深为 $4 \mathrm{~m}$ 的长方体水池且盛满水.如果用抽水泵把这池水全部抽到离池顶 $3 \mathrm{~m}$ 高的地方去,问须做多少功?

**解** 建立直角坐标系如图 5-22 所示.设想把池中的水分成很多薄层,则把池中全部水抽出所做的功 $W$ 等于把每一薄层水抽出所做的功的总和.在 $[0,4]$ 上取典型小区

间 $[x, x+\mathrm{d}x]$,相应于此小区间的那一薄层水的体积为 $20\mathrm{d}x\ \mathrm{m}^3$,已知水的密度 $\rho=1\times 10^3\ \mathrm{kg\cdot m^{-3}}$,故这层水重为 $2\times 10^4 g\mathrm{d}x\ \mathrm{N}$,将它抽到距池顶 $3\ \mathrm{m}$ 高处克服重力所做的功为

$$\mathrm{d}W=2\times 10^4\cdot(x+3)\cdot g\mathrm{d}x.$$

所以,将全部水抽到离池顶 $3\ \mathrm{m}$ 高处所做的功为

$$W=\int_0^4 2\times 10^4\cdot(x+3)\cdot g\mathrm{d}x$$

$$=1.96\times 10^5\times\left(\frac{x^2}{2}+3x\right)\Big|_0^4$$

$$=3.92\times 10^6\,(\mathrm{J})\quad(g=9.8\ \mathrm{m\cdot s^{-2}}).$$

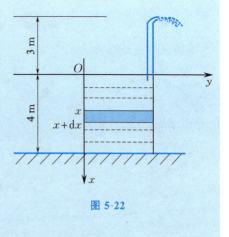

图 5-22

## 二、液体静压力

由帕斯卡(Pascal)定律知,在液面下深度为 $h$ 处,液体产生的压强为 $p=\rho g h$,其中 $\rho$ 为液体密度,$g$ 为重力加速度.换言之,液面下的物体所受液体的压强与深度成正比,同一深度处各方向上的压强相等.面积为 $A$ 的平板水平置于液深为 $h$ 处,则平板一侧所受的压力为

$$F=pA=\rho g h A.$$

下面考虑一块与液面垂直且没入液体内的平面薄板,我们来求它的一面所受的压力.设薄板为一曲边梯形,其曲边的方程为 $y=f(x)(a\leqslant x\leqslant b)$,建立直角坐标系如图 5-23 所示,$x$ 轴垂直向下,$y$ 轴与液面相齐.当薄板被设想分成许多水平的窄条时,相应于典型小区间 $[x,x+\mathrm{d}x]$ 的小窄条上深度变化不大,从而压强变化也不大,可近似地取为 $\rho g x$,同时小窄条的面积用矩形面积来近似,即为 $f(x)\mathrm{d}x$,故小窄条一面所受压力近似等于

$$\mathrm{d}F=\rho g x f(x)\mathrm{d}x.$$

于是

$$F=\rho g\int_a^b x f(x)\mathrm{d}x. \tag{5-5-2}$$

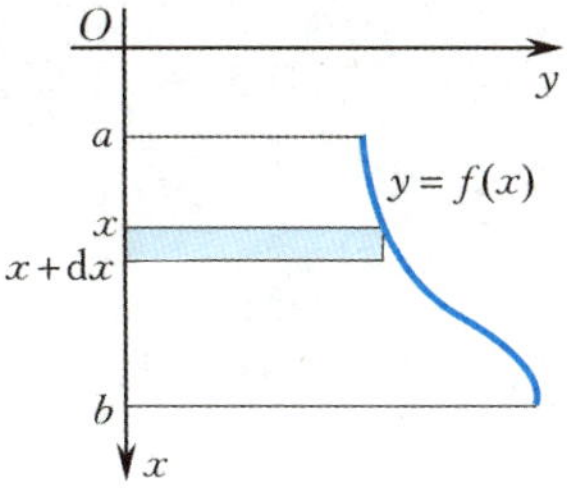

图 5-23

**例 4** 一横放的圆柱形水桶,桶内盛有半桶水,桶端面半径为 $0.6\,\mathrm{m}$,计算桶的一个端面上所受的压力.

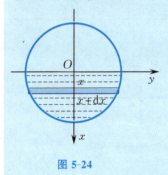

图 5-24

**解** 建立直角坐标系如图 5-24 所示,桶的端面圆的方程为

$$x^2 + y^2 = 0.36.$$

相应于 $[x, x+\mathrm{d}x]$ 的小窄条上的压力微分元素为

$$\mathrm{d}F = 2\rho g x \sqrt{0.36 - x^2}\,\mathrm{d}x,$$

所以桶的一个端面上所受的压力为

$$F = 2\rho g \int_0^{0.6} x\sqrt{0.36 - x^2}\,\mathrm{d}x = \frac{2}{3}\rho g\, 0.6^3$$
$$\approx 1.41 \times 10^3\,(\mathrm{N}),$$

其中 $\rho = 1 \times 10^3\,\mathrm{kg\cdot m^{-3}}$,$g = 9.8\,\mathrm{m\cdot s^{-2}}$.

### 三、引力

由物理学理论知,质量分别为 $m_1, m_2$,相距为 $r$ 的两个质点间的引力的大小为

$$F = G\frac{m_1 m_2}{r^2},$$

其中 $G$ 为引力常量,引力的方向沿着两个质点的连线方向.

对于不能视为质点的两个物体之间的引力,我们不能直接利用质点间的引力公式,而是采用微分元素法.下面举例说明.

**例 5** 一根长为 $l$ 的均匀直棒,其线密度为 $\rho$,在它的一端垂线上距直棒 $a$ 处有一质量为 $m$ 的质点,求该直棒对质点的引力.

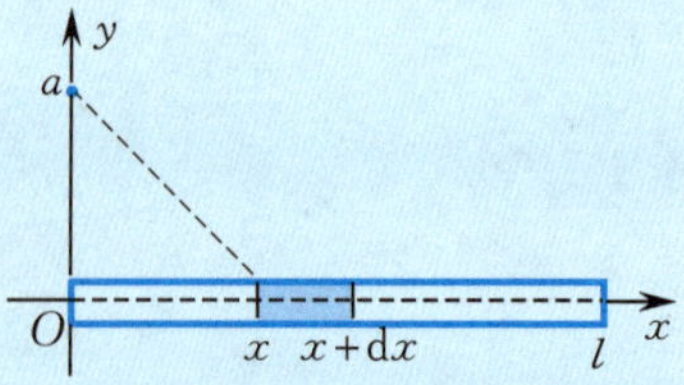

**解** 建立直角坐标系如图 5-25 所示,对于任意的 $x \in [0, l]$,考虑直棒上相应于 $[x, x+\mathrm{d}x]$ 的一小段对质点的引力.因 $\mathrm{d}x$ 很小,故此一小段对质点的引力可视为两质点的引力,其大小为

$$\mathrm{d}F = \frac{Gm\rho}{a^2 + x^2}\mathrm{d}x,$$

图 5-25

其方向是沿着两点 $(0, a)$ 与 $(x, 0)$ 的连线的.当 $x$ 在 $[0, l]$ 之间变化时,$\mathrm{d}F$ 的方向是不断变化的.因此,将引力微分元素 $\mathrm{d}F$ 在水平方向和垂直方向进行分解,分别记作 $\mathrm{d}F_x$,$\mathrm{d}F_y$,则

$$\mathrm{d}F_x = \frac{x}{\sqrt{x^2+a^2}}\mathrm{d}F = \frac{Gm\rho x}{(a^2+x^2)^{3/2}}\mathrm{d}x,$$

$$\mathrm{d}F_y = -\frac{a}{\sqrt{x^2+a^2}}\mathrm{d}F = -\frac{Gm\rho a}{(a^2+x^2)^{3/2}}\mathrm{d}x.$$

于是,直棒对质点的水平方向引力为

$$F_x = Gm\rho \int_0^l \frac{x}{(x^2+a^2)^{3/2}}\mathrm{d}x = \frac{Gm\rho}{2}\int_0^l (a^2+x^2)^{-\frac{3}{2}}\mathrm{d}(a^2+x^2)$$

$$= -Gm\rho(a^2+x^2)^{-\frac{1}{2}}\Big|_0^l = Gm\rho\left(\frac{1}{a} - \frac{1}{\sqrt{a^2+l^2}}\right),$$

垂直方向引力为

$$F_y = -Gm\rho a \int_0^l \frac{\mathrm{d}x}{(a^2+x^2)^{3/2}} = -Gm\rho a\left(\frac{x}{a^2\sqrt{a^2+x^2}}\right)\Big|_0^l$$

$$= -\frac{Gm\rho l}{a\sqrt{a^2+l^2}}.$$

**注意** 例 5 中如果将直棒的线密度改为 $\rho = \rho(x)$,即直棒是非均匀的,当 $\rho(x)$ 为已知时,直棒对质点的引力仍可按上述方法求得.

### 四、平均值

我们知道,$n$ 个数值 $y_1, y_2, \cdots, y_n$ 的算术平均值为

$$\overline{y} = \frac{1}{n}(y_1 + y_2 + \cdots + y_n).$$

在许多实际问题中,须考虑连续函数在一个区间上所取值的平均值,如一昼夜间的平均温度等.下面将讨论如何定义和计算连续函数 $y = f(x)$ 在 $[a,b]$ 上的平均值.

先将区间 $[a,b]$ $n$ 等分,分点为 $a = x_0 < x_1 < x_2 < \cdots < x_n = b$,每个小区间的长度为 $\Delta x = \dfrac{b-a}{n}$,函数 $f(x)$ 在各分点处的函数值记作 $y_i = f(x_i)$ $(i=1,2,\cdots,n)$. 当 $\Delta x$ 很小($n$ 充分大)时,在每个小区间上函数值视为相等,故可以用 $y_1, y_2, \cdots, y_n$ 的平均值

$$\frac{1}{n}(y_1 + y_2 + \cdots + y_n)$$

来近似表达函数 $y = f(x)$ 在 $[a,b]$ 上的所有取值的平均值. 因此,称极限值

$$\overline{y} = \lim_{n \to \infty} \frac{1}{n}(y_1 + y_2 + \cdots + y_n)$$

为函数 $y = f(x)$ 在 $[a,b]$ 上的平均值.

因

$$\overline{y} = \lim_{n\to\infty}\left(\frac{y_1+y_2+\cdots+y_n}{b-a}\cdot\frac{b-a}{n}\right)$$

$$= \lim_{\Delta x\to 0}\left(\frac{y_1+y_2+\cdots+y_n}{b-a}\cdot\Delta x\right)$$

$$= \frac{1}{b-a}\lim_{\Delta x\to 0}\sum_{i=1}^{n}f(x_i)\Delta x,$$

故

$$\overline{y} = \frac{1}{b-a}\int_a^b f(x)\,dx. \tag{5-5-3}$$

式(5-5-3)就是连续函数 $y=f(x)$ 在 $[a,b]$ 上的**平均值的计算公式**.

**例6** 计算纯电阻电路中正弦交流电 $i = I_m\sin\omega t$ 在一个周期 $T = \dfrac{2\pi}{\omega}$ 上的功率的平均值(简称**平均功率**).

**解** 设电阻为 $R$,则电路中的电压为

$$U = iR = I_m R\sin\omega t,$$

功率为

$$P = Ui = I_m^2 R\sin^2\omega t.$$

故一个周期上的平均功率为

$$\overline{P} = \frac{1}{T}\int_0^T I_m^2 R\sin^2\omega t\,dt = \frac{I_m^2 R\omega}{2\pi}\int_0^{\frac{2\pi}{\omega}}\sin^2\omega t\,dt$$

$$= \frac{I_m^2 R}{4\pi}\int_0^{\frac{2\pi}{\omega}}(1-\cos 2\omega t)\,d(\omega t) = \frac{I_m^2 R}{4\pi}\left(\omega t - \frac{\sin 2\omega t}{2}\right)\bigg|_0^{\frac{2\pi}{\omega}}$$

$$= \frac{I_m^2 R}{2} = \frac{I_m U_m}{2},$$

其中 $U_m = I_m R$ 表示**最大电压**,也称为**电压峰值**,即纯电阻电路中正弦交流电的平均功率等于电流与电压的峰值的乘积的一半.

通常交流电器上标明的功率就是平均功率,而交流电器上标明的电流值是另一种特定的平均值,常称为**有效值**.

一般地,周期性非恒定电流 $i$ 的有效值是这样规定的:当电流 $i(t)$ 在一个周期 $T$ 内在负载电阻 $R$ 上消耗的平均功率等于取固定值 $I$ 的恒定电流在 $R$ 上消耗的功率时,称这个固定值 $I$ 为 $i(t)$ 的有效值.

电流 $i(t)$ 在电阻 $R$ 上消耗的功率为

$$P(t) = U(t)i(t) = i^2(t)R.$$

它在 $[0,T]$ 上的平均值为

$$\overline{P} = \frac{1}{T}\int_0^T i^2(t)R\,dt = \frac{R}{T}\int_0^T i^2(t)\,dt.$$

而固定值为 $I$ 的电流在 $R$ 上消耗的功率为 $P=I^2R$，因此

$$I^2R=\frac{R}{T}\int_0^T i^2(t)\,\mathrm{d}t,$$

即

$$I=\sqrt{\frac{1}{T}\int_0^T i^2(t)\,\mathrm{d}t}.$$

**例 7**　求正弦交流电 $i(t)=I_\mathrm{m}\sin\omega t$ 的有效值.

**解**　$I=\left(\dfrac{1}{2\pi/\omega}\displaystyle\int_0^{\frac{2\pi}{\omega}}I_\mathrm{m}^2\sin^2\omega t\,\mathrm{d}t\right)^{\frac{1}{2}}=\left[\dfrac{I_\mathrm{m}^2}{4\pi}\left(\omega t-\dfrac{\sin 2\omega t}{2}\right)\bigg|_0^{\frac{2\pi}{\omega}}\right]^{\frac{1}{2}}=\dfrac{\sqrt{2}}{2}I_\mathrm{m},$

即正弦交流电的有效值等于它的峰值的 $\dfrac{\sqrt{2}}{2}$.

数学上,把 $\sqrt{\dfrac{1}{b-a}\displaystyle\int_a^b f^2(x)\,\mathrm{d}x}$ 叫作函数 $f(x)$ 在 $[a,b]$ 上的**均方根**.

• **习题 5-5**

1. 把长为 10 m、宽为 6 m、高为 5 m 的蓄水池内盛满的水全部抽出,须做多少功?

2. 有一等腰梯形闸门,它的两条底边长分别为 10 m 和 6 m,高为 20 m,较长的底边与水面相齐,计算闸门的一侧所受的水压力.

3. 半径为 $R$ 的球沉入水中,球的顶部与水面相切,球的密度与水相同,现将球从水中取离水面,问做功多少?

*4. 设有一半径为 $R$、中心角为 $\varphi$ 的圆弧形细棒,其线密度为常数 $\rho$,在圆心处有一质量为 $m$ 的质点,试求细棒对该质点的引力.

5. 求下列函数在 $[-a,a]$ 上的平均值:

(1) $f(x)=\sqrt{a^2-x^2}$;　　　　　　　(2) $f(x)=x^2$.

*6. 求正弦交流电 $i=I_0\sin\omega t$ 经过半波整流后得到电流

$$i=\begin{cases}I_0\sin\omega t,&0\leqslant t\leqslant\dfrac{\pi}{\omega},\\ 0,&\dfrac{\pi}{\omega}<t\leqslant\dfrac{2\pi}{\omega}\end{cases}$$

的平均值和有效值.

*7. 已知电压 $u(t)=3\sin 2t$,求:

(1) $u(t)$ 在 $\left[0,\dfrac{\pi}{2}\right]$ 上的平均值;

(2) 电压的均方根.

习题答案

# *第六节 定积分在经济学中的应用

## 一、最大利润问题

设利润函数 $L(x)=R(x)-C(x)$，其中 $x$ 为产量，$R(x)$ 为收入函数，$C(x)$ 为成本函数. 若 $R(x),C(x)$ 均可导，则使 $L(x)$ 取得最大值的产量 $x$ 应满足 $L'(x)=R'(x)-C'(x)=0$，即 $R'(x)=C'(x)$. 因此，利润的最大值在边际收入等于边际成本时取得.

**例1** 设某公司产品生产的边际成本为 $C'(x)=x^2-18x+100$，边际收入为 $R'(x)=200-3x$，试求该公司的最大利润.

**解** 记利润函数为 $L(x)$. 由于

$$L'(x)=\frac{\mathrm{d}[L(x)]}{\mathrm{d}x}=R'(x)-C'(x)=(200-3x)-(x^2-18x+100)$$

$$=15x-x^2+100,$$

故利润的微分元素为

$$\mathrm{d}[L(x)]=(15x-x^2+100)\mathrm{d}x.$$

产量为 $x_0$ 时，利润为

$$L(x_0)=\int_0^{x_0}(15x-x^2+100)\mathrm{d}x.$$

另一方面，令 $L'(x)=0$，得 $x=20$（负值舍去）. 又当 $x=20$ 时，$L''(x)=15-2x<0$. 故当 $x=20$ 时，利润取得最大值，最大利润为

$$L(20)=\int_0^{20}(15x-x^2+100)\mathrm{d}x=\left(\frac{15}{2}x^2-\frac{x^3}{3}+100x\right)\Big|_0^{20}\approx 2\,333.3.$$

## 二、资金流的现值与终值

### 1. 连续复利概念

设有一笔数量为 $A_0$ 元的资金存入银行，若年利率为 $r$，按复利方式每年计息一次，则该笔资金 $t$ 年后的本利和为

$$A_t=A_0(1+r)^t \quad (t=1,2,\cdots).$$

如果每年分 $n$ 次计息，每期利率为 $\frac{r}{n}$，则 $t$ 年后的本利和为

$$A_t^* = A_0\left(1+\frac{r}{n}\right)^{nt} \quad (t=1,2,\cdots).$$

当 $n$ 无限增大时,因 $\lim\limits_{n\to\infty}\left(1+\frac{r}{n}\right)^n = e^r$,故

$$\lim_{n\to\infty} A_t^* = \lim_{n\to\infty} A_0\left(1+\frac{r}{n}\right)^{nt} = A_0 e^{rt}.$$

称公式

$$A_t = A_0 e^{rt} \tag{5-6-1}$$

为 $A_0$ 元的**现值**(现在价值)在连续复利方式下折算为 $t$ 年后的**终值**(将来价值)的计算公式.

公式(5-6-1)可变形为

$$A_0 = A_t e^{-rt}, \tag{5-6-2}$$

称公式(5-6-2)为 $t$ 年后 $A_t$ 元的资金在连续复利方式下折算为现值的计算公式.

建立资金的现值和终值概念,是为了对不同时间点的资金进行比较,以便进行投资决策.

**2. 资金流的现值与终值**

将流出企业的资金(如成本、投资等)视为随时间连续变化,称为**支出流**. 类似地,将流入企业的资金(如收益等)视为随时间连续变化,称为**收入流**. 资金的净流量为收入流与支出流之差. 单位时间内企业资金的净流量称为**收益率**.

设某企业在时段 $[0,T]$ 内的时刻 $t$ 的收益率为连续函数 $f(t)$,下面按连续复利(年利率为 $r$)方式来求该时段内的收益现值和终值.

在 $[0,T]$ 上取典型小区间 $[t, t+dt]$,该时段内收益近似为 $f(t)dt$,其时刻 $t$ 的现值为

$$f(t)e^{-rt}dt.$$

这就是收益现值的微分元素,故收益现值为

$$P = \int_0^T f(t)e^{-rt}dt. \tag{5-6-3}$$

又 $[t, t+dt]$ 时段内收益 $f(t)dt$ 折算为时刻 $t=T$ 的终值为

$$f(t)e^{(T-t)r}dt,$$

故收益终值为

$$F = \int_0^T f(t)e^{(T-t)r}dt. \tag{5-6-4}$$

当收益率 $f(t)=k$(常数)时,该资金流称为**稳定资金流**或**均匀流**.

**例2** 某公司投资 100 万元建成一条生产线,并于一年后取得经济效益,年收入为 30 万元,设银行年利率为 10%,问该公司多少年后可收回投资?

**解** 设 $T$ 年后可收回投资,投资回收期应是收入的现值等于投资的现值的时间长度,因此有

$$\int_0^T 30\mathrm{e}^{-0.1t}\mathrm{d}t = 100,$$

即

$$300(1-\mathrm{e}^{-0.1T}) = 100.$$

解得 $T = 4.055$,即在投资后的 $4.055$ 年可收回投资.

### 习题 5-6

1. 设某企业固定成本为 50,边际成本和边际收入分别为
$$C'(x) = x^2 - 14x + 111, \quad R'(x) = 100 - 2x.$$
试求最大利润.

2. 设某工厂生产某种产品的固定成本为 0,生产 $x$(单位:百台)产品的边际成本(单位:万元／百台)为 $C'(x) = 2$,边际收入(单位:万元／百台)为 $R'(x) = 7 - 2x$.
(1) 生产量为多少时利润最大?
(2) 在利润最大的基础上再生产 100 台,利润减少多少?

3. 某企业投资 800 万元在某一项目上,年利率为 5%,按连续复利计算,求投资后 20 年中企业均匀收入率为 200 万元／年的收入现值及该投资的投资回收期.

4. 某对父母打算连续存钱为孩子攒学费,设银行连续复利为 5%(每年),若打算 10 年后攒够 5 万元,问每年应以均匀流方式存入多少钱?

5. 设某商品从时刻 0 到时刻 $t$ 的销售量为 $x(t) = kt, t \in [0, T], k > 0$,欲在时刻 $T$ 将数量为 $A$ 的该商品销售完.试求:
(1) 时刻 $t$ 的商品剩余量,并确定 $k$ 的值;
(2) 在时段 $[0, T]$ 上的平均剩余量.

6. 设某酒厂有一批新酿好的酒,如果现在(假定 $t = 0$)就售出,收入为 $R_0$(单位:元).如果窖藏起来待来日按陈酒价格出售,$t$ 年末收入为 $R = R_0 \mathrm{e}^{\frac{2}{5}\sqrt{t}}$.假定银行的年利率为 $r$,并以连续复利计息,试问窖藏多少年售出可使收入的现值最大?并求 $r = 0.06$ 时的 $t$ 值.

习题答案

## 习 题 五

1. 填空题:
(1) 设 $A_1$ 是由曲线 $y = x^2 (0 \leqslant x \leqslant 1)$ 与直线 $y = t^2 (0 < t < 1), x = 0$ 所围成平面图形的面积,$A_2$ 是由曲线 $y = x^2 (0 \leqslant x \leqslant 1)$ 与直线 $y = t^2 (0 < t < 1), x = 1$ 所围成平面图形的面积,则 $t$ 取 _____

时,$A = A_1 + A_2$ 取得最小值.

(2) 由曲线 $r = a\cos\theta$ 与 $r = a\sin\theta (a > 0)$ 所围成平面图形的面积为_____.

(3) 曲线 $y = \int_0^x \tan t \, dt \left(0 \leqslant x \leqslant \dfrac{\pi}{4}\right)$ 的弧长 $s =$ _____.

(4) 设有一曲线 $y = \sqrt{x-1}$,过原点作其切线,则由该曲线、切线及 $x$ 轴所围成的平面图形绕 $x$ 轴旋转一周而成的立体的表面积为_____.

(5) 已知曲线 $y = f(x)$ 过点 $(0,0)$,且其上任一点 $(x, f(x))$ 处的切线斜率为 $e^x$,则函数 $f(x)$ 在 $[0,1]$ 上的平均值为_____.

2. 选择题:

(1) 曲线 $\sqrt{x} + \sqrt{y} = \sqrt{2}$ 与坐标轴所围成平面图形的面积为( ).

A. $\dfrac{1}{3}$ B. 1 C. $\dfrac{1}{4}$ D. $\dfrac{2}{3}$

(2) 由曲线 $y = \text{ch} x = \dfrac{e^x + e^{-x}}{2}$ 与三条直线 $x = -1, x = 1, y = 0$ 所围成的曲边梯形绕 $y$ 轴旋转一周而成的旋转体的体积为( ).

A. $4\pi\left(1 - \dfrac{1}{e}\right)$ B. $2\pi\left(1 - \dfrac{1}{e}\right)$ C. $4\pi\left(1 + \dfrac{1}{e}\right)$ D. $2\pi\left(1 + \dfrac{1}{e}\right)$

(3) 设无穷长直线的线密度为 1,引力常量为 $k$,则直线对距直线为 $a$ 的单位质点 $A$ 的引力为( ).

A. $\dfrac{2k}{a}$ B. $\dfrac{k}{a}$ C. $\dfrac{2k}{a^2}$ D. $\dfrac{k}{a^2}$

(4) 峰值为 $V_m$,周期为 $T$ 的三角形波的电压平均值为( ).

A. $\dfrac{V_m}{2}$ B. $\dfrac{\sqrt{3}}{3}V_m$ C. $\dfrac{V_m}{4}$ D. $\dfrac{\sqrt{2}}{2}V_m$

3. (1) 求曲线 $y = \dfrac{\ln x}{\sqrt{x}} (0 < x \leqslant 1)$ 与坐标轴所围成平面图形的面积.

(2) 曲线 $y = \dfrac{\ln x}{\sqrt{x}} (x \geqslant 1)$ 与坐标轴所围成的平面图形是否存在有限面积? 请说明理由.

4. 设 $S$ 为介于曲线 $y = e^{-|x|}$ 与 $x$ 轴之间的无界图形,求 $S$ 的面积及 $S$ 绕 $x$ 轴旋转一周而成的旋转体的体积.

5. 设 $y = f(x)$ 为 $[0, +\infty)$ 内的非负连续函数,且对于任意 $b > 0$,由曲线 $y = f(x)(0 \leqslant x \leqslant b)$ 与 $x$ 轴、$y$ 轴及直线 $x = b$ 所围成的曲边梯形 $S$ 绕 $x$ 轴旋转一周而成的旋转体的体积为 $\dfrac{\pi}{2}b^2$. 求:

(1) 函数 $f(x)$;

(2) 不定积分 $\displaystyle\int \dfrac{\ln f(x)}{f(x)} dx$.

6. 已知某容器内表面形状是由曲线段 $y = \begin{cases} 0, & 0 \leqslant x < 1, \\ x^2 - 1, & 1 \leqslant x \leqslant 2 \end{cases}$ (单位:m) 绕 $y$ 轴旋转一周而成的.

(1) 求该容器的容积.

(2) 如果容器装满水,问将水全部提升到高出容器顶面 1 m 处时,须做功多少?

7. 半径为 5 m、深为 2 m 的圆锥形水池(锥顶朝下)贮满水,要将水全部抽至池面上方 5 m 高处,至少要做多少功?

8. 洒水车上的水箱是一个横放的椭圆柱体,端面椭圆的长轴长 2 m,与水平面平行,短轴长 1.5 m,水箱长 4 m. 当水箱里注满水时,水箱的一个端面所受的水压力是多少?

9. 求垂直放在水中的平面薄板一侧所受的水压力.该薄板如图 5-26 所示,上半部分是三角形,下半部分是半径为 3 m 的半圆,三角形顶部恰好在水面上.

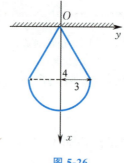

**图 5-26**

*10. 设星形线 $x = a\cos^3 t, y = a\sin^3 t$ 上每一点处的线密度等于该点到原点距离的立方,在原点 $O$ 处有一单位质点,求星形线在第一象限弧段对该质点的引力.

习题答案

第五章自测题

自测题答案

# 第六章 常微分方程

在工程技术、物理学、经济学、管理学、生态学与流行病学等学科领域中,经常需要确定变量间的函数关系.在很多情况下,必须建立不仅包含这些函数本身,而且还包含着这些函数的导数或微分的方程或方程组才可能确定这些函数关系,这样的方程就是微分方程.微分方程所包含的内容极为丰富,限于篇幅,本章只介绍常微分方程的一些基本概念及几种特殊类型常微分方程的解法.

课程思政案例　　知识框图

# 第一节 常微分方程的基本概念

为了说明常微分方程的一些基本概念,先看下面几个例子.

**例1** 在力 $f$ 的作用下,质量为 $m$ 的物体做直线运动,设经过时间 $t$ 后物体的运动路程为 $s(t)$,则由牛顿第二定律可得方程

$$m\frac{d^2 s}{dt^2}=f.$$

**例2** 已知一条曲线通过点 $(1,2)$,且在该曲线上任意一点 $M(x,y)$ 处切线的斜率为 $2x$,求这条曲线的方程.

在数学上该问题归结为求满足方程

$$\frac{dy}{dx}=2x$$

和条件 $y\big|_{x=1}=2$ 的函数 $y=y(x)$.

**例3** 一列车在直线轨道上以 $20\,\text{m}\cdot\text{s}^{-1}$ 的速度行驶,制动时列车获得的加速度为 $-0.4\,\text{m}\cdot\text{s}^{-2}$.求列车开始制动后行驶路程 $s(t)$ 与时间 $t$ 的关系.

该问题相当于求满足方程

$$s''(t)=-0.4$$

和条件 $s\big|_{t=0}=0, s'\big|_{t=0}=20$ 的函数 $s=s(t)$.

例1~例3中的方程都含有未知函数的导数.它们都是微分方程.一般地,我们通常把含有一元未知函数及其导数(或微分)的方程称为**常微分方程**(简称**微分方程**或**方程**).常微分方程中出现的未知函数的最高阶导数(或微分)的阶数,称为此方程的**阶**.例如,例2中的微分方程为一阶方程,例1、例3中的微分方程为二阶方程.

$n$ 阶常微分方程的一般表达式可写作

$$F(x,y,y',\cdots,y^{(n)})=0,$$

其中 $y$ 是 $x$ 的函数.如果 $F(x,y,y',\cdots,y^{(n)})$ 为 $y,y',\cdots,y^{(n)}$ 的一次有理整式,则称 $n$ 阶微分方程 $F(x,y,y',\cdots,y^{(n)})=0$ 为 **$n$ 阶线性微分方程**;否则,称为 **$n$ 阶非线性微分方程**;这里 $F(x,y,y',\cdots,y^{(n)})$ 表示含 $x,y,y',\cdots,y^{(n)}$ 的一个数学表达式,且一定含有 $y^{(n)}$.例1~例3中的微分方程都是线性微分方

程.以下这些也都是微分方程：

(1) $y'' - 3y' + 2y = e^x \cos x$；    (2) $(x^2 + y^2)dx + dy = 0$；

(3) $(y''')^2 + 2y'' + y' = 0$；    (4) $y'' + x^3 y = x\sin x$.

其中,(1),(4)均为二阶线性微分方程,(2),(3)均为非线性微分方程.

当某个函数具有某微分方程中所需的各阶导数,且将其代入该微分方程时,能使之成为恒等式,则称这个函数是该微分方程的**解**.例如,$y = \dfrac{x^3}{3}$,$y = \dfrac{x^3}{3} - \dfrac{1}{3}$,$y = \dfrac{x^3}{3} + C$($C$为任意常数)都是微分方程$y' = x^2$的解.又如,$y = e^x \sin 2x$,$y = e^x \cos 2x$,$y = e^x(C_1 \sin 2x + C_2 \cos 2x)$($C_1$,$C_2$为任意常数)都是二阶线性微分方程$y'' - 2y' + 5y = 0$的解.与代数方程不同,微分方程的解有的是一族含任意常数的函数.一般地,当微分方程的解中所包含的独立的任意常数的个数与该微分方程的阶数相等时,我们称这样的解为该微分方程的**通解**或**通积分**.例如,$y = \dfrac{x^3}{3} + C$($C$为任意常数)是$y' = x^2$的通解,而$y = e^x(C_1 \sin 2x + C_2 \cos 2x)$是$y'' - 2y' + 5y = 0$的通解.微分方程的通解所确定的曲线,称为微分方程的**积分曲线**.于是,$n$阶微分方程的通解在几何上表示一族以$n$个独立的任意常数为参数的曲线.

有时候,我们往往要求微分方程的解满足某些特定条件,这种解称为**特解**,这些特定条件称为**定解条件**.若定解条件由自变量取某确定的值来决定,则称该定解条件为**初始条件**.例如,前面的例2、例3就是求特解的问题.求微分方程满足初始条件的特解这样一个问题称为微分方程的初值问题.

求微分方程的通解或特解的过程称为**解微分方程**.从17世纪到18世纪初,常微分方程研究的中心问题是如何通过初等积分法求出通解表达式.但是到了19世纪中叶,人们就发现,能够通过初等积分法把通解求出来的微分方程只是极少数,即使像(2)那样简单的一阶微分方程,要想通过求积分把微分方程的通解用已知函数表示出来也是办不到的.所以,在本章中也只能介绍一些特殊类型微分方程的求解方法和技巧.

为方便起见,在无特别说明的情况下,本章中的$C$和$C_i$($i \in \mathbf{N}^*$)均表示任意常数.

• 习题 6-1

1. 指出下列微分方程的阶数：

(1) $x(y')^2 - 2yy' + x = 0$；    (2) $x^2 y'' - xy' + y = 0$；

(3) $xy''' + 2y'' + x^2 y = 0$；    (4) $(7x - 6y)dx + (x + y)dy = 0$.

2. 指出下列函数是否为所给微分方程的解：

(1) $xy' = 2y$, $y = 5x^2$；

(2) $y'' + y = 0, y = 3\sin x - 4\cos x$;

(3) $y'' - 2y' + y = 0, y = x^2 e^x$;

(4) $y'' - (\lambda_1 + \lambda_2)y' + \lambda_1\lambda_2 y = 0, y = C_1 e^{\lambda_1 x} + C_2 e^{\lambda_2 x}$.

3. 验证下列函数(隐函数)为所给微分方程的解:

(1) $(x - 2y)y' = 2x - y, x^2 - xy + y^2 = C$;

(2) $(xy - x)y'' + x(y')^2 + yy' - 2y' = 0, y = \ln xy$.

习题答案

# 第二节 一阶微分方程及其解法

一阶微分方程的一般形式为

$$F(x, y, y') = 0. \tag{6-2-1}$$

若可解出 $y'$,则方程(6-2-1)可写成显式方程

$$y' = f(x, y) \tag{6-2-2}$$

或

$$M(x, y)dx + N(x, y)dy = 0, \tag{6-2-3}$$

这里 $M(x, y)$ 和 $N(x, y)$ 均表示含 $x, y$ 的数学表达式.

若方程(6-2-2)右边不含 $y$,即

$$y' = f(x),$$

则由积分学理论可知,当 $f(x)$ 在某一区间上可积时,其解存在,且解为

$$y = \int f(x)dx + C.$$

这里 $\int f(x)dx$ 实质上只表示为 $f(x)$ 的某个原函数,而不是不定积分,在后面各例中,我们也常用抽象形式 $\int f(x)dx$ 表示 $f(x)$ 的某个原函数,而不是不定积分.

下面讨论几种可解出 $y'$ 的特殊类型的一阶微分方程的求解方法.

## 一、可分离变量的微分方程

若一阶微分方程可化为形如

$$y' = f(x)g(y) \tag{6-2-4}$$

的方程,则称原方程为**可分离变量的微分方程**.这里 $f(x), g(y)$ 分别是 $x, y$ 的函数.当 $g(y) \neq 0$ 时,假设 $y = y(x)$ 是微分方程(6-2-4)的解,则方程(6-2-4)可写成

$$\frac{y'(x)}{g[y(x)]}\mathrm{d}x = f(x)\mathrm{d}x. \qquad (6\text{-}2\text{-}5)$$

将式(6-2-5)两边对 $x$ 积分(如果可积),得

$$\int \frac{1}{g[y(x)]} y'(x)\mathrm{d}x = \int f(x)\mathrm{d}x.$$

上式的左边应用第一类换元法,用 $y=y(x)$ 做变量代换,即得

$$\int \frac{\mathrm{d}y}{g(y)} = \int f(x)\mathrm{d}x. \qquad (6\text{-}2\text{-}6)$$

在式(6-2-6)中左边的被积函数是 $y$ 的函数,这个积分是对变量 $y$ 积分,而右边是一个关于 $x$ 的函数对 $x$ 积分,这样两个变量分离开求积分后,由式(6-2-6)解出 $y = \varphi(x, C)$,就是方程(6-2-4)的通解.

当 $g(y) = 0$ 时,若由 $g(y) = 0$ 可求得 $y = y_0$($y_0$ 为常数),则显然 $y = y_0$ 是方程(6-2-4)的解,此解若不包含在 $y = \varphi(x, C)$ 中,则称 $y = y_0$ 为方程(6-2-4)的**奇解**.

因此,方程(6-2-4)除通积分式(6-2-6)外,还可能有奇解.

**例 1** 求微分方程 $\dfrac{\mathrm{d}y}{\mathrm{d}x} = 2x\sqrt{y}$ 的所有解.

**解** 分离变量,得

$$\frac{\mathrm{d}y}{2\sqrt{y}} = x\mathrm{d}x.$$

两边积分,得

$$\sqrt{y} = \frac{1}{2}x^2 + C.$$

于是通解为

$$y = \left(\frac{1}{2}x^2 + C\right)^2.$$

此外,还有解 $y = 0$. 但无论 $C$ 取怎样的常数,解 $y = 0$ 均不能由通解表达式 $y = \left(\dfrac{1}{2}x^2 + C\right)^2$ 得出,即直线 $y = 0$($x$ 轴)虽然是原方程的一条积分曲线,但它并不属于该方程的通解所确定的积分曲线族 $y = \left(\dfrac{1}{2}x^2 + C\right)^2$,$y = 0$ 就是原方程的奇解.

**例 2** 求微分方程 $\dfrac{\mathrm{d}y}{\mathrm{d}x} = \dfrac{\sqrt{1-y^2}}{\sqrt{1-x^2}}$ 的通解.

**解** 当 $y \neq \pm 1$ 时,方程化为

$$\frac{\mathrm{d}y}{\sqrt{1-y^2}} = \frac{\mathrm{d}x}{\sqrt{1-x^2}}.$$

两边积分,得

$$\arcsin y = \arcsin x + C.$$

解出 $y$，得到通解为

$$y = \sin(\arcsin x + C).$$

**例3** 求解初值问题

$$\begin{cases} (1+x^2)y' = \arctan x, \\ y(0) = 0. \end{cases}$$

**解** 分离变量，得

$$\mathrm{d}y = \frac{\arctan x}{1+x^2}\mathrm{d}x = \arctan x\,\mathrm{d}(\arctan x),$$

即通解为

$$y = \frac{1}{2}(\arctan x)^2 + C.$$

代入初始条件 $y(0)=0$，得 $C=0$，故所求特解为

$$y = \frac{1}{2}(\arctan x)^2.$$

**例4** （人口增长模型）设 $N(t)$ 表示某国在时刻 $t$ 的人口总数，且函数 $N(t)$ 可导，记 $r=r(t,N)$ 为人口增长率（出生率与死亡率之差），则

$$r(t,N) = \lim_{\Delta t \to 0}\frac{N(t+\Delta t)-N(t)}{\Delta t N(t)} = \frac{1}{N(t)} \cdot \frac{\mathrm{d}N(t)}{\mathrm{d}t},$$

由此可得人口总数 $N(t)$ 满足微分方程

$$\frac{\mathrm{d}N}{\mathrm{d}t} = rN.$$

对人口增长率 $r(t,N)$ 做不同的假设，就得到不同的人口增长模型.

在最简单的人口增长模型中，假设人口增长率 $r$ 等于常数 $k>0$，若已知 $t=t_0$ 时人口总数为 $N(t_0)=N_0$，解初值问题

$$\begin{cases} \dfrac{\mathrm{d}N}{\mathrm{d}t} = kN, \\ N(t_0) = N_0, \end{cases}$$

可得时刻 $t$ 的人口总数 $N(t) = N_0 \mathrm{e}^{k(t-t_0)}$.

由此得出人口将按指数函数增长，这就是马尔萨斯（Malthus）人口论的数学依据. 实践检验当 $t$ 与 $t_0$ 很接近时，这一模型与实际人口数很接近，但当 $t$ 比 $t_0$ 大很多时，这个模型所得结果与实际不符.

后来有人提出了一种改进的模型，其根据是随着人口基数的增大，人口增长率会下降，从而设人口增长率为

$$r = a - bN,$$

其中正常数 $a$ 与 $b$ 称为生命系数，且测得 $a$ 的自然值为 0.029，而 $b$ 的值由各国的社会经济条件所确定. 于是，已知当 $t=t_0$ 时人口总数为 $N(t_0)=N_0$，解初值问题

$$\begin{cases} \dfrac{dN}{dt} = (a-bN)N, \\ N(t_0) = N_0, \end{cases}$$

可得时刻 $t$ 的人口总数

$$N(t) = \dfrac{aN_0 e^{a(t-t_0)}}{a - bN_0 + bN_0 e^{a(t-t_0)}}.$$

据文献记载,一些国家曾用这个模型预测过人口总数的变化,结果比较符合实际情况.

## 二、齐次微分方程

若一阶微分方程可化为形如

$$y' = \varphi\left(\dfrac{y}{x}\right) \tag{6-2-7}$$

的方程,则称原方程为**齐次微分方程**.

为解方程(6-2-7),可做变量代换

$$u = \dfrac{y}{x}, \quad 即 \quad y = xu.$$

将 $y' = u + xu'$ 及 $y = xu$ 代入方程(6-2-7),得

$$u + xu' = \varphi(u). \tag{6-2-8}$$

方程(6-2-8)为可分离变量的微分方程.分离变量,得

$$\dfrac{du}{\varphi(u) - u} = \dfrac{dx}{x}.$$

两边积分,得

$$\int \dfrac{du}{\varphi(u) - u} = \int \dfrac{dx}{x}.$$

求出积分后,再用 $\dfrac{y}{x}$ 回代 $u$,便得齐次微分方程的通解.

**例 5** 求解初值问题

$$\begin{cases} \dfrac{dy}{dx} = \dfrac{y}{x} + 3\tan\dfrac{y}{x}, \\ y\big|_{x=1} = \dfrac{\pi}{4}. \end{cases}$$

**解** 原方程显然为齐次微分方程.令 $u = \dfrac{y}{x}$,则有

$$\frac{dy}{dx} = u + x\frac{du}{dx}.$$

将上式代入原方程,化简得

$$x\frac{du}{dx} = 3\tan u.$$

这是一个可分离变量的微分方程.分离变量并两边积分,得

$$\sin u = Cx^3,$$

即

$$\sin\frac{y}{x} = Cx^3.$$

代入初始条件 $y\big|_{x=1} = \frac{\pi}{4}$,得 $C = \frac{\sqrt{2}}{2}$,故所求特解为

$$x^3 = \sqrt{2}\sin\frac{y}{x}.$$

**例6** 求微分方程

$$(y^2 - x^2)dy + 2xy\,dx = 0$$

的通解.

**解** 原方程可写成

$$\frac{dy}{dx} = -\frac{2\dfrac{y}{x}}{\left(\dfrac{y}{x}\right)^2 - 1},$$

即为齐次微分方程.令 $u = \dfrac{y}{x}$,则有

$$\frac{dy}{dx} = u + x\frac{du}{dx}.$$

将上式代入原方程,化简得

$$x\frac{du}{dx} = \frac{u(1+u^2)}{1-u^2}.$$

分离变量,得

$$\frac{1-u^2}{u(1+u^2)}du = \frac{1}{x}dx.$$

两边积分,得

$$\frac{u}{1+u^2} = Cx.$$

回代 $u = \dfrac{y}{x}$,可得原方程的通解为由方程

$$xy = Cx(x^2 + y^2)$$

所确定的隐函数.

### 三、可化为齐次微分方程的微分方程

形如

$$\frac{\mathrm{d}y}{\mathrm{d}x}=f\left(\frac{ax+by+c}{a_1x+b_1y+c_1}\right) \qquad (6\text{-}2\text{-}9)$$

的微分方程,当 $c,c_1$ 两个常数不同时为 0 时,不是齐次微分方程.因为方程右边不能直接表示为 $\frac{y}{x}$ 或 $\frac{x}{y}$ 的函数.但我们知道,当 $c=c_1=0$ 时,该微分方程是齐次微分方程.基于这点,当 $c,c_1$ 不全为 0 时,我们可以通过坐标平移的方法消除常数项,即令 $x=X+x_0, y=Y+y_0$,使得 $ax+by+c=aX+bY$,即 $ax_0+by_0+c=0$.现在的问题是:$a_1x+b_1y+c_1=a_1X+b_1Y+a_1x_0+b_1y_0+c_1$,那么 $a_1x_0+b_1y_0+c_1$ 是否也会等于 0 呢?上述问题可以转化为方程组

$$\begin{cases} ax+by+c=0, \\ a_1x+b_1y+c_1=0 \end{cases}$$

是否有解的问题.这里的 $c,c_1$ 为不全为 0 的常数.由代数学知识我们知道,当 $ab_1-a_1b\neq 0$ 时,上述方程组有唯一解 $x=x_0, y=y_0$.因此,方程(6-2-9)若满足 $ab_1-a_1b\neq 0$,则在变换

$$x=X+x_0, \quad y=Y+y_0$$

下可化为关于 $X,Y$ 的齐次微分方程

$$\frac{\mathrm{d}Y}{\mathrm{d}X}=f\left(\frac{aX+bY}{a_1X+b_1Y}\right).$$

求出该齐次微分方程的通解后,在通解中以 $x-x_0$ 代 $X$,$y-y_0$ 代 $Y$,便得方程(6-2-9)的通解.

当 $ab_1-a_1b=0$ 且 $ab\neq 0$ 时,令 $\frac{a_1}{a}=\frac{b_1}{b}=\lambda$,$z=ax+by$,则方程(6-2-9)可化为可分离变量的微分方程

$$\frac{\mathrm{d}z}{\mathrm{d}x}=a+bf\left(\frac{z+c}{\lambda z+c_1}\right).$$

对 $ab_1-a_1b=0$ 且 $ab=0$ 的情形,请读者自己思考.

> **例 7** 求微分方程
>
> $$\frac{\mathrm{d}y}{\mathrm{d}x}=\frac{y-x+1}{y+x+5}$$
>
> 的通解.
>
> **解** 方程组
>
> $$\begin{cases} y-x+1=0, \\ y+x+5=0 \end{cases}$$
>
> 有唯一解 $x_0=-2, y_0=-3$.

令 $x = X - 2, y = Y - 3$,则原方程可化为

$$\frac{dY}{dX} = \frac{Y - X}{Y + X}.$$

再令 $u = \frac{Y}{X}$,则有 $\frac{dY}{dX} = u + X\frac{du}{dX}$,即

$$\frac{1+u}{1+u^2}du = \frac{-1}{X}dX.$$

两边积分,得

$$2\arctan u + \ln(1+u^2) + \ln X^2 = C,$$

即

$$\ln(X^2 + Y^2) + 2\arctan\frac{Y}{X} = C.$$

代回原变量,即得原方程的通解为

$$\ln[(x+2)^2 + (y+3)^2] + 2\arctan\frac{y+3}{x+2} = C.$$

**例 8** 求微分方程

$$\frac{dy}{dx} = \frac{y-x+1}{y-x+5}$$

的通解.

**解** 令 $z = y - x$,则原方程化为

$$\frac{dz}{dx} = \frac{-4}{z+5}.$$

分离变量,得

$$(z+5)dz = -4dx.$$

两边积分,得

$$\frac{1}{2}z^2 + 5z = -4x + C_1.$$

将 $z = y - x$ 代入上式并化简,得

$$y^2 - 2xy + x^2 - 2x + 10y = C \quad (\text{其中 } C = 2C_1).$$

## 四、一阶线性微分方程

由线性微分方程的定义,一阶线性微分方程的标准形式为

$$\frac{dy}{dx} + P(x)y = Q(x). \tag{6-2-10}$$

如果 $Q(x) \equiv 0$,则方程 (6-2-10) 称为一阶齐线性微分方程;如果 $Q(x) \not\equiv 0$,则方程 (6-2-10) 称为一阶非齐线性微分方程.

先考虑一阶齐线性微分方程

$$\frac{\mathrm{d}y}{\mathrm{d}x} + P(x)y = 0. \qquad (6\text{-}2\text{-}11)$$

显然,$y=0$ 是它的解.

当 $y \neq 0$ 时,分离变量,得

$$\frac{\mathrm{d}y}{y} = -P(x)\mathrm{d}x.$$

两边积分,得

$$\ln|y| = -\int P(x)\mathrm{d}x + \ln|C|,$$

其中 $C$ 为不等于 0 的任意常数. 去对数得方程的通解为

$$y = C\mathrm{e}^{-\int P(x)\mathrm{d}x} \quad (C \neq 0).$$

但因为 $y=0$ 是微分方程的解,所以方程(6-2-11)的通解为

$$y = C\mathrm{e}^{-\int P(x)\mathrm{d}x} \quad (C \text{ 为任意常数}). \qquad (6\text{-}2\text{-}12)$$

下面求一阶非齐线性微分方程(6-2-10)的通解. 我们采用**常数变易法**. 其方法是将式(6-2-12)中的 $C$ 换成 $x$ 的待定函数 $C(x)$,即令

$$y = C(x)\mathrm{e}^{-\int P(x)\mathrm{d}x}, \qquad (6\text{-}2\text{-}13)$$

将式(6-2-13)代入方程(6-2-10),得

$$\left[ C(x)\mathrm{e}^{-\int P(x)\mathrm{d}x} \right]' + P(x)C(x)\mathrm{e}^{-\int P(x)\mathrm{d}x} = Q(x).$$

化简,得

$$C'(x)\mathrm{e}^{-\int P(x)\mathrm{d}x} = Q(x)$$

或

$$C'(x) = Q(x)\mathrm{e}^{\int P(x)\mathrm{d}x}.$$

两边积分,得

$$C(x) = \int Q(x)\mathrm{e}^{\int P(x)\mathrm{d}x}\mathrm{d}x + C.$$

将上式代入式(6-2-13),便得方程(6-2-10)的通解为

$$y = \mathrm{e}^{-\int P(x)\mathrm{d}x}\left[ \int Q(x)\mathrm{e}^{\int P(x)\mathrm{d}x}\mathrm{d}x + C \right]. \qquad (6\text{-}2\text{-}14)$$

**例 9** 求微分方程

$$\frac{\mathrm{d}y}{\mathrm{d}x} - \frac{2y}{x+1} = (x+1)^{\frac{3}{2}}$$

的通解.

**解** 这是一个一阶非齐线性微分方程. 先求对应的齐微分方程

$$\frac{\mathrm{d}y}{\mathrm{d}x} - \frac{2y}{x+1} = 0$$

的通解. 解此可分离变量的微分方程, 得

$$\int \frac{\mathrm{d}y}{y} = 2\int \frac{\mathrm{d}x}{x+1},$$

即

$$y = C_1(x+1)^2.$$

用常数变易法, 把 $C_1$ 换成 $C(x)$, 即

$$y = C(x)(x+1)^2,$$

两边对 $x$ 求导, 得

$$\frac{\mathrm{d}y}{\mathrm{d}x} = C'(x)(x+1)^2 + 2C(x)(x+1).$$

代入原微分方程, 化简得

$$C'(x) = \frac{1}{\sqrt{x+1}},$$

故

$$C(x) = 2\sqrt{x+1} + C.$$

于是原微分方程的通解为

$$y = (x+1)^2(2\sqrt{x+1} + C).$$

**注意** 也可以直接利用通解公式(6-2-14)求得. 这里取 $P(x) = -\dfrac{2}{x+1}$, $Q(x) = (x+1)^{\frac{3}{2}}$, 则

$$\int P(x)\mathrm{d}x = -2\int \frac{1}{x+1}\mathrm{d}x = -\ln(x+1)^2,$$

从而

$$y = \mathrm{e}^{-\int P(x)\mathrm{d}x}\left[\int Q(x)\mathrm{e}^{\int P(x)\mathrm{d}x}\mathrm{d}x + C\right]$$

$$= (x+1)^2\left[\int (x+1)^{\frac{3}{2}} \cdot \frac{1}{(x+1)^2}\mathrm{d}x + C\right]$$

$$= (x+1)^2(2\sqrt{x+1} + C).$$

**例 10** 求解初值问题

$$\begin{cases} (x - \ln y)\mathrm{d}y + y\ln y\,\mathrm{d}x = 0, \\ y\big|_{x=1} = \mathrm{e}. \end{cases}$$

**解** 原方程关于 $y, \dfrac{\mathrm{d}y}{\mathrm{d}x}$ 不是线性的,但若视 $y$ 为自变量,即 $x$ 为 $y$ 的函数,则方程关于 $x, \dfrac{\mathrm{d}x}{\mathrm{d}y}$ 是线性的. 为此将方程改写为

$$\frac{\mathrm{d}x}{\mathrm{d}y} + \frac{1}{y\ln y}x = \frac{1}{y},$$

则 $P(y) = \dfrac{1}{y\ln y}, Q(y) = \dfrac{1}{y}$. 故通解为

$$x = \mathrm{e}^{-\int \frac{1}{y\ln y}\mathrm{d}y}\left(\int \frac{1}{y}\mathrm{e}^{\int \frac{1}{y\ln y}\mathrm{d}y}\mathrm{d}y + C_1\right) = \frac{1}{\ln y}\left(\frac{1}{2}\ln^2 y + C_1\right)$$

$$= \frac{1}{2}\ln y + \frac{C_1}{\ln y},$$

或写成

$$(2x - \ln y)\ln y = C \quad (\text{其中 } C = 2C_1).$$

将初始条件 $y\big|_{x=1} = \mathrm{e}$ 代入上式,得 $C = 1$,故所求特解为

$$(2x - \ln y)\ln y = 1.$$

### *五、伯努利方程

若一阶微分方程可化为形如

$$y' + P(x)y = Q(x)y^n \quad (n \neq 0, 1) \tag{6-2-15}$$

的方程,则称原方程为**伯努利**(Bernoulli)**方程**. 对此类方程,只须做代换

名人简介

$$u = y^{1-n},$$

即可将其化为一阶线性微分方程

$$\frac{\mathrm{d}u}{\mathrm{d}x} + (1-n)P(x)u = (1-n)Q(x).$$

求出该方程的通解后,以 $y^{1-n}$ 回代 $u$,便得到伯努利方程的通解.

**例 11** 求微分方程

$$xy' + y = xy^2\ln x$$

的通解.

**解** 原方程可写为

$$y' + \frac{1}{x}y = y^2\ln x,$$

这是伯努利方程. 令 $u = y^{1-2} = y^{-1}$,则原方程化为

$$\frac{\mathrm{d}u}{\mathrm{d}x} - \frac{1}{x}u = -\ln x,$$

这是一阶非齐线性微分方程. 用通解公式(6-2-14)得

$$u = e^{\int \frac{1}{x} dx} \left[ \int (-\ln x) e^{-\int \frac{1}{x} dx} dx + C \right] = x \left( C - \frac{1}{2} \ln^2 x \right).$$

回代 $u = \dfrac{1}{y}$, 得通解

$$y = \frac{1}{x} \left( C - \frac{1}{2} \ln^2 x \right)^{-1}.$$

另外, $y = 0$ 也是原微分方程的解.

**例 12** 求微分方程

$$xy' - y \ln y = x^2 y$$

的通解.

**解** 将方程变形, 得

$$\frac{1}{y} y' - \frac{1}{x} \ln y = x.$$

因为方程中含 $\ln y$ 及其导数, 于是做代换

$$u = \ln y,$$

则原方程可化为

$$u' - \frac{1}{x} u = x,$$

所以

$$u = e^{\int \frac{1}{x} dx} \left( \int x e^{-\int \frac{1}{x} dx} dx + C \right) = x(x + C).$$

回代 $u = \ln y$, 便得原方程的通解为

$$\ln y = x(x + C)$$

或

$$y = e^{x(x+C)}.$$

• **习题 6 - 2**

1. 从下列题中的曲线族里, 找出满足所给初始条件的曲线:

   (1) $x^2 - y^2 = C$ ($C$ 为常数), $y \big|_{x=0} = 5$;

   (2) $y = (C_1 + C_2 x) e^{2x}$ ($C_1, C_2$ 为常数), $y \big|_{x=0} = 0$, $y' \big|_{x=0} = 1$.

2. 求下列微分方程的通解:

   (1) $xy' - y \ln y = 0$;  (2) $y' = \sqrt{\dfrac{1-y}{1-x}}$;

   (3) $(e^{x+y} - e^x) dx + (e^{x+y} + e^y) dy = 0$;  (4) $\cos x \sin y \, dx + \sin x \cos y \, dy = 0$;

(5) $y' = xy$;   (6) $2x + 1 + y' = 0$;

(7) $4x^3 + 2x - 3y^2 y' = 0$;   (8) $y' = e^{x+y}$.

3. 求下列微分方程满足所给初始条件的特解：

(1) $y' = e^{2x-y}, y\big|_{x=0} = 0$;   (2) $y'\sin x = y\ln y, y\big|_{x=\frac{\pi}{2}} = e$.

4. 求下列齐次微分方程的通解：

(1) $xy' - y - \sqrt{y^2 - x^2} = 0$;   (2) $x\dfrac{dy}{dx} = y\ln\dfrac{y}{x}$;

(3) $(x^2 + y^2)dx - xy dy = 0$;   (4) $(x^3 + y^3)dx - 3xy^2 dy = 0$;

(5) $\dfrac{dy}{dx} = \dfrac{x+y}{x-y}$;   (6) $y' = \dfrac{y}{x + \sqrt{x^2 + y^2}}$.

5. 求下列齐次微分方程满足所给初始条件的特解：

(1) $(y^2 - 3x^2)dy + 2xy dx = 0, y\big|_{x=0} = 1$;   (2) $y' = \dfrac{x}{y} + \dfrac{y}{x}, y\big|_{x=1} = 2$.

6. 利用适当的代换化下列方程为齐次微分方程，并求出通解：

(1) $(2x - 5y + 3)dx - (2x + 4y - 6)dy = 0$;   (2) $(x - y - 1)dx + (4y + x - 1)dy = 0$;

(3) $(x + y)dx + (3x + 3y - 4)dy = 0$;   (4) $\dfrac{dy}{dx} = \dfrac{1}{x-y} + 1$.

7. 求下列一阶线性微分方程的通解：

(1) $y' + y = e^{-x}$;   (2) $xy' + y = x^2 + 3x + 2$;

(3) $y' + y\cos x = e^{-\sin x}$;   (4) $y' = 4xy + 4x$;

(5) $(x - 2)y' = y + 2(x - 2)^3$;   (6) $(x^2 + 1)y' + 2xy = 4x^2$.

8. 求下列一阶线性微分方程满足所给初始条件的特解：

(1) $\dfrac{dy}{dx} + \dfrac{1}{x}y = \dfrac{1}{x}\sin x, y\big|_{x=\pi} = 1$;   (2) $y' + \dfrac{1}{x^3}(2 - 3x^2)y = 1, y\big|_{x=1} = 0$.

*9. 求下列伯努利方程的通解：

(1) $y' + y = y^2(\cos x - \sin x)$;   (2) $y' + \dfrac{1}{3}y = \dfrac{1}{3}(1 - 2x)y^4$.

## 第三节 微分方程的降阶法

我们将二阶和二阶以上的微分方程统称为**高阶微分方程**. 对于某些特殊类型的高阶微分方程，可采用降阶法求解.

## 一、$y^{(n)} = f(x)$ 型微分方程

形如
$$y^{(n)} = f(x)$$
的微分方程的一个特点是右边仅含自变量 $x$. 这种微分方程只须逐次两边积分 $n$ 次,即可求得其通解.

**例 1** 求微分方程 $y''' = \sin x + \cos x$ 的通解.

**解** 逐次两边积分,得
$$y'' = -\cos x + \sin x + C_1,$$
$$y' = -\sin x - \cos x + C_1 x + C_2,$$
$$y = \cos x - \sin x + \frac{1}{2}C_1 x^2 + C_2 x + C_3.$$

这就是所求的通解.

**例 2** 一质量为 $m$ 的质点受水平力 $F$ 的作用沿力 $F$ 的方向做直线运动,力 $F$ 的大小为时间 $t$ 的函数 $F(t) = \sin t$. 设开始时 ($t = 0$) 质点位于原点,且初始速度为 $0$,求质点的运动规律.

**解** 设 $s = s(t)$ 表示在时刻 $t$ 时质点的位置,由牛顿第二定律,质点运动方程为
$$m\frac{\mathrm{d}^2 s}{\mathrm{d}t^2} = \sin t,$$
初始条件为 $s\big|_{t=0} = 0, \dfrac{\mathrm{d}s}{\mathrm{d}t}\bigg|_{t=0} = 0$. 方程两边积分,得
$$\frac{\mathrm{d}s}{\mathrm{d}t} = -\frac{1}{m}\cos t + C_1.$$

将 $\dfrac{\mathrm{d}s}{\mathrm{d}t}\bigg|_{t=0} = 0$ 代入,得 $C_1 = \dfrac{1}{m}$,于是
$$\frac{\mathrm{d}s}{\mathrm{d}t} = -\frac{1}{m}\cos t + \frac{1}{m}.$$

两边再积分,得
$$s = -\frac{1}{m}\sin t + \frac{1}{m}t + C_2.$$

将 $s\big|_{t=0} = 0$ 代入,得 $C_2 = 0$. 故所求质点的运动规律为
$$s = \frac{1}{m}(t - \sin t).$$

## 二、$y''=f(x,y')$ 型微分方程

形如
$$y''=f(x,y') \qquad (6\text{-}3\text{-}1)$$
的微分方程的一个特点是不显含未知函数 $y$. 在这种情形下,若做代换
$$y'=p,$$
则原方程可化为一个关于变量 $x,p$ 的一阶微分方程
$$\frac{\mathrm{d}p}{\mathrm{d}x}=f(x,p). \qquad (6\text{-}3\text{-}2)$$
若方程(6-3-2)可解,设通解为 $p=\varphi(x,C_1)$,则有
$$\frac{\mathrm{d}y}{\mathrm{d}x}=\varphi(x,C_1).$$
两边积分,便得方程(6-3-1)的通解
$$y=\int\varphi(x,C_1)\mathrm{d}x+C_2.$$

**例 3** 求微分方程 $(1+x^2)y''=2xy'$ 满足初始条件 $y\big|_{x=0}=1, y'\big|_{x=0}=3$ 的特解.

**解** 令 $y'=p$,代入方程并分离变量,得
$$\frac{\mathrm{d}p}{p}=\frac{2x}{1+x^2}\mathrm{d}x.$$
两边积分,得
$$p=y'=C_1(1+x^2).$$
由条件 $y'\big|_{x=0}=3$,得 $C_1=3$,故
$$y'=3(1+x^2).$$
两边再积分,得
$$y=x^3+3x+C_2.$$
又由条件 $y\big|_{x=0}=1$,得 $C_2=1$. 因此,所求特解为
$$y=x^3+3x+1.$$

对于更高阶的不显含未知函数的微分方程,可采用类似的**降阶法**.

**例 4** 求微分方程 $\dfrac{\mathrm{d}^4y}{\mathrm{d}x^4}-\dfrac{1}{x}\cdot\dfrac{\mathrm{d}^3y}{\mathrm{d}x^3}=0$ 的通解.

**解** 这一方程是四阶微分方程,但它仍是不显含未知函数的方程,可用例 3 中类似的方法求解.

令 $p = \dfrac{d^3 y}{dx^3}$，则原方程化为一阶微分方程

$$p' - \dfrac{1}{x} p = 0,$$

从而

$$p = Cx,$$

即

$$y''' = Cx.$$

逐次两边积分，得通解

$$y = C_1 x^4 + C_2 x^2 + C_3 x + C_4 \quad \left( C_1 = \dfrac{1}{24} C \right).$$

### 三、$y'' = f(y, y')$ 型微分方程

形如

$$y'' = f(y, y') \qquad (6\text{-}3\text{-}3)$$

的微分方程的一个特点是不显含自变量 $x$。在这种情形下，可设 $y' = p$，把 $p$ 当作新的未知函数，把 $y$ 当作自变量。此时，

$$y'' = \dfrac{dp}{dx} = \dfrac{dp}{dy} \cdot \dfrac{dy}{dx} = p \dfrac{dp}{dy}.$$

将上式代入方程(6-3-3)，有

$$p \dfrac{dp}{dy} = f(y, p).$$

如果此微分方程是可解的，设其通解为

$$p = \dfrac{dy}{dx} = \varphi(y, C_1),$$

分离变量后两边积分，便得方程(6-3-3)的通解

$$x = \int \dfrac{dy}{\varphi(y, C_1)} + C_2.$$

**例 5** 求解微分方程 $yy'' - (y')^2 + (y')^3 = 0$.

**解** 此微分方程不显含自变量 $x$，令 $y' = p$，代入原微分方程，得

$$yp \dfrac{dp}{dy} - p^2 + p^3 = p \left( y \dfrac{dp}{dy} - p + p^2 \right) = 0,$$

从而

$$p = 0 \quad \text{或} \quad y \dfrac{dp}{dy} - p + p^2 = 0.$$

前者对应解 $y=C$,后者分离变量,得
$$\frac{\mathrm{d}p}{p(1-p)}=\frac{\mathrm{d}y}{y}.$$

对上面的微分方程两边积分,得 $\dfrac{p}{1-p}=Cy$,即
$$\frac{\mathrm{d}y}{\mathrm{d}x}=p=\frac{Cy}{1+Cy}.$$

再分离变量后两边积分,得
$$y+C_1\ln|y|=x+C_2 \quad \left(\text{其中 } C_1=\frac{1}{C}\right).$$

因此,原微分方程的解为
$$y+C_1\ln|y|=x+C_2 \quad \text{及} \quad y=C.$$

**例6** 求解微分方程 $yy''=(y')^2\sqrt{1+(y')^2}$.

**解** 此微分方程不显含自变量 $x$,令 $y'=p$,则原微分方程可化为
$$yp\frac{\mathrm{d}p}{\mathrm{d}y}=p^2\sqrt{1+p^2}, \quad \text{即} \quad p\left(y\frac{\mathrm{d}p}{\mathrm{d}y}-p\sqrt{1+p^2}\right)=0,$$

从而 $p=0$ 或 $y\dfrac{\mathrm{d}p}{\mathrm{d}y}-p\sqrt{1+p^2}=0$.前者对应解 $y=C$,后者分离变量,得
$$\frac{\mathrm{d}p}{p\sqrt{1+p^2}}=\frac{\mathrm{d}y}{y},$$

整理得
$$\frac{\mathrm{d}\left(\dfrac{1}{p}\right)}{\sqrt{1+\left(\dfrac{1}{p}\right)^2}}=-\frac{\mathrm{d}y}{y}.$$

对上面的微分方程两边积分,得
$$\ln\left(\frac{1}{p}+\sqrt{1+\frac{1}{p^2}}\right)=-\ln C_1 y,$$

故有
$$\frac{1}{p}+\sqrt{1+\frac{1}{p^2}}=\frac{1}{C_1 y}.$$

由上式易推出
$$\frac{1}{p}-\sqrt{1+\frac{1}{p^2}}=-C_1 y.$$

上两式相加,并注意到 $p=\dfrac{\mathrm{d}y}{\mathrm{d}x}$,得 $\dfrac{\mathrm{d}x}{\mathrm{d}y}=\dfrac{1}{2}[-C_1 y+(C_1 y)^{-1}]$.分离变量后两边积分,得
$$x=-\frac{1}{4}C_1 y^2+\frac{1}{2C_1}\ln|y|+C_2.$$

因此,原微分方程的解为
$$x = -\frac{1}{4}C_1 y^2 + \frac{1}{2C_1}\ln|y| + C_2 \quad \text{及} \quad y = C.$$

• 习题 6-3

1. 求下列微分方程的通解:
(1) $y'' = x + \sin x$;
(2) $y''' = x e^x$;
(3) $y'' = y' + x$;
(4) $y'' = (y')^3 + y'$;
(5) $y'' = \dfrac{1}{x}$;
(6) $y'' = \dfrac{1}{\sqrt{1-x^2}}$;
(7) $xy'' + y' = 0$;
(8) $y^3 y'' - 1 = 0$.

2. 求下列微分方程满足所给初始条件的特解:
(1) $y^3 y'' + 1 = 0, y\big|_{x=1} = 1, y'\big|_{x=1} = 0$;
(2) $x^2 y'' + xy' = 1, y\big|_{x=1} = 0, y'\big|_{x=1} = 1$;
(3) $y'' = \dfrac{1}{x^2+1}, y\big|_{x=0} = y'\big|_{x=0} = 0$;
(4) $y'' = (y')^2 + 1, y\big|_{x=0} = 1, y'\big|_{x=0} = 0$;
(5) $y'' = e^{2y}, y\big|_{x=0} = y'\big|_{x=0} = 0$;
(6) $y'' = 3\sqrt{y}, y\big|_{x=0} = 1, y'\big|_{x=0} = 2$.

## 第四节 线性微分方程解的结构

前面已经讨论了一阶线性微分方程,现在来研究更高阶的线性微分方程.

$n$ 阶线性微分方程的一般形式可写为

$$y^{(n)} + p_1(x)y^{(n-1)} + \cdots + p_{n-1}(x)y' + p_n(x)y = f(x), \quad (6\text{-}4\text{-}1)$$

其中 $f(x)$ 称为自由项. 它所对应的齐线性微分方程为

$$y^{(n)} + p_1(x)y^{(n-1)} + \cdots + p_{n-1}(x)y' + p_n(x)y = 0. \quad (6\text{-}4\text{-}2)$$

本节着重研究二阶线性微分方程

$$y'' + P(x)y' + Q(x)y = f(x) \quad (6\text{-}4\text{-}3)$$

及它所对应的齐线性微分方程

$$y'' + P(x)y' + Q(x)y = 0. \quad (6\text{-}4\text{-}4)$$

## 一、函数组的线性相关与线性无关

**定义 1**  设 $y_i = f_i(x)(i=1,2,\cdots,n)$ 是定义在区间 $I$ 上的一组函数. 如果存在 $n$ 个不全为 0 的常数 $k_i(i=1,2,\cdots,n)$,使得对于任意的 $x \in I$,等式

$$k_1 y_1 + k_2 y_2 + \cdots + k_n y_n = 0$$

恒成立,则称 $y_1, y_2, \cdots, y_n$ 在区间 $I$ 上是**线性相关**的;否则,称它们是**线性无关**的(**线性独立**的).

由定义 1 易证,对于 $n=2$,两个非零函数 $y_1, y_2$ 在区间 $I$ 上线性相关等价于它们的比值是一个常数,即 $\dfrac{y_2}{y_1} \equiv C$(常数). 若 $\dfrac{y_2}{y_1} \not\equiv C$,则 $y_1, y_2$ 线性无关.

**例 1**  判断下列函数组的线性相关性:

(1) $y_1 = 1, y_2 = \sin^2 x, y_3 = \cos^2 x, x \in (-\infty, +\infty)$;

(2) $y_1 = 1, y_2 = x, \cdots, y_n = x^{n-1}, x \in (-\infty, +\infty)$.

**解**  (1) 因为取 $k_1 = 1, k_2 = k_3 = -1$,就有

$$k_1 y_1 + k_2 y_2 + k_3 y_3 = 1 - \sin^2 x - \cos^2 x \equiv 0,$$

所以 $1, \sin^2 x, \cos^2 x$ 在 $(-\infty, +\infty)$ 内是线性相关的.

(2) 若 $1, x, \cdots, x^{n-1}$ 线性相关,则将有 $n$ 个不全为 0 的常数 $k_1, k_2, \cdots, k_n$,使得对于任一 $x \in (-\infty, +\infty)$,有

$$k_1 + k_2 x + \cdots + k_n x^{n-1} \equiv 0.$$

显然这是不可能的,因为根据代数学基本定理,多项式 $k_1 + k_2 x + \cdots + k_n x^{n-1}$ 最多只有 $n-1$ 个零点,所以该函数组在所给区间上线性无关.

## 二、线性微分方程解的结构

下面就二阶线性微分方程解的结构进行讨论,更高阶的情形不难以此类推.

### 1. 二阶齐线性微分方程解的结构

**定理 1(叠加原理)**  如果 $y_1, y_2$ 是方程(6-4-4)的两个解,则它们的线性组合

$$y = C_1 y_1 + C_2 y_2 \tag{6-4-5}$$

也是方程(6-4-4)的解,其中 $C_1, C_2$ 为任意常数.

**证**  只须将式(6-4-5)代入方程(6-4-4)直接验证.

此叠加原理对一般的 $n$ 阶齐线性微分方程同样成立.

另外，值得注意的是，虽然式(6-4-5)是方程(6-4-4)的解，且从形式上看也含有两个任意常数，但它不一定是通解. 例如，设 $y_1$ 是方程(6-4-4)的解，则 $y_2 = 2y_1$ 也是方程(6-4-4)的解，而 $y = C_1 y_1 + C_2 y_2 = (C_1 + 2C_2) y_1 = Cy_1$ 显然不是方程(6-4-4)的通解，其中 $C = C_1 + 2C_2$ 为任意常数.

那么，在什么条件下 $y = C_1 y_1 + C_2 y_2$ 才是方程(6-4-4)的通解呢？我们有下面的定理.

**定理 2**　如果 $y_1, y_2$ 是方程(6-4-4)的两个线性无关的解(亦称基本解组)，则 $y = C_1 y_1 + C_2 y_2$ 是方程(6-4-4)的通解，其中 $C_1, C_2$ 为任意常数.

由定理 2 可知，求方程(6-4-4)的通解的关键是找到两个线性无关的特解，不过对于方程(6-4-4)，只要能够找到一个非零特解 $y_1$，我们总可以用下面的定理求出另一个与 $y_1$ 线性无关的特解 $y_2$.

**\*定理 3**　如果 $y_1$ 是方程(6-4-4)的一个非零解，则

$$y_2 = y_1 \int \frac{e^{-\int P(x) \mathrm{d}x}}{y_1^2} \mathrm{d}x \tag{6-4-6}$$

是方程(6-4-4)的一个与 $y_1$ 线性无关的解.

**证**　因为要求的 $y_2$ 与 $y_1$ 线性无关，所以 $\dfrac{y_2}{y_1} \not\equiv$ 常数，从而不妨设 $\dfrac{y_2}{y_1} = C(x)$，即 $y_2 = C(x) y_1$. 将其代入方程(6-4-4)，并整理可得

$$[y_1'' + P(x) y_1' + Q(x) y_1] C(x) + [2y_1' + P(x) y_1] C'(x) + y_1 C''(x) = 0.$$

因 $y_1$ 为方程(6-4-4)的解，故上式可化简为

$$[2y_1' + P(x) y_1] C'(x) + y_1 C''(x) = 0.$$

这是一个不显含未知函数 $C(x)$ 的微分方程，令 $z = C'(x)$，则有

$$y_1 z' + [2y_1' + P(x) y_1] z = 0.$$

用分离变量法求解，得

$$C'(x) = z = \frac{1}{y_1^2} e^{-\int P(x) \mathrm{d}x},$$

所以

$$C(x) = \int \frac{e^{-\int P(x) \mathrm{d}x}}{y_1^2} \mathrm{d}x,$$

从而

$$y_2 = y_1 \int \frac{e^{-\int P(x) \mathrm{d}x}}{y_1^2} \mathrm{d}x.$$

显然 $\dfrac{y_2}{y_1} \not\equiv$ 常数，因此 $y_2$ 与 $y_1$ 是线性无关的.

公式(6-4-6)称为**刘维尔(Liouville)公式**.

这样，由定理 2 与定理 3 可知，只要能找到方程(6-4-4)的一个非零特解，就

可以求出它的基本解组,从而求出通解.但如何寻找一个非零特解并无一般方法(常系数情形除外),通常采用观察法,或者通过验证下面的几种特殊情形得到**第一个特解**：

(1) 若 $P(x)+xQ(x)\equiv 0$,则 $y=x$ 是方程(6-4-4)的解;

(2) 若 $1+P(x)+Q(x)\equiv 0$,则 $y=\mathrm{e}^x$ 是方程(6-4-4)的解;

(3) 若 $1-P(x)+Q(x)\equiv 0$,则 $y=\mathrm{e}^{-x}$ 是方程(6-4-4)的解;

(4) 若 $\lambda^2+\lambda P(x)+Q(x)\equiv 0$,则 $y=\mathrm{e}^{\lambda x}$ 是方程(6-4-4)的解.

**例2** 已知微分方程 $x^2 y''+xy'-9y=0$ 的一个特解 $y_1=x^3$,求与 $y_1$ 线性无关的另一个特解 $y_2$,并求该微分方程的通解.

**解** 将原微分方程写成标准形式,得

$$y''+\frac{1}{x}y'-\frac{9}{x^2}y=0.$$

由刘维尔公式,有

$$y_2=y_1\int\frac{\mathrm{e}^{-\int P(x)\mathrm{d}x}}{y_1^2}\mathrm{d}x=x^3\int\frac{\mathrm{e}^{-\int\frac{1}{x}\mathrm{d}x}}{x^6}\mathrm{d}x=x^3\int x^{-7}\mathrm{d}x$$

$$=-\frac{1}{6}x^3\cdot\frac{1}{x^6}=-\frac{1}{6x^3}\quad(\text{取积分常数}\,C=0),$$

所以原微分方程的通解为

$$y=C_1 x^3+C_2\frac{1}{x^3}.$$

**例3** 求微分方程 $(x^2+1)y''-2xy'-(9x^2-6x+9)y=0$ 的通解.

**解** 将原微分方程写成标准形式,得

$$y''+\frac{-2x}{x^2+1}y'+\frac{-(9x^2-6x+9)}{x^2+1}y=0.$$

令

$$\lambda^2-\frac{2x}{x^2+1}\lambda-\frac{9x^2-6x+9}{x^2+1}=0,$$

可得 $\lambda=3$,故 $y_1=\mathrm{e}^{3x}$ 为原微分方程的一个特解.

由刘维尔公式,有

$$y_2=\mathrm{e}^{3x}\int\frac{\mathrm{e}^{\int\frac{2x}{x^2+1}\mathrm{d}x}}{\mathrm{e}^{6x}}\mathrm{d}x=-\frac{1}{6}\left(x^2+\frac{1}{3}x+\frac{19}{18}\right)\mathrm{e}^{-3x}\quad(\text{取积分常数}\,C=0),$$

所以原微分方程的通解为

$$y=C_1\mathrm{e}^{3x}+C_2\left(x^2+\frac{1}{3}x+\frac{19}{18}\right)\mathrm{e}^{-3x}.$$

## 2. 二阶非齐线性微分方程解的结构

**定理 4**  设 $y^*$ 是方程(6-4-3)的任一特解，$\overline{y} = C_1 y_1 + C_2 y_2$ 是方程(6-4-3)所对应的齐线性微分方程(6-4-4)的通解，则

$$y = \overline{y} + y^* = C_1 y_1 + C_2 y_2 + y^*$$

是方程(6-4-3)的通解.

**证**  将 $y = C_1 y_1 + C_2 y_2 + y^*$ 代入方程(6-4-3)，容易验证它是方程(6-4-3)的解，又此解中含有两个独立的任意常数，故是通解.

定理 4 可以推广到任意阶线性微分方程，即 $n$ 阶非齐线性微分方程的通解等于它的任意一个特解与它所对应的齐线性微分方程的通解之和.

**例 4**  已知某个二阶非齐线性微分方程具有三个特解 $y_1 = x$，$y_2 = x + e^x$ 和 $y_3 = 1 + x + e^x$，试求这个方程的通解.

**解**  首先容易验证这样的事实，方程(6-4-3)的任意两个解之差均是其对应的齐线性微分方程(6-4-4)的解. 这样，函数

$$y_2 - y_1 = e^x \quad \text{和} \quad y_3 - y_2 = 1$$

都是所求方程对应的齐线性微分方程的解，而且这两个函数显然是线性无关的，所以所求方程的通解为

$$y = C_1 + C_2 e^x + x.$$

事实上，该二阶非齐线性微分方程为 $y'' - y' = -1$.

下面介绍一种当已知齐线性微分方程(6-4-4)的两个线性无关解时，求对应的二阶非齐线性微分方程(6-4-3)的特解 $y^*$ 的一般方法——两个待定函数的常数变易法.

设 $y_1, y_2$ 是齐线性微分方程(6-4-4)的两个线性无关的解，试图求出对应的方程(6-4-3)的如下列形式的特解：

$$y^* = C_1(x) y_1 + C_2(x) y_2. \tag{6-4-7}$$

也就是说，我们设法求出函数 $C_1 = C_1(x)$，$C_2 = C_2(x)$，使得线性组合(6-4-7)是方程(6-4-3)的解. 因为

$$\frac{dy^*}{dx} = \frac{d}{dx}[C_1(x) y_1 + C_2(x) y_2]$$
$$= C_1 y_1' + C_2 y_2' + (C_1' y_1 + C_2' y_2),$$

所以如果存在 $C_1(x)$ 和 $C_2(x)$，使得

$$C_1' y_1 + C_2' y_2 = 0,$$

则 $\dfrac{d^2 y^*}{dx^2}$ 中将不含 $C_1(x)$ 和 $C_2(x)$ 的二阶导数. 在此情况下，有

$$(y^*)'' + P(x)(y^*)' + Q(x)y^* = C_1'y_1' + C_2'y_2' + C_1[y_1'' + P(x)y_1' + Q(x)y_1]$$
$$+ C_2[y_2'' + P(x)y_2' + Q(x)y_2]$$
$$= C_1'y_1' + C_2'y_2'.$$

因此,如果存在 $C_1(x), C_2(x)$ 满足方程组

$$\begin{cases} y_1 C_1' + y_2 C_2' = 0, & (6\text{-}4\text{-}8) \\ y_1' C_1' + y_2' C_2' = f(x), & (6\text{-}4\text{-}9) \end{cases}$$

则 $y^* = C_1(x)y_1 + C_2(x)y_2$ 是方程(6-4-3)的解.

由方程(6-4-8)乘以 $y_2'$ 减去方程(6-4-9)乘以 $y_2$,得
$$(y_1 y_2' - y_1' y_2) C_1' = -y_2 f(x).$$

由方程(6-4-9)乘以 $y_1$ 减去方程(6-4-8)乘以 $y_1'$,得
$$(y_1 y_2' - y_1' y_2) C_2' = y_1 f(x).$$

记
$$W = W(y_1, y_2) = \begin{vmatrix} y_1 & y_2 \\ y_1' & y_2' \end{vmatrix} = y_1 y_2' - y_1' y_2,$$

此行列式(参见附录 Ⅲ)称为函数 $y_1$ 和 $y_2$ 的 **朗斯基(Wronsky)行列式**. 由 $y_1$,$y_2$ 的线性无关性可以证明 $W \neq 0$,从而

$$C_1'(x) = \frac{-y_2 f(x)}{W}, \quad C_2'(x) = \frac{y_1 f(x)}{W},$$

故
$$C_1(x) = \int \frac{-y_2 f(x)}{W} \mathrm{d}x, \quad C_2(x) = \int \frac{y_1 f(x)}{W} \mathrm{d}x.$$

由此有
$$y^* = y_1 \int \frac{-y_2 f(x)}{W} \mathrm{d}x + y_2 \int \frac{y_1 f(x)}{W} \mathrm{d}x. \tag{6-4-10}$$

一般可取上面不定积分中的积分常数为 $0$.

>  **例 5**　求微分方程 $(x-1)y'' - xy' + y = (x-1)^2 \mathrm{e}^x$ 的通解.
>
> **解**　先将方程变形为
> $$y'' - \frac{x}{x-1} y' + \frac{1}{x-1} y = (x-1)\mathrm{e}^x.$$
>
> 因 $1 + P(x) + Q(x) = 1 - \frac{x}{x-1} + \frac{1}{x-1} \equiv 0$,故 $y_1 = \mathrm{e}^x$ 是其对应的齐线性微分方程的解. 又
>
> $$P(x) + xQ(x) = -\frac{x}{x-1} + \frac{x}{x-1} \equiv 0,$$
>
> 所以 $y_2 = x$ 也是其对应的齐线性微分方程的解,于是对应的齐线性微分方程的通解为
> $$\overline{y} = C_1 \mathrm{e}^x + C_2 x.$$

记
$$W = \begin{vmatrix} y_1 & y_2 \\ y_1' & y_2' \end{vmatrix} = \begin{vmatrix} e^x & x \\ e^x & 1 \end{vmatrix} = e^x(1-x),$$
所以
$$\begin{aligned} y^* &= y_1 \int \frac{-y_2 f(x)}{W} dx + y_2 \int \frac{y_1 f(x)}{W} dx \\ &= e^x \int \frac{-x(x-1)e^x}{e^x(1-x)} dx + x \int \frac{e^x(x-1)e^x}{e^x(1-x)} dx \\ &= \frac{1}{2} x^2 e^x - x e^x = \frac{1}{2} x e^x (x-2). \end{aligned}$$
因此，原方程的通解为 $y = C_1 e^x + C_2 x + \frac{1}{2} x e^x (x-2).$

**定理 5** 若 $y_1^*$ 与 $y_2^*$ 分别是方程
$$y'' + P(x) y' + Q(x) y = f_1(x)$$
与
$$y'' + P(x) y' + Q(x) y = f_2(x)$$
的解，则 $y^* = y_1^* + y_2^*$ 是方程
$$y'' + P(x) y' + Q(x) y = f_1(x) + f_2(x)$$
的解.

该定理的证明从略，感兴趣的读者可自己完成证明.

定理 5 可以推广到任意阶线性微分方程，且右边可为任意有限项之和. 根据这个定理，只要计算方便，可以把 $f(x)$ 分成 $n$ 项之和，然后对不同的项采用不同的方法来求其所对应的特解. 这在第五节解二阶常系数非齐线性微分方程中经常用到.

**定理 6** 如果函数 $y = y_1(x) \pm i y_2(x)$ 是方程
$$y'' + P(x) y' + Q(x) y = f_1(x) \pm i f_2(x)$$
的解，那么 $y_1(x)$ 与 $y_2(x)$ 分别是方程
$$y'' + P(x) y' + Q(x) y = f_1(x),$$
$$y'' + P(x) y' + Q(x) y = f_2(x)$$
的解. 这里 i 为虚数单位，$P(x), Q(x), f_k(x), y_k(x) (k=1,2)$ 均为实值函数.

**证** 只须将 $y = y_1(x) \pm i y_2(x)$ 代入方程后，利用复数相等的概念即可证明.

定理 6 对更高阶的线性微分方程也成立. 此定理在第五节二阶常系数非齐线性微分方程的求解中将用到.

### 习题 6-4

1. 验证：$y_1 = e^{x^2}, y_2 = xe^{x^2}$ 都是方程 $y'' - 4xy' + (4x^2 - 2)y = 0$ 的解，并写出该方程的通解.

2. 已知函数 $y_1 = \sin x, y_2 = \cos x, y_3 = e^x$ 都是某个二阶非齐线性微分方程的解，求该方程的通解.

*3. 用观察法求下列微分方程的一个非零特解，用刘维尔公式求第二个特解，然后写出其通解：

   (1) $(x^2 + 1)y'' - 2xy' + 2y = 0$;　　　　(2) $xy'' - (1+x)y' + y = 0$.

*4. 求微分方程 $y'' + \dfrac{x}{1-x}y' - \dfrac{1}{1-x}y = x - 1$ 的通解.

## 第五节　二阶常系数线性微分方程

第四节对二阶线性微分方程

$$y'' + P(x)y' + Q(x)y = f(x) \tag{6-5-1}$$

的解的结构进行了讨论．本节专门研究系数是常数的二阶线性微分方程

$$y'' + py' + qy = f(x) \tag{6-5-2}$$

（其中 $p, q$ 为常数）的求解问题．显然，方程(6-5-2)是方程(6-5-1)的特殊情况．

### 一、二阶常系数齐线性微分方程

考虑二阶常系数齐线性微分方程

$$y'' + py' + qy = 0, \tag{6-5-3}$$

其中 $p, q$ 为常数.

由于指数函数求导后仍为指数函数，利用这个性质，可假设方程(6-5-3)具有形如 $y = e^{rx}$ 的解（$r$ 为实或复常数），将 $y, y', y''$ 代入方程(6-5-3)，使得

$$(r^2 + pr + q)e^{rx} = 0. \tag{6-5-4}$$

由于式(6-5-4)成立当且仅当

$$r^2 + pr + q = 0, \tag{6-5-5}$$

因此 $y = e^{rx}$ 是方程(6-5-3)的解的充要条件为 $r$ 是代数方程(6-5-5)的根．方程(6-5-5)称为方程(6-5-3)[或方程(6-5-2)]的**特征方程**，其根称为方程(6-5-3)[或方程(6-5-2)]的**特征根**．

根据方程(6-5-5)的根的不同情形，我们分三种情形来考虑.

(1) 如果特征方程(6-5-5)有两个不同的实根 $r_1$ 与 $r_2$，$r_{1,2} = -\dfrac{p}{2} \pm \dfrac{1}{2}\sqrt{p^2-4q}$ ($p^2 > 4q$)，这时可得方程(6-5-3)的两个线性无关的解

$$y_1 = e^{r_1 x}, \quad y_2 = e^{r_2 x}.$$

根据第四节定理2，此时方程(6-5-3)的通解为

$$y = C_1 y_1 + C_2 y_2 = C_1 e^{r_1 x} + C_2 e^{r_2 x}.$$

(2) 如果特征方程(6-5-5)有两个相同的实根 $r_1 = r_2 = r = -\dfrac{1}{2}p$ ($p^2 = 4q$)，这时可得方程(6-5-3)的一个解 $y_1 = e^{rx}$，再根据第四节定理3，可以再求得另一个与 $y_1$ 线性无关的解 $y_2$，即

$$y_2 = y_1 \int \dfrac{e^{-\int p\,dx}}{y_1^2}\,dx = e^{rx} \int \dfrac{e^{-px}}{e^{2rx}}\,dx = e^{rx} \int dx = x\,e^{rx}.$$

因此，方程(6-5-3)的通解为

$$y = (C_1 + C_2 x) e^{rx}.$$

(3) 如果特征方程(6-5-5)有共轭复根 $r_{1,2} = \alpha \pm i\beta = -\dfrac{p}{2} \pm i\dfrac{\sqrt{4q-p^2}}{2}$ ($p^2 < 4q$)，则方程(6-5-3)有两个线性无关的解

$$y_1 = e^{(\alpha+i\beta)x}, \quad y_2 = e^{(\alpha-i\beta)x}.$$

这种复数形式的解使用不方便，为了得到实值解，我们利用欧拉(Euler)公式

$$e^{\pm i\theta} = \cos\theta \pm i\sin\theta$$

将 $y_1$ 与 $y_2$ 分别写成

$$y_1 = e^{\alpha x}(\cos\beta x + i\sin\beta x),$$

$$y_2 = e^{\alpha x}(\cos\beta x - i\sin\beta x).$$

由齐线性微分方程解的叠加原理知

$$y_1^* = \dfrac{1}{2}(y_1 + y_2) = e^{\alpha x}\cos\beta x,$$

$$y_2^* = \dfrac{1}{2i}(y_1 - y_2) = e^{\alpha x}\sin\beta x$$

也是方程(6-5-3)的解，显然它们是线性无关的，于是方程(6-5-3)的通解为

$$y = e^{\alpha x}(C_1\cos\beta x + C_2\sin\beta x).$$

**例1** 求微分方程 $y'' + 5y' + 4y = 0$ 的通解.

**解** 原方程的特征方程 $r^2 + 5r + 4 = 0$ 有两个不相同的实根 $r_1 = -4, r_2 = -1$，故原方程的通解为

$$y = C_1 e^{-4x} + C_2 e^{-x}.$$

**例 2** 求解初值问题 $y''-10y'+25y=0, y(0)=1, y'(0)=2$.

**解** 原方程的特征方程 $r^2-10r+25=0$ 有两个相同的实根 $r_1=r_2=5$, 故原方程的通解为
$$y=(C_1+C_2 x)\mathrm{e}^{5x}.$$
由初始条件 $y(0)=1$, 得 $C_1=1$. 再由 $y'(0)=2$, 得 $C_2+5C_1=2$, 故 $C_2=-3$. 因此, 所求初值问题的解为
$$y=(1-3x)\mathrm{e}^{5x}.$$

**例 3** 求微分方程 $4y''+4y'+5y=0$ 的通解.

**解** 原方程的特征方程 $4r^2+4r+5=0$ 有共轭复根 $r_1=-\dfrac{1}{2}+\mathrm{i}$ 和 $r_2=-\dfrac{1}{2}-\mathrm{i}$, 故原方程的通解为
$$y=\mathrm{e}^{-\frac{1}{2}x}(C_1\cos x+C_2\sin x).$$

## 二、二阶常系数非齐线性微分方程

由第四节定理 4 知, 二阶常系数非齐线性微分方程
$$y''+py'+qy=f(x) \tag{6-5-6}$$
[其中 $p,q$ 是常数, $f(x)$ 是已知的连续函数] 的通解是它的一个特解与它所对应的齐线性微分方程
$$y''+py'+qy=0 \tag{6-5-7}$$
的通解之和. 而方程 (6-5-7) 的通解问题在前面已经完全解决了, 因此求方程 (6-5-6) 的通解的关键是求出它的一个特解 $y^*$.

下面介绍方程 (6-5-6) 中的 $f(x)$ 具有几种特殊形式时, 求 $y^*$ 的一种**待定系数法**.

**类型 I** $f(x)=\mathrm{e}^{\lambda x}P_m(x)$ 型, 其中 $\lambda$ 为常数, $P_m(x)$ 为 $m$ 次多项式.

由于指数函数与多项式之积的导数仍是同类型的函数, 而现在微分方程右边正好是这种类型的函数, 因此不妨假设方程 (6-5-6) 的特解为
$$y^*=Q(x)\mathrm{e}^{\lambda x},$$
其中 $Q(x)$ 是 $x$ 的多项式. 将 $y^*$ 代入方程 (6-5-6), 并消去 $\mathrm{e}^{\lambda x}$, 得
$$Q''(x)+(2\lambda+p)Q'(x)+(\lambda^2+p\lambda+q)Q(x)\equiv P_m(x). \tag{6-5-8}$$

(1) 若 $\lambda$ 不是特征方程 $r^2+pr+q=0$ 的根, 则 $\lambda^2+p\lambda+q\neq 0$. 这时, $Q(x)$ 与 $P_m(x)$ 应同次, 于是可令
$$Q(x)=Q_m(x)=a_0 x^m+a_1 x^{m-1}+a_2 x^{m-2}+\cdots+a_{m-1}x+a_m,$$
将 $Q(x)$ 代入式 (6-5-8), 比较等式两边 $x$ 同次幂的系数, 就得到含 $a_0, a_1, a_2, \cdots, a_{m-1}, a_m$ 的 $m+1$ 个方程的联立方程组, 从而可以定出这些系数 $a_i (i=$

$0,1,2,\cdots,m-1,m)$,并求得特解 $y^* = Q_m(x)\mathrm{e}^{\lambda x}$.

(2) 若 $\lambda$ 是特征方程 $r^2 + pr + q = 0$ 的单根,则 $\lambda^2 + p\lambda + q = 0$,而 $2\lambda + p \neq 0$. 这时,$Q'(x)$ 应是 $m$ 次多项式,再注意到 $C\mathrm{e}^{\lambda x}$($C$ 为常数)为方程(6-5-7)的解,故可令

$$Q(x) = xQ_m(x).$$

(3) 若 $\lambda$ 是特征方程 $r^2 + pr + q = 0$ 的重根,则 $\lambda^2 + p\lambda + q = 0$,且 $2\lambda + p = 0$. 这时,$Q''(x)$ 应是 $m$ 次多项式,再注意到 $C_1\mathrm{e}^{\lambda x}$ 和 $C_2 x\mathrm{e}^{\lambda x}$($C_1,C_2$ 为常数)均为方程(6-5-7)的解,故可设

$$Q(x) = x^2 Q_m(x).$$

综上所述,有如下结论:

如果 $f(x) = \mathrm{e}^{\lambda x} P_m(x)$,则方程(6-5-6)具有形如

$$y^* = x^k Q_m(x)\mathrm{e}^{\lambda x} \tag{6-5-9}$$

的特解,其中 $Q_m(x)$ 是与 $P_m(x)$ 同次的待定多项式,而 $k$ 按 $\lambda$ 不是特征方程的根、是特征方程的单根或是特征方程的重根依次取 0,1 或 2.

**例 4** 求微分方程 $y'' - 2y' + y = 1 + x + x^2$ 的通解.

**解** (1) 求齐线性微分方程 $y'' - 2y' + y = 0$ 的通解 $\bar{y}$.

因为特征方程 $r^2 - 2r + 1 = 0$ 有二重根 $r = 1$,所以所求齐线性微分方程的通解为

$$\bar{y} = (C_1 + C_2 x)\mathrm{e}^x.$$

(2) 求非齐线性微分方程的一个特解 $y^*$.

因 $f(x) = 1 + x + x^2$,故 $\lambda = 0$. 而 0 不是特征方程的根,从而可设

$$y^* = a_2 x^2 + a_1 x + a_0.$$

将上式代入原方程并比较同次幂的系数,可得

$$\begin{cases} 2a_2 - 2a_1 + a_0 = 1, \\ a_1 - 4a_2 = 1, \\ a_2 = 1. \end{cases}$$

从上述方程组解出 $a_0 = 9, a_1 = 5, a_2 = 1$,故

$$y^* = 9 + 5x + x^2.$$

(3) 原方程的通解为

$$y = \bar{y} + y^* = (C_1 + C_2 x)\mathrm{e}^x + 9 + 5x + x^2.$$

**例 5** 求微分方程 $y'' - 2y' + y = \mathrm{e}^x$ 的一个特解.

**解** 此时 $\lambda = 1$ 是特征方程 $r^2 - 2r + 1 = 0$ 的重根,又 $P_m(x) \equiv 1$,即 $m = 0$,故可设

$$y^* = Ax^2 \mathrm{e}^x.$$

将上式代入原方程,得

$$2Ae^x = e^x,$$

即 $A = \dfrac{1}{2}$,故所求的一个特解为

$$y^* = \dfrac{1}{2}x^2 e^x.$$

**例 6**  求微分方程 $y'' - y = 3e^{2x} + e^x$ 的通解.

**解**  特征方程 $r^2 - 1 = 0$ 的根为 $r = \pm 1$,故微分方程 $y'' - y = 3e^{2x}$ 有形如 $y_1^* = Ae^{2x}$ 的特解,微分方程 $y'' - y = e^x$ 有形如 $y_2^* = Bxe^x$ 的特解.分别将这两个特解代入对应微分方程可得 $A = 1, B = \dfrac{1}{2}$.因此, $y^* = e^{2x} + \dfrac{x}{2}e^x$ 是原方程的一个特解,从而原方程的通解为

$$y = C_1 e^{-x} + C_2 e^x + e^{2x} + \dfrac{x}{2}e^x.$$

若 $f(x) = e^{\alpha x} P_m(x)\cos\beta x$ 或 $f(x) = e^{\alpha x} P_m(x)\sin\beta x$,其中 $\alpha,\beta$ 为实常数, $P_m(x)$ 为 $m$ 次实系数多项式,可用前面的方法先求出实系数($p,q$ 为实数)方程

$$y'' + py' + qy = e^{(\alpha + i\beta)x} P_m(x)$$

的特解 $y^* = y_1^* + iy_2^*$,再根据第四节定理 6 便知 $y^*$ 的实部 $y_1^*$ 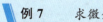分别是方程

$$y'' + py' + qy = e^{\alpha x} P_m(x)\cos\beta x$$

和

$$y'' + py' + qy = e^{\alpha x} P_m(x)\sin\beta x$$

的解.

**例 7**  求微分方程 $y'' + y = x\cos 2x$ 的一个特解.

**解**  此时 $m = 1, \alpha = 0, \beta = 2$,首先求微分方程

$$y'' + y = x e^{2ix}$$

的一个特解 $\overline{y}^*$.

因为 $2i$ 不是特征方程 $r^2 + 1 = 0$ 的根,所以可设上述方程的特解为

$$\overline{y}^* = (ax + b)e^{2ix}.$$

将上式代入方程,得

$$[-3(ax + b) + 4ai]e^{2ix} = xe^{2ix},$$

从而

$$-3a = 1, \quad -3b + 4ai = 0,$$

即

$$a = -\frac{1}{3}, \quad b = \frac{4}{3}a\mathrm{i} = -\frac{4}{9}\mathrm{i},$$

故

$$\bar{y}^* = \left(-\frac{1}{3}x - \frac{4}{9}\mathrm{i}\right)\mathrm{e}^{2\mathrm{i}x}$$

$$= -\frac{1}{3}x\cos 2x + \frac{4}{9}\sin 2x - \mathrm{i}\left(\frac{1}{3}x\sin 2x + \frac{4}{9}\cos 2x\right).$$

于是，$\bar{y}^*$ 的实部

$$y^* = -\frac{1}{3}x\cos 2x + \frac{4}{9}\sin 2x$$

即为原方程的一个特解.

作为一种更特殊的情况，若 $f(x) = A\sin\beta x$ 或 $f(x) = B\cos\beta x$，$\beta\mathrm{i}$ 不是特征方程的根，且方程左边又不出现 $y'$，利用正弦（或余弦）函数的二阶导数仍为正弦（或余弦）函数这一性质，可设特解为

$$y^* = a\sin\beta x \quad (或 \ y^* = b\cos\beta x).$$

**例8** 求微分方程 $y'' + 3y = \sin 2x$ 的一个特解.

**解** 令 $y^* = a\sin 2x$，则

$$(y^*)'' = -4a\sin 2x.$$

将上式代入原方程，得

$$(-4a + 3a)\sin 2x = \sin 2x,$$

即 $a = -1$，故原方程的一个特解为

$$y^* = -\sin 2x.$$

**类型 Ⅱ** $f(x) = \mathrm{e}^{\alpha x}[P_n(x)\cos\beta x + P_m(x)\sin\beta x]$ 型，其中 $\alpha, \beta$ 为实常数，$P_n(x), P_m(x)$ 分别是 $n, m$ 次实系数多项式.

这种类型可以用前面介绍的方法先分别求出自由项为 $f_1(x) = \mathrm{e}^{\alpha x}P_n(x)\cos\beta x$ 与 $f_2(x) = \mathrm{e}^{\alpha x}P_m(x)\sin\beta x$ 的方程的特解 $y_1^*$ 与 $y_2^*$，然后利用第四节定理5得到所要求的特解 $y^* = y_1^* + y_2^*$. 但也可直接用待定系数法求一个特解 $y^*$，这时微分方程的特解形式为

$$y^* = x^k \mathrm{e}^{\alpha x}[R_l(x)\cos\beta x + S_l(x)\sin\beta x], \tag{6-5-10}$$

其中 $R_l(x), S_l(x)$ 都是 $l$ 次待定多项式，$l = \max\{m, n\}$，且当 $\alpha \pm \mathrm{i}\beta$ 不是特征方程的根时，$k = 0$；当 $\alpha \pm \mathrm{i}\beta$ 是特征方程的根时，$k = 1$.

式(6-5-10)的推导比较繁杂，这里从略.

**例9** 求微分方程 $y'' + y = \cos x + x\sin x$ 的一个特解.

**解** 此时 $\alpha = 0, \beta = 1, \alpha \pm i\beta$ 是特征方程 $r^2 + 1 = 0$ 的根,因此可设
$$y^* = x[(ax+b)\cos x + (cx+d)\sin x].$$
将上式代入原方程,比较两边同类项的系数,得
$$\begin{cases} 4c = 0, \\ 2a + 2d = 1, \\ -4a = 1, \\ 2c - 2b = 0. \end{cases}$$
解方程组,得 $a = -\dfrac{1}{4}, b = 0, c = 0, d = \dfrac{3}{4}$. 故原方程的一个特解为
$$y^* = -\frac{1}{4}x^2\cos x + \frac{3}{4}x\sin x.$$

**例10** 写出微分方程 $y'' - 4y' + 4y = 8x^2 + e^{2x} + \sin 2x$ 的一个特解 $y^*$ 的形式.

**解** 令
$$f_1(x) = 8x^2, \quad f_2(x) = e^{2x}, \quad f_3(x) = \sin 2x.$$
特征方程 $r^2 - 4r + 4 = 0$ 有重根 $r_1 = r_2 = 2$,于是

方程 $y'' - 4y' + 4y = f_1(x)$ 的一个特解形式为
$$y_1^* = Ax^2 + Bx + C;$$
方程 $y'' - 4y' + 4y = f_2(x)$ 的一个特解形式为
$$y_2^* = Dx^2 e^{2x};$$
方程 $y'' - 4y' + 4y = f_3(x)$ 的一个特解形式为
$$y_3^* = E\cos 2x + F\sin 2x.$$
因此,原方程的一个特解形式为
$$y^* = y_1^* + y_2^* + y_3^* = Ax^2 + Bx + C + Dx^2 e^{2x} + E\cos 2x + F\sin 2x,$$
其中 $A, B, C, D, E, F$ 为常数.

**例11** 设函数 $\varphi(x)$ 连续且满足
$$\varphi(x) = e^x + \int_0^x t\varphi(t)dt - x\int_0^x \varphi(t)dt,$$
求 $\varphi(x)$.

**解** 对所给式子两边求导,得
$$\varphi'(x) = e^x - \int_0^x \varphi(t)dt,$$
$$\varphi''(x) = e^x - \varphi(x),$$

则 $\varphi(x)$ 满足

$$\begin{cases} \varphi''(x)+\varphi(x)=e^x, \\ \varphi(0)=1, \varphi'(0)=1. \end{cases}$$

特征方程为 $r^2+1=0$，解得 $r_{1,2}=\pm i$. 于是 $\varphi''(x)+\varphi(x)=e^x$ 有形如 $y^*=Ae^x$ 的特解，代入原方程，得

$$2Ae^x=e^x,$$

即 $A=\dfrac{1}{2}$，故所求的一个特解为 $y^*=\dfrac{1}{2}e^x$. 因此，原方程的通解为

$$\varphi(x)=C_1\cos x+C_2\sin x+\dfrac{1}{2}e^x.$$

又 $\varphi'(x)=-C_1\sin x+C_2\cos x+\dfrac{1}{2}e^x$，由 $\varphi(0)=1, \varphi'(0)=1$，可得 $C_1=\dfrac{1}{2}, C_2=\dfrac{1}{2}$，从而

$$\varphi(x)=\dfrac{1}{2}(\cos x+\sin x+e^x).$$

### 习题 6-5

1. 求下列微分方程的通解：

   (1) $y''+y'-2y=0$；

   (2) $y''+y=0$；

   (3) $4y''-20y'+25y=0$；

   (4) $y''-4y'+5y=0$；

   (5) $y''+4y'+4y=0$；

   (6) $y''-3y'+2y=0$.

2. 求下列微分方程满足所给初始条件的特解：

   (1) $y''-4y'+3y=0, y\big|_{x=0}=6, y'\big|_{x=0}=10$；

   (2) $4y''+4y'+y=0, y\big|_{x=0}=2, y'\big|_{x=0}=0$；

   (3) $y''+4y'+29y=0, y\big|_{x=0}=0, y'\big|_{x=0}=15$；

   (4) $y''+25y=0, y\big|_{x=0}=2, y'\big|_{x=0}=5$.

3. 求下列微分方程的通解：

   (1) $2y''+y'-y=2e^x$；

   (2) $2y''+5y'=5x^2-2x-1$；

   (3) $y''+3y'+2y=3xe^{-x}$；

   (4) $y''-2y'+5y=e^x\sin 2x$；

   (5) $y''+2y'+y=x$；

   (6) $y''-4y'+4y=e^{2x}$.

# 第六节 n 阶常系数线性微分方程

第五节已讨论了二阶常系数线性微分方程的解法,本节将前面的方法推广到一般 $n$ 阶常系数线性微分方程.

考察 $n$ 阶常系数齐线性微分方程
$$y^{(n)} + p_1 y^{(n-1)} + \cdots + p_{n-1} y' + p_n y = 0 \tag{6-6-1}$$
与 $n$ 阶常系数非齐线性微分方程
$$y^{(n)} + p_1 y^{(n-1)} + \cdots + p_{n-1} y' + p_n y = f(x), \tag{6-6-2}$$
其中 $p_i (i=1, 2, \cdots, n)$ 均为实常数.

## 一、n 阶常系数齐线性微分方程的解法

我们称方程
$$r^n + p_1 r^{n-1} + \cdots + p_{n-1} r + p_n = 0 \tag{6-6-3}$$
为方程(6-6-1)和方程(6-6-2)的**特征方程**. 特征方程(6-6-3)的所有根都能求出,则可得到方程(6-6-1)的 $n$ 个线性无关解作为基本解组,然后把基本解组线性组合而得通解. 利用特征方程的根确定方程(6-6-1)的基本解组的具体方法如下(证明略).

(1) 若 $r$ 为特征方程(6-6-3)的 $k$ 重实根 $(1 \leqslant k \leqslant n)$,则方程(6-6-1)的基本解组中对应有 $k$ 个线性无关解
$$y_1 = e^{rx}, \quad y_2 = x e^{rx}, \quad \cdots, \quad y_k = x^{k-1} e^{rx}.$$

(2) 若 $r = \alpha \pm i\beta$ 为特征方程(6-6-3)的 $k$ 重共轭复根 $\left(1 \leqslant k \leqslant \dfrac{n}{2}\right)$,则方程(6-6-1)的基本解组中对应有 $2k$ 个线性无关解
$$y_1 = e^{\alpha x} \cos\beta x, \qquad y_2 = e^{\alpha x} \sin\beta x,$$
$$y_3 = x e^{\alpha x} \cos\beta x, \qquad y_4 = x e^{\alpha x} \sin\beta x,$$
$$\cdots\cdots \qquad\qquad\qquad \cdots\cdots$$
$$y_{2k-1} = x^{k-1} e^{\alpha x} \cos\beta x, \qquad y_{2k} = x^{k-1} e^{\alpha x} \sin\beta x.$$

由代数学基本定理,特征方程(6-6-3)在复数范围内一定存在 $n$ 个根(按根的重数计),因此由(1),(2)总可得到方程(6-6-1)相应的 $n$ 个解,可以证明这 $n$ 个解是线性无关的,从而它们构成方程(6-6-1)的基本解组.

**例1** 求微分方程 $y^{(5)} - y^{(4)} + y''' - y'' = 0$ 的通解.

**解** 特征方程为

$$r^5 - r^4 + r^3 - r^2 = r^2(r-1)(r^2+1) = 0,$$

它的根为 $r_1 = r_2 = 0, r_3 = 1, r_4 = i, r_5 = -i$. 因此, 原方程有基本解组

$$1, \quad x, \quad e^x, \quad \cos x, \quad \sin x.$$

故原方程的通解为

$$y = C_1 + C_2 x + C_3 e^x + C_4 \cos x + C_5 \sin x.$$

**例2** 求微分方程 $y^{(4)} + 2y'' + y = 0$ 的通解.

**解** 特征方程为

$$r^4 + 2r^2 + 1 = 0,$$

它的根 $r = \pm i$ 是一对二重共轭复根. 因此, 原方程有基本解组

$$\cos x, \quad x\cos x, \quad \sin x, \quad x\sin x.$$

故原方程的通解为

$$y = (C_1 + C_2 x)\cos x + (C_3 + C_4 x)\sin x.$$

## 二、$n$ 阶常系数非齐线性微分方程的解法

与二阶常系数非齐线性微分方程的解法类似, 我们讨论方程(6-6-2)中 $f(x)$ 具有下面两种特殊形式时, 求 $y^*$ 的方法.

**类型 I** $f(x) = e^{\alpha x} P_m(x)$ 型, 其中 $\alpha$ 为常数, $P_m(x)$ 为 $m$ 次实系数多项式.

此时, 方程(6-6-2)具有形如

$$y^* = x^k e^{\alpha x} Q_m(x)$$

的特解, 其中 $k$ 是 $\alpha$ 作为特征方程(6-6-3)的根的重数(如当 $\alpha$ 不是特征根时, 取 $k = 0$; 当 $\alpha$ 为单根时, 取 $k = 1$), 而 $Q_m(x)$ 是 $m$ 次待定多项式, 可以通过比较两边同类项系数的方法来确定.

**类型 II** $f(x) = e^{\alpha x}[P_l(x)\cos\beta x + Q_n(x)\sin\beta x]$ 型, 其中 $\alpha, \beta$ 为常数, $P_l(x), Q_n(x)$ 分别为 $l, n$ 次多项式.

此时, 方程(6-6-2)具有如下形式的特解:

$$y^* = x^k e^{\alpha x}[R_m^{(1)}(x)\cos\beta x + R_m^{(2)}(x)\sin\beta x],$$

其中 $k$ 是 $\alpha \pm i\beta$ 作为特征方程(6-6-3)的根的重数(如当 $\alpha \pm i\beta$ 不是特征根时, 取 $k = 0$; 当 $\alpha \pm i\beta$ 为单根时, 取 $k = 1$), $R_m^{(1)}(x), R_m^{(2)}(x)$ 是 $m$ 次待定多项式, $m = \max\{l, n\}$, 同样可用比较系数的方法来确定.

**例3** 求微分方程 $y''' + 3y'' + 3y' + y = e^{-x}(x-5)$ 的通解.

**解** 特征方程为

$$r^3 + 3r^2 + 3r + 1 = 0,$$

其根是 $r_1 = r_2 = r_3 = -1$. 因 $\lambda = -1$ 是特征方程的三重根, 故可设原方程有如下形式的特解:
$$y^* = x^3 \mathrm{e}^{-x}(ax + b) \quad (a, b \text{ 为待定常数}).$$
将上式代入原方程, 得
$$6b + 24ax = x - 5.$$
比较两边同类项的系数, 得
$$a = \frac{1}{24}, \quad b = -\frac{5}{6},$$
即
$$y^* = \frac{1}{24} x^3 (x - 20) \mathrm{e}^{-x}.$$
因此, 原方程的通解为
$$y = (C_1 + C_2 x + C_3 x^2) \mathrm{e}^{-x} + \frac{1}{24} x^3 (x - 20) \mathrm{e}^{-x}.$$

**例 4** 求微分方程 $y^{(4)} + 2y'' + y = \sin 2x$ 的通解.

**解** 由例 2 知, 原方程对应的齐线性微分方程的通解为
$$\bar{y} = (C_1 + C_2 x) \cos x + (C_3 + C_4 x) \sin x.$$
原方程中 $f(x) = \sin 2x$, 属于类型 II, $\alpha = 0$, $P_l(x) \equiv 0$, $Q_n(x) \equiv 1$, $\beta = 2$, 且 $\alpha \pm \mathrm{i}\beta = \pm 2\mathrm{i}$ 不是特征根, 故可设原方程有如下形式的特解:
$$y^* = a \cos 2x + b \sin 2x.$$
将上式代入原方程, 并比较两边同类项的系数, 得
$$a = 0, \quad b = \frac{1}{9},$$
即
$$y^* = \frac{1}{9} \sin 2x.$$
因此, 原方程的通解为
$$y = (C_1 + C_2 x) \cos x + (C_3 + C_4 x) \sin x + \frac{1}{9} \sin 2x.$$

• 习题 6-6

1. 求下列微分方程的通解:
 (1) $y^{(4)} - 13y'' + 36y = 0$;
 (2) $y''' - 4y'' + y' + 6y = 0$;
 (3) $y^{(4)} - 5y''' + 6y'' + 4y' - 8y = 0$;

(4) $y^{(5)} + y^{(4)} + 2y''' + 2y'' + y' + y = 0$.

2. 求下列微分方程的通解：

(1) $y''' - 4y'' + 5y' - 2y = 2x + 3$;

(2) $y^{(4)} - 2y'' + y = x^2 - 3$;

(3) $y''' + 3y'' + 3y' + y = e^x$;

(4) $y''' - y = \cos x$.

习题答案

## *第七节 欧拉方程

高阶变系数的线性微分方程，一般来说是不容易求解的，但是有些特殊的变系数线性微分方程可以通过变量代换化为常系数线性微分方程，从而可以求解. 欧拉方程就是其中的一种.

形如

$$x^n y^{(n)} + p_1 x^{n-1} y^{(n-1)} + p_2 x^{n-2} y^{(n-2)} + \cdots + p_{n-1} x y' + p_n y = f(x) \tag{6-7-1}$$

的方程(其中 $p_1, p_2, \cdots, p_{n-1}, p_n$ 为常数)，称为**欧拉方程**.

当 $x > 0$ 时，令 $x = e^t$，即 $t = \ln x$. 将自变量 $x$ 换成 $t$，并引用微分算子符号

$$D = \frac{d}{dt}, \quad D^2 = \frac{d^2}{dt^2}, \quad \cdots, \quad D^n = \frac{d^n}{dt^n},$$

则有

$$\frac{dy}{dx} = \frac{1}{x} \cdot \frac{dy}{dt} = \frac{1}{x} Dy,$$

$$\frac{d^2 y}{dx^2} = \frac{1}{x^2} \left( \frac{d^2 y}{dt^2} - \frac{dy}{dt} \right) = \frac{1}{x^2} D(D-1) y,$$

$$\frac{d^3 y}{dx^3} = \frac{1}{x^3} \left( \frac{d^3 y}{dt^3} - 3 \frac{d^2 y}{dt^2} + 2 \frac{dy}{dt} \right)$$

$$= \frac{1}{x^3} D(D-1)(D-2) y,$$

……

$$\frac{d^n y}{dx^n} = \frac{1}{x^n} D(D-1) \cdots (D-n+1) y.$$

把各阶导数代入方程(6-7-1)，便得一个以 $t$ 为自变量的常系数线性微分方程. 在求出这个方程的解后，把 $t$ 换成 $\ln x$，即得原方程的解.

当 $x < 0$ 时，可做代换 $x = -e^t$，利用与上面相同的方法，可得同样的结果. 今后为确定起见，认定 $x > 0$，但最后结果应以 $t = \ln|x|$ 回代.

**例1** 求微分方程 $x^3y''' + x^2y'' - 4xy' = 3x^2$ 的通解.

**解** 这是欧拉方程. 令 $x = e^t$ 或 $t = \ln x$, 原方程化为
$$D(D-1)(D-2)y + D(D-1)y - 4Dy = 3e^{2t},$$
即
$$D^3y - 2D^2y - 3Dy = 3e^{2t}$$
或
$$\frac{d^3y}{dt^3} - 2\frac{d^2y}{dt^2} - 3\frac{dy}{dt} = 3e^{2t}. \tag{6-7-2}$$

特征方程为
$$r^3 - 2r^2 - 3r = 0,$$
它的根是 $r_1 = 0, r_2 = -1, r_3 = 3$. 于是, 方程(6-7-2)所对应的齐线性微分方程的通解为
$$\overline{y} = C_1 + C_2 e^{-t} + C_3 e^{3t}.$$
因方程(6-7-2)中的 $\alpha = 2$ 不是特征方程的根, 故可设方程(6-7-2)的一个特解形式为
$$y^* = Ae^{2t}.$$
将上式代入方程(6-7-2), 得
$$-6Ae^{2t} = 3e^{2t},$$
即 $A = -\frac{1}{2}$, 从而方程(6-7-2)的通解为
$$y = C_1 + C_2 e^{-t} + C_3 e^{3t} - \frac{1}{2}e^{2t}.$$
将 $t$ 换成 $\ln|x|$, 就得原方程的通解为
$$y = C_1 + \frac{C_2}{x} + C_3 x^3 - \frac{1}{2}x^2.$$

**例2** 求欧拉方程 $x^2y'' - 2y = 2x\ln x$ 的通解.

**解** 令 $x = e^t$ 或 $t = \ln x$, 原方程化为
$$D(D-1)y - 2y = 2te^t,$$
即
$$D^2y - Dy - 2y = 2te^t$$
或
$$\frac{d^2y}{dt^2} - \frac{dy}{dt} - 2y = 2te^t. \tag{6-7-3}$$
对应的齐线性微分方程为
$$\frac{d^2y}{dt^2} - \frac{dy}{dt} - 2y = 0, \tag{6-7-4}$$
特征方程为
$$r^2 - r - 2 = 0,$$

它有两个根 $r_1=2, r_2=-1$. 所以,方程(6-7-4)的通解为
$$\bar{y}=C_1 e^{2t}+C_2 e^{-t}.$$
又 $\alpha=1$ 不是特征方程的根,$P_m(t)=2t$,故可设方程(6-7-3)有如下形式的特解:
$$y^*=(At+B)e^t.$$
将上式代入方程(6-7-3),可求得 $A=-1, B=-\dfrac{1}{2}$,则
$$y^*=-\left(t+\dfrac{1}{2}\right)e^t,$$
从而方程(6-7-3)的通解为
$$y=C_1 e^{2t}+C_2 e^{-t}-\left(t+\dfrac{1}{2}\right)e^t.$$
将 $t$ 换成 $\ln x$,就得原方程的通解为
$$y=C_1 x^2+\dfrac{C_2}{x}-\left(x\ln x+\dfrac{1}{2}x\right).$$

• 习题 6-7

1. 求下列欧拉方程的通解:
(1) $x^2 y''+xy'-y=0$;
(2) $x^2 y''+xy'-4y=x^3$;
(3) $x^3 y'''+3x^2 y''-2xy'+2y=0$;
(4) $x^2 y''-4xy'+6y=x$;
(5) $x^3 y'''+3x^2 y''+xy'=24x^2$;
(6) $x^2 y''-xy'+4y=x\sin\ln x$.

习题答案

习 题 六

1. 填空题:
(1) 微分方程 $2x^3 y'=y(2x^2-y^2)$ 满足条件 $y(1)=-1$ 的解为_____.
(2) 设 $f(x)$ 为连续函数且满足方程 $f(x)=1+\displaystyle\int_0^x (x-t)f(t)dt$,则 $f(x)$ 的表达式为_____.
(3) 已知 $y_1=e^{3x}-xe^{2x}, y_2=e^x-xe^{2x}, y_3=-xe^{2x}$ 是某个二阶常系数非齐线性微分方程的三个解,则该方程的通解为_____.
(4) 微分方程 $xy'+2y=x\ln x$ 满足条件 $y(1)=-\dfrac{1}{9}$ 的解为_____.
(5) 二阶常系数非齐线性微分方程 $y''-2y'+y=1$ 的通解为_____.

2. 选择题：

(1) 设曲线 $L$ 的方程为 $y=y(x)$，在 $L$ 上任一点 $P(x,y)$ 处的切线与点 $P$ 到原点 $O$ 的连线垂直. 若 $C$ 为任意正数,则 $L$ 的方程为(　　).

A. $xy=C$ B. $x^2-xy+y^2=C$
C. $x^2-y^2=C$ D. $x^2+y^2=C$

(2) 设微分方程 $y''+2y'+y=0$，则 $y=Cx\mathrm{e}^{-x}$（$C$ 为任意常数)(　　).

A. 是这个方程的通解 B. 是这个方程的特解
C. 不是这个方程的解 D. 是这个方程的解,但既非它的通解也非它的特解

(3) 设线性无关的函数 $y_1,y_2,y_3$ 都是二阶非齐线性微分方程 $y''+P(x)y'+Q(x)y=f(x)$ 的特解，$C_1,C_2$ 为任意常数,则该方程的通解为(　　).

A. $y=C_1y_1+C_2y_2+y_3$ B. $y=C_1y_1+C_2y_2-(C_1+C_2)y_3$
C. $y=C_1y_1+C_2y_2-(1-C_1-C_2)y_3$ D. $y=C_1y_1+C_2y_2+(1-C_1-C_2)y_3$

(4) 微分方程 $y''+4y=\mathrm{e}^{3x}+x\sin 2x$ 的一个特解形式为(　　).

A. $A\mathrm{e}^{3x}+x[(Bx+C)\cos 2x+(Dx+E)\sin 2x]$
B. $A\mathrm{e}^{3x}+(Bx+C)\cos 2x+(Dx+E)\sin 2x$
C. $Ax\mathrm{e}^{3x}+x[(Bx+C)\cos 2x+(Dx+E)\sin 2x]$
D. $Ax\mathrm{e}^{3x}+(Bx+C)\cos 2x+(Dx+E)\sin 2x$

(5) 在下列微分方程中,以 $y=C_1\mathrm{e}^x+C_2\cos 2x+C_3\sin 2x$（$C_1,C_2,C_3$ 为任意常数）为通解的是(　　).

A. $y'''+y''-4y'-4y=0$ B. $y'''+y''+4y'+4y=0$
C. $y'''-y''-4y'+4y=0$ D. $y'''-y''+4y'-4y=0$

3. 求解初值问题
$$\begin{cases} 1+(y')^2=2yy'',\\ y(1)=1,y'(1)=-1. \end{cases}$$

4. 设 $y=y(x)$ 是微分方程 $(3x^2+2)y''=6xy'$ 的一个特解,且当 $x\to 0$ 时,$y(x)$ 是与 $\mathrm{e}^x-1$ 等价的无穷小,求此特解.

5. 求下列微分方程的通解：

(1) $\left(x-y\cos\dfrac{y}{x}\right)\mathrm{d}x+x\cos\dfrac{y}{x}\mathrm{d}y=0$;　(2) $(x-2\sin y+3)\mathrm{d}x-(2x-4\sin y-3)\cos y\mathrm{d}y=0$;

(3) $y'=\dfrac{\cos y}{\cos y\sin 2y-x\sin y}$;　(4) $x\mathrm{d}y-[y+xy^3(1+\ln x)]\mathrm{d}x=0$;

(5) $y''-3y'+2y=2x\mathrm{e}^x$;　(6) $x^2y''-3xy'+4y=x+x^2\ln x$.

*6. 研究某种传染病在一孤立环境条件下传播时,把人群分成健康人(未感染者)和病人(已感染者）两类. 当健康人与病人有效接触后受感染变成病人;病人治愈成为健康人后,健康人可再次被感染. 设该环境下人群总人数为常数 $N$,假设:① 在时刻 $t$ 健康人和病人数占总人数的比例分别为 $S(t)$ 和 $I(t)$;② 在单位时间内,健康人受感染成为病人的人数为 $\lambda NS(t)I(t)$;③ 在单位时间内,被治愈的病人数占病人总数的比例为常数 $\mu$. 称 $\lambda$ 为接触率,$\mu$ 为治愈率,$\lambda>0,\mu>0$. 已知 $I(0)=I_0$.

(1) 试建立函数 $I(t)$ 的微分方程[将 $I(t)$ 视为 $t$ 的连续可微函数].

(2) 当 $\mu=2\lambda$ 时,求解该微分方程,计算 $\lim\limits_{t\to+\infty}I(t)$,并说明此极限结果的实际意义.

*7. 某海监船在执行任务时,发现正南方 $b$ n mile 有一艘可疑船只往正东方向行驶. 为探明可疑船只的行动目的,海监船立即开始跟踪可疑船只,在跟踪过程中,海监船航行方向始终指向可疑船只并保持两者距离不变,设以可疑船只初始位置为原点建立坐标系.

(1) 试写出海监船航行轨迹的微分方程及初始条件.

(2) 当海监船的航行方向与正东方向的夹角为 $\frac{\pi}{6}$ 时,海监船行驶的路程为多少?

(3) 求海监船航行轨迹方程.

*8. 设 $L_k$ 为一族平面曲线.若曲线 $C$ 与 $L_k$ 中的每一条曲线垂直相交,则称 $C$ 为曲线族 $L_k$ 的正交轨线. 求:

(1) 抛物线族 $L_k : y = kx^2$($k$ 为参数)所对应的一阶微分方程;

(2) $L_k$ 的正交轨线方程.

9. 设 $y = y(x)$ 是由方程 $y^3(x) + \int_0^x (x-t^2)y(t)\mathrm{d}t = 1 + 3x$ 所确定的函数,求函数 $y = y(x)$ 在点 $x = 0$ 处的微分.

第六章自测题

自测题答案

# 附 录

几种常用的曲线

积分表

二阶和三阶行列式简介

常用数学公式

# 习题参考答案与提示

## 习 题 1-1

1. (1) 相等,因为 $f(x) = \sqrt{x^2} = |x|$;     (2) 相等,因为 $y$ 与 $u$ 的函数关系一样,定义域也相同;
   (3) 不相等,因为定义域不一样.

2. (1) $(-\infty, 0) \cup (0, 4]$;     (2) $[-3, 0) \cup (0, 1)$;
   (3) $(-\infty, -1) \cup (-1, 1) \cup (1, +\infty)$;     (4) $\bigcup\limits_{k \in \mathbf{Z}} \left[-\dfrac{\pi}{6} + k\pi, \dfrac{\pi}{6} + k\pi\right]$.

3. $1, \dfrac{1+x}{1-x}, \dfrac{x-1}{x+1}$.

4. $f(x-1) = \begin{cases} 1, & 0 \leqslant x < 1, \\ x, & 1 \leqslant x \leqslant 3. \end{cases}$     5. $2^{x\ln x}, (\ln 2) x 2^x, 2^{2^x}, x \ln x \ln(x \ln x)$.

6. (1) $y = \dfrac{1-x}{1+x}, x \in (-\infty, -1) \cup (-1, +\infty)$;
   (2) $y = e^{x-1} - 2, x \in (-\infty, +\infty)$;
   (3) $y = \dfrac{1}{2}(\log_3 x - 5), x \in (0, +\infty)$;
   (4) $y = \arccos \sqrt[3]{x-1}, x \in [0, 2]$.

7. (1) 偶函数;     (2) 奇函数;     (3) 奇函数;     (4) 偶函数;
   (5) 不是奇函数也不是偶函数.

8. (1) 是周期函数,周期为 $2\pi$;     (2) 是周期函数,周期为 $\dfrac{2\pi}{3}$;
   (3) 是周期函数,周期为 2;     (4) 不是周期函数;
   (5) 是周期函数,周期为 $\pi$;     (6) 不是周期函数.

9. (1) 有界,非单调;     (2) 无界,单调增加.

10. $L = \dfrac{S_0}{h} + \dfrac{2 - \cos 40°}{\sin 40°} h, \quad h \in (0, \sqrt{S_0 \tan 40°})$.

11. (1) $y = u^{\frac{1}{4}}, u = 1 + x^2$;     (2) $y = u^2, u = \sin v, v = 1 + 2x$;
    (3) $y = u^{\frac{1}{2}}, u = 1 + v, v = 10^w, w = -x^5$;
    (4) $y = \dfrac{1}{u}, u = 1 + v, v = \arcsin w, w = 2x$.

## 习 题 1-2

1. (1) $x_n = \dfrac{n-1}{n+1}, x_n \to 1$;
   (2) $x_n = n \cos \dfrac{n-1}{2} \pi$,变化趋势有三种,分别趋于 $0, +\infty, -\infty$;

(3) $x_n = (-1)^n \dfrac{2n+1}{2n-1}$,变化趋势有两种,分别趋于 $1, -1$.

2. (1) 0;                                         (2) 0.

3. 略.

4. (1) 证明略,反例: $x_n = (-1)^n$;      (2) 略.

5. ~ 7. 略.

## 习题 1-3

1. (1) D;      (2) B;      (3) A;      (4) D;
    (5) D.

2. ~ 4. 略.

## 习题 1-4

1. (1) D;      (2) C;      (3) C.

2. (1) 0;      (2) 0.

## 习题 1-5

1. ~ 2. 略.

3. (1) $\dfrac{3}{5}$;      (2) $\dfrac{1}{2}$;      (3) 0;      (4) $\infty$;

    (5) $-1$;      (6) $\dfrac{2}{3}$;      (7) $-\dfrac{\sqrt{2}}{4}$;      (8) 9.

4. (1) 2;      (2) $\dfrac{1+\sqrt{5}}{2}$.

## 习题 1-6

1. (1) D;      (2) B.

2. (1) 1;      (2) 0;      (3) $\max\{a_1, a_2, \cdots, a_m\}$;
    (4) 3;      (5) 1.

3. (1) $\dfrac{2}{5}$;      (2) 1;      (3) 1;      (4) $\sqrt{e}$;
    (5) $e^{10}$;      (6) $e^3$.

4. 3.                              5. $1+\sqrt{2}$.

## 习题 1-7

1. (1) 同阶;      (2) 等价.

2. $x^2 - x^3$ 为 $2x - x^2$ 的高阶无穷小.

3. (1) $\dfrac{m}{n}$;      (2) 1;      (3) 2;      (4) $-\dfrac{1}{6}$.

4. 略.

## 习题 1-8

1. 图形略. (1) 连续;      (2) 在点 $x = -1$ 处间断.

2. (1) $x=1$ 为可去间断点,补充定义 $f(1)=-2$,$x=2$ 为第二类间断点;

(2) $x=0$ 为可去间断点,补充定义 $f(0)=1$,$x=k\pi+\dfrac{\pi}{2}(k=0,\pm 1,\pm 2,\cdots)$ 为可去间断点,补充定义 $f\left(k\pi+\dfrac{\pi}{2}\right)=0$,$x=k\pi(k\neq 0)$ 为第二类间断点.

3. (1) $f(0)=\dfrac{3}{2}$; (2) $f(0)=2$.

4. (1) $a=1$; (2) $b=\dfrac{\pi}{2}a$.

5. 略.

6. (1) $e^2$; (2) $\sqrt[3]{abc}$; (3) e; (4) 1;
(5) $e^{-6}$.

## 习 题 一

1. (1) $-2$; (2) 2; (3) $e^5$; (4) $-2$;
(5) $-1$.

2. (1) B; (2) B; (3) C; (4) B;
(5) A.

3. $(-\infty,+\infty),[-1,1]$.

4. (1) 偶函数; (2) 奇函数.

5. 略.

6. $x$ 为年销售批数,$y=10^3 x+\dfrac{0.05\times 10^6}{2x}$(单位:元).

7. $y=\begin{cases} 0.80, & 0<x\leqslant 20, \\ 1.60, & 20<x\leqslant 40, \\ 2.40, & 40<x\leqslant 60, \\ \cdots\cdots \\ 80.00, & 1\,980<x\leqslant 2\,000. \end{cases}$

8. 略.  9. 证明略,0.

10. $\lim\limits_{n\to\infty}\sqrt{n}\varphi_n(x)=\begin{cases} 1, & x>0, \\ 0, & x=0, \\ -1, & x<0. \end{cases}$

11. (1) $\dfrac{1}{1-x}$; (2) $\dfrac{1}{n!}$.

12. (1) 3; (2) $x$; (3) $-2$; (4) 2;
(5) $\dfrac{1}{2}$; (6) $\dfrac{1}{2}(\beta^2-\alpha^2)$; (7) $-1$; (8) 4;
(9) $\left(\dfrac{a}{b}\right)^2$; (10) 1.

13. 图形略. (1) $f(x)=\operatorname{sgn}x=\begin{cases} 1, & x>0, \\ 0, & x=0, \\ -1, & x<0, \end{cases}$ 在点 $x=0$ 处间断;

(2) $f(x)=\begin{cases} x, & |x|<1, \\ 0, & |x|=1, \\ -x, & |x|>1, \end{cases}$ 在点 $x=\pm 1$ 处间断.

14. (1) $x=0$ 为振荡间断点(第二类间断点);
    (2) $x=1$ 为跳跃间断点(第一类间断点).

15. (1) $f(0)=0$;    (2) $f(0)=$ e.

16. ~ 19. 略.

## 习 题 2-1

1. $2g$.

2. (1) $-f'(x_0)$;    (2) $-f'(x_0)$;    (3) $2f'(x_0)$.

3. (1) $-\dfrac{1}{x_0^2}$;    (2) $(-1)^n n!$.

4. 连续,但不可导.    5. $a=2, b=-1$.

6. $4x-y-4=0, 8x-y-16=0$.

7. (1) $\dfrac{1}{2\sqrt{x}}$;    (2) $-\dfrac{2}{3}x^{-\frac{5}{3}}$;    (3) $\dfrac{1}{6}x^{-\frac{5}{6}}$;    (4) $\dfrac{3}{x}$;

   (5) $\dfrac{\sqrt{x}}{x}+\dfrac{1}{2\sqrt{x}}\ln x$;

   (6) $2x\sin^2 x - 2x\sin x + \cos x - x^2\cos x - \sin 2x + x^2\sin 2x$;

   (7) $\dfrac{1-\sin x-\cos x}{(1-\cos x)^2}$;    (8) $\sec^2 x$;

   (9) $\dfrac{x\sec x\tan x-\sec x}{x^2}-3\sec x\tan x$;    (10) $\dfrac{1}{x}\left(1-\dfrac{2}{\ln 10}+\dfrac{3}{\ln 2}\right)$;

   (11) $-\dfrac{1+2x}{(1+x+x^2)^2}$.

8. 略.

## 习 题 2-2

1. (1) $3e^{3x}$;    (2) $\dfrac{2x}{1+x^4}$;    (3) $\dfrac{1}{\sqrt{2x+1}}e^{\sqrt{2x+1}}$;

   (4) $2x\ln(x+\sqrt{1+x^2})+\sqrt{1+x^2}$;    (5) $2x\sin\dfrac{1}{x^2}-\dfrac{2}{x}\cos\dfrac{1}{x^2}$;

   (6) $-3ax^2\sin 2ax^3$;    (7) $\dfrac{|x|}{x^2\sqrt{x^2-1}}$;

   (8) $\dfrac{2\arcsin\dfrac{x}{2}}{\sqrt{4-x^2}}$.

2. $\dfrac{1}{3}$.

3. 在点 $(0,1)$ 处的切线方程和法线方程分别为 $2x+3y-3=0, 3x-2y+2=0$,在点 $(-1,0)$ 处的切线方程和法线方程分别为 $x=-1, y=0$.

4. $1-x^2$.

5. (1) $\dfrac{\sin at + \cos bt}{\cos at - \sin bt}$; (2) $\dfrac{\cos\theta - \theta\sin\theta}{1-\sin\theta - \theta\cos\theta}$.

6. $\sqrt{3}-2$.

7. (1) $-\dfrac{x^2-ay}{y^2-ax}$; (2) $\dfrac{x-y}{x(\ln x + \ln y + 1)}$;

   (3) $-\dfrac{e^y + ye^x}{xe^y + e^x}$; (4) $\dfrac{x+y}{x-y}$;

   (5) $\dfrac{e^{x+y}-y}{x-e^{x+y}}$.

8. (1) $\dfrac{\sqrt{x+2}(3-x)^4}{(x+1)^5}\left[\dfrac{1}{2(x+2)} - \dfrac{4}{3-x} - \dfrac{5}{x+1}\right]$;

   (2) $(\sin x)^{\cos x}\left(\dfrac{\cos^2 x}{\sin x} - \sin x \ln \sin x\right)$;

   (3) $\dfrac{e^{2x}(x+3)}{\sqrt{(x+5)(x-4)}}\left[2 + \dfrac{1}{x+3} - \dfrac{1}{2(x+5)} - \dfrac{1}{2(x-4)}\right]$.

9. $g(x)$.  10. $e^{\frac{f'(a)}{f(a)}}$.

11. 略.

## 习 题 2-3

1. $g$.  2. $n!a_0$.

3. $(-1)^{n-2}(n-2)!x^{-(n-1)}$ $(n\geqslant 2)$.  4. 略.

5. (1) $0$; (2) $\dfrac{4}{e},\dfrac{8}{e}$; (3) $7\,200, 720$.

6. (1) $-\dfrac{b^4}{a^2y^3}$; (2) $\dfrac{e^{2y}(3-y)}{(2-y)^3}$; (3) $-2\csc^2(x+y)\cot^3(x+y)$;

   (4) $\dfrac{2x^2y[3(y^2+1)^2 + 2x^4(1-y^2)]}{(y^2+1)^3}$.

7. (1) $4x^2 f''(x^2) + 2f'(x^2)$; (2) $\dfrac{f''(x)f(x) - [f'(x)]^2}{f^2(x)}$.

8. (1) $\dfrac{-1}{a(1-\cos t)^2}$; (2) $\dfrac{1}{f''(t)}$.

## 习 题 2-4

1. (1) $\dfrac{1}{2}\sin 2t + C$; (2) $-\dfrac{1}{\omega}\cos\omega x + C$; (3) $\ln(1+x) + C$; (4) $-\dfrac{1}{2}e^{-2x} + C$;

   (5) $2\sqrt{x} + C$; (6) $\dfrac{1}{3}\tan 3x + C$; (7) $\dfrac{\ln^2 x}{2} + C$; (8) $-\sqrt{1-x^2} + C$.

2. (1) $0.21, 0.2, 0.01$; (2) $0.020\,1, 0.02, 0.000\,1$.

3. (1) $(x+1)e^x\,dx$; (2) $\dfrac{1-\ln x}{x^2}\,dx$;

(3) $-\dfrac{1}{2\sqrt{x}}\sin\sqrt{x}\,\mathrm{d}x$;  (4) $2\ln 5\cdot 5^{\ln\tan x}\cdot\dfrac{1}{\sin 2x}\mathrm{d}x$;

(5) $[8x^x(1+\ln x)-12\mathrm{e}^{2x}]\mathrm{d}x$;  (6) $\left(\dfrac{1}{2}\dfrac{1}{\sqrt{1-x^2}\sqrt{\arcsin x}}+\dfrac{2\arctan x}{1+x^2}\right)\mathrm{d}x$.

4. (1) $\dfrac{\mathrm{e}^y}{1-x\mathrm{e}^y}\mathrm{d}x$;  (2) $-\dfrac{b^2 x}{a^2 y}\mathrm{d}x$;  (3) $\dfrac{2}{2-\cos y}\mathrm{d}x$;  (4) $\dfrac{\sqrt{1-y^2}}{1+2y\sqrt{1-y^2}}\mathrm{d}x$.

5. (1) 2.008 3;  (2) $-0.010\,0$;  (3) 0.795 4.

6. 略.

7. (1) $\mathrm{d}y=f'[x^3+\varphi(x^4)][3x^2+4x^3\varphi'(x^4)]\mathrm{d}x$;

(2) $\mathrm{d}y=[-2f'(1-2x)+3f'(x)\cos f(x)]\mathrm{d}x$.

习　题　二

1. (1) $y=x-1$;  (2) $\dfrac{\pi}{2}$;  (3) $2\sqrt{2}\,\mathrm{d}x$;  (4) $\dfrac{1}{2}\mathrm{d}x$;

(5) $\sqrt{2}$.

2. (1) A;  (2) C;  (3) D;  (4) A;

(5) C.

3. 略.

4. (1) $f'_+(0)=1, f'_-(0)=0$;  (2) $f'_+(0)=0, f'_-(0)=1$;

(3) $f'_+(1)=\dfrac{1}{2}, f'_-(1)=2$.

左、右导数都存在,但不相等,故 3 道题中的函数在指定点处均不可导.

5. $f'(x)=\begin{cases}\cos x, & x<0,\\ 1, & x\geqslant 0.\end{cases}$

6. 若 $\varphi(a)=0$,则 $f'(a)=0$;若 $\varphi(a)\neq 0$,则 $f'(a)$ 不存在.

7. (1) 在点 $x=0$ 处连续,不可导;  (2) 在点 $x=0$ 处连续,且可导;

(3) 在点 $x=1$ 处连续,不可导.

8. $f'(x)=\begin{cases}0, & |x|<\sqrt{3},\\ 2x, & |x|>\sqrt{3}.\end{cases}$  9. $\mathrm{e}^{x+\frac{1}{x}}\left(1-\dfrac{1}{x^2}\right)$.

10. ～ 11. 略.

12. (1) $10-1.1g\,(\mathrm{m}\cdot\mathrm{s}^{-1})$;  (2) $10-gt\,(\mathrm{m}\cdot\mathrm{s}^{-1})$;

(3) $\dfrac{10}{g}$ s.

13. $\dfrac{\mathrm{d}\theta}{\mathrm{d}t}\bigg|_{t=t_0}$.

14. (1) $\lim\limits_{\Delta T\to 0}\dfrac{Q(T+\Delta T)-Q(T)}{\Delta T}$;  (2) $a+2bT$.

15. (1) $\dfrac{\sqrt{2}}{4}\left(1+\dfrac{\pi}{2}\right)$;  (2) $\dfrac{3}{25},\dfrac{17}{15}$;

(3) 5.

16. (1) $\dfrac{\ln x}{x\sqrt{1+\ln^2 x}}$;  (2) $n\sin^{n-1}x\cos(n+1)x$;

(3) $\dfrac{1}{\sqrt{1-x^2}+1-x^2}$;  (4) $-\dfrac{1}{(1+x)\sqrt{2x(1-x)}}$;

(5) $-\operatorname{th} x$;  (6) $\sqrt{a^2-x^2}$.

17. $\dfrac{1}{2\sqrt{3}}$.

18. (1) $2xf'(x^2)$;  (2) $\sin 2x[f'(\sin^2 x)-f'(\cos^2 x)]$.

19. $-1$.

20. (1) $-4\mathrm{e}^x\sin x$;  (2) $3^6(2+x)\mathrm{e}^{3x}$;

(3) $x^2\sin x-160x\cos x-6\,320\sin x$.

21. $\dfrac{2\mathrm{e}^2-3\mathrm{e}}{4}$.  22. ~ 23. 略.

24. (1) $\dfrac{\mathrm{d}x^2}{(1+x^2)^{\frac{3}{2}}}$;  (2) $x^x\left[(1+\ln x)^2+\dfrac{1}{x}\right]\mathrm{d}x^2 \quad (x>0)$;

(3) $-1\,024(x\cos 2x+5\sin 2x)\mathrm{d}x^{10}$;  (4) $(-1)^n\cdot 6\cdot(n-4)!\,x^{3-n}\mathrm{d}x^n$.

## 习 题 3-1

1. $\xi=\dfrac{\pi}{2}$.

2. (1) 不满足第一个条件,没有;  (2) 不满足第二个条件,没有;

(3) 不满足第一和第三个条件,有 $\xi=\dfrac{\pi}{2}$.

3. 4 个零点,分别位于 $(-2,-1),(-1,0),(0,1),(1,2)$ 内.

4. ~ 9. 略.

10. $f(x)=x^6-9x^5+30x^4-45x^3+30x^2-9x+1$.

11. (1) $\dfrac{1}{6}$.  提示:只要将 $\sin x$ 展开成三次多项式即可.

(2) $-\dfrac{4}{3}$.  提示:令 $u=-x^4$,再将 $\mathrm{e}^u$ 展开成二次多项式;将 $\cos^2 x$ 写成 $\dfrac{\cos 2x+1}{2}$,令 $v=2x$,将 $\cos v$ 展开成三次多项式,然后相加减即可.

(3) $\dfrac{1}{2}$.  提示:令 $u=\dfrac{1}{x}$,再将 $\ln(1+u)$ 展开成二次多项式.

12. (1) $\sqrt{x}=2+\dfrac{1}{4}(x-4)-\dfrac{1}{64}(x-4)^2+\dfrac{1}{512}(x-4)^3-\dfrac{5(x-4)^4}{128[4+\theta(x-4)]^{\frac{7}{2}}} \quad (0<\theta<1)$;

(2) $(x-1)\ln x=(x-1)^2-\dfrac{(x-1)^3}{2}+\dfrac{1}{3[1+\theta(x-1)]^3}(x-1)^4 \quad (0<\theta<1)$.

13. $x\mathrm{e}^x=x+x^2+\dfrac{x^3}{2!}+\cdots+\dfrac{x^n}{(n-1)!}+\dfrac{1}{n!}\mathrm{e}^{\theta x}x^{n+1} \quad (0<\theta<1)$.

## 习 题 3-2

1. (1) B;  (2) B;  (3) B;  (4) B;
(5) B;  (6) C.

2. (1) $-\dfrac{3}{5}$;  (2) $-\dfrac{1}{8}$;  (3) $\dfrac{1}{2}$;  (4) $\cos a$;

(5) $\dfrac{m}{n}a^{m-n}$;  (6) 1;  (7) 0;  (8) 0;

(9) $\dfrac{3}{2}$;  (10) 1.

3. $m=3, n=-4$.  4. $f''(x)$.

## 习 题 3-3

1. (1) $(-\infty,-1]$ 和 $[3,+\infty)$ 内单调增加，$[-1,3]$ 上单调减少;

(2) $(0,2)$ 内单调减少，$[2,+\infty)$ 内单调增加;

(3) $(-\infty,+\infty)$ 内单调增加;

(4) $\left(-\infty,\dfrac{1}{2}\right]$ 内单调减少，$\left[\dfrac{1}{2},+\infty\right)$ 内单调增加;

(5) $[0,n]$ 上单调增加，$[n,+\infty)$ 内单调减少;

(6) $\left[\dfrac{k\pi}{2},\dfrac{k\pi}{2}+\dfrac{\pi}{3}\right]$ 上单调增加，$\left[\dfrac{k\pi}{2}+\dfrac{\pi}{3},\dfrac{k\pi}{2}+\dfrac{\pi}{2}\right]$ 上单调减少 $(k=0,\pm 1,\pm 2,\cdots)$;

(7) $\left[-\dfrac{1}{2},\dfrac{11}{18}\right]$ 上单调减少，$\left(-\infty,-\dfrac{1}{2}\right]$ 和 $\left[\dfrac{11}{18},+\infty\right)$ 内单调增加.

2. ~ 3. 略.

4. (1) 极小值 $y(1)=2$，无极大值;

(2) 极大值 $y(0)=0$，极小值 $y(1)=-1$;

(3) 极大值 $y(-1)=17$，极小值 $y(3)=-47$;

(4) 极小值 $y(0)=0$，无极大值;

(5) 极大值 $y(\pm 1)=1$，极小值 $y(0)=0$;

(6) 极大值 $y\left(\dfrac{3}{4}\right)=\dfrac{5}{4}$，无极小值.

5. 略.  6. $a=2, f\left(\dfrac{\pi}{3}\right)=\sqrt{3}$ 为极大值.

## 习 题 3-4

1. (1) $\max\limits_{-\infty<x<0} f(x)$ 不存在，$\min\limits_{-\infty<x<0} f(x)=f(-3)=27$;

(2) $\max\limits_{-5\leqslant x\leqslant 1} f(x)=f\left(\dfrac{3}{4}\right)=\dfrac{5}{4}$，$\min\limits_{-5\leqslant x\leqslant 1} f(x)=f(-5)=\sqrt{6}-5$;

(3) 最小值 $y(2)=-14$，最大值 $y(3)=11$.

2. $n=1\,000$ 时，有最大项 $\dfrac{\sqrt{10}}{200}$.

3. 当 $a>0$ 时，最大值为 $y\left(\dfrac{b}{a}\right)=\dfrac{2b^2}{a}$，最小值为 $y(0)=0$；当 $a<0$ 时，最大值为 $y(0)=0$，最小值为 $y\left(\dfrac{b}{a}\right)=\dfrac{2b^2}{a}$.

4. 略.  5. $\dfrac{2\sqrt{3}}{3}r$.

6. $\sqrt{\dfrac{8a}{4+\pi}}$ m.  7. 变压器应设在距 $A$ 点 $1.2\,\mathrm{km}$ 处.

8. $\dfrac{a}{6}$.

## 习题 3-5

1. (1) 是凸的；  (2) 在 $(-\infty,0]$ 内是凸的, 在 $[0,+\infty)$ 内是凹的；
   (3) 是凹的；  (4) 是凹的.

2. (1) 拐点 $\left(\dfrac{5}{3},\dfrac{20}{27}\right)$, 在 $\left(-\infty,\dfrac{5}{3}\right]$ 内是凸的, 在 $\left[\dfrac{5}{3},+\infty\right)$ 内是凹的；

   (2) 拐点 $\left(2,\dfrac{2}{e^2}\right)$, 在 $(-\infty,2]$ 内是凸的, 在 $[2,+\infty)$ 内是凹的；

   (3) 没有拐点, 处处是凹的；

   (4) 拐点 $(-1,\ln 2),(1,\ln 2)$, 在 $(-\infty,-1],[1,+\infty)$ 内是凸的, 在 $[-1,1]$ 上是凹的；

   (5) 拐点 $\left(\dfrac{1}{2},e^{\arctan\frac{1}{2}}\right)$, 在 $\left(-\infty,\dfrac{1}{2}\right]$ 内是凹的, 在 $\left[\dfrac{1}{2},+\infty\right)$ 内是凸的；

   (6) 拐点 $(1,-7)$, 在 $(0,1]$ 内是凸的, 在 $[1,+\infty)$ 内是凹的.

3. 略.

4. (1) 拐点 $(1,4)$ 及 $(1,-4)$；   (2) 拐点 $\left(\dfrac{2\sqrt{3}}{3}a,\dfrac{3}{2}a\right)$ 及 $\left(-\dfrac{2\sqrt{3}}{3}a,\dfrac{3}{2}a\right)$.

5. 证明略.  提示：3 个拐点 $(-1,-1),\left(2-\sqrt{3},\dfrac{1-\sqrt{3}}{4(2-\sqrt{3})}\right),\left(2+\sqrt{3},\dfrac{1+\sqrt{3}}{4(2+\sqrt{3})}\right)$.

6. $a=-\dfrac{3}{2}, b=\dfrac{9}{2}$.

## 习题 3-6

1. (1) D；    (2) C；    (3) A；    (4) C.

2. (1) 垂直渐近线 $x=-1$, 水平渐近线 $y=0$；
   (2) 垂直渐近线 $x=-1, x=3$, 水平渐近线 $y=1$；
   (3) 垂直渐近线 $x=-2$.

3. 图形略.  提示：(1) 定义域 $(-\infty,+\infty)$, 极大值 $f(1)=\dfrac{1}{2}$, 极小值 $f(-1)=-\dfrac{1}{2}$, 拐点 $\left(\sqrt{3},\dfrac{\sqrt{3}}{4}\right),(0,0),\left(-\sqrt{3},-\dfrac{\sqrt{3}}{4}\right)$, 水平渐近线 $y=0$；

   (2) 定义域 $(-\infty,+\infty)$, 极大值 $f(-1)=\dfrac{\pi}{2}-1$, 极小值 $f(1)=1-\dfrac{\pi}{2}$, 拐点 $(0,0)$, 斜渐近线 $y=x+\pi, y=x-\pi$；

   (3) 定义域 $(-\infty,-1)\cup(-1,+\infty)$, 极大值 $f(-2)=-4$, 极小值 $f(0)=0$, 间断点 $x=-1$, 垂直渐近线 $x=-1$ 和斜渐近线 $y=x-1$；

   (4) 定义域 $(-\infty,+\infty)$, 极大值 $f(1)=1$, 拐点 $\left(1\pm\dfrac{\sqrt{2}}{2},e^{-\frac{1}{2}}\right)$, 水平渐近线 $y=0$.

## 习 题 3-7

1. $4\pi r^2 v, 8\pi rv$.

2. $a\omega e^{a\varphi}$.

3. $-2a\omega\sin 2\varphi, 2a\omega\cos 2\varphi$.

4. $\left(3, \dfrac{16}{3}\right), \left(-3, -\dfrac{16}{3}\right)$.

5. $\dfrac{\sqrt{3}}{4}$ m · min$^{-1}$.

6. $\dfrac{10\sqrt{6}}{3}$ km · h$^{-1}$.

7. 2.

8. 1.

9. $|\cos x|, |\sec x|$.

10. $\left|\dfrac{2}{3a\sin 2t_0}\right|$.

11. (1) $a, \dfrac{ax}{ax+b}, \dfrac{a}{ax+b}$;  (2) $abe^{bx}, bx, b$;

    (3) $ax^{a-1}, a, \dfrac{a}{x}$.

## 习 题 三

1. (1) $\left(1, \dfrac{2}{e}\right)$;  (2) $y = x + \dfrac{1}{e}$;

    (3) $x^2 - \dfrac{x^3}{2} + o(x^3)$;  (4) $\dfrac{\sqrt{2}}{4}$.

2. (1) D;  (2) A;  (3) C;  (4) C.

3. ~ 4. 略.

5. $\dfrac{1}{x} = -[1 + (x+1) + (x+1)^2 + \cdots + (x+1)^n] + (-1)^{n+1} \dfrac{(x+1)^{n+1}}{[-1+\theta(x+1)]^{n+2}}$  $(0 < \theta < 1)$.

6. $\dfrac{e^x + e^{-x}}{2} = 1 + \dfrac{x^2}{2!} + \dfrac{x^4}{4!} + \cdots + \dfrac{x^{2n}}{(2n)!} + \dfrac{e^{\theta x} - e^{-\theta x}}{2(2n+1)!}x^{2n+1}$  $(0 < \theta < 1)$.

7. 证明略. 提示:将 $f(x_0 + h)$ 展开成 $x_0$ 的一阶泰勒公式.

8. $0.18227, 7 \times 10^{-5}$.

9. $1.221$. 提示:用三阶泰勒公式.

10. (1) $e^{-\frac{2}{\pi}}$;  (2) $e$;  (3) $0$;  (4) $\dfrac{1}{3}$;

    (5) $1$;  (6) $e^{-\frac{1}{6}}$;  (7) $e^{-\frac{1}{2}}$;  (8) $e^{-\frac{1}{2}}$;

    (9) $-\dfrac{1}{12}$;  (10) $\dfrac{1}{2}$.

11. (1) 极大值 $y\left(\dfrac{12}{5}\right) = \dfrac{1}{10}\sqrt{205}$, 无极小值;

    (2) 极大值 $y(0) = 4$, 极小值 $y(-2) = \dfrac{8}{3}$;

    (3) 极大值 $y\left(2k\pi + \dfrac{\pi}{4}\right) = \dfrac{\sqrt{2}}{2}e^{2k\pi + \frac{\pi}{4}}$,

    极小值 $y\left[(2k+1)\pi + \dfrac{\pi}{4}\right] = -\dfrac{\sqrt{2}}{2}e^{(2k+1)\pi + \frac{\pi}{4}}$  $(k = 0, \pm 1, \pm 2, \cdots)$;

    (4) 极大值 $y(e) = e^{\frac{1}{e}}$, 无极小值;  (5) 极小值 $y\left(-\dfrac{1}{2}\ln 2\right) = 2\sqrt{2}$, 无极大值;

    (6) 极大值 $y(1) = 2$, 无极小值;  (7) 没有极值;

    (8) 没有极值.

12. $a=1, b=-3, c=-24, d=16$.       13. $\pm\dfrac{\sqrt{2}}{8}$.

14. $x=x_0$ 不是极值点,$(x_0, f(x_0))$ 是拐点. 原因略.

15. (1) 图形略,$A$ 为该种动物数量(在特定环境中)的最大值,即承载容量;
    (2) $g(-x)+g(x)=A$,意义略;          (3) 略.

16. $12\ \text{cm}\cdot\text{s}^{-1}$.       17. 证明略.  提示:速度为 $40\ \text{m}\cdot\text{min}^{-1}$.

18. 1.                              19. 在点 $\left(\dfrac{\pi}{2},1\right)$ 处曲率半径有最小值 1.

20. $(\xi-3)^2+(\eta+2)^2=8$.       21. 1 246 N.

22. (1) 1.1;          (2) 650;           (3) 约 82.

23. (1) 96.56 元;                   (2) 应提高价格,且应提高 5 元.

24. 提高 8%,提高 16%.              25. 5.9%.

26. ~ 29. 略.                       30. $\left(\dfrac{\sqrt{3}}{3},\dfrac{2}{3}\right)$.

31. $f(x)$ 在 $\left[-3,-\dfrac{3\sqrt{2}}{2}\right]$ 和 $\left[\dfrac{3\sqrt{2}}{2},3\right]$ 上单调减少,在 $\left[-\dfrac{3\sqrt{2}}{2},\dfrac{3\sqrt{2}}{2}\right]$ 上单调增加;$x=-\dfrac{3\sqrt{2}}{2}$ 和 $x=\dfrac{3\sqrt{2}}{2}$ 分别为函数的极小值点和极大值点;图形在 $[-3,0]$ 上为凹的,在 $[0,3]$ 上为凸的;$(0,0)$ 为拐点.

32. 垂直渐近线 $x=-1$,水平渐近线 $y=0$.

33. $\dfrac{1}{4}$, 4.

34. $f(x)=x^2+x^3+\dfrac{1}{2!}x^4+\cdots+\dfrac{1}{7!}x^9+o(x^9),72$.

## 习　题　4-1

1. (1) $\dfrac{1}{2}(b^2-a^2)$;               (2) $e-1$.

2. (1) 1;                               (2) $\dfrac{1}{4}\pi R^2$.

3. $\displaystyle\int_{-\pi}^{0} x^2\sin x\,\mathrm{d}x < \int_{0}^{\pi}\sin^3 x\,\mathrm{d}x$.          4. ~ 5. 略.

## 习　题　4-2

1. (1) $\displaystyle\int_0^1\dfrac{\mathrm{d}x}{1+x}=\ln 2$;       (2) $\displaystyle\int_0^1\sqrt{x}\,\mathrm{d}x=\dfrac{2}{3}$.

2. (1) $\dfrac{2}{3}(8-3\sqrt{3})$;  (2) $\dfrac{11}{6}$;

   (3) $1+\dfrac{\pi^2}{8}$;  (4) $\dfrac{20}{3}$;

   (5) $2(\sqrt{2}-1)$.

3. (1) $2x\sqrt{1+x^4}$;  (2) $\dfrac{3x^2}{\sqrt{1+x^{12}}}-\dfrac{2x}{\sqrt{1+x^8}}$.

4. $\cot t^2$.  5. $-\dfrac{\cos x^2}{e^{y^2}}$.

6. (1) $\dfrac{2}{3}$;  (2) 2.

7. $a=1, b=0, c=-2$ 或 $a\neq 1, b=0, c=0$.

## 习 题 4-3

1. (1) $\dfrac{2}{7}x^{\frac{7}{2}}-\dfrac{10}{3}x^{\frac{3}{2}}+C$;  (2) $\dfrac{(3e)^x}{\ln 3e}+C$;

   (3) $3\arctan x-2\arcsin x+C$;  (4) $x-\arctan x+C$;

   (5) $\dfrac{x}{2}-\dfrac{1}{2}\sin x+C$;  (6) $\dfrac{4}{7}x^{\frac{7}{4}}+4x^{-\frac{1}{4}}+C$;

   (7) $-\dfrac{1}{x}+C$;  (8) $\dfrac{2}{5}x^{\frac{5}{2}}+C$;

   (9) $-\dfrac{2}{3}x^{-\frac{3}{2}}+C$;  (10) $\dfrac{1}{3}x^3-\dfrac{3}{2}x^2+2x+C$;

   (11) $x^3+\arctan x+C$;  (12) $2e^x+3\ln x+C$;

   (13) $e^x-2x^{\frac{1}{2}}+C$;  (14) $2x-\dfrac{5}{\ln\frac{2}{3}}\left(\dfrac{2}{3}\right)^x+C$;

   (15) $\tan x-\sec x+C$;  (16) $\dfrac{1}{2}\tan x+C$;

   (17) $\sin x-\cos x+C$;  (18) $-\cot x-\tan x+C$.

2. $y=x^2-2x+1$.

3. (1) $-\dfrac{1}{2}$;  (2) $\dfrac{1}{2}$;  (3) $-\dfrac{1}{5}$;  (4) $\dfrac{1}{3\ln a}$;

   (5) $-\dfrac{1}{3}$;  (6) $\dfrac{1}{5}$;  (7) $\dfrac{1}{2}$;  (8) $-\dfrac{1}{2}$;

   (9) $-1$;  (10) $\dfrac{1}{3}$;  (11) $-\dfrac{1}{2}$;  (12) $-2$.

4. (1) $\dfrac{1}{2}\sin x^2+C$;  (2) $\dfrac{3}{2}(\sin x-\cos x)^{\frac{2}{3}}+C$;

   (3) $\dfrac{1}{2\sqrt{2}}\ln\left|\dfrac{x-\dfrac{\sqrt{2}}{2}}{x+\dfrac{\sqrt{2}}{2}}\right|+C$;  (4) $\sin x-\dfrac{1}{3}\sin^3 x+C$;

(5) $\frac{1}{3}\sin\frac{3}{2}x + \sin\frac{x}{2} + C$;   (6) $\frac{1}{2}\cos x - \frac{1}{10}\cos 5x + C$;

(7) $-\frac{1}{2\ln 10} 10^{2\arccos x} + C$;   (8) $-\frac{1}{x\ln x} + C$;

(9) $(\arctan\sqrt{x})^2 + C$;   (10) $\frac{1}{2}(\ln\tan x)^2 + C$;

(11) $-\frac{1}{5}e^{-5x} + C$;   (12) $-\frac{1}{2}\ln|1-2x| + C$;

(13) $-2\cos\sqrt{x} + C$;   (14) $\frac{1}{11}\tan^{11}x + C$;

(15) $-\frac{1}{\ln x} + C$;   (16) $-\ln|\cos\sqrt{1+x^2}| + C$;

(17) $\ln|\tan x| + C$;   (18) $-\frac{1}{2}e^{-x^2} + C$;

(19) $\frac{1}{11}(x+4)^{11} + C$;   (20) $-\frac{1}{2}(2-3x)^{\frac{2}{3}} + C$;

(21) $\ln\left|\frac{\sqrt{x^2+1}-1}{x}\right| + C$;   (22) $a\arcsin\frac{x}{a} - \sqrt{a^2-x^2} + C$;

(23) $\arctan e^x + C$;   (24) $\frac{1}{2}\ln^2 x + C$;

(25) $\frac{1}{3}\sin^3 x - \frac{1}{5}\sin^5 x + C$;   (26) $\frac{2x^2-1}{3x^3}\sqrt{1+x^2} + C$;

(27) $\sqrt{2x} - \ln(1+\sqrt{2x}) + C$;   (28) $\sqrt{x^2-9} - 3\arccos\frac{3}{x} + C$;

(29) $\frac{x}{\sqrt{1+x^2}} + C$;   (30) $\frac{1}{2}\arcsin x + \frac{1}{2}\ln\left|\sqrt{1-x^2}+x\right| + C$.

5. (1) $-x^2\cos x + 2x\sin x + 2\cos x + C$;   (2) $-e^{-x}(x+1) + C$;

(3) $\frac{1}{2}x^2\ln x - \frac{1}{4}x^2 + C$;   (4) $\frac{x^3}{3}\arctan x - \frac{x^2}{6} + \frac{1}{6}\ln(1+x^2) + C$;

(5) $x\arccos x - \sqrt{1-x^2} + C$;   (6) $-\frac{x^2}{2} + x\tan x + \ln|\cos x| + C$;

(7) $\frac{1}{2}e^{-x}(\sin x - \cos x) + C$;   (8) $-\frac{1}{4}x\cos 2x + \frac{1}{8}\sin 2x + C$;

(9) $-\frac{1}{x}(\ln^3 x + 3\ln^2 x + 6\ln x + 6) + C$;   (10) $\frac{x}{2}\sqrt{x^2+a^2} + \frac{a^2}{2}\ln(\sqrt{a^2+x^2}+x) + C$.

6. (1) $\frac{1}{x+1} + \frac{1}{2}\ln|x^2-1| + C$;   (2) $\ln\frac{x+1}{\sqrt{x^2-x+1}} + \sqrt{3}\arctan\frac{2x-1}{\sqrt{3}} + C$;

(3) $\frac{x^3}{3} + \frac{x^2}{2} + x + 8\ln|x| - 3\ln|x-1| - 4\ln|x+1| + C$;

(4) $\frac{1}{3}\arctan x^3 + C$;   (5) $x - \tan x + \sec x + C$;

(6) $\frac{1}{2}\left(\ln\left|\tan\frac{x}{2}\right| - \tan\frac{x}{2}\right) + C$;   (7) $2\ln(\sqrt{x}+\sqrt{1+x}) + C$;

(8) $x + 4\ln(\sqrt{x+1}+1) - 4\sqrt{x+1} + C$.

## 习 题 4-4

1. (1) $-\dfrac{e^{-2x}}{13}(2\sin 3x + 3\cos 3x) + C$;　(2) $\dfrac{x}{2}\sqrt{2x^2+9} + \dfrac{9\sqrt{2}}{4}\ln(\sqrt{2}x + \sqrt{2x^2+9}) + C$;

 (3) $\left(\dfrac{x^2}{2}-1\right)\arcsin\dfrac{x}{2} + \dfrac{x}{4}\sqrt{4-x^2} + C$;

 (4) $\dfrac{1}{2}\ln|2x+\sqrt{4x^2-9}| + C$;　(5) $-\dfrac{1}{x} - \ln\left|\dfrac{1-x}{x}\right| + C$;

 (6) $\arccos\dfrac{1}{|x|} + C$;　(7) $\dfrac{x(2x^2-1)\sqrt{x^2-1}}{8} - \dfrac{1}{8}\ln|x+\sqrt{x^2-1}| + C$;

 (8) $\arcsin x + \sqrt{1-x^2} + C$;　(9) $\dfrac{1}{3}\ln\dfrac{2|x|}{3+\sqrt{4x^2+9}} + C$;

 (10) $-\dfrac{\sin^3 x \cos x}{4} + \dfrac{3}{4}\left(\dfrac{x}{2} - \dfrac{1}{4}\sin 2x\right) + C$.

## 习 题 4-5

1. (1) 0;　(2) 0;　(3) $\dfrac{3}{2}\ln 3 - \ln 2 - 1$;　(4) $\dfrac{5}{16}\pi$.

2. (1) $\dfrac{1}{6}$;　(2) $2(\sqrt{3}-1)$;　(3) $\dfrac{\pi}{4} + \sqrt{2} - 2$;　(4) $2\sqrt{2}$;

 (5) $4\ln 2 - \dfrac{15}{16}$;　(6) $\dfrac{1}{5}(e^{\pi}-2)$;　(7) $\ln 2 - \dfrac{1}{3}\ln 5$;　(8) $7\ln 2 - 6\ln(\sqrt[6]{2}+1)$;

 (9) 0;　(10) $1 - e^{-\frac{1}{2}}$;　(11) $\dfrac{\pi}{6} - \dfrac{\sqrt{3}}{8}$.

3. 略.　　　　　　　　　　　　　　　4. 证明略,$\dfrac{\pi}{4}$.

5. 0.

## 习 题 4-6

1. (1) 1;　(2) $\pi$;　(3) $n!$;　(4) $\dfrac{\pi}{2}$;

 (5) $\dfrac{\pi}{2}$;　(6) $\pi$.

2. (1) $k>1$ 时收敛,否则发散;　(2) $k<1$ 时收敛,否则发散.

3. (1) $\dfrac{\pi}{4}$;　(2) $\dfrac{\pi}{2}$.

4. 略.

## 习 题 四

1. (1) $I<K<J$;　(2) $\dfrac{1}{2}e^{-4x^2}+C$;　(3) 1 006;　(4) $\dfrac{1}{4}$;

 (5) $\dfrac{1}{2}$.

2. (1) A;　　　　　(2) D;　　　　　(3) A;　　　　　(4) D;

   (5) C.

3. (1) $\dfrac{2}{3}$;　　　　(2) $\dfrac{1}{2}$.

4. $y = -2\cos x + \sin x - 2$.

5. (1) $f(x) = e^x(x^2 + 2x - 2)$;

   (2) 单调增加区间为 $(-\infty, -4]$ 与 $[0, +\infty)$，单调减少区间为 $[-4, 0]$，极大值为 $6e^{-4}$，极小值为 $-2$.

6. 当 $A = 0$ 时，$f(x)$ 在点 $x = 0$ 处可导，$f'(0) = \dfrac{8}{3}$.

7. $f(x) = \cos^2 x + x e^{x^2} + \dfrac{\pi}{2(1-\pi)}$.

8. (1) $\ln\left|\dfrac{e^x}{1+e^x}\right| + C$;　　　　(2) $x\ln(x + \sqrt{1+x^2}) - \sqrt{1+x^2} + C$;

   (3) $x\ln(1+x^2) - 2x + 2\arctan x + C$;　　　(4) $\dfrac{9}{2}\arcsin\dfrac{x+2}{3} + \dfrac{x+2}{2}\sqrt{5-4x-x^2} + C$;

   (5) $\dfrac{x}{2}(\sin\ln x - \cos\ln x) + C$;　　　(6) $-\dfrac{x}{e^x+1} + x - \ln(e^x+1) + C$;

   (7) $\dfrac{x\ln x}{\sqrt{1+x^2}} - \ln(x + \sqrt{x^2+1}) + C$;　　(8) $x\tan\dfrac{x}{2} + C$;

   (9) $xf'(x) - f(x) + C$;　　　　(10) $I_n = -\dfrac{1}{n}\sin^{n-1}x\cos x + \dfrac{n-1}{n}I_{n-2}$.

9. $\begin{cases} -\dfrac{x^2}{2} + C, & x < -1, \\ x + \dfrac{1}{2} + C, & -1 \leqslant x \leqslant 1, \\ \dfrac{x^2}{2} + 1 + C, & x > 1. \end{cases}$

10. (1) $1 - 2\ln 2$;　　　　　　　　(2) $\sqrt{2} - \dfrac{2}{3}\sqrt{3}$;

    (3) $\dfrac{1}{2}\ln\dfrac{3}{2}$;　　　　　　　　(4) $\dfrac{4}{5}$;

    (5) $\dfrac{1}{3}\ln 2$;　　　　　　　　(6) $\dfrac{17}{4}$.

11. (1) $I_n = \begin{cases} \dfrac{n-1}{n} \cdot \dfrac{n-3}{n-2} \cdots \dfrac{3}{4} \cdot \dfrac{1}{2} \cdot \dfrac{\pi}{2}, & n \text{ 为偶数}, \\ \dfrac{n-1}{n} \cdot \dfrac{n-3}{n-2} \cdots \dfrac{4}{5} \cdot \dfrac{2}{3}, & n \text{ 为奇数}; \end{cases}$

    (2) $I_n = (-1)^n \left\{ \dfrac{\pi}{4} - \left[1 - \dfrac{1}{3} + \dfrac{1}{5} - \cdots + \dfrac{(-1)^{n-1}}{2n-1}\right] \right\}$.

12. $\ln(1+e)$.　　　　　　　　13. 略.

14. $C = \dfrac{1}{\pi}$.

### 习　题　5-2

1. (1) $S_1 = 2\pi + \dfrac{4}{3}$，$S_2 = 6\pi - \dfrac{4}{3}$;　　(2) $\dfrac{3}{2} - \ln 2$;　　(3) $e + \dfrac{1}{e} - 2$;

(4) $b-a$;　　　(5) $\dfrac{8}{3}$;　　　(6) $4\sqrt{2}$;　　　(7) $\dfrac{9}{4}$;

(8) $3\pi a^2$;　　　(9) $\dfrac{1}{4}\pi a^2$;　　　(10) $\pi a^2$.

2. (1) $\pi a^2$;　　　(2) $\dfrac{\pi}{6}$.

3. $a=-2$ 或 $4$.

## 习题 5-3

1. $\dfrac{1}{6}\pi h[2(ab+AB)+aB+bA]$.　　　2. $\dfrac{4}{3}\sqrt{3}R^3$.

3. (1) $\dfrac{\pi}{20}$;　　　(2) $\dfrac{128}{7}\pi, \dfrac{64}{5}\pi$;　　　(3) $\dfrac{32}{105}\pi a^3$.

4. (1) $\dfrac{\pi^2}{4}$;　　　(2) $160\pi^2$.

5. 略.

## 习题 5-4

1. (1) $2\sqrt{5}+\ln(2+\sqrt{5})$;　　　(2) $1+\dfrac{1}{2}\ln\dfrac{3}{2}$;　　　(3) $4$;

(4) $\ln(\sqrt{2}+1)$;　　　(5) $\ln(\sqrt{2}+1)$;　　　(6) $\sqrt{6}+\ln(\sqrt{2}+\sqrt{3})$.

2. (1) $\dfrac{3}{8}\pi a^2$;　　　(2) $\dfrac{32}{105}\pi a^3$;　　　(3) $6a$.

3. $\dfrac{\sqrt{1+a^2}}{a}(e^{a\varphi}-1)$.　　　4. $2\pi Rh$.

5. $\dfrac{\pi}{27}(10\sqrt{10}-1)$.

## 习题 5-5

1. $750\,g\,(\text{kJ})$　（$g$ 为重力加速度）.　　　2. $14\,388\,(\text{kN})$.

3. $\dfrac{4}{3}\pi R^4 g$　（$g$ 为重力加速度）.

4. $F=\dfrac{2Gm\rho}{R}\sin\dfrac{\varphi}{2}$,方向为由圆心指向圆弧的中点.

5. (1) $\dfrac{\pi a}{4}$;　　　(2) $\dfrac{a^2}{3}$.　　　6. $\dfrac{I_0}{\pi},\dfrac{I_0}{2}$.

7. (1) $\dfrac{6}{\pi}$;　　　(2) $\dfrac{3\sqrt{2}}{2}$.

## 习题 5-6

1. $\dfrac{334}{3}$.

2. (1) 2.5 百台； (2) 1 万元.

3. 2 528.4 万元,4.46 年.

4. 3 853.86 元.

5. (1) $y(t) = A - \dfrac{A}{T}t, t \in [0,T], k = \dfrac{A}{T}$; (2) $\dfrac{A}{2}$.

6. $\dfrac{1}{25r^2}, t \approx 11$(年).

## 习题 五

1. (1) $\dfrac{1}{2}$; (2) $\dfrac{a^2}{8}(\pi-2)$;

   (3) $\ln(\sqrt{2}+1)$; (4) $\dfrac{1}{6}(11\sqrt{5}-1)\pi$;

   (5) $e-2$.

2. (1) D; (2) B; (3) A; (4) A.

3. (1) 4; (2) 不存在有限面积.

4. $2, \pi$.

5. (1) $f(x) = \sqrt{x}$ $(x \geqslant 0)$; (2) $\sqrt{x}\ln x - 2\sqrt{x} + C$.

6. (1) $\dfrac{15\pi}{2}$; (2) $\dfrac{33}{2}\pi\rho g$ (J).

7. $\dfrac{275}{3}\pi\rho g$ (J).

8. 17.3 kN(水的密度为 1 000 kg·m$^{-3}$,重力加速度 $g$ 取 9.8 m·s$^{-2}$).

9. $(50+18\pi)g$(kN).

10. $F_x = \dfrac{3}{5}Ga^2, F_y = \dfrac{3}{5}Ga^2$.

## 习题 6-1

1. (1) 一阶； (2) 二阶； (3) 三阶； (4) 一阶.

2. (1) 是； (2) 是； (3) 不是； (4) 是.

3. 略.

## 习题 6-2

1. (1) $y^2 - x^2 = 25$; (2) $y = xe^{2x}$.

2. (1) $y = e^{Cx}$;

   (2) 当 $\begin{cases} 1-x > 0, \\ 1-y > 0 \end{cases}$ 时, $y = x - 2C\sqrt{1-x} - C^2$; 当 $\begin{cases} 1-x < 0, \\ 1-y < 0 \end{cases}$ 时, $y = x + 2C\sqrt{x-1} + C^2$;

   (3) $(e^y - 1)(e^x + 1) = C$; (4) $\sin y \sin x = C$;

(5) $y = Ce^{\frac{1}{2}x^2}$;      (6) $y = -x^2 - x + C$;

(7) $y^3 = x^4 + x^2 + C$;      (8) $e^{-y} = -e^x + C$.

3. (1) $e^y = \frac{1}{2}(e^{2x} + 1)$;      (2) $y = e^{\tan\frac{x}{2}}$.

4. (1) 当 $x > 0$ 时,$y + \sqrt{y^2 - x^2} = Cx^2$; 当 $x < 0$ 时,$y - \sqrt{y^2 - x^2} = C$;

(2) $y = xe^{Cx+1}$;      (3) $y^2 = x^2 \ln Cx^2$;

(4) $x^3 - 2y^3 = Cx$;      (5) $x^2 + y^2 = Ce^{2\arctan\frac{y}{x}}$;

(6) $y^2 = 2Cx + C^2$.

5. (1) $y^3 = y^2 - x^2$;      (2) $y^2 = 2x^2(\ln x + 2)$.

6. (1) 令 $x = X + 1, y = Y + 1, (2x + y - 3)^2(4y - x - 3) = C$;

(2) 令 $x = X + 1, y = Y, \arctan\frac{2y}{x-1} + \ln[4y^2 + (x-1)^2] = C$;

(3) 令 $z = x + y, x + 3y + \ln(x + y - 2)^2 = C$;

(4) 令 $z = x - y, (x - y)^2 = -2x + C$.

7. (1) $y = e^{-x}(x + C)$;      (2) $y = \frac{1}{3}x^2 + \frac{3}{2}x + 2 + \frac{C}{x}$;

(3) $y = (x + C)e^{-\sin x}$;      (4) $y = Ce^{2x^2} - 1$;

(5) $y = (x - 2)^3 + C(x - 2)$;      (6) $y = \frac{4x^3 + C}{3(x^2 + 1)}$.

8. (1) $y = \frac{\pi - 1 - \cos x}{x}$;      (2) $2y = x^3 - x^3 e^{x^{-2} - 1}$.

9. (1) 令 $u = y^{-1}, \frac{1}{y} = Ce^x - \sin x$;      (2) 令 $u = y^{-3}, \frac{1}{y^3} = Ce^x - 2x - 1$.

## 习 题 6-3

1. (1) $y = \frac{1}{6}x^3 - \sin x + C_1 x + C_2$;      (2) $y = (x - 3)e^x + C_1 x^2 + C_2 x + C_3$;

(3) $y = C_1 e^x - \frac{1}{2}x^2 - x + C_2$;      (4) $y = \arcsin C_2 e^x + C_1$;

(5) $y = x\ln|x| + C_1 x + C_2$;      (6) $y = x\arcsin x + \sqrt{1 - x^2} + C_1 x + C_2$;

(7) $y = C_1 \ln|x| + C_2$;      (8) $C_1 y^2 - (C_1 x + C_2)^2 = 1$.

2. (1) $y = \sqrt{2x - x^2}$;      (2) $y = \ln x + \frac{1}{2}\ln^2 x$;

(3) $y = x\arctan x - \frac{1}{2}\ln(1 + x^2)$;      (4) $y = -\ln|\cos(x + k\pi)| + 1 \, (k = 0, \pm 1, \pm 2, \cdots)$;

(5) $y = \ln\sec x$;      (6) $y = \left(\frac{1}{2}x + 1\right)^4$.

## 习 题 6-4

1. 证明略,$y = (C_1 + C_2 x)e^{x^2}$.

2. $y = C_1(\sin x - \cos x) + C_2(\sin x - e^x) + e^x$.

3. (1) $y = C_1(x^2 - 1) + C_2 x$;      (2) $y = C_1 e^x + C_2(x + 1)$.

4. $y = C_1 x + C_2 e^x - x^2 - x - 1$.

## 习 题 6-5

1. (1) $y = C_1 e^x + C_2 e^{-2x}$;  (2) $y = C_1 \cos x + C_2 \sin x$;
   (3) $y = (C_1 + C_2 x) e^{\frac{5}{2}x}$;  (4) $y = e^{2x}(C_1 \cos x + C_2 \sin x)$;
   (5) $y = e^{-2x}(C_1 x + C_2)$;  (6) $y = C_1 e^x + C_2 e^{2x}$.

2. (1) $y = 4e^x + 2e^{3x}$;  (2) $y = (2+x) e^{-\frac{1}{2}x}$;
   (3) $y = 3e^{-2x} \sin 5x$;  (4) $y = 2\cos 5x + \sin 5x$.

3. (1) $y = C_1 e^{\frac{1}{2}x} + C_2 e^{-x} + e^x$;  (2) $y = C_1 + C_2 e^{-\frac{5}{2}x} + \frac{1}{3}x^3 - \frac{3}{5}x^2 + \frac{7}{25}x$;
   (3) $y = C_1 e^{-x} + C_2 e^{-2x} + \left(\frac{3}{2}x^2 - 3x\right) e^{-x}$;
   (4) $y = e^x(C_1 \cos 2x + C_2 \sin 2x) - \frac{1}{4} x e^x \cos 2x$;
   (5) $y = e^{-x}(C_1 + C_2 x) + x - 2$;  (6) $y = e^{2x}(C_1 + C_2 x) + \frac{1}{2} x^2 e^{2x}$.

## 习 题 6-6

1. (1) $y = C_1 e^{2x} + C_2 e^{-2x} + C_3 e^{3x} + C_4 e^{-3x}$;
   (2) $y = C_1 e^{-x} + C_2 e^{2x} + C_3 e^{3x}$;
   (3) $y = C_1 e^{-x} + (C_2 + C_3 x + C_4 x^2) e^{2x}$;
   (4) $y = C_1 e^{-x} + (C_2 + C_3 x) \cos x + (C_4 + C_5 x) \sin x$.

2. (1) $y = C_1 e^{2x} + (C_2 + C_3 x) e^x - x - 4$;
   (2) $y = (C_1 + C_2 x) e^x + (C_3 + C_4 x) e^{-x} + x^2 + 1$;
   (3) $y = (C_1 + C_2 x + C_3 x^2) e^{-x} + \frac{1}{8} e^x$;
   (4) $y = e^{-\frac{1}{2}x} \left(C_1 \cos \frac{\sqrt{3}}{2} x + C_2 \sin \frac{\sqrt{3}}{2} x\right) + C_3 e^x - \frac{1}{2}(\cos x + \sin x)$.

## 习 题 6-7

1. (1) $y = C_1 x + \frac{C_2}{x}$;  (2) $y = C_1 x^2 + C_2 x^{-2} + \frac{1}{5} x^3$;
   (3) $y = C_1 x + C_2 x \ln|x| + C_3 x^{-2}$;  (4) $y = C_1 x^2 + C_2 x^3 + \frac{1}{2} x$;
   (5) $y = C_1 + C_2 \ln|x| + C_3 \ln^2|x| + 3x^2$;
   (6) $y = x[C_1 \cos(\sqrt{3} \ln x) + C_2 \sin(\sqrt{3} \ln x)] + \frac{1}{2} x \sin \ln x$.

## 习 题 六

1. (1) $y = -\dfrac{x}{\sqrt{1+\ln x}}$;  (2) $f(x) = \dfrac{1}{2}(e^x + e^{-x})$;
   (3) $y = C_1 e^{3x} + C_2 e^x - x e^{2x}$;  (4) $y = \dfrac{1}{3} x \ln x - \dfrac{1}{9} x$;
   (5) $y = (C_1 + C_2 x) e^x + 1$.

2. (1) D; (2) D; (3) D; (4) A; (5) D.

3. $y = \dfrac{1}{2}(x^2 - 4x + 5)$.　　　　4. $y = \dfrac{1}{2}x^3 + x$.

5. (1) $\sin \dfrac{y}{x} = -\ln|x| + C$;　　(2) $3(x - 2\sin y) - (x - 2\sin y)^2 = 6x + C$;

(3) $x = \cos y(C - 2\cos y)$;　　(4) $\dfrac{x^2}{y^2} = C - \dfrac{2}{3}x^3\left(\ln x + \dfrac{2}{3}\right)$;

(5) $y = C_1 e^x + C_2 e^{2x} - x(x+2)e^x$;　　(6) $y = C_1 x^2 + C_2 x^2 \ln x + x + \dfrac{1}{6}x^2 \ln^3 x$.

6. (1) $\begin{cases} \dfrac{\mathrm{d}I(t)}{\mathrm{d}t} = \lambda I(t)[1 - I(t)] - \mu I(t), \\ I(0) = I_0; \end{cases}$　(2) $I(t) = \dfrac{I_0}{(I_0 + 1)e^{\lambda t} - I_0}, \lim\limits_{t \to +\infty} I(t) = 0$.

实际意义:病人数所占的比例 $I(t)$ 越来越小,最终趋于0,即表明病人最终都会被治愈,传染病最终被根治.

7. (1) 以可疑船只初始位置为原点,正东方向为 $x$ 轴正向,正北方向为 $y$ 轴正向建立直角坐标系,则海监船的起始位置为 $(0, b)$. 设 $(x, y)$ 为海监船运动轨迹的任意一点,由题意可知

$$\begin{cases} \dfrac{\mathrm{d}y}{\mathrm{d}x} = -\dfrac{y}{\sqrt{b^2 - y^2}}, \\ y(0) = b. \end{cases}$$

(2) $b \ln 2 \, \mathrm{n \, mile}$.

(3) $x(y) = -\sqrt{b^2 - y^2} + \dfrac{b}{2} \ln \dfrac{b + \sqrt{b^2 - y^2}}{b - \sqrt{b^2 - y^2}}$.

8. (1) $y' = \dfrac{2y}{x}$;　　(2) $y^2 + \dfrac{1}{2}x^2 = C$.

9. $\mathrm{d}x$.

## 图书在版编目(CIP)数据

高等数学. 上/黄立宏主编. — 2版. —北京：北京大学出版社，2024.4
ISBN 978-7-301-34965-6

Ⅰ. ①高…　Ⅱ. ①黄…　Ⅲ. ①高等数学—高等学校—教材　Ⅳ. ①O13

中国国家版本馆 CIP 数据核字(2024)第 067051 号

| | |
|---|---|
| 书　　　名 | 高等数学（第二版）（上）<br>GAODENG SHUXUE (DI-ER BAN)(SHANG) |
| 著作责任者 | 黄立宏　主编 |
| 责任编辑 | 刘　啸 |
| 标准书号 | ISBN 978-7-301-34965-6 |
| 出版发行 | 北京大学出版社 |
| 地　　　址 | 北京市海淀区成府路 205 号　100871 |
| 网　　　址 | http://www.pup.cn |
| 新浪微博 | @北京大学出版社 |
| 电子邮箱 | zpup@pup.cn |
| 电　　　话 | 邮购部 010-62752015　发行部 010-62750672　编辑部 010-62754271 |
| 印　刷　者 | 湖南省众鑫印务有限公司 |
| 经　销　者 | 新华书店 |
| | 787 毫米×1092 毫米　16 开本　19 印张　463 千字<br>2018 年 7 月第 1 版<br>2024 年 4 月第 2 版　2024 年 6 月第 2 次印刷 |
| 定　　　价 | 55.00 元 |

未经许可，不得以任何方式复制或抄袭本书之部分或全部内容。
**版权所有，侵权必究**
举报电话：010-62752024　电子邮箱：fd@pup.cn
图书如有印装质量问题，请与出版部联系，电话：010-62756370